BAUMASCHINEN

EINE MASCHINENKUNDE FÜR DAS
HOCH- UND TIEFBAUWESEN

VON

H. FEIHL

PROFESSOR AN DER

HÖHEREN TECHNISCHEN STAATSLEHRANSTALT

ZU NÜRNBERG

MIT 460 ABBILDUNGEN

MÜNCHEN UND BERLIN 1929

VERLAG VON R. OLDENBOURG

Druck von R. Oldenbourg, München.

Vorwort.

Das vorliegende Buch will ein Führer für Schule und Praxis sein durch das umfangreiche Gebiet der Baumaschinen. Um von vornherein einen Einblick in dieses ausgedehnte Gebiet zu geben, wurde von der Einrichtung zweier größerer Baustellen ausgegangen.

Die Maschinen sind in zwei große Gruppen eingeteilt: in Kraftmaschinen und Arbeitsmaschinen. Von den ersteren sind nur die für das Bauwesen als Antriebsmaschinen unbedingt notwendigen behandelt, um den Umfang des Buches auf ein erträgliches Maß zu beschränken. Aus diesem Grunde sind bei den Verbrennungskraftmaschinen auch die Glühkopfmaschinen absichtlich weggelassen worden, weil sie nicht mehr als Antriebsmaschinen in Betracht kommen, seitdem es kompressorlose Dieselmaschinen gibt. Auch von den Elektromotoren ist nur das Allerwichtigste angeführt. Über Elektrotechnik sowie Kraftmaschinen gibt es eine reichhaltige Sonderliteratur.

Für die Arbeitsmaschinen wurde wegen ihrer großen Zahl eine möglichst übersichtliche Gruppierung angestrebt und versucht, ihre Arbeitsweise mit den verschiedenen auszuführenden Bewegungen an Hand von schematischen Skizzen darzustellen, die vielfach durch Bilder der fertigen Maschinen ergänzt wurden. Bei den verschiedenen Gruppen konnten wiederum nur einige Maschinen näher behandelt werden.

Der Bauingenieur hat im allgemeinen wegen der verhältnismäßig vielen Sondergebiete des Bauwesens nicht die Zeit, sich eingehender mit den Baumaschinen zu befassen; jedoch sollte er wenigstens die Hauptteile der Maschinen und ihre Arbeitsweise sowie auch die einzelnen Maschinenelemente kennen, um etwaige Ersatzteilbestellungen sachgemäß ausführen zu können. Aus diesem Grunde ist der Abschnitt »Maschinenteile« in Kürze aufgenommen.

Einige Baufirmen haben zwar in richtiger Erkenntnis der Verhältnisse Maschineningenieure zur Leitung ihrer Reparaturwerkstätten und Aufstellung der Maschinen auf größeren Baustellen, aber trotzdem muß heute jeder Bauleiter über ein höheres Maß von maschinen-

IV

technischen Kenntnissen verfügen, als noch vor wenigen Jahren notwendig war.

Die Schlußkapitel über die Preise und Winke für den Einkauf
von Maschinen dürften durch Angaben über Gewichte, Preise, Leistungen, Kraftbedarfe und Garantiebedingungen eine wertvolle Hilfe für
die richtige Auswahl einer Maschine sein.

An dieser Stelle sei auch den Firmen, die in sehr entgegenkom-
mender Weise die Arbeit unterstützt haben, und insbesonders dem
Verleger, durch dessen Umsicht die Drucklegung und Ausstattung des
Buches ermöglicht wurde, der wärmste Dank ausgesprochen.

Nürnberg, im Oktober 1929.

Hans Feihl.

Inhaltsverzeichnis.

I. Einleitung.

Seite

A. **Einteilung** 1
    Kraftmaschinen — Arbeitsmaschinen 1

B. **Beispiele von Baustellen** 1
    1. Tiefbaustelle 1
    2. Hochbaustelle 5

C. **Technische Maßeinheiten** 8
    1. Grundeinheiten 8
    2. Abgeleitete Einheiten 8
    3. Praktische Einheiten 8

II. Kraftmaschinen.

A. **Dampfkraftanlagen** 11
    1. Allgemeines 11
        Sattdampf — Heißdampf — Kesselspeisewasser — Härtebestimmung —
        Speisewasserreinigung

    2. Dampfkessel 14
        a) Stehende Kessel 14
        b) Lokomobilkessel 15
        c) Lokomotivkessel 15
        Begriffe für die Kesselbeurteilung — Polizeiliche Vorschriften — Prü-
        fungen und Revisionen — Störungen — Reinigung 16

    3. Dampfmaschinen 21
        Einteilung, Arbeitsweise 21
        Steuerung: Flachschieber, Kolbenschieber, Ventilsteuerung, Umsteuerung
        Regulierung 23
        Ausführungen von Dampfmaschinen 26
            a) liegende Lokomobile 26
            b) stehende Zwillingsmaschinen 27
            c) Lokomotive 28
        Inbetriebsetzung und Instandhaltung — Störungen 28

B. **Verbrennungskraftmaschinen** 30
    Einteilung nach Arbeitsverfahren und Arbeitsweise 30
    Arbeitsweise: 1. Viertakt — Verpuffungsmaschine 32
              2. Kompressorlose Zweitakt-Dieselmaschine 35
              Gemischbildung, Steuerung, Regulierung, Zündung, Küh-
              lung — Anlassen, Instandhaltung, Störungen.
    Anwendung: Lokomobilen. Triebwagen, Lokomotiven 39

Seite

C. Elektromotoren 44

Allgemeines 44
Magnetische Induktion — Elektromagnet — magnet-elektrische Induktion — dynamo-elektrische Wirkung — elektrische Induktion.

Dynamomaschinen 46
Gleichstrommaschinen 46
Anwendung — Beschreibung — Betrieb — Spannungsregulierung —
Drehstrommaschinen 48
Anwendung — Allgemeines — Konstruktion — Schaltung (Dreieck-
und Sternschaltung) 48
Transformatoren — Anwendung — Wirkungsweise 50
Dynamomaschine und Elektromotor 51

Gleichstrommotoren 51
Anwendung — Konstruktion (Nebenschlußmotor) — Anlassen — Drehzahlregulierung 51

Drehstrommotoren 54
Anwendung — Konstruktion — Wirkungsweise der Statorwicklung
(Drehfeld) — Arbeitsweise des Motors — Motor mit Kurzschlußläufer
— Anlassen von Kurzschlußmotoren — Motor mit Schleifringläufer —
Anlassen von Schleifringmotoren

Ausführung der Elektromotoren 61
offene — geschützte — mantelgekühlte geschlossene Motoren 61

Aufstellung der Elektromotoren 62
Prüfung und Reinigung vor dem Anlassen — Gleichstrommotoren (An-
schluß; Änderung der Drehrichtung) — Drehstrommotoren (Anschluß;
Änderung der Drehrichtung) 62

Inbetriebsetzen und Abstellen der Motoren 64
Gleichstrommotoren — Drehstrommotoren (Kurzschluß- — Schleifringmotoren) 64

Leistungsberechnung 65
Elektrische Einheiten — Leistung — Wirkungsgrad. Leistung von Motoren. Gleichstrommotoren — Leistung in kW, Nutzleistung. Drehstrommotoren — Phasenverschiebung; Schein-, Nutzleistung 65

Bemessung der Leitungen 67
Gleichstrom — Drehstrom 68

Störungen an Motoren 69
Gleichstrommotoren — Drehstrommotoren 69

D. Wirtschaftlichkeit und Wahl der Kraftmaschinen 70
Allgemeines über Elektromotoren, Dampfmaschinen, Verbrennungsmotoren
Betriebskosten für 1 PS_e h — Nutzleistung: (Backenbremse, Bandbremse) 71
Brennstoffverbrauch für 1 PS_e h 72
a) Dampfmaschine, b) Verbrennungskraftmaschine (Beispiele), c) Elektromotoren 72
Betriebskostenberechnungen für 1. Heißdampflokomobile, 2. Diesel-
lokomotive, 3. Elektromotor 75

III. Arbeitsmaschinen.

		Seite
A. Pumpen		78
Allgemeines		78
Rohrreibungszahlentafel		79
Einteilung der Pumpen		80
Kolbenpumpen		80
Saughöhe, Saugleitung, Saugwindkessel — Druckleitung, Druckwindkessel		
Ausführungen:		
1. Saug- und Hubpumpe		81
2. Bau- oder Diaphragmapumpe		82
3. Einfachwirkende Saug- und Druckpumpe		83
4. Doppeltwirkende Plungerpumpe		83
5. Doppeltwirkende Pumpe mit Scheibenkolben		84
6. Flügelpumpe		84
7. Differentialpumpe		85
Kreiselpumpen		85
Saughöhe, Rohrleitungen		86
Einteilung: nach der Förderhöhe		86
1. Niederdruckpumpen		86
2. Mitteldruckpumpen		86
3. Hochdruckpumpen		86
nach der Laufräderzahl:		
1. einstufige		87
2. mehrstufige		87
3. Mehrkammerpumpen		87
Ausführungen		87
Niederdruck-, Mitteldruck-, zweistufige Hochdruckpumpen		87
Fördermengen, Kraftbedarf und Wirkungsgrad		89
1. Kolbenpumpen		89
2. Kreiselpumpen		91
Kennlinie einer Kreiselpumpe — Drehzahl-, Schieberregulierung		92
Betrieb der Pumpen		93
1. Kolbenpumpen		93
2. Kreiselpumpen		93
Besondere Pumpen		94
1. Pulsometer		94
2. Wasserstrahlpumpen		95
3. Dampfstrahlpumpen		95
4. Druckluftpumpen		96
Luftkompressoren		96
Kolbenkompressor		96
Rotierender Kompressor		100
B. Lasthebemaschinen		101
Einteilung		101
a) einfache Hebemaschinen		101
b) Krane		101

VIII

Seite

Maschinenteile für Lasthebemaschinen 101
  Zugmittel: Hanfseil, Drahtseil, Ketten 101
  Rollen und Trommeln 103
  Vorrichtungen zum Fassen der Last 105
  Bremsvorrichtungen 105
    1. Zahn- und Reibungsgesperre 105
    2. Band- und Klotzbremsen 106
    3. Sperradbremsen 106
    4. Magnetbremsen 107
  Einfache Hebevorrichtungen 107
    1. Lose und feste Rolle 107
    2. Der gewöhnliche Flaschenzug 107
    3. Differentialflaschenzug 108
    4. Schraubenflaschenzug 109
    5. Stirnradflaschenzug 109
    6. Zahnstangenwinde 110
    7. Schneckenwinde 110
    8. Schraubenwinde 111
    9. Hydraulischer Hebebock 111
    10. Reibradwinde (Friktionswinde) 112
    11. Zahnradwinde (Kabelwinde) 112
    12. Rollenzüge (Demag-Zug) 115
  Krane 116
    Hubwerk, Drehwerk, Fahrwerk 116
    1. Drehkrane mit fester Ausladung 117
      a) mit drehbarer Säule (Pfostenschwenkkran, Doppelschwenkkran) 117
      b) mit fester Säule 119
      c) Drehscheibenkran 119
    2. Drehkrane mit verstellbarer Ausladung 120
      a) normaler Dampfdrehkran b) Mastenkrane c) Turmdrehkran . . 120
    3. Laufkrane (Laufkatzen) 126
    4. Kabelkrane 127
  Heb- und Senkvorrichtung für Druckluftgründung 128
  Montage-Masten 131
    Instandhaltung von Kranen 132
C. Bau-Aufzüge 133
  1. Kippmulden-Schrägaufzug 134
  2. Kippmulden-Vertikalaufzug 134
  3. Fahrstuhlaufzug 135
D. Fördervorrichtungen 135
  a) Nahförderer 135
    1. Transportschnecken 135
    2. Schüttelrutschen 135
    3. Elevatoren 136
    4. feste Bandförderer 138
    5. fahrbare Bandförderer 140
  b) Fernförderer 142
    1. Schiefe Ebene 142
    2. Bremswerke 142

Seite

    3. Schienenfeldbahn 143
    4. Ketten- und Seilbahn 144
    5. Seilschwebebahn 144

E. Bagger 146

  Einteilung 146

  1. Greifbagger 146

    Zweikettengreifer, Vierseilgreifer 147
    Anwendung der Greifbagger (Vierseilgreifbagger) 149

  2. Löffelbagger 149

    Löffelausführungen 149
    Ausführungsarten von Löffelbaggern (Trocken- und Naßbagger) . . . 151
    Antrieb der Löffelbagger 152
    Ausführungen von Löffelbaggern 152
        1. Zweimaschinenantrieb (Dampflöffelbagger, Weserhütte) 152
        2. Dreimaschinenantrieb 153
        3. Einmaschinenantrieb 153
           a) Öl-Löffelbagger von Menck und Hambrock 153
           b) Dampflöffelbagger von Orenstein und Koppel 156
    Betrieb und Kraftbedarf von Löffelbaggern 157
    Gleisanlagen für Löffelbaggerbetrieb 159
    Angaben über Löffelbagger und Schleppschaufelbagger 161
    Instandhaltung von Löffelbaggern 162

  3. Eimerkettenbagger 162

    Einteilung und Normen 162
    Eimerausführungen a) geschlossene b) mit offenem Rücken 164
    Naßbagger oder Schwimmbagger 166
    Trockenbagger 167
    1. Vertikal-Handbagger (C. Tobler) 168
    2. Eintor-Dampfbagger (Friedr. Krupp) 168
    3. Doppeltor-Elektrobagger (Lübecker M. G.) 172
    4. Elektro-Raupenbagger mit schwenkbarem Gurtförderer (Lübeck) . . . 175
    Angaben über Trockenbagger 177
    Instandhaltung und Wartung von Eimerkettenbaggern 178

F. Rammen 179

  Einteilung 179

  a) Handrammen 180

    1. gewöhnliche Handramme 180
    2. Zugrammen 180

  b) Mechanische Rammen oder Kunstrammen 180

    1. Ramme mit Freifallbär und Nachlaufkatze 181
    2. Ramme ohne Auslösevorrichtung 183
    3. Ramme mit endloser Kette 183

  c) Direkt wirkende Dampframmen 184

    1. Normale Dampframme, Rammenbewegungen — Betonpfahlrammung — Inbetriebsetzung und Arbeitsweise des Rammbären — Bärnasensicherung 184
    2. Kanal-Dampframme 189
    3. Krandampframme 190

Seite

d) Spezialrammen 191
    1. Konuspfahlmaschine, Konuspfahlkern — Arbeitsvorgang — Druck-
    luftbär 191
    2. Rammhammer 195
    3. Simplexramme 197
Hilfsmaschinen für Rammarbeiten 197
1. Spülvorrichtungen 197
2. Pfahlzieher (Demag-Union) 198
Pfahlziehvorrichtung 199
3. Kreissägen zum Abschneiden von Pfählen 199
Säge an einer Ramme 199

G. Gesteinsbohrmaschinen 199
   Einteilung 200
   1. Bohrhammer von Flottmann 200
   2. Elektropneumatische Stoßbohrmaschine von Demag 201
   3. Elektrische Kurbelstoßbohrmaschine von Siemens-Schuckertwerken . . 203
   4. Drehbohrmaschine (Demag) 204

H. Preßluftwerkzeuge 205
   1. Rutschenmotor 205
   2. Niet- und Meißelhammer (Rheinwerk A.G. Barmen) 205
   3. Keillochhammer (Demag) 205
   4. Preßluftstampfer (Rheinwerk A.G. Barmen) 208
   5. Betonbrecher (Demag) 208
   6. Preßluftgegenhalter (Rheinwerk Barmen) 209
   7. Preßluftbohrmaschine 209
   8. Preßluftmesser 209

I. Tiefbohrung 210
   Bohrvorrichtung für Straußpfahlgründung (H. Mayer, Nürnberg-Doos) . 211
   Bohrwerkzeuge — Hilfswerkzeuge 212
   Störungen im Bohrbetrieb 214

K. Zerkleinerungs-, Sortier- und Waschmaschinen 215
   Einteilung (Beispiel einer Beton- und Sandaufbereitungsanlage) . . . 215
    1. Steinbrecher 217
    Doppelkniehebelbrecher 218
    Einschwingenbrecher 218
    Fahrbarer Steinbrecher 218
    2. Walzwerke 218
    Glattwalzwerk von Dr. Gaspary 218
    3. Kieswaschmaschinen 220
    Waschmaschine (Exzelsior) 221
    4. Sortiermaschinen (Ibag) 223

L. Betonmischmaschinen 224
   I. Mörtelmischer 224
    1. mit wagrecht gelegtem offenen Trog (Gauhe, Gockel) 224
    2. trichterförmiger Mischer (Peschke) 225
   II. Betonmischer 225
    Einteilung 225

Seite

a) Periodentrogmischer 226
   1. Hüttenwerk Sonthofen 226
   2. Eirich 227
   3. Gauhe, Gockel 227
b) Periodentrommelmischer 228
   1. Gauhe, Gockel 228
   2. Kaiser 230
   3. Allgemeine Baumaschinengesellschaft Leipzig . . . 230
   4. Jäger 230
   5. Peschke 231
c) Durchlauftrommelmischer 232
   Ibag 232
Ausführungen von Betonmischern 232
   1. Periodenmischer für Handbetrieb (Gauhe, Gockel) 232
   2. Stationärer Durchlaufmischer (Ibag) 233
   3. Fahrbarer Periodenmischer (Hüttenwerk Sonthofen) 233
   4. Fahrbarer Periodenmischer Allg. Baumaschinen-Ges. 235
Wassermeßapparat für Betonmischer 237

M. Betonierungseinrichtungen 238
Einteilung 238
   1. Gußbetonverteilung nach dem Gießrinnenverfahren . . . 239
    a) Ibag Neustadt 239
    b) T.E.G. München 240
   2. Gußbetonverteilung nach dem Kabelkranverfahren (Bleichert-Grün und Bilfinger, Bleichert-Siemens Bauunion) 241
   3. Fahrbare Bandfördereranlage (Fredenhagen, Offenbach) . . . 243
   4. Böschungsbetoniereinrichtung (Koppenhofer, München) . . 244
   5. Böschungsbetoniermaschine (Dingler) 246
   6. Torkretverfahren 249
   Betoniereinrichtung 251
   Zement-Injektor 252

N. Straßenbaumaschinen 252
Einteilung 252
   1. Straßenaufreißer 253
    a) einachsige Maschine 253
    b) zweiachsige Maschine 253
    c) angebaute Maschine 253
   2. Straßenwalzen 254
   Einteilung 254
    a) Dreiwalzenmaschine (Ruthemeyer, Soest) 254
    b) Zweiwalzenmaschine (Maffei, München) 256
    c) Einwalzenmaschine (Amann, Langenthal) 258
   3. Straßenbetoniermaschinen 259
    a) Betoniermaschine von Kaiser, St. Ingbert 259
    b) Straßenfertiger von Dingler, Zweibrücken 260
   4. Maschinen für Teer- und Bitumenstraßen 262
    a) Teer- und Bitumensprengwagen (Henschel u. Sohn) . . . 262
    b) Walzasphaltmaschine (Amann, Langenthal) 263
    c) Asphaltstraßenbaumaschine (Gauhe, Gockel) 264

XII

	Seite
O. Werkstatteinrichtungen	266
Bohrmaschine, Holzkreissäge	266
Holzbandsäge, Metallsäge	268
Betoneisenschere, Betoneisenbieger	268
Betoneisenbiegemaschine (Futura Elberfeld)	268
Sandstrahlgebläse (Gutmann, Ottensen)	270
P. Schweißen und Schneiden	271
Einteilung	271
1. Gasschmelzschweißen (autogenes Schweißen)	271
Anwendung — Ausführung einer Azetylen-Sauerstoffschweißanlage	271
2. Elektrische Schweißung	274
a) Widerstand — b) Lichtbogenschweißung	274
Anwendung — Ausführung einer elektr. Lichtbogenschweißung	274
3. Thermitschweißung	276
Anwendung — Ausführung	276
Das autogene Schneiden	277

IV. Maschinenteile.

A. Verbindende Maschinenteile	278
Schrauben, Keile, Nieten	278
B. Maschinenteile der drehenden Bewegung	280
Achsen, Wellen, Zapfen, Lager (Trag- und Stützlager, Kugel-, Rollenlager)	
C. Kupplungen	284
1. feste Kupplungen	284
a) steife, b) elastische	284
2. Reibungskupplungen, (Doppelkonus-, Spreizring-, Lamellenkupplung)	285
D. Maschinenteile zur Übertragung der Drehbewegung	286
1. Reibungsräder	286
2. Zahnräder (Stirn-, Kegel-, Schneckenräder)	287
3. Riementrieb (offen, gekreuzt, halb geschränkt, Spannrolle, Ausrücker)	288
4. Kettentrieb	290
E. Maschinenteile zur Umänderung der geradlinigen in eine Drehbewegung	290
Kreuzkopf, Pleuelstange, Kurbel	290
Exzenter, Stopfbüchse	290
F. Rohrleitungen	291
I. Gußeiserne Rohre	291
a) Muffenrohre	291
b) Flanschenrohre	291
II. Schmiedeiserne Rohre	292
a) große genietete oder geschweißte Rohre	292
b) kleinere geschweißte	292
1. Gasrohre	292
2. Siederohre	292

Seite

c) nahtlos geschweißte Rohre 292
d) Rohre für Tiefbohrung 293
e) Verbindung schmiedeiserner Rohre (Gasrohre, Siederohre) 293
III. Kupfer- und Messingrohre 293
IV. Metallschläuche 294

G. Absperrvorrichtungen 294
1. Schieber 294
2. Hähne 295
3. Klappen 295
4. Ventile 296
a) Absperrventile 296
b) selbsttätige Ventile 296
c) gesteuerte Ventile 296
d) Sonderventile 296

V. Winke für den Einkauf von Maschinen 298
Allgemeines 298
Kraftmaschinen 299
Arbeitsmaschinen 301

VI. Maschinenpreise 309

Quellenverzeichnis.

Seufert: Dampfkessel und Dampfmaschinen. Leipzig, J. J. Weber 1922.

Laudien: Die Elektrotechnik, Leipzig, Jänecke 1918.

Siemens Handbücher: Elektrotechnik, Bd. 1, 8, 12. Berlin und Leipzig, Walter De Gruyter.

Wietz und Erfurth: Hilfsbuch für Elektropraktiker, II. Bd. Leipzig, Hochmeister & Thal 1924.

Wilhelm Friedrich: Formeln- und Tabellenbuch, Ausgabe C für Elektrotechnik. Magdeburg, Creutz 1923.

Barth: Wahl, Projektierung und Betrieb von Kraftanlagen. Berlin, Springer 1925.

Güldner: Kalender für Betriebsleitung. Leipzig, Degener 1921.

Weihe: Maschinenkunde. Berlin, Springer 1923.

Mathießen-Fuchslocher: Die Pumpen. Berlin, Springer 1923.

Schoenecker: Lastenbewegung, Wien, Springer 1926.

Paulmann-Blaum: Bagger. II. Auflage. Berlin, Springer 1923.

Körting: Baumaschinen. Berlin und Leipzig, Walter de Gruyter.

David: Praktischer Eisenbetonbau. München u. Berlin, Oldenbourg.

Schimpke und Horn: Elektrische Schweißtechnik. Berlin, Springer 1926.

Handbuch der Ingenieurwissenschaften. Leipzig, Engelmann.

Lueger: Lexikon der gesamten Technik. Stuttgart und Leipzig, Deutsche Verlagsanstalt.

Regeln für Leistungsversuche an Kreiselpumpen 1928, an Kompressoren 1926. Berlin, VDI-Verlag.

I. Einleitung.

A. Einteilung.

Die im Bauwesen verwendeten Maschinen kann man in bezug auf ihre Haupttätigkeit in zwei große Gruppen einteilen:

Kraftmaschinen — Kraft erzeugende oder Antriebsmaschinen, die irgendeine Energieform in mechanische Arbeit umwandeln: Dampfmaschinen, Verbrennungskraftmaschinen, Elektromotoren.

Arbeitsmaschinen — mechanische Arbeit verrichtende oder angetriebene Maschinen: Pumpen, Hebevorrichtungen, Aufzüge, Fördereinrichtungen, Bagger, Rammen, Betonmischer, Straßenbaumaschinen, Werkzeug- und Hilfsmaschinen.

B. Beispiele von Baustellen.

Um einen Einblick in das umfangreiche Gebiet der Baumaschinen zu geben, seien aus den zwei Gebieten des Bauwesens, Tiefbau und Hochbau, Beispiele von größeren Baustellen vorangestellt.

1. Tiefbaustelle. — Staumauer im Schräh für das Kraftwerk Wäggital, Schweiz[1]). Bauausführung: H. Hatt Haller und Ed. Züblin & Cie., A.G., Zürich. Abb. 1 zeigt das Bild mit der fertigen Staumauer und den noch vorhandenen Maschineneinrichtungen. Abb. 2 und 3 stellen die ganze Baustelleneinrichtung für die Staumauer dar[1]). Abb. 2 Lage- und Einrichtungsplan mit Angabe der Büros, Werkstätten, Magazine und Maschinen. Abb. 3 Schnitt durch die Aufbereitungsanlage, Silos, Betonmischer und Betoniereinrichtung. Die Abb. 4 und 5 geben noch eine Darstellung des Erdaushubes und der Betonleistungen.

Erdaushub: (Abb. 4.) Der Gesamtaushub betrug nach Abb. 4 während 20 Monaten rd. **122 000 m³** mit einer höchsten Monatsleistung von 17 000 m³.

Der Aushub erfolgte von April 1922 bis Mai 1923 mittels Bagger und von da ab in der Erosionsrinne von Hand. Bei der geringen Ausdehnung der Baugrube von nur 125 m größter Länge und 50 m Breite konnte nur ein Bagger im Zweischichtenbetrieb verwendet werden, und zwar von April bis September 1922 ein auf Raupen montierter

---

[1]) Schweizer Bauzeitung 1924, Bd. 85, Nr. 7 u. 8.

Zugseilbagger und von September 1922 bis Mai 1923 ein 2-m³-Löffel-
bagger, der in 5-m³-Wagen entleerte. Diese wurden von einem Schrägaufzug mit 2 Kabelwinden von 16000 kg Seilzug und je 150 kW Elektromotor
bis zum Talhang bei der Aufbereitungsanlage befördert und von da aus mit
Dampflokomotiven nach der Aushubdeponie gebracht und ausgekippt.

    Bereitung und Einbringen des Betons: (Abb. 5.) Das Einbringen
der rd. **233000 m³** Beton sollte sich folgendermaßen verteilen: In den

Abb. 1. Bild der Staumauer Wäggital/Schweiz.

Jahren 1923 und 1924 je 100000 m³ und bis 1. September 1925 die rest-
lichen 33000 m³. Infolge der maschinellen Einrichtung wurde es ermöglicht, die Staumauer schon 5 Monate vor dem Endtermin fertigzustellen.

    Die größte Monatsleistung von Gießanlage und Kabelkran
betrug im Juli 1924 **29813 m³**, bei einer Höchstleistung von 1218 m³
in der Tagesschicht und 413 m³ in der zugehörigen Nachtschicht.

    Die verschiedenen Materialien für die Betonbereitung wurden in
folgender Weise beigeschafft bzw. bereitet. An Zement wurden täglich
normal 250 t von der nächstgelegenen Bahnstation mittels Motorlast-
wagen der Zementumschlagstelle bei der unteren Kies- und Sandaufbereitungsanlage im Talboden des Stockerli zugeführt. Die Lastwagen waren mit abhebbaren Ladepritschen ausgerüstet, die mittels

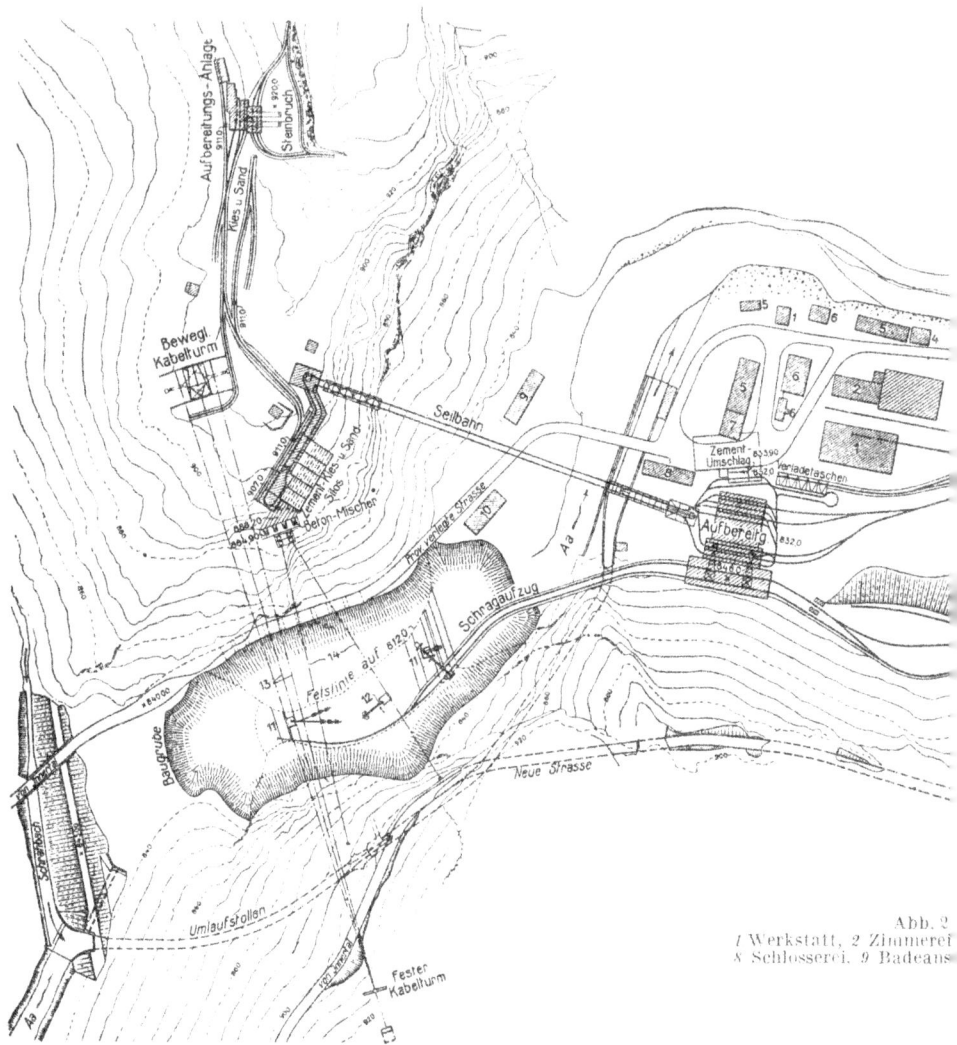

Abb. 2

1 Werkstatt, 2 Zimmerei
8 Schlosserei. 9 Badeans

Feihl, Baumaschinen.

Tafel I.

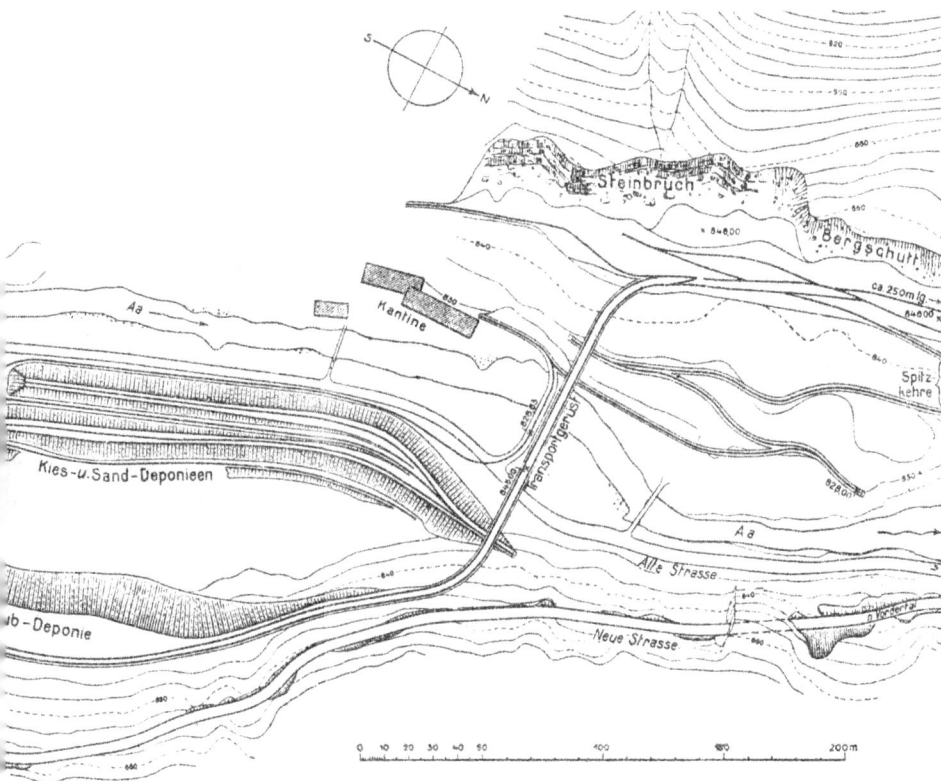

chtungsplan der Staumauer Wäggital. — Maßstab 1 : 3000.
, 3 Transformator, 4 Beton-Prüfstelle. 5 Magazin, 6 Büros, 7 Kompressoren,
11 Förderinstallation für die beidseitigen Abschlußmauern, 12 Zugseilbagger.
abelkran. 14 Tragkabel der Betonrinnen.

Verlag von R. Oldenbourg, München und Berlin.

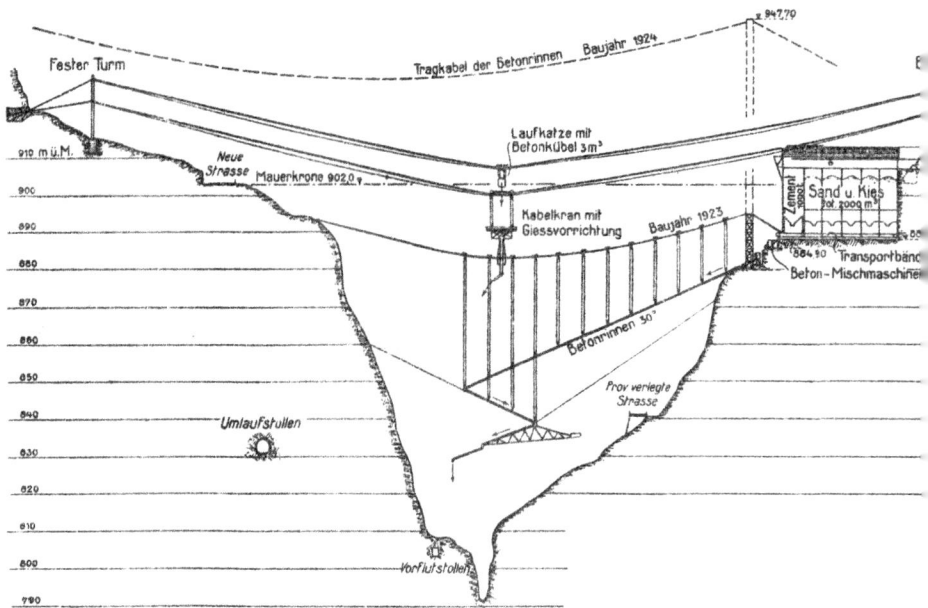

Fester Turm

Tragkabel der Betonrinnen   Baujahr 1924

z 947,70

Laufkatze mit
(Betonkübel 3 m³)

910 m ü.M.

Neue
Strasse   Mauerkrone 902,0

Sand u. Kies
tot. 2000 m³

900

Kabelkran mit
Giessvorrichtung

Baujahr 1923

890

884,10   Transportbänd

880

Beton-Mischmaschine

870

Betonrinnen 30°

860

850

Prov. verlegte
Strasse

840

Umlaufstollen

830

820

810

800

Vorflutstollen

790

Abb. 3. Schnitt

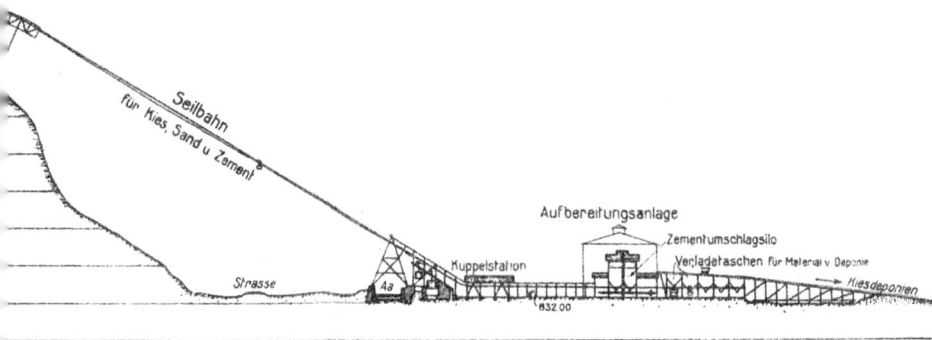

Seilbahn
für Kies, Sand u. Zement

Aufbereitungsanlage

Zementumschlagsilo

Verladetaschen für Material v. Deponie

Kuppelstation

Strasse

4a

832.00

Kiesdeponien

...tungsanlage, Silos, Betonmischer und Betoniereinrichtung. — Maßstab 1 : 2000.

Verlag von R. Oldenbourg, München und Berlin.

Kranen auf- und abgehoben werden konnten. Das übrige Betonmaterial wurde auf dem linken Talhange etwa 700 m unterhalb der Staumauer, zum größeren Teil durch Baggerung aus dem Bergschuttkegel und aus einem Steinbruch gewonnen. Von hier aus erfolgte über ein 20 m hohes,

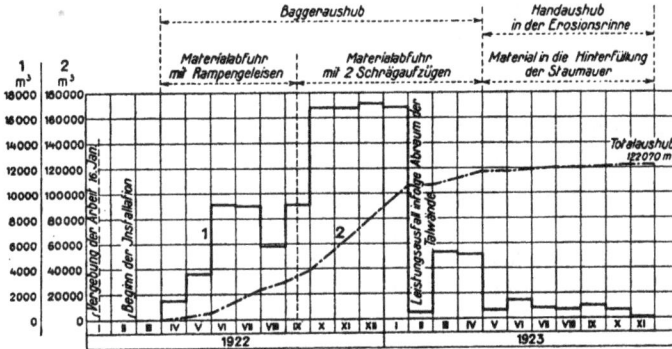

Abb. 4. Erdaushub für die Staumauer Wäggital, Kurve 1 monatlich, 2 total.

zweigleisiges Transportgerüst die Zufahrt mittels Lokomotivzügen zur Aufbereitungsanlage auf dem rechten Talhange, deren Lage dadurch bedingt war, daß man vor Beginn der Betonarbeiten das brauchbare Material des Fundamentaus-hubes aufbereiten und im Stok-kerli-Talboden lagern konnte. Die große Aufbereitungsanlage im Stockerli mit 710 m³ Tages-leistung bei 2 Arbeitsschichten, von Ibag, Neustadt a. H., herge-stellt, ist in Abb. 324, S. 216 im Schnitt dargestellt und näher be-schrieben. Sie bestand aus zwei nebeneinander angeordneten un-abhängigen Aggregaten mit je 1 Steinbrecher, 2 Sandwalzen, 1 Feinbrecher und 1 Sortiertrom-mel. Das gewaschene und in 4 Kör-

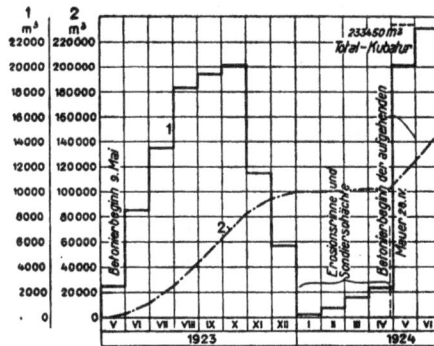

Abb. 5. Betonleistung für die Staumauer Wäggital Kurve 1 monatlich, 2 total (Leistung im Juli 1924 = 29900 m³)

nungen (0 bis 6, 6÷12, 12÷45, 45 bis 80 mm) gebrochene Material wurde in Silos von je 250 m³ Fassungsvermögen aufbewahrt. Von der Aufberei-tungsanlage aus gelangten diese Materialien sowie auch der Zement von der Umschlagstelle durch eine Seilschwebebahn von etwa 60% Steigung zur Siloanlage auf dem Schrährücken. Diese Silos mit einem Fassungsver-mögen von 2000 m³ Kies und Sand und 1000 t Zement wurden auch von der auf dem Schrährücken erstellten kleineren Aufbereitungs-anlage aus (von 315 m³ Tagesleistung) beschickt, welcher zur weiteren

1*

Feinsanderzeugung von $0 \div 2$ mm noch eine Kugelmühle von 8 m³ Stundenleistung angegliedert war. Unter den Siloschnauzen waren für die Beschickung der 4 Betonmischmaschinen 4 Transportbänder angeordnet, denen die verschiedenen Materialkomponenten nach der vorgeschriebenen Zusammensetzung durch selbsttätige Vorrichtungen zugeführt wurden. Die Transportbänder liefen während des Betriebes dauernd, während die für jedes Band miteinander gekuppelten Schnauzen nach Auslösung mittels Handzuges selbsttätig abstellbar waren. Die Beigabe des erforderlichen Zementes aus dem Zementsilo zur Kies- und Sandmischung im Vorsilo vor den Betonmischern erfolgte durch automatische Waagen. Jede der 4 Mischmaschinen hatte eine Füllung von 1300 l trockener Mischung, entsprechend 940 l fertigem Beton. Die Leistung einer Maschine betrug im Mittel 33 m³/h (maximal 47 m³/h). Von den Mischmaschinen gelangte der Beton durch 2 Aufzüge von je 40 m³/h mittlerer Förderleistung (Höchstleistung 66 m³/h) bei 40 m Hubhöhe zur Verteilungsvorrichtung. Zum Betrieb der beiden Aufzüge dienten 2 durch 120 PS Elektromotoren angetriebene Winden mit je 2500 kg Seilzug und einer Hubgeschwindigkeit von 2,5 m/s.

Für die Verteilung des Betons war für das Jahr 1923 ein Rinnensystem vorgesehen und für das Jahr 1924 ein Kabelkran mit Laufkatze, wobei der Beton in Kübeln von 3 m³ Inhalt einer an Tragkabeln hängenden Gießvorrichtung zugeführt wurde. Den Kabelkran wählte man deshalb weil für das Betonieren des oberen Mauerstückes die Aufzugtürme, die gleichzeitig als Stützpunkte für die Rinnentragkabel dienten, eine Höhe von etwa 100 m erreicht hätten.

Die meisten der erwähnten Maschinen für die Kies- und Sandaufbereitungsanlagen, Betonierungsanlage, Seilbahn, Kabelkran, sowie auch die Luftkompressoren, Wasserpumpen, Werkstatteinrichtung sind von Elektromotoren betrieben worden.

Beim Bau der Staumauer wurden demnach folgende Maschinen verwendet.

1. Kraftmaschinen.

4 Dampflokomotiven von $80 \div 140$ PS Leistung,

1 Benzinlokomotive von 12 PS Leistung,

Elektromotoren mit einem Gesamtanschlußwert von etwa 2600 PS.
Unter Anschlußwert versteht man die Stärke aller an das Netz angeschlossenen Motoren.

2. Arbeitsmaschinen.

Für den Erdaushub:

1 Löffelbagger von 2 m³ Löffelinhalt,

1 Zugseilbagger auf Raupen,

1 Schrägaufzug mit 2 Kabelwinden von 16 000 kg Seilzug zum Aufziehen des Aushubmaterials.

Für die Bereitung und Förderung des Betons:

Für die 2 Kies- und Sandaufbereitungsanlagen von über 1000 m³ Tagesleistung kommen in Betracht: **Kieswaschmaschinen, Steinbrecher, Sandwalzwerke, Förderrinnen, Elevatoren, Sortiertrommeln.**

1 **Kugelmühle** für Feinsand mit 60 m³ Tagesleistung.

1 **Seilbahn** von 170 m Länge und 60% Steigung zum Beitransport von Kies und Sand sowie Zement aus der unteren Kiesaufbereitungsanlage für eine mittlere Leistung von 140 t/h (maximal 160 t/h) bei einem Wageninhalt von 625 l = 1 t.

2 **Betonaufzüge** für je 40 m³/h Gußbeton bei 40 m Hubhöhe (Höchstleistung 66 m³/h).

2 zugehörige **Aufzugswinden** von 2500 kg Seilzug.

1 **Kabelkran mit Gußanlage** für 800 kg Tragkraft am Haken, entsprechend einer Kübelfüllung von 3 m³ und mit einer mittleren Förderung von 42 m³/h Gußbeton.

Pumpen, Kompressoren, Werkstatteinrichtung.

2. Hochbaustelle. — Neubau eines Paket-Zustellamtes in München. Ausführung: Tiefbau- und Eisenbetongesellschaft München. Abb. 6 zeigt den Rundbau im Anfangsstadium der Betonierungsarbeiten und Abb. 7 einen Übersichtsplan der Maschinenanlage.

Bei dem Bau handelte es sich um die Bewältigung eines Erdaushubes von rd. 28000 m³, wobei auch der rings herum befindliche Platz um etwa 1 m abgehoben wurde. Den Aushub besorgte ein Greifbagger mit ³/₄ m³ Greiferinhalt.

Das Einbringen der 2500 m³ Beton erfolgte mit dem zentral aufgestellten Gießturm Pat. Seytter.

Erdaushub: Der amerikanische Greifbagger auf Raupenband mit 18 m Ausladung des hölzernen Greiferarmes und ³/₄ m³ Greiferinhalt, der mit einer 40-PS-Dampfmaschine betrieben wurde und etwa 30 m³ in der Stunde leistete, kippte das Baggergut auf die Kippwagen von je 1 m³ des Lokomotivzuges. Dieser beförderte den Aushub auf dem Materialgleis zur Kippe, wo man den Inhalt der Wagen unmittelbar in Lastwagen entleerte.

Herstellung und Einbringen des Betons: Für die Kiesaufbereitung war eine erhöht aufgestellte, fahrbare Kiesquetsche Qu von 8 m³ Stundenleistung mit einem Kraftbedarf von 45 PS vorhanden. Den Rollkies beförderte man vom Lager aus durch Vorderkippwagen und mittels eines Elevators zur Quetsche. Der in der richtigen Kornzusammensetzung zerkleinerte Kies wurde nun dem Silo S durch eiserne Muldenkipper im Pendelverkehr zugefahren.

Für die Betonmischanlage diente ein Betonmischer BM des Hüttenwerkes Sonthofen mit 14 m³ Stundenleistung bei 420 l je Mischung und einem Kraftbedarf von 15 PS einschließlich Betonaufzug. Der Kies wurde unmittelbar dem Silo entnommen und der Zement aus dem Zementsilo durch ein Abmeßgefäß beigegeben.

Die Gußbetonverteilung erfolgte mit dem rd. 40,5 m hohen Gießturm, kombiniert mit Plattformaufzug für zweifachen Kübelaufzug mit je ³/₄ m³ Kübelinhalt. Die Kübel wurden hierbei mittels Winden an 2 gegenüber liegenden Seiten des Turmes außen hochgezogen und

Abb. 6. Bild der Hochbaustelle, Paketzustellamt München.

kippten in genau einstellbarer Höhe in einen zentral über dem Plattformaufzug aufgehängten Turmsilo. Von dem Silo aus gelangte der Beton durch ein doppelseitiges Gießrinnensystem von 26 m freier Ausladung zur Verteilung. Der Plattformaufzug im Innern des Turmes diente zum Heben von Steinen und sonstigem Material. Die größte Tagesleistung des Turmes betrug bei dieser Baustelle etwa 120 m³ Beton.

Der Gießturm vermag jedoch bei voller Ausnutzung und bei Erweiterung für vierfachen Kübelaufzug auf allen 4 Außenseiten in der Stunde bis zu 100 m³ Beton zu fördern.

Bei dem Bau wurden also folgende Maschinen verwendet:

1. Kraftmaschinen:

1 Dampflokomotive von 50 PS für den Materialzug,
1 Dampfmaschine von 40 PS für den Baggerantrieb,
1 Elektromotor M_1 von 45 PS zum Antrieb der Kiesquetsche,

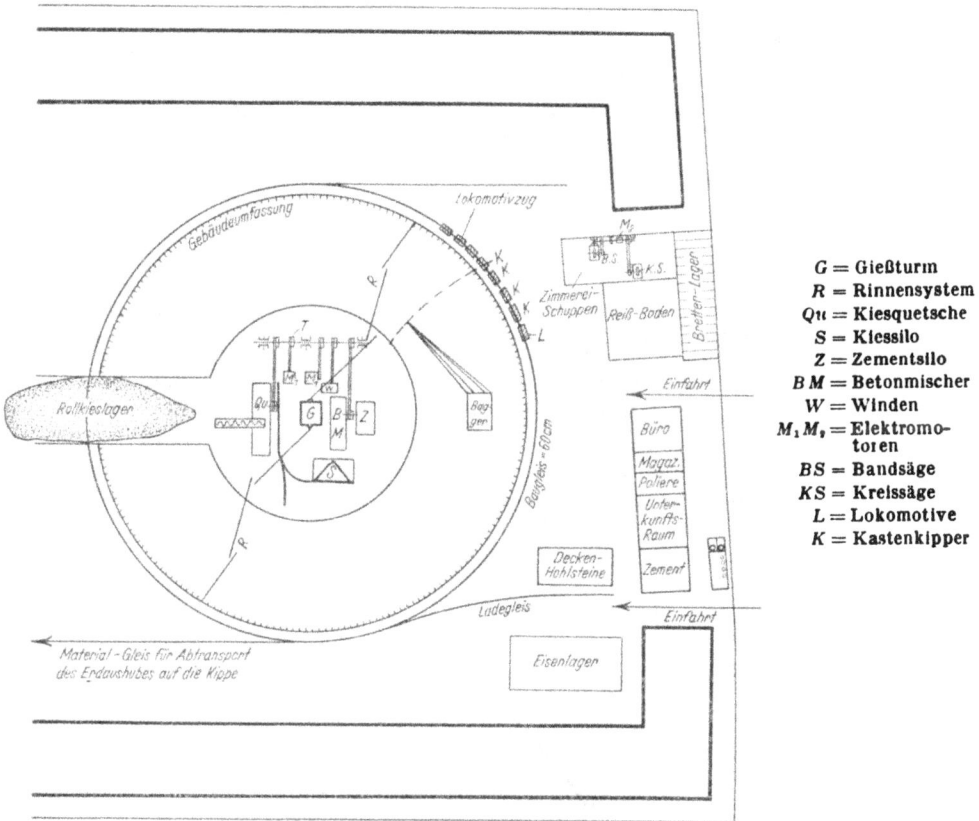

G = Gießturm
R = Rinnensystem
Qu = Kiesquetsche
S = Kiessilo
Z = Zementsilo
BM = Betonmischer
W = Winden
$M_1 M_2$ = Elektromotoren
BS = Bandsäge
KS = Kreissäge
L = Lokomotive
K = Kastenkipper

Abb. 7. Grundriß der Hochbaustelle.

1 Elektromotor M_1 von 45 PS zum Betrieb der Transmission für Betonmischer und Aufzugswinden,
1 Elektromotor M_2 von 9 PS zum Betrieb einer Kreis- und Bandsäge.

2. Arbeitsmaschinen:

1 amerikanischer **Raupen-Greifbagger** mit $\frac{3}{4}$ m³ Greiferinhalt und 40 PS Antriebs-Dampfmaschine.
1 Kiesquetsche für 8 m³ Stundenleistung mit 45 PS Kraftbedarf.

1 Betonmischmaschine für 14 m³ Stundenleistung bei 420 l je Mischung mit 15 PS Kraftbedarf einschließlich Betonaufzug.

1 Gießturm mit 2 fachem Kübelaufzug von je ¾ m³ Kübelinhalt, mit doppelseitiger Gießrinne von 26 m freier Ausladung.

1 Kreissäge KS und **1 Bandsäge** BS für Zimmerarbeiten.

C. Technische Maßeinheiten.

1. Grundeinheiten:

1 m für die Länge — 1 kg für die Kraft — 1 s für die Zeit.

2. Abgeleitete Einheiten:

Geschwindigkeit = Weg in der Zeiteinheit = [m/s] (Abb. 8), z. B. Umfangsgeschwindigkeit an der Kurbel einer Kraftmaschine oder an einer Riemenscheibe:

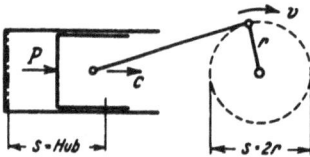

Abb. 8.
Umfangs- und Kolbengeschwindigkeit.

$$v = \frac{2\,r\,\pi\,n}{60} \ [\text{m/s}]$$

r = Kurbelhalbmesser in Meter einsetzen

n = Drehzahl in der Minute.

Mittlere Kolbengeschwindigkeit von Kraftmaschinen und Pumpen:

$$c = \frac{2\,s\,n}{60} = \frac{s\,n}{30} \ [\text{m/s}]$$

s = Kolbenhub in Meter einsetzen.

Arbeit = [kgm] = Kraft × Weg = $P \times s$ (unabhängig von der Zeit),

Leistung = [kgm/s] = Kraft × Weg in 1 s = $P \cdot c$.

Für die Technik haben sich verschiedene Einheiten als zu klein erwiesen, weshalb man größere Einheiten eingeführt hat.

3. Praktische Einheiten:

Leistung:

$$1 \text{ PS} = 1 \text{ Pferdestärke} = 75 \text{ mkg/s.}$$

Man unterscheidet bei Kolbenkraftmaschinen **indizierte Leistung** N_i (mit Indikator, Abb. 20, ermittelt), d. i. die Leistung, die im Arbeitszylinder erzeugt wird und **Nutzleistung** oder effektive Leistung N_e, d. i. die von der Kurbelwelle abgegebene Leistung; diese ist um die Reibungsverluste in den Triebwerksteilen geringer als die indizierte Leistung. Die Verluste werden berücksichtigt durch den

mechanischen Wirkungsgrad $\boxed{\eta_m = \dfrac{N_e}{N_i}}$

Wirkungsgrad $\eta_m = \dfrac{\text{abgegebene Nutzleistung}}{\text{zugeführte Leistung}}$.

Wirkungsgrad stellt immer das Verhältnis von zwei Energiegrößen dar.

Beispiel: Wie groß ist die indizierte Leistung einer Dampfmaschine, wenn ihre mittlere Kolbengeschwindigkeit $c = 5$ m/s und der mittlere Kolbendruck beim Hin- und Rückgang $P = 150$ kg beträgt?

$$N_i = \frac{P \cdot c}{75} = \frac{150 \cdot 5}{75} = 10 \text{ PS}_i.$$

Wenn der mechanische Wirkungsgrad 85% ist, so wird die Nutzleistung

$$N_e = \eta_m \cdot N_i = 0,85 \cdot 10 = 8,5 \text{ PS}_e.$$

Arbeit: 1 PS$_e$ h = 1 Pferdekraftstunde
$$= 75 \text{ mkg/s} \times \text{h} = 75 \text{ mkg/s} \times 3600 \text{ s}$$

$$\boxed{1 \text{ PS}_e\text{h} = 270\,000 \text{ mkg.}}$$

Die Arbeit von 1 PS$_e$h verrichtet eine Maschine, die 1 Stunde lang 1 PS$_e$ leistet. Diese Arbeitsgröße wird viel benützt für Betriebskostenberechnungen von Maschinen.

Drehmoment: in [mkg] bei Kurbeltrieben, Riemenscheiben und Zahnrädern.

$$\begin{array}{ccccc} \text{Drehmoment} & = & \text{Umfangskraft} & \times & \text{Halbmesser} \\ M_d & = & P & \times & r \end{array} \quad (r \text{ in Meter}).$$

Die Umfangsgeschwindigkeit ist $v = \frac{2\,r\,\pi\,n}{60}$ [m/s] und die übertragene Leistung $N = \frac{P \cdot v}{75}$ [PS]. Setzt man den Wert von v in diese Gleichung ein, so ergibt sich

$$N = \frac{P v}{75} = \frac{P \cdot 2 r \pi n}{75 \cdot 60} = \frac{P \cdot r \cdot n}{716} \text{ [PS].}$$

Leistung $\boxed{N = \frac{P \cdot r \cdot n}{716} = M_d \cdot \frac{n}{716}}$ [PS]

und daraus die Beziehung zwischen Drehmoment und Leistung

$$\boxed{M_d = Pr = 716 \frac{N}{n}} \text{ [mkg]}$$

Beispiel: Welches Drehmoment entwickelt ein 6-PS-Motor bei $n = 750$ Umdrehungen in der Minute.

$$M_d = 716 \cdot \frac{6}{750} = 5,7 \text{ mkg.}$$

Elektrische Leistung: 1 Watt = Volt × Ampere = Spannung × Stromstärke. Auch diese Einheit ist sehr klein, weshalb man in der Praxis als Einheit 1 Kilowatt = 1 kW = 1000 Watt verwendet.

Mit Hilfe der Beziehung $\boxed{1 \text{ PS} = 736 \text{ Watt} = 0,736 \text{ kW}}$ ergibt sich

$$\boxed{1 \text{ kW} = 1,36 \text{ PS} = 1,36 \times 75 = 102 \text{ mkg/s}}$$

Elektrische Arbeit: 1 Kilowattstunde = 1 kWh = 1,36 PS$_e$h = 1,36 · 270 000

$$\boxed{1 \text{ kWh} = 367\,000 \text{ mkg.}}$$

Druckmessung: Größere Drucke in Dampfkesseln und Druckluftapparaten werden in Atmosphären [1 at = 1 kg/cm²] gemessen, kleinere Drucke der atmosphärischen Luft in mm Quecksilber [mm Qu], Drucke in Pumpen in m Wassersäule [m W.-S.], sehr kleine Drucke in Gasbehältern oder Unterdrucke in Dampfkesselfeuerungen (= Zugstärke) in mm Wassersäule [mm W.-S.].

Technische Atmosphäre: 1 at = 1 kg/cm² = 735 mm Qu. = 10 m W.-S.
Physik. Atmosphäre: 1 atm = 1,033 kg/cm² = 760 mm Qu. = 10,33 m W.-S.

Barometer messen den absoluten Druck in mm Qu.

Manometer messen den Überdruck über den Atmosphärendruck in at.

Vakuummeter messen den Unterdruck unter den Atmosphärendruck in mm Qu. oder mm W.-S.

Manometer- und Vakuummeterablesungen sind also immer abhängig von dem jeweiligen Barometerstand. Beim Manometer spielt dieser Einfluß keine Rolle, wenn es sich um einige Atmosphären handelt (Dampfkessel), beim Vakuummeter dagegen

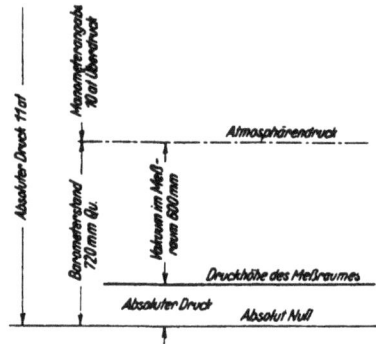

Abb. 9. Druckmessung.

fällt er sehr ins Gewicht. Bei einer einwandfreien Vakuumablesung muß demnach immer der Barometerstand angegeben werden.

Abb. 9 zeigt für einen Dampfkessel die Manometerangabe 10 at Überdruck = 11 at abs., sowie für einen Meßraum die Vakuumangabe 600 mm Qu. bei 720 mm Qu. Barometerstand.

Der absolute Druck im Meßraum ergibt sich zu 720—600 = 120 mm Qu., das Vakuum in % zu

$$\frac{600}{720} \cdot 100 = 85 \%.$$

II. Kraftmaschinen.

Die im Bauwesen verwendeten Kraftmaschinen kann man einteilen in:

1. **Dampfmaschinen** (feststehende Maschinen für Bagger, Rammen; ferner bewegliche für Lokomobilen, Lokomotiven).

Sie nützen die Spannkraft des Wasserdampfes aus, wobei die Wärme außerhalb der Maschine in besonderen Dampfkesseln erzeugt wird.

2. **Verbrennungskraftmaschinen** (Benzolmaschinen und Dieselmaschinen).

Bei ihnen wird die Spannkraft der plötzlich verpuffenden Gase oder verbrennenden Öldämpfe ausgenützt. Sie unterscheiden sich von den Dampfmaschinen wesentlich dadurch, daß bei ihnen die Wärme (durch Verbrennung) innerhalb der Maschine selbst erzeugt wird. Dadurch wird der Gesamtwirkungsgrad viel größer als bei Dampfmaschinen.

3. **Elektromotoren.** Bei diesen wird die Spannung des elektrischen Stromes zur Energieerzeugung nutzbar gemacht.

A. Dampfkraftanlagen.

1. Allgemeines.

Je nach der Beschaffenheit des Dampfes unterscheidet man Sattdampf und Heißdampf.

a) **Sattdampf** oder gesättigter Dampf wird in einem geschlossenen Gefäß unter Wärmezufuhr mittels einer Feuerung gebildet. Je nach der Wärmezufuhr kann er verschiedene Spannungen annehmen; er wird stets gesättigt sein, weil er immer mit dem Wasser in Berührung bleibt. Wird gesättigter Dampf abgekühlt, so beginnt er sofort sich niederzuschlagen, zu kondensieren. Bei Sattdampf entspricht einem bestimmten Druck eine ganz bestimmte Temperatur (die Verdampfungstemperatur). Die folgende Zahlentafel zeigt diese Abhängigkeit. So hat z. B. der Dampf von atmosphärischer Spannung (1 at absolut), d. i. der in einem offenen Gefäß erzeugte Dampf, rd. 100° C.

1	2	3	4	5	6	7	8	9	10	11	12 at abs.
rd. 100	120	133	143	151	158	164	170	174	180	183	187 °C.

b) **Heißdampf oder überhitzter Dampf** entsteht dadurch, daß der aus dem Dampfraum des Kessels entnommene Sattdampf durch Wärmezufuhr bei konstantem Druck in einem Röhrensystem, dem Überhitzer, weiter erwärmt wird. Es kann also nach Abb. 10 der Dampf von 10 at abs. (9 at Überdruck), entsprechend 180°, auf 300° bis 350° bei gleichbleibendem Druck überhitzt werden. Der Heißdampf hat die Eigenschaft, daß er sich bei Abkühlung nicht sofort niederschlägt, sondern seine Temperatur sinkt bis zur Verdampfungstemperatur und von da ab kondensiert er bei weiterer Abkühlung.

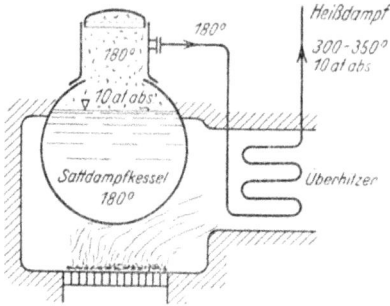

Abb. 10. Sattdampf und Heißdampf.

Speisewasser[1]): Für Kesselspeisezwecke soll möglichst weiches Wasser verwendet werden, um die Kesselsteinbildung gering zu halten. Meistens enthält das Wasser mehr oder weniger anorganische Salze gelöst. Unter diesen sind für den Dampfkesselbetrieb besonders unangenehm kohlensaurer Kalk, kohlensaure Magnesia und schwefelsaurer Kalk (Gips), die sich beim Erhitzen bzw. Verdampfen des Wassers allmählich in festen Krusten als Kesselstein ausscheiden.

Der Gehalt eines Wassers an Kalk und Magnesia wird als seine **Härte** bezeichnet. Man berechnet sie nach Härtegraden, und zwar entspricht **ein deutscher Härtegrad** 10 mg Kalk (CaO) in einem Liter Wasser oder 10 g in 1 m³ bzw. der äquivalenten Menge Magnesia. Durch Kochen wird der größte Teil der Bikarbonate (doppeltkohlensaure Salze) des Kalziums und Magnesiums als Karbonate gefällt, dagegen bleiben hauptsächlich deren Sulfate (Gips) gelöst.

Die Härte, welche ungekochtes Wasser zeigt, nennt man die Gesamthärte; die Härte des gekochten Wassers, das durch Zusatz von destilliertem Wasser auf das ursprüngliche Volumen gebracht wird, heißt die bleibende oder Nichtkarbonathärte; der Unterschied der beiden ist die vorübergehende oder Karbonathärte, d. i. die an Kohlensäure gebundene.

Wasser mit geringerer Härte, etwa bis 8 °, bezeichnet man als **weich,** bis 15° als **mittelhart,** darüber hinaus als **hart.** Weiches Wasser verursacht unmerkliche Kesselsteinbildung, hartes Wasser dagegen kann sehr viel Kesselstein bzw. Schlamm bilden, wenn das Wasser vor dem Eintritt in den Kessel nicht »gereinigt« wird.

Härtebestimmung: Ein sehr einfaches, genügend genaues Verfahren zur Bestimmung der Gesamthärte ist das von Boutron und Boudet

---

[1]) Siehe Zeitschrift des Bayer. Revisionsvereins 1910, Wasserreinigungsverfahren.

mit einer Seifenlösung. Die Untersuchung kann an Ort und Stelle in kurzer Zeit durchgeführt werden; die zugehörige Apparatur ist in einem Kästchen von $7 \times 9 \times 25$ cm untergebracht. Sie besteht nach Abb. 11 aus einem mit Stöpsel versehenen Glas von 60—80 cm³ Inhalt, das für 40 cm³ mit einer Marke versehen ist, ferner aus einem Glas mit Seifenlösung und einer Tropfbürette (Abb. 12) zur Auf-nahme der Seifenlösung.

Die Seifenlösung wird mittels einer Pipette durch die größere Öff-nung der Tropfbürette bis zum Kreisstrich über Null gefüllt. Die Bürette ergreift man mit Daumen und Mittelfinger der einen Hand; den Zeigefinger verwendet man zum Verschließen der größeren Öffnung. Durch Neigen der Bürette und Ab-heben des Zeigefingers läßt man einen Teil der Seifen-lösung durch die enge Öffnung in das zylindrische Stöpsel-glas, in dem sich das zu prüfende Wasser befindet. Das Glas wird mit der anderen Hand geschüttelt. Anfangs kann man die Seifenlösung nach jedesmaligem Schütteln in größerer Menge zugeben, zuletzt nur tropfenweise, bis der dadurch entstehende Schaum nicht mehr verschwin-det und sich etwa 5 min. unverändert auf der Ober-fläche der Flüssigkeit hält. Hierauf stellt man die Tropf-bürette auf eine ebene Fläche und liest die verbrauchten

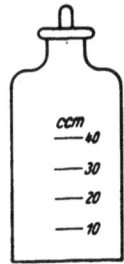
Abb. 11.
Meßglas.

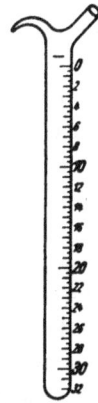
Abb. 12.
Tropfbürette.

Grade Seifenlösung ab. Die Ablesung ergibt französi-sche Härtegrade, durch Multiplikation mit 0,56 erhält man deutsche Härtegrade.

Von einem Wasser, dessen Härte 30 franz. Grade, also 16,8 deutsche Grade über-schreitet, wendet man nur 10 oder 20 cm³ an, füllt mit destilliertem Wasser bis zur Marke 40 cm³ auf und multipliziert das Ergebnis mit dem Verdünnungskoeffizienten.

Beispiele: 1. 40 cm³ Nürnberger Wasserleitungswasser gebrauchten 22⁰ Seifen-lösung, also

Gesamthärte: $22 \cdot 0,56 = 12,3$ deutsche Härtegrade.

2. 20 cm³ Rohwasser mit destilliertem Wasser zu 40 cm³ verdünnt, gebrauchte 26,3⁰ Seifenlösung.

Gesamthärte: $26,3 \times 2 = 52,6$ franz. Härtegrade oder $52,6 \cdot 0,56 = 29,5$ deutsche Härtegrade.

Die bleibende Härte bestimmt man in dem ausgekochten und filtrierten Wasser auf dieselbe Weise.

40 cm³ des (³/₄ Std.) ausgekochten Nürnberger Wasserleitungswasser gebrauch-ten 3⁰ Seifenlösung.

Bleibende Härte: $3 \times 0,56 = 1,7$ deutsche Härtegrade. Damit ergibt sich die Karbonathärte zu $12,3 — 1,7 = 10,6⁰$ deutsche Härtegrade.

Speisewasserreinigung: Auf Baustellen, wo man vielfach mit beweg-lichen Kesseln (Lokomotiven) zu tun hat, oder bei Baggern und Rammen, wo kein Platz zur Aufstellung von Wasserreinigern vorhanden ist, wird man etwa in folgender Weise auskommen:

Bei hauptsächlich mechanischen Verunreinigungen durch Schlamm, Sand wird eine genügende Reinigung durch Kiesfilter erzielt.

Bei weichem und mittelhartem Wasser kann man dem Wasser einen Zusatz geben, der die Kesselsteinbildner an der Abscheidung fester

Krusten verhindert. Als solcher Zusatz hat sich kalzinierte Soda sehr gut bewährt, die man in den Speisewasserbehälter entsprechend der Beschaffenheit des Rohwassers gibt. Man bekommt allerdings auf diese Weise die Kesselsteinbildner als Schlamm in den Kessel, aus dem man ihn durch regelmäßiges, öfteres Ablassen eines Teiles des Inhaltes entfernen muß. Außerdem sind eine Anzahl Kesselstein-Gegenmittel im Handel, vor deren Verwendung man den zuständigen Dampfkessel-Überwachungsverein befragen möge.

Bei sehr hartem Wasser ist wohl auf einer größeren Baustelle die Aufstellung eines Wasserreinigungsapparates nicht zu umgehen. Hierbei wird dem Wasser gewöhnlich Kalk und Soda zugesetzt und die Kesselsteinbildner werden im Apparat abgeschieden und entfernt.

Wässer mit reiner Karbonathärte und reiner Nichtkarbonathärte kommen selten vor. Für die Reinigung der ersteren Wässer braucht man theoretisch nur Kalk, für die letzteren nur Soda.

Für 1° Karbonathärte sind für 1 m³ Wasser etwa 20 g Ätzkalk notwendig.

Für 1° Nichtkarbonathärte sind für 1 m³ Wasser etwa 18,9 g kalz. Soda erforderlich.

In der folgenden Zahlentafel sind für einige Wässer die Härtegrade und der Bedarf an Zusatz von Kalk und Soda für 1 m³ angegeben.

Gesamte Härte, deutsche Grade .	8,4	10,1	15,2	21,1	28,9	47,3
Karbonathärte . . . deutsche Grade	7,4	6,9	11,8	13,4	17,3	17,0
Nichtkarbonathärte . » »	1,0	3,2	3,4	7,7	11,6	30,3
zur Reinigung nötig { Ätzkalk . . . g	151	181	315	245	320	370
für 1 m³ { kalzin. Soda . g	30	70	75	155	230	590

2. Dampfkessel.

Im Bauwesen verwendet man ausschließlich nicht eingemauerte Kessel, und zwar

stehende Kessel für Bagger, Rammen, Winden,
liegende für Lokomotiven, Lokomobilen und für Straßenwalzen
sowohl stehende als liegende Kessel.

a) **Stehende Kessel.** Diese werden als Röhrenkessel und Quersiederkessel ausgeführt. Die ersteren haben jedoch den Nachteil, daß die Rohre an den Stellen, wo sie in die Wände eingewalzt sind, leicht undicht werden. Es wird deshalb im allgemeinen der Quersiederkessel bevorzugt.

Abb. 13 zeigt einen solchen Quersiederkessel mit eingebautem Überhitzer von Bünger A.G. Düsseldorf. Die folgende Zahlentafel enthält die Hauptabmessungen solcher Kessel.

Wasserbe- rührte Heizfläche in m²	Rost- fläche in m²	Heizfläche d. Über- hitzer in m²	Lichter Durchm. D mm	Kamin- durchm. d mm	Ganze Höhe H mm	Über- druck in at	Feuer- büchs- durchm. D₁ mm	f. Löffel- bagger m. Löffel von m² Inhalt
10	0,7	2,35	1100	360	2600	8	950	0,4
13	0,87	3	1200	400	2750	8	1050	0,6
16	1,04	3,6	1300	450	2900	8	1150	0,8
18	1,13	4,5	1400	475	3100	8	1200	1
20	1,33	5,4	1500	500	3400	8	1300	1,3
22	1,43	6,3	1600	540	3700	8	1350	1,7
24	1,65	7,2	1700	600	4000	8	1450	2

b) **Lokomobilkessel** wurden früher als reine Sattdampfkessel gebaut; neuerdings werden auch im Baufach Kessel mit eingebauten Überhitzern

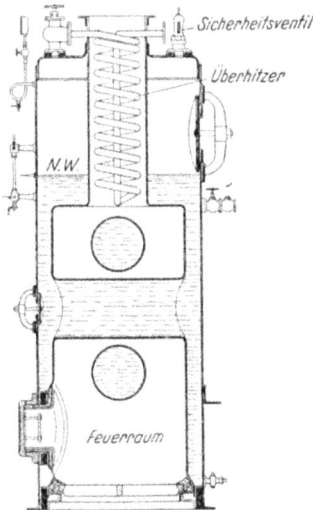

Abb. 13. Quersiederkessel (Bünger, Düsseldorf).

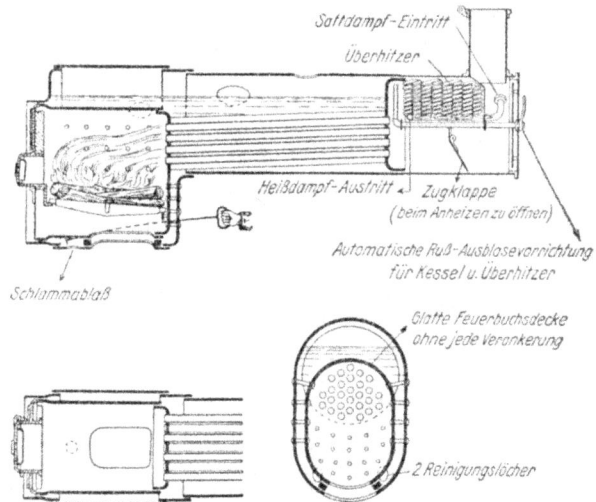

Abb. 14. Feuerbüchskessel (Lanz, Mannheim)

verwendet. Im übrigen unterscheidet man in bezug auf die Ausführung Feuerbüchskessel (Abb. 14) und Kessel mit ausziehbarem Röhren- system (s. Abb. 27). Bei den ersteren wird die Feuerbüchse vorteilhaft oval ausgeführt, damit die Verankerung der Feuerbuchsdecke wegfällt. Die Feuerbüchse selbst ist nur mit wenigen Stehbolzen am Kesselmantel gehalten. Der ausziehbare Röhrenkessel hat den Vorteil, daß die Feuer- büchse (Wellrohr) mit Rohrsystem zur Reinigung aus dem Kessel gezogen werden kann. Das Röhrensystem ist mit den Stirnwänden des Kessels durch Verschraubung mit Asbestabdichtung verbunden.

c) **Lokomotivkessel** werden nur als Feuerbüchskessel ausgeführt, Abb. 14. Die Heizrohre (sog. Siederohre) sind in die Rauchkammerwand mittels Siederohrdichtmaschinen eingewalzt; an der Feuerbuchswand wer- den sie eingeschraubt, eingewalzt, umgebördelt und verstemmt (s. S. 293).

Für den Betrieb und die Beurteilung der Wirtschaftlichkeit eines Kessels ist wissenswert:

Heizfläche H: D. i. die Fläche der Kesselwand, die auf der einen Seite von den Heizgasen bestrichen und auf der anderen Seite vom Wasser bespült wird.

In der Regel wird die auf der Feuerseite gemessene Fläche als Heizfläche angegeben. Bei Lokomobil- und Lokomotivkesseln ist die feuerberührte Heizfläche, die hauptsächlich aus der inneren Fläche der Heizrohre besteht, kleiner als die wasserberührte Heizfläche. Bei Wasserrohrkesseln dagegen ist die von den Heizgasen bestrichene äußere Rohroberfläche größer als die innere, wasserberührte Fläche.

Heizflächenbeanspruchung oder Kesselleistung $\dfrac{D}{H}$: D. i. die auf $1\,\mathrm{m}^2$ Heizfläche in der Stunde erzeugte Dampfmenge.

$$\frac{D}{H} = \frac{\text{stündliche Dampfmenge}}{\text{Heizfläche}}.$$

Rostbeanspruchung $\dfrac{B}{R}$: D. i. die auf $1\,\mathrm{m}^2$ Rostfläche in der Stunde verbrannte Kohlenmenge.

$$\frac{B}{R} = \frac{\text{stündlich verheizte Kohlen}}{\text{Rostfläche}}.$$

Verdampfungsziffer x: D. i. die mit 1 kg Kohle erzeugte Dampfmenge

$$x = \frac{D}{B} = \frac{\text{stündliche Dampfmenge}}{\text{stündliche Kohlenmenge}}.$$

Heizwert des Brennstoffes: D. i. die Anzahl Kalorien, die bei der vollkommenen Verbrennung von 1 kg Kohle frei wird.

Kalorie = Wärmeeinheit: D. i. die Wärmemenge, welche erforderlich ist, um 1 kg Wasser um 1° C zu erwärmen.

Die folgende Zahlentafel gibt für einige Brennstoffe Werte aus der Praxis an.

Brennstoff	Heizwert cal/kg	Kesselleistung kg/m²h	Rost- beanspruchung kg/m²h	Ver- dampfungs- ziffer
Steinkohle	7000 -:- 7500	16 -:- 20	70 -:- 120	6 : 8
Braunkohle	2400 -:- 3200	15 -:- 20	130 -:- 180	2,2 : 3
Torf	3000	14 -:- 18	120	1,5 -:- 2,5
Holz	3800	14 -:- 18	100 : 200	2 : 3

Allgemeine polizeiliche Vorschriften über die Anlegung von Landdampfkesseln.

Wasserstandsmarke: Der für den Dampfkessel festgesetzte niedrigste Wasserstand (N. W.) ist durch eine Strichmarke dauernd kenntlich zu machen.

Wasserstandsvorrichtungen: Jeder Kessel muß 2 Speisevorrichtungen haben, von denen die eine ein Wasserstandsglas sein muß. Die Vorrichtungen müssen gesonderte Verbindungen mit dem Innern des Kessels haben. Werden Probierhähne oder Probierventile als 2. Vorrichtung angewendet, so ist die unterste dieser Vorrichtungen in der Ebene des festgesetzten niedrigsten Wasserstandes unterzubringen.

Feuerzüge: Die Feuerzüge müssen an ihrer höchsten Stelle mindestens 100 mm unter dem festgesetzten niedrigsten Wasserstand liegen. Bei Kesseln, deren Wasseroberfläche kleiner als das 1,3fache der gesamten Rostfläche ist, muß dieser Abstand mindestens 150 mm betragen.

Speisevorrichtungen: Jeder Dampfkessel muß mit mindestens zwei zuve rlässigen Vorrichtungen zur Speisung versehen sein, die nicht von derselben Betriebsvorrichtung abhängig sind, z. B. 1 Injektor von Kesseldampf betrieben und eine Kolbenpumpe von der Maschine angetrieben. Handpumpen sind nur zulässig, wenn das Produkt aus Heizfläche in m² und der Dampfspannung in atü die Zahl 120 nicht übersteigt·

Speiseventile: In jeder Speiseleitung zum Kessel muß ein Speiseventil (Rückschlagventil) sein.

Absperr- und Entleerungsvorrichtungen: Jeder Kessel muß mit einer Vorrichtung versehen sein, durch die er von der Dampfleitung abgesperrt werden kann. Außerdem muß er eine zuverlässige Vorrichtung zum Entleeren besitzen.

Sicherheitsventil: Jeder bewegliche Kessel ist mit mindestens zwei zuverlässigen Sicherheitsventilen zu versehen. Die Sicherheitsventile dürfen höchstens so belastet werden, daß sie bei Eintritt der für den Kessel festgesetzten Dampfspannung den Dampf entweichen lassen.

Fabrikschild: An jedem Dampfkessel muß die festgesetzte höchste Dampfspannung, der Name und Wohnort des Herstellers, die laufende Fabriknummer und das Jahr der Anfertigung angegeben sein.

Anmeldung: Bevor ein beweglicher Kessel in dem Bezirk einer Ortspolizeibehörde in Betrieb genommen wird, ist der letzteren von dem Betriebsunternehmer oder dessen Stellvertreter unter Angabe der Stellen, an welcher der Betrieb stattfinden soll, Anzeige zu erstatten.

Prüfungen und Revisionen (ausgeführt durch den zuständigen Dampfkessel-Überwachungsverein).

Wasserdruckprobe: Spätestens nach **6 Jahren** muß jeder bewegliche Kessel zur Feststellung etwa eintretender Formänderungen und der Dichtigkeit des Kessels einer Wasserdruckprobe unterworfen werden. Sie erfolgt bei Dampfkesseln bis zu 10 at Überdruck mit dem 1½fachen Betrage des Überdruckes; bei Kesseln über 10 at Überdruck mit einem Druck, welcher den beabsichtigten Überdruck um 5 at übersteigt.

Für die Ausführung der Druckprobe muß der Kessel vollständig mit Wasser gefüllt werden; in seinem höchsten Punkt muß eine Öffnung angebracht sein, durch die beim Füllen die Luft entweichen kann. Die Kesselwandungen müssen dem Probedruck widerstehen, ohne eine bleibende Veränderung zu zeigen, und ohne das Wasser bei dem höchsten Drucke in anderer Form als der von Perlen durch die Fugen dringen zu lassen.

Innere Revision: Jeder bewegliche Kessel ist alle **3 Jahre** einer inneren Revision zu unterziehen. Dieselbe erstreckt sich auf den Reinigungszustand des Kessels im Innern und in den Feuerzügen (Heizrohren), auf den Zustand der Kesselwandungen, auf den Feuerraum, auf Rost, Anker und Stehbolzen.

Äußere Revision: Jeder bewegliche Kessel ist mindestens alljährlich einer äußeren Revision zu unterwerfen; sie erfolgt ohne vorherige Anmeldung des Revisionsbeamten.

Sie erstreckt sich auf die Prüfung von:

1. Manometer in bezug auf richtige Anzeige durch ein Kontroll-manometer,
2. Wasserstandsvorrichtung,
3. Sicherheitsventilen,
4. Speisevorrichtungen,
5. Speiseventilen,
6. Ablaßvorrichtung,
7. Kesselwärter in bezug auf Bedienung, Heizung, Betriebsregeln.

Über die Prüfungen ist eine schriftliche Bescheinigung auszustellen (Revisionsbuch).

Die für die Wasserdruckprobe und die innere Revision nötigen Vorbereitungen werden vom zuständigen Überwachungsverein angegeben.

Störungen im Dampfkesselbetrieb[1]).

1. **Wasserstandsglas:** es muß den im Kessel vorhandenen Wasserstand richtig anzeigen (Abb. 15). Die Hähne dürfen nicht mit Schlamm, Stein oder Dichtungsgummi verlegt sein (Abb. 16).

Ist die untere oder obere Verbindung des Wasserstandsglases mit dem Kesselinnern verstopft, so bildet sich im Wasserstandsglas gewöhnlich ein höherer Wasser-

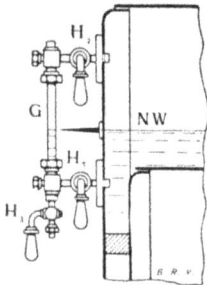

Abb. 15. Wasserstandsglas.   Abb. 16. Probierhahn.

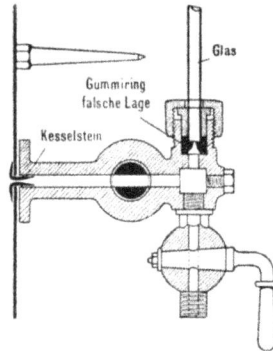

stand als im Kessel. Es kann bei gleichbleibendem Stand im Glas der Wasserstand im Kessel zurückgehen, die Feuerbüchsdecke und Rohre sind nicht mehr mit Wasser bedeckt, sie erglühen, biegen sich durch, die Rohre lecken.

---

[1]) Zeitschrift des Bayr. Revisionsvereins 1922, S. 139.

Ist H_1 verlegt, dann kann sich das Glas mit Tropfwasser von oben füllen. Es muß also vor jedem Anheizen Wasser aus dem Glas abgelassen werden und man muß achtgeben, ob das Glas sich durch den Kanal H_1 wieder füllt. Während des Betriebes soll man täglich einige Male abwechselnd H_1 und H_2 absperren und mit Hilfe des Ausblashahnes H_3 feststellen, ob die Wege frei sind. Ist H_1 abgesperrt, dann kann durch H_2 nur Dampf ausströmen, im anderen Falle durch H_1 Wasser. Unregelmäßigkeiten sind zu beseitigen: Nach Abnahme der Putzschraube kann man den Kanal H_2 durchstoßen und vom Ausblashahn her nachsehen, ob nicht etwa der Dichtungsgummi verquollen ist. (Verquollenen Gummi abschneiden.)

An der 2. Wasserstandsvorrichtung, den P r o b i e r -
h ä h n e n , prüft man, ob Wasser oder Dampf herauskommt (Abb. 17 u. 18). Einen aus dem W a s s e r r a u m austretenden Dampfstrahl (das Wasser verdampft sofort) erkennt man daran, daß er breiter ist und ein stärkeres, dumpfes Geräusch erzeugt als der Dampfstrahl aus dem D a m p f -
r a u m , der ein mehr zischendes Geräusch gibt. Dem raschen Undichtwerden der Wasserstandshähne kann man dadurch entgegenarbeiten, daß man die Hähne, etwa wöchentlich einmal, mit guter Hahnschmiere einfettet. Undichte Hähne müssen sachgemäß eingeschliffen werden.

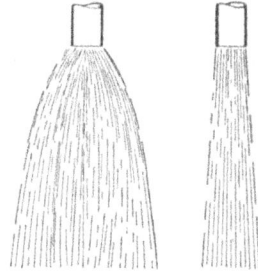

Abb. 17.   Abb. 18.
Dampfstrahl.

2. **Speisevorrichtungen:** Der Kolben der Maschinenpumpe kann undicht werden. In die Stopfbüchse sind gute Dichtungsschnüre oder in Talg getränkte Hanfzöpfe einzusetzen und die Schrauben der Brille gleichmäßig anzuziehen. Zur geringen Abnützung des Kolbens ist oftmaliges Schmieren mit gutem Öl notwendig.

Die Pumpe versagt, wenn das Speisewasser durch den Abdampfvorwärmer zu heiß wird (Pumpengehäuse mit kaltem Wasser abkühlen) oder wenn das Saugrohr nicht luftdicht schließt infolge zu starken Anziehens der Verschraubung oder durch Verbiegen des Saugrohres, oder durch Verunreinigung des Wassers im Speisebehälter durch Holzspäne, Blätter, Putzwollfäden ... (Ventilkegel der Pumpen nachsehen und reinigen).

Die Speisedruckleitung zwischen Pumpe und Kessel darf nicht verlegt oder aus Versehen abgesperrt sein.

Der Umstellhahn an der Pumpe, der einer starken Abnützung ausgesetzt ist, wird häufig undicht und soll alljährlich instand gesetzt werden.

Auch die Ventilkegel sollen alljährlich nachgesehen werden, da die Pumpe versagt, wenn die Führungsstifte der Ventilkegel durch starke Abnützung brechen oder wenn die Anschlagzapfen der Kegel stark abgenützt werden.

Der Injektor ist besonders gegen Verschmutzen sehr empfindlich. Bei reinem Wasser und häufiger Benützung versagt er kaum. Der Injektor saugt heißes Wasser nicht an.

Sehr gefährlich ist für den Kessel ölhaltiges Speisewasser. Wird das Speisewasser unmittelbar durch Maschinenabdampf vorgewärmt, so hält man zweckmäßig den Wasserspiegel im Speisebehälter hoch und schöpft das Öl öfters ab.

3. **Feuerung:** Verbogene oder fehlende Roststäbe sind die Ursache, daß zuviel schädliche Luft in die Feuerung tritt; dies hat eine Verminderung des Wirkungsgrades und Abkühlung der Rohrwand zur Folge.

Der Rost soll immer gleichmäßig, jedoch nicht zu hoch, mit Brennstoff bedeckt werden.

Die Feuertüren müssen gut abschließen und sind bei der Bedienung so rasch wie möglich zu öffnen und zu schließen.

2*

Rostspalten müssen fleißig gereinigt werden, damit sie der Luft ungehinderten Durchgang gewähren.

Die Feuerzüge, besonders die Heizrohre, müssen stets sauber gehalten werden.

4. **Aschenkasten, Funkenfänger, Rauchkammer:** Der Aschenkasten muß gut an den Kessel anschließen und darf wegen der sonst gegebenen Feuersgefahr nicht schadhaft sein. Der Aschenkasten muß während des Betriebes stets mit Wasser gefüllt sein und sauber gehalten werden.

Die Rauchkammer ist sauber und dicht zu halten, ihre Türen müssen funkendicht abschließen. Auf der Sohle der Kammer befindet sich ein Loch zum Abfließen des Tropfwassers; dieses Loch ist stets freizuhalten, weil sonst die Asche feucht wird und die Rauchkammer rostet.

Funkenfänger müssen täglich gründlich gereinigt werden. Die Beseitigung der Asche soll in der Nähe von Gebäuden erst morgens vor dem Anheizen geschehen, wenn die Asche vollständig erkaltet ist. Die im Innern des Funkenfängers sitzende Abstoßplatte muß, wenn durch Rost geschwächt, rechtzeitig erneuert werden. Auch die Putzdeckel des Funkenfängers müssen, wenn solche vorhanden sind, während des Betriebes gut geschlossen gehalten werden.

5. **Sonstige Ausrüstungsteile:** Sicherheitsventile und Manometer sind auf ihre Gangbarkeit zu prüfen. Am Sicherheitsventil darf nichts geändert werden. Der Manometerhahn muß gut schließen, da sonst infolge Wasserverlustes in der Manometerleitung das Manometer Dampf erhält und dadurch zu heiß und leicht beschädigt wird.

Reinigung des Kessels insbesondere bei Lokomobilen.

1. **Tägliche Reinigung:** Rauchzüge, Feuerbüchse, Heizrohre, Rauchkammer, Funkenfänger sollen morgens vor dem Anheizen gereinigt werden. Feuchte Asche in der Rauchkammer ist zu entfernen.

2. **Jährliche Hauptreinigung** (bei längerer Betriebspause): Bei Außerbetriebsetzung muß man zunächst den Kessel von Öl und Schmutz reinigen; dann nach zurückgegangenem Kesseldruck den Aschenkasten abnehmen, den Rost herausnehmen, sowie Feuerbüchse, Heizrohre, Rauchkammer, Funkenfänger und Blechkamin gründlich von Ruß reinigen. Hierauf ist der Blechkamin abzunehmen und innerlich von Ruß zu säubern. Die der Witterung ausgesetzten Teile sind zweckmäßig mit temperaturbeständiger Farbe anzustreichen.

Weitere Reinigung: Feuerseite: In Rosthöhe, an den Roststabträgern entlang, ist die dort lagernde, oft schon verhärtete Asche zu entfernen, da sonst eine starke Abrostung der Feuerbüchswand eintritt.

Etwaige durchfeuchtete Rußablagerungen in der Rauchkammer sind wegen der Gefahr der Verrostung zu entfernen.

Ist die Feuerseite des Kessels möglichst mit Stahlbürste gereinigt, so sind sämtliche im Kesselkörper angebrachten Putzdeckel zu öffnen und nach Entfernen des Wasserinhaltes der Kesselsteinbelag gründlich zu entfernen.

Wasserseite: Hier erfolgt das Reinigen mit Werkzeugen verschiedenster Art (Stahlbürsten, Haken, Krücken).

Der Kesselstein in der Feuerbuchsrohrwand soll 2 mm nicht überschreiten.

Allzu häufiges Nachwalzen der Rohre bei Undichtwerden führt zum Reißen der Stege von der Rohrwand zwischen den einzelnen Rohren. Alle 7 Jahre sind die Rohre herauszunehmen und frisch mit metallischer Dichtung einzuwalzen.

Von der Feuerbuchsdecke und den Seitenwänden ist der Steinbelag gründlich mit langen Meißeln zu entfernen. Wird der Steinbelag zu dick, so beulen sich die Seitenwände ein oder es reißen die Stehbolzen.

Stein und Schlamm an der vordern Wand der Feuerbuchse und besonders um die Schürlochöffnungen sind gründlich zu entfernen.

Die Heizrohre sollen, wenn sie nicht herausnehmbar sind, durch leichtes Abklopfen der oberen Reihen in vollständig trockenem Zustand des Kesselinnern soweit erschüttert werden, daß der Stein abfällt.

Die noch verbleibenden Wasserreste im unteren Teil des Wasserkastens (infolge der Überhöhungen der Schlammöffnungen 3÷4 cm) müssen herausgetrocknet werden.

Bei Nichtbeseitigung dieses Wassers treten Verrostungen der Außenwände und des Verbindungsrahmens ein.

3. Dampfmaschinen.

Einteilung.

Die Dampfmaschinen kann man nach verschiedenen Gesichtspunkten einteilen.

a) Nach der Spannung des austretenden Dampfes in

Auspuffmaschinen (Diagramm Abb. 19). — Der Dampf tritt mit etwa atmosphärischer Spannung aus dem Zylinder. Diese Anordnung ist für einfache, billige Maschinen geeignet.

Kondensationsmaschinen (Diagramm Abb. 21). Der aus dem Zylinder austretende Dampf wird in einem Kondensator durch Abkühlung und zwar meist durch Einspritzen von kaltem Wasser niedergeschlagen (Einspritzkondensator). Dadurch wird das Volumen des Dampfes bedeutend verkleinert und es entsteht ein Unterdruck (Vakuum) im Kondensator gegenüber dem äußeren atmosphärischen Druck. Der Dampf hat also während der Ausströmperiode aus dem Zylinder eine niedrigere Spannung (Abb. 21) als bei der Auspuffmaschine (Abb. 19). Es ergibt sich demnach bei der Kondensationsmaschine bei gleichen Einströmdruck und gleicher Füllung εine größere Leistung, bei gleichem Einströmdruck und gleicher Leistung eine kleinere Füllung.

Daraus kann man ersehen, daß die Kondensationsmaschine im Dampfverbrauch wohl sparsam aber wegen der notwendigen Kondensationseinrichtung in der Anschaffung teuer und auch für Baubetriebe ungeeignet ist.

b) Nach der Art der Steuerung (Dampfverteilung) in

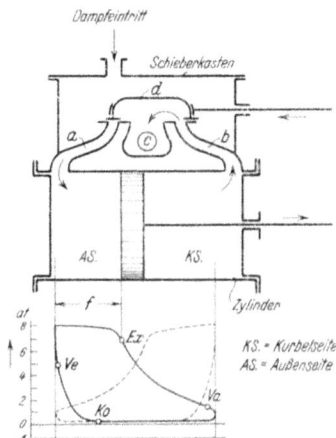

Abb. 19. Einzylinder-Auspuffmaschine.

f = Füllung (Einströmen von Frischdampf), Ex = Beginn der Expansion (Ausdehnung) des Dampfes, Va = Voraustritt des Dampfes aus dem Zylinder vor der rechten Kolbenumkehr (Totlage), Ko = Kompression des Restdampfes nach dem Ausströmen, Ve = Voreintritt des Dampfes in den Zylinder vor der linken Kolbentotlage.

Schiebermaschinen — Der Dampfeintritt und -austritt erfolgt durch Flach- oder Muschelschieber und Kolbenschieber.

Ventilmaschinen. — Der Dampf wird durch entlastete Ventile verteilt.

c) Nach der äußeren Bauart in **liegende** und **stehende** Maschinen; die stehenden haben den Vorteil des geringeren Platzbedarfes.

Im Bauwesen verwendet man wegen der Einfachheit und Billigkeit nur die Auspuffmaschine mit Schiebersteuerung in stehender und liegender Anordnung zum Betriebe von Lokomobilen, Lokomotiven, Kranen, Baggern, Rammen, Winden.

Arbeitsweise einer Einzylinder-Auspuffmaschine.

In Abb. 19 sind im Schema der Dampfzylinder mit Kolben und Kolben-stange, Dampfeintrittskanälen a, b, Dampfaustrittskanal c, Schieber d sowie das Indikatordiagramm dargestellt.

Der durch den Schieber gesteuerte Dampf strömt durch die Kanäle a b in den Zylinder und bewegt den mit Dichtungsringen versehenen Kolben hin und her. Die Kolbenstange durchdringt den Zylinderdeckel mittels einer Stopfbüchse und überträgt die Arbeitsleistung des Dampfes durch ein Kurbelgetriebe auf die Kurbel-welle (s. Abb. 28). Die Dampfmaschi-nen arbeiten alle doppeltwirkend, d. h. wenn eine gewisse Dampfmenge den Kolben in einer bestimmten Rich-tung bewegt hat, strömt frischer Dampf von der anderen Seite auf den Kolben und bewegt ihn in der ent-gegengesetzten Richtung.

In der Abb. 19 ist der Kolben in dem Augenblick des Beginnes der Expansion (Ex) für die Deckelseite des Zylinders ge-zeichnet. Der Dampf tritt ja nur während eines Teiles des Hubes f (Füllung in % des Hubes) mit seinem vollen Druck in den Zylinder. Bei dem Punkt Ex des Diagramms schließt der Schieber den Dampfzutritt ab, der abgesperrte Dampf expandiert (dehnt sich aus). Nach Schluß der Expansion gibt der Schieber den Dampfaustritt frei (Va = Vor-austritt), der Dampf entweicht durch b, c, nachdem der Schieber inzwischen nach links gegangen ist. Beim Kolbenrückgang sperrt der Schieber vor Ende des Kolben-hubs den Dampfaustritt wieder ab (Ko = Kompression), es beginnt die Kompression des noch vorhandenen Dampfes, welches den Zweck hat, den beim Wechsel des Kolbenhubes (Totlage) im Gestänge auftretenden Stoß aufzufangen. Derselbe Arbeits-vorgang spielt sich auf der Kurbelseite (KS) ab (gestricheltes Diagramm).

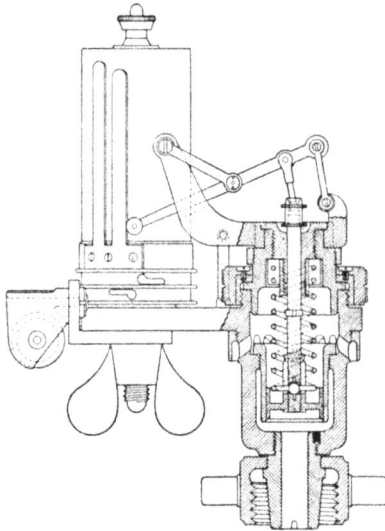

Abb. 20. Indikator
(Dreyer, Rosenkranz u. Droop, Hannover).

Im praktischen Betriebe werden diese Diagramme mit Hilfe von Indika-toren, Abb. 20, auf beiden Zylinderseiten abgenommen, daher die Bezeichnung Indikatordiagramme. In dem Diagramm erscheint als Abszisse der reduzierte Kolbenhub (Weg), der von einem Mitnehmer am Kreuzkopf mittels einer Hub-reduktionsrolle auf die sich hin- und herbewegende Trommel übertragen wird. Die Ordinaten stellen den jeweils im Zylinder herrschenden Druck (Kraft) dar und dieser wird vom Indikatorkolben und der entsprechend dem auftretenden Höchstdruck ein-zusetzenden Indikatorfeder auf das Schreibzeug und den Schreibstift übertragen. Die Diagrammfläche stellt dann einen Maßstab für die im Zylinder erzeugte indizierte Leistung dar.

Weichen die Diagramme auf beiden Zylinderseiten stark von der Form des Dia-grammes der Abbildung ab, so ist die Steuerung nicht in Ordnung und muß richtig eingestellt werden. Fehlerhafte Dampfverteilung hat hohen Dampfverbrauch der Maschine und damit großen Kohlenverbrauch zur Folge (s. S. 74).

Zum Vergleich sind noch in Abb. 21 das Diagramm einer Einzylinder-Kondensationsmaschine und in Abb. 22 die Diagramme von je einer Zylinderseite einer Zweizylinder-Verbundmaschine dargestellt; bei der Verbundmaschine expandiert der Dampf nacheinander in Hoch- und Niederdruckzylinder (z. B. bei großen Lokomobilen).

Diese Maschinen sind nicht zu verwechseln mit den Zwillingsmaschinen, die vielfach zum Antrieb von großen Baggern verwendet werden; sie bestehen aus zwei gleichgroßen Einzylindermaschinen mit gleicher Dampfeintrittsspannung, deren Kurbeln unter 90° versetzt sind. Abb. 28.

Bei Verbundmaschinen tritt der Dampf gemäß Abb. 22 aus dem Kessel mit 12 at Überdruck in den Hochdruckzylinder und entspannt sich durch die Volumenvergrößerung auf 2 at; hierauf gelangt er durch den sog. Aufnehmer in den Niederdruckzylinder, expandiert dort bis unter den Atmosphärendruck und

Abb. 21. Diagramm einer Einzylinder-Kondensationsmaschine.

tritt in den Kondensator (s. S. 21), in dem ein um so niedrigerer Druck herrscht, je kälter das Einspritzwasser ist, und je dichter der Kondensator nach außen abschließt. Das Gemisch von Einspritzwasser, niedergeschlagenem Dampf und eingedrungener Luft wird durch eine Pumpe entfernt.

Zur Indizierung dieser Maschinen hat man in die Indikatoren der 2 Zylinder verschiedene Federn einzusetzen, und zwar für den Hochzylinder solche mit der Aufschrift 12 kg und 5 mm, d. h. die Federn sind bei normalem Indikatorkolben (20 mm Durchm.) geeignet zum Indizieren von Maschinen mit 12 kg/cm² = 12 at zu erwartendem Höchstdruck.

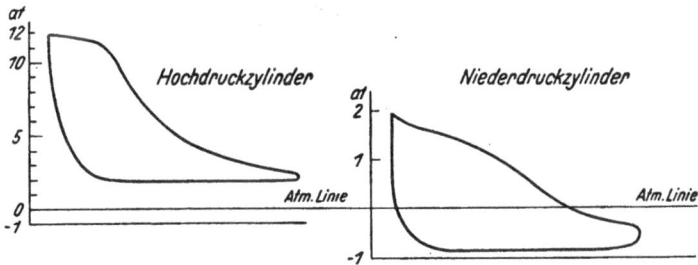

Abb. 22. Verbundmaschine.

Der Wert 5 mm ist der sog. Federmaßstab d. i. die Anzahl mm Schreibstifthub je 1 at. Für den Niederdruckzylinder verwendet man 2 kg Federn mit 30 mm Federmaßstab.

Um mit den Indikatorfedern, die gewöhnlich bis 14 oder 16 kg (at) gehen, viel höhere Drucke indizieren zu können, z. B. bis 40 at bei Dieselmaschinen (s. S. 31), setzt man an Stelle der normalen Kolbenbüchse eine kleinere Büchse mit Kolben ein. Es vergrößern sich dadurch die Drücke in dem Verhältnis, wie die Kolbenflächen sich verkleinern. Z. B. bei einem 10 mm Einsatzkolben ist die Kolbenfläche ¹/₄ der Fläche des normalen Kolbens von 20 mm Durchmesser. Man kann daher mit einer 10 kg Feder eine Maschine bis 4 × 10 = 40 at Höchstdruck indizieren.

Steuerung: Die regelmäßige Dampfverteilung auf beide Zylinderseiten bewirken die Steuerorgane Flachschieber, Kolbenschieber oder Ventile. Diese werden von der Kurbelwelle oder einer Steuerwelle aus durch Exzenter bewegt und bei veränderlicher Maschinenleistung entweder durch einen Regulator oder z. B. bei Baggern zur Umkehr der Bewegung (Umsteuerung) von Hand verstellt. Damit beim Rechtsgang des Kolbens in Abb. 19 der Schieber sich schon teilweise nach links bewegen kann, muß das Exzenter gegenüber der Kurbel um einen Winkel $(90 + \delta)$ voreilen. δ bezeichnet man als Voreilwinkel.

a) **Flach- oder Muschelschieber** (Abb. 19). In den Schieberkasten, der mit dem Zylinder aus einem Stück gegossen ist, tritt der frische Dampf aus dem Kessel. Der Schieber bewegt sich auf dem Schieberspiegel hin und her und steuert mit seinen äußeren Kanten den Dampfeintritt in den Zylinder und mit seinen inneren Kanten den Austritt. Der Muschelschieber hat den Nachteil, daß auf ihn der ganze Druck des Dampfes im Schieberkasten wirkt. Dieser Druck verursacht bei der Hin- und Herbewegung des Schiebers eine große Reibung. Man kann diesen Druck ausgleichen (entlastete Schieber), indem man den ebenen Schieber zu einem Zylinder ausbildet; man erhält dann den

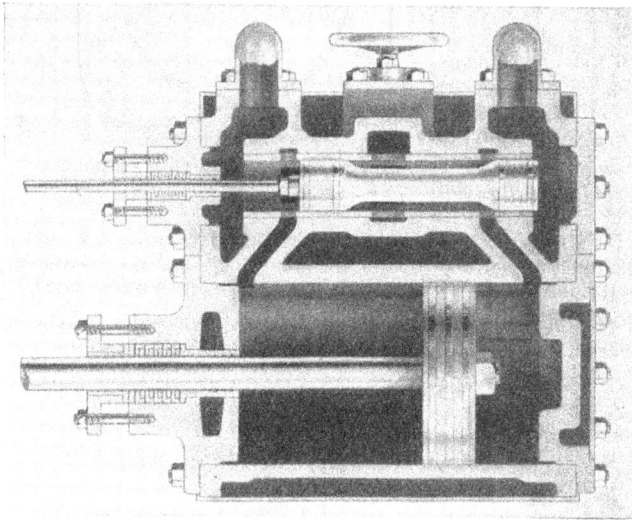

Abb. 23. Kolbenschiebersteuerung.

b) **Kolbenschieber** (Abb. 23). Hier steuern die beiden inneren Kanten den Dampfeintritt und die äußeren Kanten den Austritt. Dadurch, daß der Dampfdruck um den ganzen Schieber herum wirkt, sind diese Schieber entlastet.

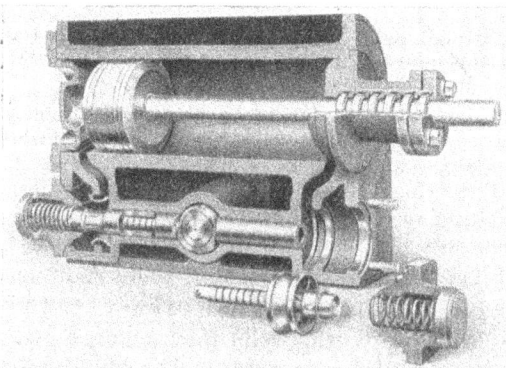

c) **Ventile.** Diese Art der Steuerung kommt bei kleinen Maschinen nur bei Lokomobilen von Lanz, Mannheim, Abb. 23a, vor. Die Ventile sind entlastete Doppelsitzventile, die mittels hohlen Spindeln mit sog. Labyrinthdichtungsnuten bewegt werden. Der Antrieb der Ventile erfolgt paarweise durch Steuerdaumen von der in der Zylindermitte liegenden Steuerwelle aus, die ihrerseits durch Exzenter von der Kurbelwelle aus eine schwingende Bewegung erhält. Durch Auf- und Ablaufen der auf Ventil-

Abb. 23a. Ventilsteuerung.

spindeln sitzenden **Rollen** auf den Steuerdaumen wird das Ventil gehoben und gesenkt und damit der Dampfkanal geöffnet und geschlossen.

d) **Umsteuerung.** Maschinen, die häufig vorwärts und rückwärts zu laufen haben, besonders Lokomotiven, erhalten Umsteuerungen.

Abb. 24 zeigt das Schema einer Stephenson-Umsteuerung mit 2 Exzentern in Mittelstellung gezeichnet.

Auf der Welle O sitzen fest aufgekeilt die beiden Exzenter E_v = Vorwärtsexzenter und E_r = Rückwärtsexzenter. E_v und E_r stellen gleichzeitig in der Abbildung die Mittelpunkte der Exzenterscheiben dar. Die beiden Exzentrizitäten OE_v und OE_r sind einander gleich. Die gesamte Schieberbewegung ist dann gleich zweimal Exzentrizität. Die Kurbel K bzw. der Kolben im Dampfzylinder steht in der hinteren Totlage. Die Exzenterstangen S_v und S_r greifen oben und unten an den Enden der Kulisse M an, die durch das Hängeeisen H und ein Hebel-

Abb. 24. Umsteuerung.

gestänge vom Führerstand aus gehoben und gesenkt werden kann. Der in der Kulisse gleitende und mit der Schieberstange D verbundene Kulissenstein C überträgt die Exzenterbewegung auf den Schieber. Wird von der Mittelstellung aus die Kulisse gehoben oder gesenkt, so greift sie mit verschiedenen Punkten an die Schieberstange und der Schieber wird gleichzeitig verschoben.

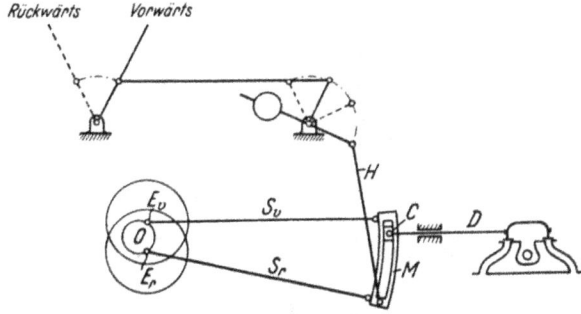

Vorwärtsgang: Durch Senken der Kulisse wird der Angriffspunkt des Steins bzw. der Schieberstange über die Mitte der Kulisse gelegt; diese wird hauptsächlich durch die Stange S_v des Vorwärtsexzenters geführt, die Maschine läuft vorwärts.

Rückwärtsgang: Beim Heben der Kulisse liegt der Angriffspunkt unterhalb der Mitte und es tritt das Rückwärtsexzenter in Tätigkeit, die Maschine läuft rückwärts.

Ruhestellung: In der gezeichneten Mittelstellung kann von der Ruhe aus eine Bewegung nicht eintreten, auch wenn der Regulator geöffnet wird, weil der Schieber entweder beide Kanäle schließt, oder wenn er einen Kanal um ein Geringes öffnet, die Kurbel im oder doch so nahe am Totpunkt steht, daß keine Bewegung erfolgen kann.

In den Zwischenstellungen arbeitet die Maschine mit verschiedenen Füllungen bzw. Leistungen vorwärts oder rückwärts.

Regulierung. Die fortwährenden Geschwindigkeitsschwankungen in einer Maschine können herrühren von der Veränderlichkeit des Kolbendruckes während einer Umdrehung und von der Änderung der äußeren Belastung. Die Schwankungen innerhalb einer Umdrehung gleicht das Schwungrad aus, während die Belastungsschwankungen von dem

Abb. 25.
Pendelregler

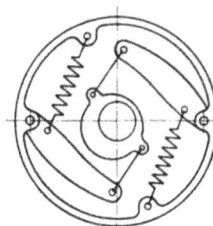

Abb. 26.
Achsenregler.

auf die Eintrittsspannung oder Eintrittsdauer (Füllung) des Dampfes einwirkenden Regulator ausgeglichen werden.

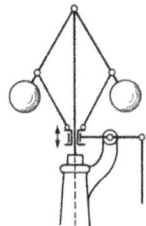

Die Regulatoren werden entweder als Zentrifugalpendelregler Abb. 25 oder Achsenregler Abb. 26 ausgeführt.

Die Zentrifugalregler wirken auf eine Drosselklappe und verändern dadurch die Eintrittsspannung oder verstellen den Schieber, wodurch die Füllung vergrößert oder verkleinert wird.

Die Achsenregler verstellen ein um eine feste Exzenterscheibe gelegtes bewegliches Exzenter, das durch die Exzenterstange den Schieber verstellt; es wird sowohl die Exzentrizität als auch die Voreilung des Exzenters gegenüber der Kurbelwelle verändert.

Ausführungen von Dampfmaschinen.

a) **Liegende Lokomobile:** Abb. 27 zeigt den Schnitt durch eine Heißdampflokomobile von R. Wolf, Magdeburg. Der überhitzte Dampf wird in einer Leitung im Dampfraum des Sattdampfkessels zur Dampfmaschine

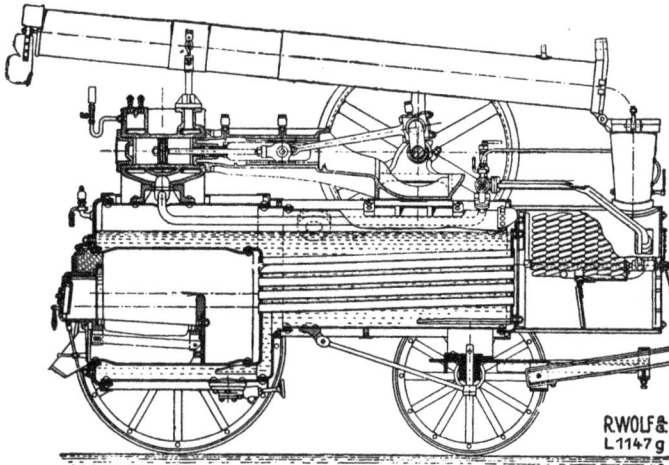

Abb. 27. Heißdampflokomobile (R. Wolf, Magdeburg)

geführt. Der Raum um den Dampfzylinder wird als Dampfdom benützt, der die Sicherheitsventile und das Manometer trägt.

Die folgende Zahlentafel gibt die wichtigsten Daten von Wolf-Heißdampflokomobilen an, wie sie für das Bauwesen hauptsächlich in Betracht kommen.

Modell L.H.F.	Leistung in PSe	Kohlen- verbrauch bei 7500 cal in kg/PSeh	Heizfläche wasser- berührt m²	feuer- berührt m²	Über- hitzer m²	Dreh- zahl min	Schwungrad Durch- messer mm	Breite mm
4 a	15/18/27	1,07	5,6	5,1	3,72	300	1250	130
5 a	18/22/33	1,06	6,5	5,93	4,5	300	1250	160
6 a	22/27/40	1,05	7,39	6,77	5,6	300	1250	180
7 a	27/35/50	1,04	8,84	8,07	5,9	300	1250	200
8 a	35/45/60	1,02	10,3	9,42	8,15	300	1250	230
9 a	48/60/75	1,00	12,44	11,37	9,76	280	1340	300

Für diese Maschinen ist bei 10 h Betrieb der Verbrauch an

Zylinderöl . . . . . 0,25 ÷ 0,50 kg
Lageröl . . . . . . 0,45 ÷ 0,75 »
Putzmittel . . . . 0,50 »

In der Zahlentafel sind 3 Leistungen angegeben: Die erste Leistung stellt die Normalleistung dar; ihr entspricht der angegebene Kohlenverbrauch. Die zweite Leistung gibt die dauernde Höchstleistung an und die dritte ist die vorübergehende Höchstleistung.

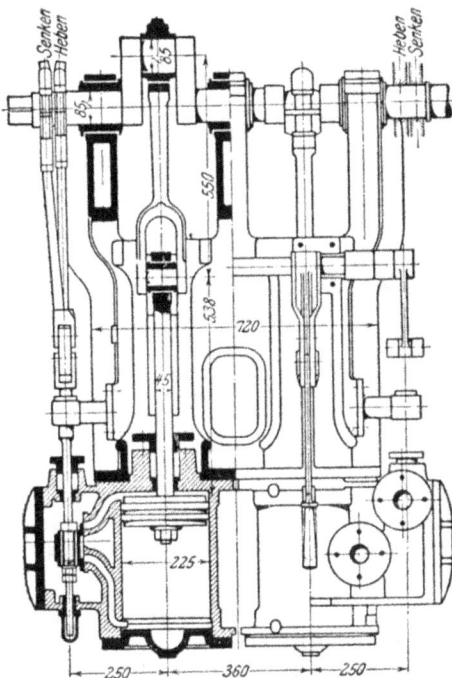

Abb. 28. Zwillingsmaschine
(aus Paulmann-Blaum, Bagger).

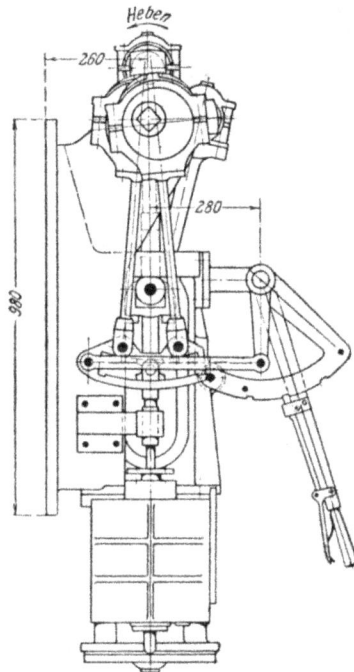

Abb. 29. Steuerung.

Der Kohlenverbrauch bezieht sich auf die Normalleistung bei gleichmäßiger Belastung und 7500 cal Heizwert für 1 kg Kohle. Für weniger gute Kohle wird er entsprechend größer. Für die Ermittlung des täglichen Gesamtkohlenverbrauches sind noch für Anheiz- und Stillstandsverluste 10 bis 20% hinzuzurechnen.

b) **Stehende Dampfmaschine:** Abb. 28 und 29 zeigen eine stehende Zwillingsmaschine mit zwei gleichgroßen und gleicharbeitenden Hochdruckzylindern, wie sie häufig zum Antrieb von Baggern und Windwerken verwendet werden.

c) **Lokomotive:** In Abb. 30 ist eine schmalspurige, zweiachsige
($^2/_2$ gekuppelte) Baulokomotive von Henschel & Sohn, Kassel, dargestellt.

Diese Lokomotiven werden mit Spurweiten von 600, 750 und 900 mm ausgeführt.
In der Zahlentafel auf S. 29 sind für diese Spurweiten die Hauptangaben der von obi-
ger Firma ausgeführten Baulokomotiven zusammengestellt. Die angegebenen Lei-
stungen sind annähernde Mittelwerte und unter Voraussetzung normaler Betriebs-
verhältnisse berechnet. Für den Zugwiderstand auf geradem, ebenem Gleis ist als
Durchschnittswert 5 kg für die Tonne Zuggewicht zugrunde gelegt. Die beförderten
Bruttolasten sind für Dauerleistungen ermittelt, die sich ohne Überanstrengung des
Kessels erreichen lassen. Auf kürzeren Steigungen für vorübergehende Mehrleistung

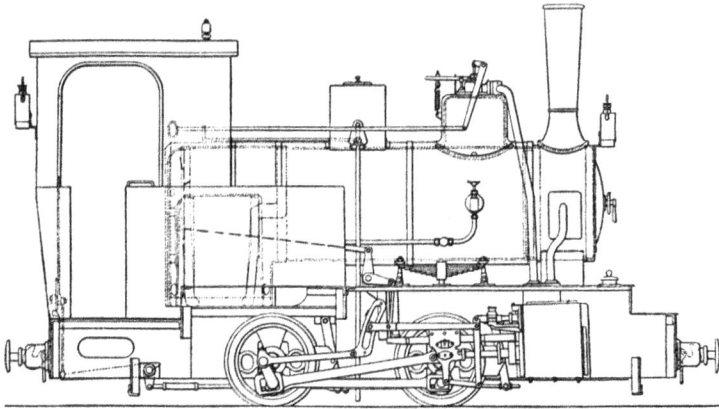

Abb. 30. Baulokomotive (Henschel u. Sohn, Kassel).

können die Lokomotiven entsprechend größere Bruttolasten ziehen. Die Beanspruchung des Kessels wurde für die wasserumspülte Heizfläche mit 3 bis 4 PS/m² bei
Steinkohlenfeuerung angenommen.

Inbetriebsetzung und Instandhaltung von Dampfmaschinen.

Die Maschinen werden zuerst angewärmt und bei geöffneten Ent-
wässerungshähnen angelassen.

Mit dem Anwärmen beginne man erst, wenn die Möglichkeit gegeben
ist, mit den vorhandenen Speisevorrichtungen den Kessel nachspeisen
zu können. Dies ist nur bei Handpumpen immer möglich, bei Maschinen-
pumpen erst, wenn die Maschine läuft und bei Injektoren bei einem Druck
von etwa 6 at.

Die Maschinen sind immer sauber zu halten und gleichmäßig zu
schmieren. Den wichtigsten Lagerstellen, der Kurbelwelle und dem Kolben
ist zweckmäßig das Öl durch Zentralschmierung mit Pumpen zuzu-
führen (Bosch-Öler), die bei geringem Ölverbrauch dauernd gleichmäßig
schmieren.

Angaben über 2/2 gekuppelte Baulokomotiven (Henschel & Sohn, Kassel).

Spurweite	mm	600	600	600	600	750	600	750	900	750	900	750	900	900	900	900
Leistung	PS	20	30	40	50	50	60	60	60	80	80	100	100	125	160	200
Zylinder Φ	mm	160	180	200	220	220	235	235	235	260	260	280	280	290	310	330
Hub	mm	200	250	250	300	300	300	300	300	360	360	360	360	430	430	430
Dampfüberdruck	at	12	12	12	12	12	12	12	12	12	12	12	12	12	12	12
Rostfläche	m²	0,25	0,30	0,35	0,40	0,40	0,45	0,45	0,45	0,53	0,53	0,60	0,60	0,70	0,80	1,00
Heizfläche	m²	8,9	12,3	16,1	18,5	18,5	22,0	22,0	22,0	28,0	28,0	30,3	30,3	38,5	44,0	53,0
Leergewicht	t	4,5	5,4	6,0	7,3	7,4	7,65	7,8	8,0	10,4	10,6	11,3	11,5	14,0	15,0	17,0
Dienstgewicht	t	5,6	6,75	7,5	9,0	9,3	9,8	10,2	10,5	13,1	13,4	14,5	15,2	17,6	19,0	22,0
Achsdruck	kg	2800	3380	3750	4500	4650	4900	5100	5250	6550	6700	7250	7600	8800	9500	11000
Zugkraft	kg	820	1060	1310	1660	1660	1890	1890	1890	2420	2420	2820	2820	3260	3720	4560
Beförderte Anhängelast auf gerader Steigung von: Ebene	t	126	174	240	281	281	361	360	360	470	470	546	546	590	677	817
2‰	t	88	122	169	198	198	253	252	252	331	331	385	385	416	478	577
5‰	t	60	83	115	136	136	175	174	174	228	228	265	265	286	329	397
10‰	t	38	53	74	87	87	113	112	112	147	147	172	172	185	213	257
20‰	t	20	28	41	48	48	64	63	63	83	83	97	97	104	120	145
30‰	t	13	18	27	31	31	42	41	41	55	55	65	65	69	80	97
40‰	t	8	12	19	22	22	30	29	29	40	40	47	47	49	58	71
50‰	t	6	8	14	16	16	23	22	22	30	30	35	35	37	44	54
Geschwindigkeit bei dieser Leistung	km/h	9	10	10	10	10	10	10	10	10	10	10	10	11	11	11
Größte Geschwindigkeit	km/h	12	15	15	20	20	20	20	20	25	25	25	25	30	30	30
Kleinster Krümmungshalbmesser	m	10	10	12	14	14	18	18	18	22	22	22	22	26	26	26
Länge ausschl. Puffer	mm	3400	3700	3900	4400	4400	4600	4600	4600	4800	4800	5000	5000	5400	5900	6000
Größte Breite	mm	1550	1700	1700	1700	1700	1700	1800	1800	1900	1900	2100	1900	2100	2200	2200
Größte Höhe	mm	2500	2800	2800	2800	2800	2800	2800	2800	3000	3000	3000	3000	3300	3300	3500

Störungen an Dampfmaschinen.

1. Stöße und Schläge treten auf bei Abnützung der Kurbel- und Pleuel-
   lager, Kreuzkopfführung oder durch Lockerung von Einzelteilen. Außerdem
   durch Wasseransammlungen (siehe 4.).
2. Heißlaufen von Lagern bei ungenügender Schmierung.
3. Undichtheiten von Kolben, Schiebern, Stopfbüchsen.
   Diese werden beseitigt
   bei Kolben: durch Auswechseln von Kolbenringen.
   bei Schiebern: durch Nachschaben (Klemmen der Schieberstange vermeiden)
   bei Stopfbüchsen: durch Auswechseln der Packung.
4. Wasseransammlung im Zylinder tritt ein, wenn der Kessel zu hoch
   gespeist ist und deshalb nasser Dampf in den Zylinder kommt. Größere
   Wasseransammlungen können zu Wasserschlägen führen, die für den Zylinder gefährlich werden können.
   Abhilfe: durch Öffnen der Ablaßhähne, besonders beim Anlassen der Maschine.

B. Verbrennungskraftmaschinen.

Einteilung.

Man kann sie einteilen nach dem Arbeitsverfahren in

a) **Verpuffungsmaschinen** — (verpuffungsartige Verbrennung). Bei
diesen Maschinen wird **Brennstoff-Luftgemisch** angesaugt und komprimiert, am Ende der Kompression das Gemisch durch eine besondere
elektrische Zündvorrichtung entzündet und es verbrennt bei an-
nähernd konstantem Volumen verpuffungsartig. Abb. 31 zeigt das Indikatordiagramm.

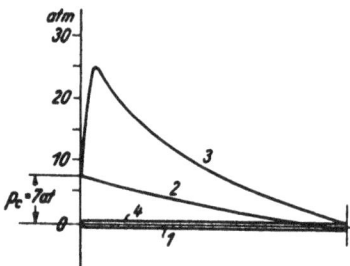

Abb. 31. Viertakt-Verpuffungsmaschine.　　Abb. 32. Viertakt-Gleichdruckdieselmaschine.

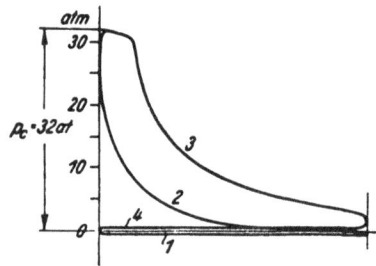

b) **Gleichdruckdieselmaschinen** — (Verbrennung bei gleichem
Druck). Dieselmaschine mit Luftkompressor. Hier wird in den
Arbeitszylinder nur Luft eingesaugt und diese auf etwa 32 at komprimiert.
In die hochkomprimierte, heiße Luft wird der Brennstoff eingespritzt; er
entzündet sich selbsttätig und verbrennt bei nahezu gleichem Druck. Die
Einführung des Brennstoffes erfolgt mit Hilfe von Preßluft von 50÷70 at,
die in einem besonderen Kompressor erzeugt wird (Lufteinspritzung).
Diagramm Abb. 32.

c) **Kompressorlose Dieselmaschinen** — (gemischte Verbrennung).
Dieselmaschine ohne Luftkompressor. Sie unterscheidet sich von

der Gleichdruckmaschine nur dadurch, daß der Brennstoff in die im Arbeitszylinder auf $25 \div 30$ at vorkomprimierte Luft unmittelbar durch die Brennstoffpumpe mit einem Druck von $80 \div 200$ at eingespritzt wird. Der Brennstoff entzündet sich ebenfalls selbsttätig. (Luftlose Einspritzung.) Diagramm Abb. 33.

Außerdem kann man die Verbrennungskraftmaschinen noch einteilen in

a) **Viertaktmaschinen,** wobei auf 4 Kolbenhübe oder 2 Kurbeldrehungen eine Arbeitsleistung trifft und

b) **Zweitaktmaschinen,** wobei auf 2 Kolbenhübe oder 1 Kurbeldrehung eine Arbeitsleistung erfolgt.

Brennstoffe: Die wichtigsten Brennstoffe sind nach ihrer Herkunft in der folgenden Zahlentafel zusammengestellt:

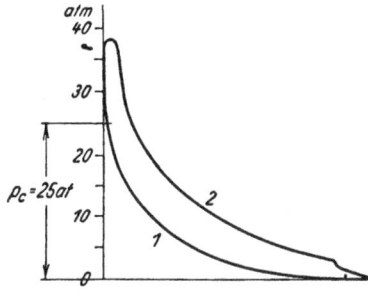

Abb. 33. Kompressorlose Zweitakt-Dieselmaschine.

Brennstoff	Destillate des Erdöls		des Steinkohlenteers		des Braunkohlenteers	
	Benzin	Gasöl	Benzol	Teeröl	Solaröl	Paraffinöl
Spez. Gewicht kg/lit	0,75	0,86—0,88	0,87	1,1	0,83	0,90
Heizwert . . . cal/kg	10200	9900	9600	9000	9700	9800
Preis für 100 kg M.	40	14	47	15	23	15
Siegegrenzen . . ⁰C	50—120	160—350	80—150	190—380	150—250	170—370
Eignung für Maschine	Verpuffg.	Diesel	Verpuffg.	Diesel	—	Diesel

Für Verpuffungsmotoren kommen nur die leichtflüchtigen Brennstoffe — Benzin, Benzol und deren Gemische — in Betracht, welche aber verhältnismäßig teuer sind. Neuerdings verwendet man auch das aus Braunkohlen hergestellte Benzin — Hallenser Autobetriebsstoff — (Hersteller: Werschen-Weißenfelser Braunkohlen A.G.), wovon 100 kg etwa 34 M. kosten (spez. Gewicht 0,80, Heizwert 10100 cal/kg, Siegegrenzen 50⁰—180⁰).

Für Dieselmotoren eignen sich mehr die schwerflüchtigen Öle, besonders das ausländische Gasöl, das infolge der Zollbegünstigung für Kraftzwecke einen sehr niedrigen Preis hat, und Paraffinöl.

Im Bauwesen findet man in der Hauptsache Viertakt-Verpuffungsmaschinen und kompressorlose Zweitakt-Dieselmaschinen.

Einen Viertaktmotor erkennt man an dem Vorhandensein von Ein- und Auslaßventilen und daran, daß beim langsamen Durchdrehen bei 2 Kurbelumdrehungen (Schwungraddrehungen) jedes Ventil nur einmal sich hebt. Der Kolben kommt bei einem ganzen Arbeitsspiel zweimal in die innere oder obere und zweimal in die äußere oder untere Totlage. Die eine innere Totlage (Zündtotlage) erkennt man daran, daß beide Ventile geschlossen sind, die andere daran, daß das Auslaßventil gerade schließt, das Einlaßventil eben öffnet.

Von den Zweitaktmotoren haben die kleineren in der Regel weder Einlaß-noch Auslaßventile. Einlaß und Auslaß werden durch Schlitze gesteuert. Die innere (Zünd-) Totlage erkennt man an dem schweren Durchdrehen bei der Kompression.

Im übrigen unterscheiden sich die beiden Motorgattungen wie überhaupt alle Verbrennungskraftmaschinen hauptsächlich durch die Art der Gemischbildung und der Regulierung.

1. Viertakt-Verpuffungsmaschinen.

Arbeitsweise (nach Abb. 34):

1. Hub = Ansaugen: Der Kolben geht bei geöffnetem Einlaßventil vor und saugt das Brennstoff-Luftgemisch an.

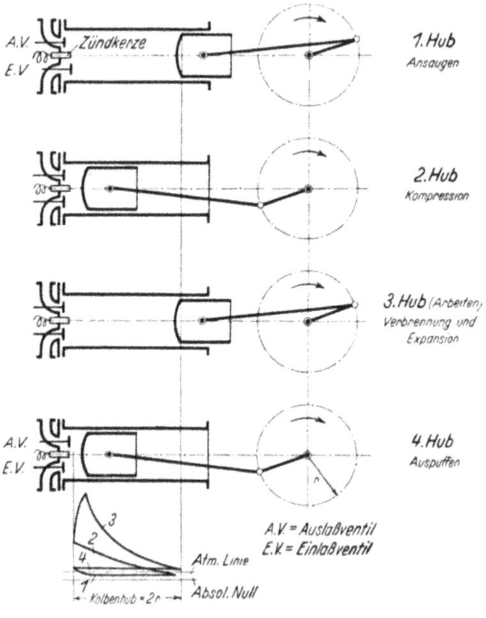

2. Hub = Kompression: Der Kolben geht zurück bei geschlossenem Einlaß- und Auslaßventil und drückt das Gemisch zusammen (komprimiert).

3. Hub = Arbeitshub: Das komprimierte Gemisch wird durch eine elektrische Zündvorrichtung entzündet und verbrennt explosionsartig. Durch die auftretende hohe Spannung von 20÷25 at wird der Kolben, Arbeit verrichtend, bewegt, wobei sich die Verbrennungsgase ausdehnen. Der Hub heißt Arbeitshub, weil nur während seiner Dauer Arbeit vom Kolben auf die Kurbelwelle übertragen wird. Für alle übrigen Hübe muß die Energie aus dem Schwungrad entnommen werden.

Abb. 34. Viertakt-Verpuffungsverfahren.

4. Hub = Auspuff: Der Kolben geht zurück und schiebt bei geöffnetem Auslaßventil die Verbrennungsrückstände ins Freie. Wegen der Strömungswiderstände in den Leitungen und Ventilen liegen die Ansaugspannung etwas unter und die Auspuffspannung etwas über der atmosphärischen Linie.

Abb. 35—37 zeigen einen liegenden, einfachwirkenden Viertaktmotor im Längsschnitt, Grund- und Seitenriß der Motorenfabrik Deutz.

Gemischbildung: Sie erfolgt durch die Vergaser. Dieser besteht nach Abb. 35 aus einer feinen Brennstoffdüse und einem Luftsaugstutzen mit Schlitzen. Beim Saughub des Kolbens entsteht im Zylinder ein

Vakuum, das sich bei geöffnetem Einlaßventil bis zum Vergaser fort-
pflanzt. Dadurch strömt die äußere atmosphärische Luft mit großer
Geschwindigkeit an der Brennstoffdüse vorbei und zieht Brennstoff
heraus, der in dem Vakuum verdampft und sich mit der Luft mischt.

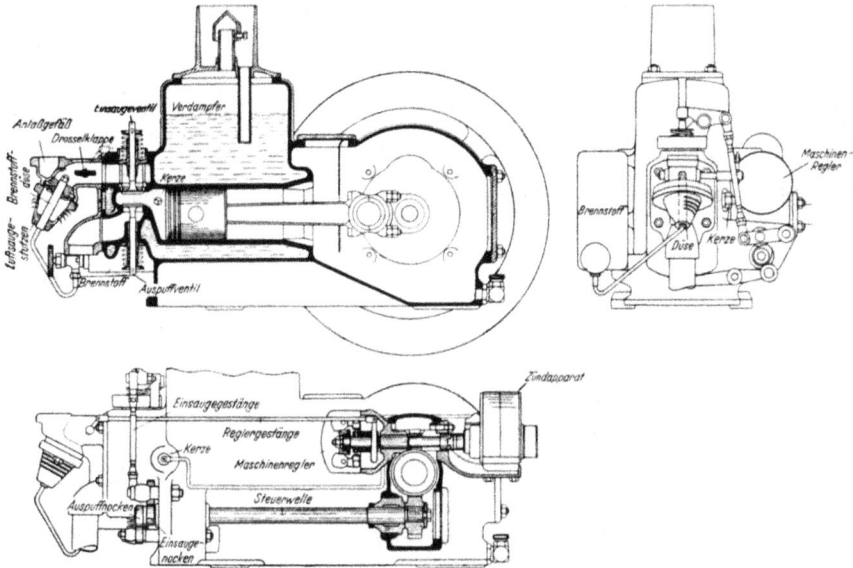

Abb. 35—37. Viertakt-Verpuffungsmaschine (Motorenfabrik Deutz).

Abb. 38 stellt das Schema eines normalen Benzinvergasers dar
(Spritzvergaser). Derselbe besteht aus dem Schwimmergehäuse mit
Schwimmer, Schwimmernadel mit Gewichtchen, Brennstoffdüse, Luft-
düse und Drosselklappe. Die
Schwimmereinrichtung hat
den Zweck, den Brennstoff-
stand im Schwimmergehäuse
immer gleich hoch zu halten,
etwa 1 mm unterhalb der
Mündung der Brennstoff-
düse.

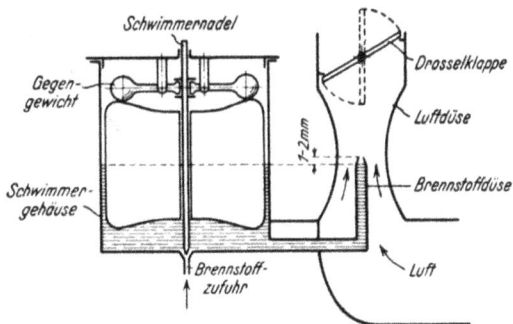

Abb. 38. Schema eines Spritzvergasers.

Steuerung: Einlaß- und Auslaßventile werden durch Nocken
und Hebel von der Steuerwelle
aus betätigt. Da beide Ventile
während der 4 Hübe oder 2 Kurbeldrehungen nur einmal geöff-
net werden, macht die Steuerwelle nur ½ mal soviele Umdrehungen als die Kurbelwelle (Übersetzung 1:2).

Regulierung: Der Regulator, der ein einfacher Pendelregler sein kann, wirkt auf
eine Drosselklappe in der Saugleitung zwischen Vergaser und Einlaßventil und läßt

Störungen an Verpuffungsmaschinen.

Störung	Ursache	Abhilfe
Sehr leichtes Durchdrehen	Ungenügende Kompression.	Ventile reinigen und einschleifen.
	Undichter Kolben.	Kolben und Ringe reinigen.
Motor läuft nicht an	Verschmutzte Zündkerze.	Kerze mit Benzin reinigen.
	Beschädigte Kerze oder Kabel.	Beide auswechseln.
	Brennstoff bleibt aus.	Leitung und Düse reinigen.
	Wasser im Brennstoff.	Leitung abschrauben und Wasser ablassen.
Motor bleibt nach einigen Umdrehungen stehen	Brennstoffmangel.	Düse weiterstellen.
Motor hat stoßenden Gang	Starke Verschmutzung des Verbrennungsraumes,	Verbrennungsraum reinigen,
	Spiel im Kurbelgetriebe.	Lager nacharbeiten.
	Falsche Zündstellung oder Steuerungs-Einstellung.	Beides prüfen.
	Gebrochene Kolbenringe.	Ringe auswechseln.
Motor knallt	Brennstoffzufuhr zu gering.	Düse weiter stellen.
	Brennstoffzufuhr verstopft.	Leitung und Düse nachsehen.
	Falsche Einstellung der Zündung und Steuerung.	Einstellung nachprüfen.
	Einlaßventil bleibt hängen.	Ventilführung reinigen und ölen.
Motor arbeitet unregelmäßig	Fehlerhafte Zündkerze.	Kerze reinigen und auswechseln.
	Abstand der Platinkontakte am Zündapparat zu groß.	Abstand richtig stellen 0,5 mm.
	Verschmutzen der Platinkontakte.	Reinigen mit Benzin.
Motor zieht nicht durch	Zu viel oder zu wenig Spiel zwischen Ventilhebel und Spindel.	Einstellen nach Vorschrift.
	Unrichtige Einstellung der Zündung.	Einstellung prüfen.
	Brennstoffzufuhr zu gering.	Düse weiter stellen.
	Zu hohe Belastung.	Motor entlasten.
	Auslaßventil undicht.	Ventil einschleifen.
Auspuff rußt	Zu viel Öl im Kurbelkasten.	Ölstand nachprüfen.
	Zu viel Brennstoff.	Düse enger stellen.

dadurch je nach der Belastung des Motors mehr oder weniger Gemisch in den Zylinder einströmen.

Zündung: 1. Abreißzündung (Niederspannung). — Bei den bisherigen älteren Motoren wird mit einem Magnetapparat, der ähnlich einer Dynamomaschine ist, ein Niederspannungsstrom von etwa 100 Volt erzeugt. Dieser Strom wird zu einem isolierten Stift einer Zündbüchse geleitet und dort mittels des Abreißgestänges unterbrochen. Dadurch entsteht ein hochgespannter Strom (Öffnungsstrom), der den Zündfunken bewirkt.

2. Kerzenzündung (Hochspannung). Mit einem ähnlichen Magnetapparat, der mit Nieder- und Hochspannungs-Ankerwicklung versehen ist, wird ein hochgespannter Strom von etwa 10000 Volt erzeugt und zu der isolierten Elektrode einer Zündkerze geleitet. Von dort springt der Strom unter Funkenbildung zu den anderen Elektroden (mit 0,5 mm Elektrodenabstand) über, die durch das Gewinde der Zündkerze leitend mit der Masse des Motors sowie des Magnetapparates und dadurch mit dem Anker verbunden sind, so daß der Strom wieder zurückfließen kann. Dieselbe Zündung wird auch bei Automobilmotoren verwendet.

Kühlung: Da die Verbrennung im Arbeitszylinder selbst stattfindet, treten sehr hohe Temperaturen auf, weshalb der Zylindermantel und Zylinderkopf des Motors gut mit Wasser gekühlt werden müssen. Der oben abgebildete Motor hat sog. Verdampfungskühlung, bei der das Kühlwasser allmählich so heiß wird, daß es langsam verdampft. Das in geringer Menge verdampfte Wasser kann leicht ersetzt werden. Man braucht deshalb bei derartigen Motoren täglich nur einige Liter Frischwasser nachzufüllen.

Beispiel: Um 600 Wärmeeinheiten (cal) durch das Kühlwasser abzuführen, braucht man bei der Umlaufkühlung bei 30° Erwärmung 20 kg Wasser (30 × 20 = 600 cal), während bei der Verdampfungskühlung nur 1 kg nötig ist. Um nämlich 1 kg Wasser von 40° in Dampf zu verwandeln, sind 60 + 540 = 600 cal erforderlich (540 cal = Verdampfungswärme von 1 kg Wasser).

Anlassen: Dies erfolgt bei den kleineren Motoren durch Andrehen mit Handkurbel. Um bei Benzolbetrieb auch im Winter eine sichere Anlaßzündung zu erreichen, ist oberhalb der Brennstoffdüse ein kleines Anlaßgefäß für Benzin eingebaut, wobei durch eine feine Bohrung ein dünner Strahl zusammen mit der Luft angesaugt wird. Nach Entleerung des Gefäßinhaltes ist die Maschine warm genug, um mit Benzol weiterlaufen zu können.

Instandhaltung: Es ist für größte Reinlichkeit zu sorgen und es sind besonders im Auge zu behalten die Zündkerze, die Ventile, der Kolben nebst Ringen und Bolzen sowie der Verbrennungsraum.

2. Kompressorlose Zweitakt-Dieselmaschine

(stehend, ohne Ventile, mit Schlitzsteuerung für Ein- und Auslaß).

Arbeitsweise (nach Abb. 39):

1. Hub = Kompression: Der Kolben geht nach aufwärts, komprimiert die über ihm befindliche Luft auf ca. 30 at, wobei sie sich auf etwa 500° erhitzt; gleichzeitig saugt er atmosphärische Luft durch eine Klappe in das dicht schließende Kurbelgehäuse. Am Ende des Hubes wird nun durch die Brennstoffpumpe der Brennstoff (Gasöl, Teeröl) mit hohem Druck in die hocherhitzte, komprimierte Luft eingespritzt und entzündet sich selbsttätig. Bei Vorkammermaschinen erfolgt die Einspritzung mit 70 ÷ 80 at in die Vorkammer, die durch Öffnungen mit dem Kompressionsraum verbunden ist. Bei Druckeinspritzmaschinen wird mit 200—300 at unmittelbar in den Zylinder eingespritzt.

2. Hub = Arbeitshub: Bei der Verbrennung tritt eine Drucksteigerung auf etwa 40 at ein, wodurch der Kolben, Arbeit verrichtend,

nach abwärts geht. Gleichzeitig wird dadurch die vorher ins Kurbelgehäuse eingesaugte Luft etwas komprimiert (nur etwa ½ at). Gegen
Ende des Hubes wird zunächst auf der einen Seite der Auslaßschlitz
frei, wodurch die Verbrennungsgase mit großer Geschwindigkeit austreten. Unmittelbar darauf wird auf der anderen Seite der Einlaß-
schlitz geöffnet, der die schwach vorkomprimierte Luft aus dem Kurbel-

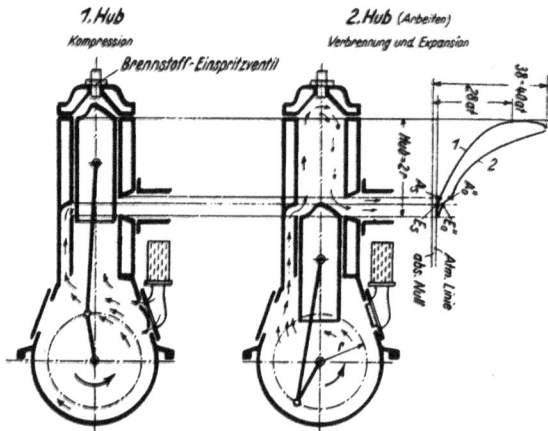

Abb. 39. Zweitakt-Dieselverfahren
$A_ö$ = Auslaß öffnet A_s = Auslaß schließt $E_ö$ u. E_s (Einlaß).

gehäuse in den Zylinder eintreten läßt und so die noch zurückgebliebenen
Gasreste ausspült.

Nach der Kolbenumkehr werden nacheinander wieder Einlaß- und
Auslaßschlitz geschlossen und das Spiel wiederholt sich von neuem.

Es fallen also beim Zweitaktmotor der Ansaug- und der Auspuff-
hub weg.

In Abb. 40—42 ist ein stehender kompressorloser Zweitakt-Dieselmotor der Motorenfabrik Deutz mit Schlitzsteuerung dargestellt (Vor-
kammermaschine). Abb. 43 zeigt das Bild eines solchen Motors.

Gemischbildung: Sie erfolgt eigentlich erst im Zylinder, wenn am Ende der
Kompression der Brennstoff mit der Brennstoffpumpe unter hohem Druck in Nebel-
form in die hochkomprimierte Luft durch das Haupteinspritzventil (Abb. 40) eingespritzt wird.

Steuerung: Einlaß- (Spülluft-) und Auslaßschlitz werden von selbst durch die
obere Kolbenkante gesteuert. An dem Motor ist nur die Brennstoffpumpe zu regulieren. Diese wird von einem auf der Kurbelwelle verschiebbaren schrägen Nocken a
mittels Rolle und Hebel angetrieben.

Regulierung: Der in das Schwungrad eingebaute Regulator c verschiebt den vor-
erwähnten Nocken, wodurch entsprechend der Belastung des Motors der Hub der
Brennstoffpumpe und damit die geförderte Brennstoffmenge verändert wird.

Zündung: Diese geschieht hier selbsttätig, da die Entzündungstemperatur des
eingespritzten Brennstoffes (etwa 400°) unter der Kompressionsendtemperatur der
Luft (etwa 500°) liegt.

Kühlung: Zylindermantel und Kopf werden in ähnlicher Weise wie beim Viertaktmotor gekühlt; außerdem ist hier auch der Auspufftopf zu kühlen.

Schmierung: Mit einer Pumpe werden sämtliche Lagerstellen und besonders die Kolbenlaufbahn und der Kolbenbolzen geschmiert.

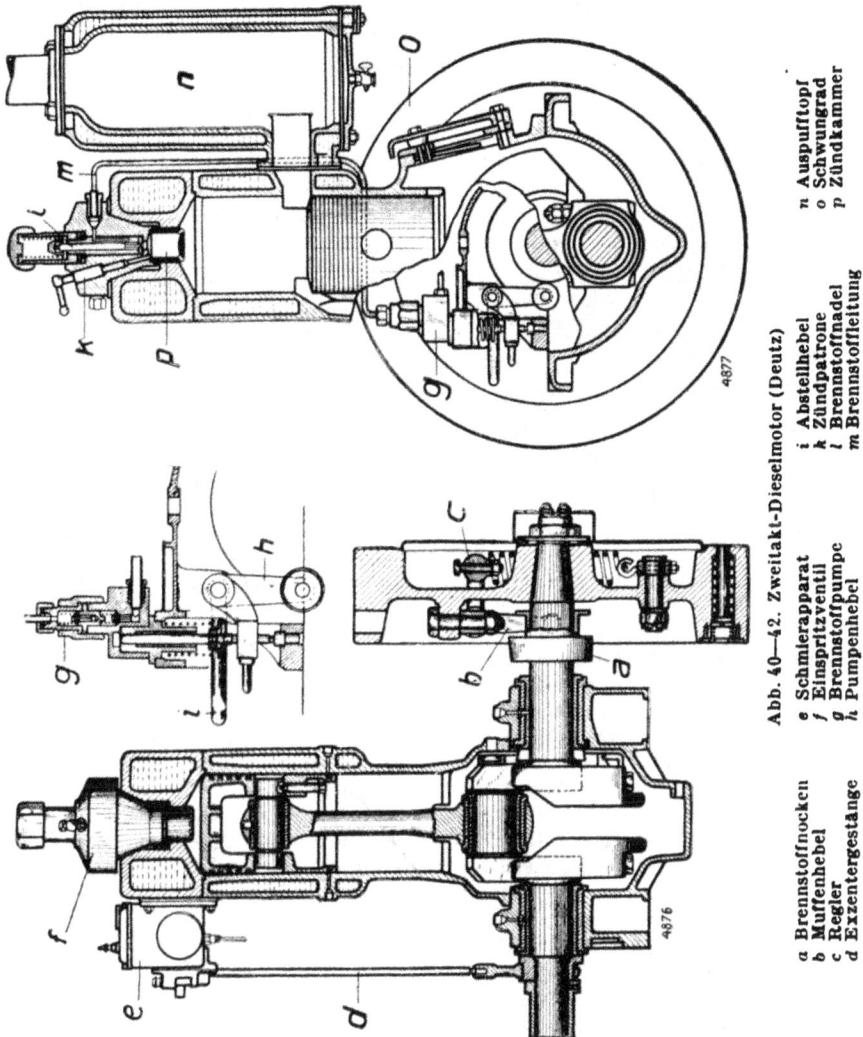

Abb. 40—42. Zweitakt-Dieselmotor (Deutz)

a Brennstoffnocken
b Muffenhebel
c Regler
d Exzentergestange

e Schmierapparat
f Einspritzventil
g Brennstoffpumpe
h Pumpenhebel

i Abstellhebel
k Zündpatrone
l Brennstoffnadel
m Brennstoffleitung

n Auspufftopf
o Schwungrad
p Zündkammer

Anlassen: Kleinere Motoren werden von Hand angelassen. Bei obigem Deutzer Dieselmotor öffnet man das Entlüftungsventil, ferner den Ölablaßhahn vollständig und dreht das Schwungrad einige Male herum. Dadurch wird in der Kurbelkammer angesammeltes Öl und Brennstoff ausgeblasen; hierauf ist der Ölablaßhahn auf halbe Öffnung zu stellen. Man macht nun mit der Kurbel des Schmierapparates etwa

20 Umdrehungen, damit frisches Öl vor dem Anlassen an alle Lagerstellen gelangt, schmiert alle Gelenke und Zapfen, öffnet Absperrventil am Brennstoffbehälter. Dann wird der Knebel für das Zündpapier herausgenommen, mit Glimmerpapier umwickelt und wieder eingeführt; ferner wird die Brennstoffpumpe auf »Betrieb« gestellt, indem man den Abstellhebel in wagrechte Lage bringt und pumpt an der Klemmschraube der Brennstoffpumpe, bis Widerstand kommt.

Man ergreift mit der linken Hand das Handrad des Entlüftungsventils und mit der rechten den Handgriff des Schwungrades, das man bei geöffnetem Entlüftungsventil kräftig dreht. Nun ist mit kurzer Bewegung das Entlüftungsventil zu schließen, worauf der Motor zündet. **Kühlwasserleitung öffnen.**

Abstellen: Abstellhebel in die senkrechte Lage bringen, Kühlwasser ablassen, Hahn am Auspufftopf öffnen.

Anlassen mit Druckluft: für R. Wolf-Motoren nach Abb. 44.

Abb. 43. Zweitakt-Dieselmotor (Deutz).

Vor Inbetriebsetzung sind sämtliche Schmierstellen vorschriftsmäßig anzustellen, so daß alle Lager und Laufflächen Schmieröl erhalten. Ferner ist die Brennstoffleitung zu entlüften und mit dem Anpumphebel 15 der Brennstoffpumpe solange vorzupumpen, bis in der Druckleitung größerer Widerstand auftritt.

Dekompressionsventil *1* durch Hebelumlegen nach »O« öffnen. Schwungrad so stellen, daß seine Marke mit der Marke am Lagerdeckel genau zusammentrifft (dann ist der Kolben in oberer Totlage). Brennstoff-Regulierhebel *2* auf Anlassen »*A*« stellen, Absperrventil *3* der Anlaßflasche öffnen und Drucklufthebel *4* auf Anlassen »*A*« rücken. — Der Motor läuft mit Druckluft an.

Hierauf Dekompressionsventil *1* durch Hebelumlegen nach »*B*« schließen und nach der ersten Zündung den Drucklufthebel *4* auf Betrieb »*B*« stellen. Kühlwasserhahn öffnen, Brennstoff-Regulierhebel *2* langsam in Betrieb »*B*« rücken und Absperrventil *3* schließen. — Der Motor läuft mit Brennstoff weiter.

Das Aufladen der Druckluftflasche ist möglichst gleich nach der Inbetriebsetzung (bei Leerlauf des Motors) in folgender Weise vorzunehmen:

Absperrventil *3* öffnen, Ladeventil *5* durch Drehen des Handrades lösen. — Die im Zylinder befindlichen Verbrennungsgase strömen nach der Druckluftflasche *6*. — Ladeventil *5* so lange offen lassen, bis der am Manometer *7* markierte höchstzulässige Druck erreicht ist.

Ladeventil *5* und Absperrventil *3* schließen.

Ist der Druck in der Anlaßflasche *6* so weit gesunken, daß ein Anlassen unmöglich ist, und besteht keine andere Auflademöglichkeit, so muß die Anlaßflasche mit komprimierter Kohlensäure aufgeladen werden. Auf **keinen** Fall darf **Sauerstoff** oder **Wasserstoff** zum Aufladen Verwendung finden — Explosionsgefahr!

Entwässerungsschräubchen *8* dient zum Entwässern der Druckluftflasche in regelmäßigen Abständen.

Instandhaltung: Zeitweise Reinigung erfordern die Einspritzdüse, Zündkammer, der Kolben mit den Ringen, die Auspuffschlitze und die Luftansaugklappen.

Störungen: 1. Zündungen bleiben aus. Ursache: Glimmerpapier ist erloschen; man hat vergessen, an der Brennstoffpumpe von Hand zu pumpen, bis Widerstand kommt. Es ist Luft in der Brennstoffpumpe. Ein Ventil schließt nicht. Motor hat nicht genügend Kompression, da Kolben zu wenig geschmiert ist. Einspritzventil kann an der Unterseite verschmutzt sein.

2. Motor läuft gut, hat aber zu geringe Leistung. Ursache: Brennstoffpumpe fördert nicht richtig. Düse verschmutzt. Spiel zwischen Rolle und Brennstoffnocken zu groß.

3. Motor hat stoßenden Gang: Ursache: Brennstoffeinspritzung erfolgt zu früh. Brennstoffpumpe saugt Luft an, wenn Leitung undicht. Brennstoffdüse spritzt schief. Das Spiel zwischen Rolle und Brennstoffnocken ist zu groß.

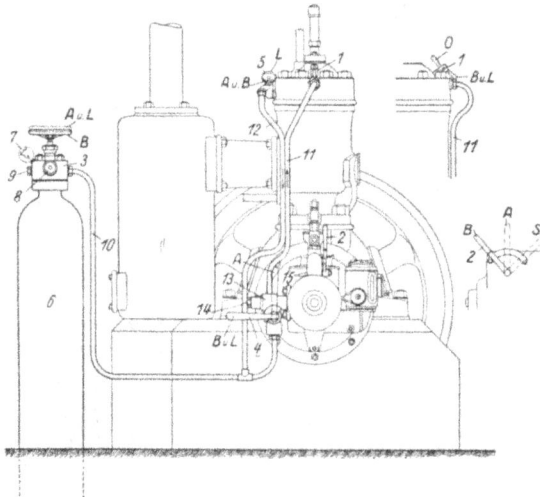

Abb. 44. Anlassen eines Dieselmotors mit Druckluft (R. Wolf, Magdeburg).

A Anlaß-
B Betriebs- } Stellung des betr. Hebels
L Ladungs- } oder Handrades
S Stillstands-

1 Dekompressionsventil	7 Manometer	13 Druckluftschieber z. Umstellen für Anlassen bzw. Aufladen
2 Brennstoff-Regulierhebel	8 Entwässerungsschräubchen	
3 Absperrventil der Luftflasche	9 Sicherheitsventil	
4 Drucklufthebel	10 Auflade- und Anlaßleitung	14 Schraube zum Herausnehmen des Schieberkolbens
5 Ladeventil am Zylinder	11 Anlaßleitung für Motor	15 Brennstoffpumpen-Handhebel zum Vorpumpen
6 Druckluft-Anlaßflasche	12 Aufladeleitung für Luftflasche	

Anwendung: Die Verbrennungskraftmaschinen können zum Antrieb jeder Arbeitsmaschine dienen. Die kleineren Motoren brauchen kein besonderes Fundament, sondern können auf einer Trage befestigt werden und von da aus mit Riemen irgendeine Maschine betreiben. Vielfach sind diese sowie auch größere Motoren mit einer Zentrifugalpumpe, einer Winde oder einem Steinbrecher auf einem Wagen zusammen aufgestellt. Im übrigen finden sie Verwendung als Lokomobilen mit $6 \div 45$ PS Motoren, als Triebwagen mit 7 PS für Feldbahnen [Spur-

weite 500÷1000 mm, kleinster Kurvenradius 7 m, 2 Fahrgeschwindigkeiten (vorwärts und rückwärts) von 4 und 8 km/h. Leergewicht etwa
1200 kg, Nutzlast 800 kg, verfügbarer Laderaum 0,85 m³,] ferner für
Straßenwalzen, für Bagger und als Lokomotiven für Feldbahnen.

Angaben über Benzin- und Dieselmotoren (Deutz).

	Leistung PS	Zylinderzahl	Umdrehungen in der Min.	Gewicht kg
Liegende Viertakt Benzinmotoren	2	1	1200	83
	4	1	1200	120
	6	1	700	220
	10	1	600	540
	14	1	500	745
Stehende Zweitakt kompressorlose Diesel- motoren	7	1	650	485
	15	2	700	705
	25	3	750	1085
	12	1	520	900
	25	2	550	1365
	40	3	600	1895
	25	1	430	1850
	50	2	430	2680
	75	3	430	4300
	100	4	430	5200

2/2 gekuppelte Deutz-Diesel-Feldbahnlokomotiven.

Dienstgewicht der Lokomotive	max. Anhängelast auf gerader horiz. Bahn	Geschwindigkeitsstufen	Hakenzugkraft	Normalleistung max. Leistung des Motors	minutl. Drehzahl des Motors	Brennstoffverbrauch für 1 PSeh bei 10000 cal Heizwert	stündl. Brennstoff	stündl. Ölverbrauch	kleinster zu befahrender Kurvenradius	geringste Spurweite	leichtestes Gleis		
t	t	km/h	kg	PS		g	kg	g	m	mm	kg Schiene	mm Höhe	mm Schwellenentfernung
2,5	36	4 / 8,5	440 / 190	8/9	750	250	1,2	100	5	500	5 / 6	60 / 65	800 / 1000
4,0	58	3,5 / 8	700 / 250	10/11	550	225	$1^3/_4$	120	8	380	7 / 8	65 / 66	800 / 1000
5,25	80	3,5 / 8	960 / 350	15/16,5	450	220	$2^1/_4$	150	10	410	8 / 10	66 / 70	800 / 1000
6,4	100	3,5 / 8	1200 / 470	20/22	400	210	$2^3/_4$	180	10	410	10 / 12	70 / 80	800 / 1000

Eine **Benzollokomotive** im Schnitt ist in Abb. 45 dargestellt. Sie besteht in der Hauptsache aus dem Antriebsmotor, dem Rädergetriebe mit
Kupplung zur Erzielung der zwei Geschwindigkeitsstufen für Vor- und
Rückwärtsfahrt sowie einem Rahmen mit zwei durch Stangen oder Ketten
gekuppelten Laufradachsen und einer Wurfhebelbackenbremse, die auf
alle 4 Laufräder wirkt.

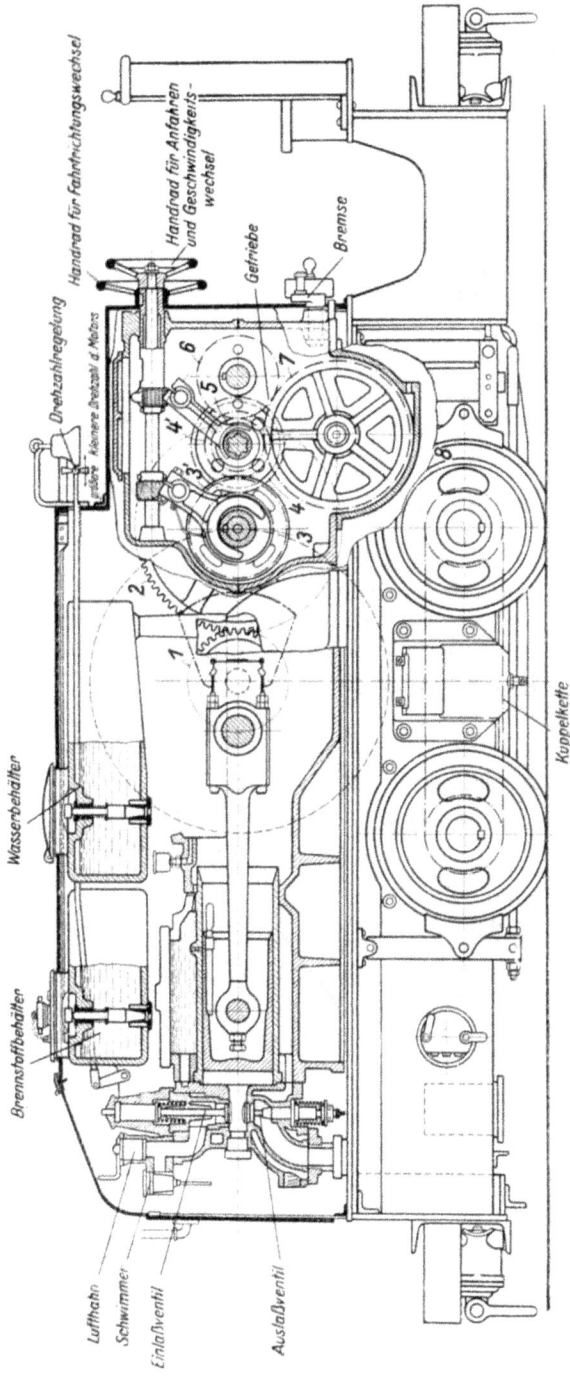

Abb. 45. Deutzer Benzollokomotive.

Brutto-Anhängelasten in Tonnen auf Steigungen und in Kurven für die 4-t-Lokomotive bei 600 mm Spur.

Kurven:	gerade Strecke	Krümmungsradius der Kurven in Metern					gerade Strecke	Krümmungsradius der Kurven in Metern				
		80	60	40	30	20		80	60	40	30	20
Steigungen												
horizontal	58	51,6	49,6	46	43	38	21	18	[1]) 17,4	16	14,7	12,6
1 : 400 = 2,5 ‰	47	42,8	41,5	39	36,5	32,8	17	14,7	14	13	12,2	10,6
1 : 200 = 5 »	40	36,5	35,5	33,6	31,8	28,8	14	12	11,7	11	10,2	9
1 : 100 = 10 »	30	27,8	27	26	25	22,8	9,5	8,7	8,4	8	7,5	6,7
1 : 50 = 20 »	19	18,3	18	17,4	[1]) 16,8	15,8	5,5	4,9	4,8	4,5	4,3	3,9
1 : 30 = 33,3 »	12,5	12	11,8	11,5	11,2	10,6	2,5	2,3	2,3	2,2	2	1,8
1 : 25 = 40 »	10,4	10	9,9	9,6	9,4	8,9	2	1,7	1,5	1,4	1,3	1,1
1 : 20 = 50 »	8	7,8	7,7	7,5	7,3	7	1	0,8	0,6	0,5	0,4	0,3
1 : 15 = 66,6 »	5,5	5,3	5,2	5,1	5	4,8	—	—	—	—	—	—
1 : 12,5 = 80 »	4,1	4	3,9	3,8	3,7	3,6	—	—	—	—	—	—
Anfahrwiderstand 12 kg/t	Fahrgeschwindigkeit 3,5 km/h						Fahrgeschwindigkeit 8 km/h					

[1]) Beispiel: Auf einer Steigung von 20 ‰ in einer 30 Meter-Kurve zieht die Lokomotive mit 3,5 km Fahrgeschwindigkeit 16,8 t. Auf der Horizontale in einer 60 Meter-Kurve zieht die Lokomotive mit 8 km Fahrgeschwindigkeit 17,4 t.

Die Ingangsetzung der Lokomotive sowie das Schalten auf die verschiedenen Geschwindigkeitsstufen geschieht durch ein Handrad, das in Verbindung mit Spindel und Mutter auf die Mitnehmerscheibe einer Schraubenfeder-Kegelreibungskupplung einwirkt. Zur Änderung der Fahrtrichtung dient ein zweites Handrad. Auf freier Strecke erfolgt die Regulierung der Geschwindigkeit fast ausschließlich durch Einwirkung der Regulierstange auf den Regulator.

Für die 2 Geschwindigkeitsstufen in einer bestimmten Fahrtrichtung kommen folgende Räder in Eingriff:

Langsam-Vorwärtsfahrt: 1, 2; 3, 4; 5, 6; 7, 8,
Schnell-Vorwärtsfahrt: 1, 2; 3′, 4′, 5, 6, 7, 8, 9.

Abb. 46 zeigt noch im Schema das Rädergetriebe einer Lokomotive mit den Umschaltkupplungen. Die Schaltungen werden hier durch Hebel betätigt, was auch bei dem Getriebe der 2,5-t-Diesellokomotive der Fall ist.

Die vier möglichen Schaltungen sind:

1. Langsam vorwärts: Durch R_1, R_2, R_3, C_1, F_1, R_7, R_9, R_{10}, R_{11}
2. Schnell vorwärts: Durch R_1, R_2, R_3, R_4, C_2, R_6, R_5, F_1, R_7, R_9, R_{10}, R_{11}
3. Langsam rückwärts: Durch R_1, R_2, R_3, C_1, R_5, R_6, F_2, R_8, R_9, R_{10}, R_{11}
4. Schnell rückwärts: Durch R_1, R_2, R_3, R_4, C_2, F_2, R_8, R_9, R_{10}, R_{11}.

Die Übertragung der Kraft vom Motor A aus geschieht durch das fest auf der Kurbelwelle sitzende Zahnrad R_1 und das lose auf seinem Zapfen drehende Zwischenrad R_2 auf die Räder R_3 und R_4.

Diese beiden Räder sitzen lose auf den Wellen B_1 und B_2, haben entgegengesetzte Drehrichtung und laufen, da sie verschieden groß sind, dementsprechend auch mit verschiedener Tourenzahl um. Auf der anderen Seite sind die Wellen B_1 und B_2 durch die beiden gleich großen und fest aufgekeilten Zahnräder R_5, R_6 verbunden. Wird daher nur die

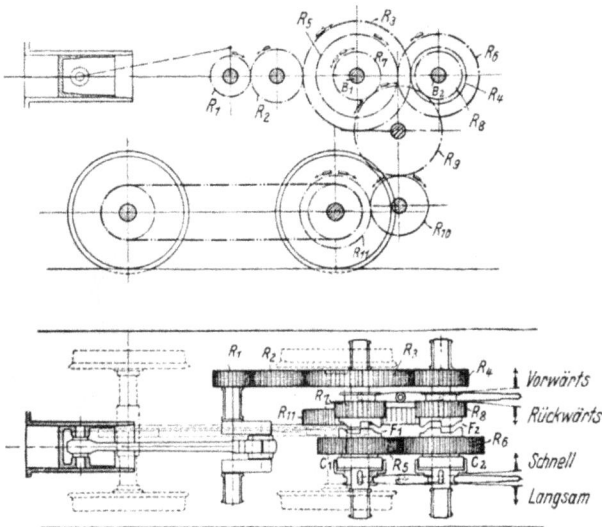

Abb. 46.

Schema zum Rädergetriebe einer Lokomotive.

eine oder andere Welle durch Einrücken einer der zwangläufig durch den Einrückhebel miteinander verbundenen Reibungskupplungen C_1 oder C_2 angetrieben, so müssen beide Wellen mit der dem betreffenden Zahnrad R_3 oder R_4 entsprechenden Drehzahl, und zwar in entgegengesetzter Richtung drehen. Von den Rädern R_7 und R_8 auf den Wellen B_1, B_2 erfolgt die weitere Übertragung durch die Räder R_9, R_{10}, R_{11} und die Kette auf die beiden Laufradachsen.

Zur Änderung der Fahrgeschwindigkeit ist also nur nötig, die Schaltung der Reibungskupplungen zu wechseln. Wird die Kupplung C_1 eingerückt, so läuft die Lokomotive langsam, wird C_2 eingerückt, so läuft sie schnell. Zum Wechseln der Fahrtrichtung bedient man sich der ebenfalls zwangläufig miteinander verbundenen Klauenkupplungen F_1, F_2. Wird F_1 eingerückt, so fährt die Lokomotive rückwärts, während dieselbe beim Einrücken von F_2 vorwärts fährt.

D. Elektromotoren.

Allgemeines.

Magnetische Induktion: Nähert man einem Magnetpol Eisen oder Stahl, so werden diese ebenfalls magnetisch, und zwar wird das dem Pol abgewandte Ende gleichnamig magnetisch.

Entfernt man den Stahl aus dem Bereich des Magnetpols, so bleibt er dauernd magnetisch (permanenter Magnetismus). Eisen dagegen verliert sofort nach der Induktion seinen Magnetismus wieder; es behält nur Spuren davon zurück (remanenter Magnetismus).

Magnetfeld heißt der Bereich, innerhalb dessen ein Magnet seine Wirkung auf einen anderen oder auf Eisenteile ausübt. Je kräftiger der

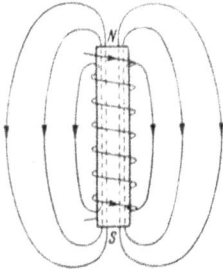

Abb. 47. Elektromagnet.

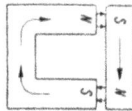

Abb. 49. Vierpoliges Magnetgestell.

Magnet desto stärker sein Feld. Das Magnetfeld denkt man sich durch Kraftlinien gebildet.

Elektromagnet: Wickelt man einen Kupferdraht in mehreren Windungen um ein Eisenstück und schickt durch den Draht einen elektrischen Strom, so wird der Eisenkern magnetisch (Abb. 47). Er verliert seinen Magnetismus sofort, wenn der Strom unterbrochen wird.

Der Elektromagnet besitzt also ebenfalls ein Magnetfeld mit Kraftlinien und verhält sich ebenso wie ein anderer Magnet. Die Zahl der Kraftlinien ist abhängig von dem magnetischen Widerstand des Kraftlinienkreises sowie von der Stromstärke und der Anzahl der Windungen (Amperewindungszahl = Stromstärke × Windungszahl).

Der magnetische Widerstand ist um so geringer, je mehr Eisen und je weniger Luft die Kraftlinien auf ihrer Bahn vorfinden. In dem eisengeschlossenen Magnet nach Abb. 48 verlaufen die Kraftlinien fast ganz in Eisen.

Um bei den elektrischen Maschinen die aus den Elektromagneten austretenden Kraftlinien möglichst zusammenzuhalten (geringer magnetischer Widerstand) werden an den Polen gewöhnlich Polschuhe angebracht. Die aus letzteren austretenden Kraftlinien gehen durch einen Luftspalt in den Anker über. Abb. 49 zeigt ein vierpoliges Magnetgestell einer Gleichstrommaschine mit Polschuhen.

Aber nicht nur die Elektromagnete mit Eisenkern erzeugen ein Magnetfeld, sondern jedes Drahtstück, Abb. 50, jede Drahtwindung, Abb. 51, oder drahtumwickelte Spule, Abb. 52. Die Kraftlinien der Drahtwindung stehen senkrecht auf der Ebene der Windung. Bei der Spule vereinigen sich die Kraftlinien der einzelnen Windungen und

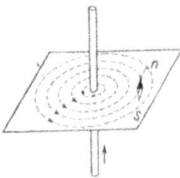

Abb. 50. Magnetfeld
eines geraden Leiters.

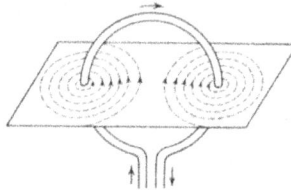

Abb. 51. Feld einer Windung.

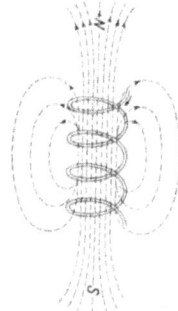

Abb. 52. Feld einer
Spule.

laufen innerhalb der Spule nahezu parallel. Die magnetische Wirkung einer Spule wird noch verstärkt durch einen Eisenkern.

Stromerzeugung durch magnet-elektrische Induktion
(Grundlage der Dynamomaschine).

Wird nach Abb. 53 ein Leiterstück ab quer zu den Kraftlinien eines Magnetfeldes NS bewegt, so werden von dem Leiter Kraftlinien geschnitten und im Leiter ein elektrischer Strom erzeugt (induziert). Die Ursache dieses Induktionsstromes ist eine durch die magnetischen Kraftlinien in dem Leiter entstehende elektromotorische Kraft (induzierte Spannung). Diese sowie der Strom werden um so stärker, je kräftiger der Elektromagnet ist und je rascher die Bewegung erfolgt.

Bei der Dynamomaschine sind die Magnetpole im Kreis angeordnet und die Leiterkreise auf dem Anker aufgewickelt.

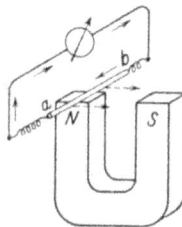

Abb. 53.
Magnetelektrische
Induktion.

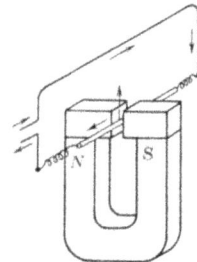

Abb. 54.
Dynamo-elektrische
Wirkung

Krafterzeugung durch dynamo-elektrische Wirkung
(Grundlage des Elektromotors).

Wird dem in einem starken Magnetfeld nach Abb. 54 aufgehängten Leiter ab durch irgendeine Stromquelle Strom zugeführt, so erfährt der Leiter einen Antrieb senkrecht zu den Kraftlinien und wird aus dem

Magnetfeld nach oben bewegt. Beim Unterbrechen des Stromes hört der Antrieb auf, wird er wieder geschlossen, so tritt die Druckwirkung wieder ein.

Bei den Elektromotoren sind die Magnetpole ebenfalls im Kreise angeordnet und die Leiterkreise auf dem Anker, der in Drehung versetzt wird.

Elektrische Induktion (Grundlage der Transformatoren und Zündapparate von Benzinmotoren).

Da eine stromdurchflossene Spule in ihrer Umgebung ein Magnetfeld erzeugt, so kann durch sie in einem benachbarten Leiter auch ein elektrischer Strom induziert werden. Dies kann entweder durch Heranbringen des Leiters an die Spule oder durch Unterbrechung des Stromes in der Spule erfolgen. Im allgemeinen ist die Ausführung so, daß man beide Leiter übereinander wickelt und den stromführenden abwechselnd rasch öffnet und wieder schließt, wodurch das Magnetfeld abwechselnd verschwindet und wieder entsteht. Die induzierende Wicklung heißt Primärstromkreis und die induzierte Sekundärwicklung (Abb. 62 ÷ 64).

Transformatoren, welche hochgespannten Strom eines Überlandwerkes auf niedrige Gebrauchsspannung für Elektromotoren bringen sollen (und umgekehrt), haben keinerlei mechanisch bewegte Teile, weil während des Betriebes dauernd Wechselstrom von periodischen Schwankungen der Primärwicklung entnommen wird. Primär- und Sekundärwicklungen sind auf Eisenkernen untergebracht.

Bei Zündapparaten befinden sich die beiden Wicklungen auf einem in einem Magnetfeld umlaufenden Anker. Der niedergespannte Primärstrom wird in rhythmischer Folge je nach Zylinderzahl und Arbeitsweise des Motors unterbrochen (durch Unterbrecher) und dadurch in der Sekundärwicklung hochgespannter Strom induziert, der an den Zündkerzen in Form eines Funkens überspringt.

Dynamomaschinen.

Gleichstrommaschine (Gleichstromerzeuger, Generator).

Anwendung: Sie wird bei Baustellen angewandt, wenn der Anschluß an ein Überlandwerk nicht möglich oder wegen kurzer Bauzeit zu teuer käme. Der Antrieb dieser Maschinen erfolgt dann mittels Dampflokomobilen oder Verbrennungsmotoren.

Beschreibung: Eine Gleichstrommaschine nach Abb. 55 besteht aus:

1. einem feststehenden Gestell (Abb. 49), bei kleineren Maschinen nur aus mit Draht umwickelten Magnetschenkeln zur Erzeugung des Kraftlinienfeldes;

2. zwei Lagerschilden;

3. einem drehbaren Anker mit Wicklung, bei der eine große Anzahl Drähte am Umfang parallel zur Achse laufen;

4. einem mit dem Anker fest verbundenen Kollektor oder Strom-
sammler, d. i. ein Zylinder von kleinerem Durchmesser als der Anker. Er
ist aus verschiedenen Kupferlamellen zusammengesetzt, die voneinander
und von der Welle isoliert sind. Die Drahtwindungen des Ankers sind
mit den entsprechenden Lamellen des Kollektors verbunden;

5. den Schleifbürsten, die den Strom vom Kollektor abnehmen und
durch Kabel und Klemmen in das Netz schicken.

Betrieb: Dreht man den Anker, so schneiden die Drahtwindungen
die zwischen den Magnetpolen übertretenden Kraftlinien und hierdurch
wird ein Strom in den Windungen erzeugt (induziert). Der Strom wird

Abb. 55. Teile einer Gleichstrommaschine (aus Siemens Handbuch 12. Bd).

durch die Kollektorbürsten abgenommen und fortgeleitet. Zur Erregung
der Elektromagneten bei Inbetriebsetzung der Maschine ist keine besondere Stromquelle erforderlich, da der remanente Magnetismus, der
nach dem Abstellen in den Polen zurückbleibt, rasch anwächst. Es wird
zunächst schwacher Strom im Anker induziert, dieser über die Magnet-
schenkel geleitet und dadurch der vorhandene Magnetismus verstärkt;
der stärkere Magnetismus induziert einen noch stärkeren Strom im Anker,
der wiederum eine Verstärkung des Elektromagneten bis zur Sättigungs-
grenze bewirkt. Die Maschine »kommt auf Spannung«, sie erregt sich.

Da bei der gleichförmigen Kreisbewegung durch das Magnetfeld
sich die Zahl der in der Zeiteinheit durchschnittenen Kraftlinien ändert,
indem die Leiter teils parallel, teils senkrecht zu den Kraftlinien sich bewegen, erhält man in jedem Leiter eine ständig wechselnde Spannung
und einen ständig wechselnden Strom, d. i. Wechselstrom, der inner-

halb einer Ankerumdrehung einen Verlauf nach Abb. 58 hat. Dadurch aber, daß die Wicklung aus untereinander verbundenen Leitern hergestellt ist, kommt der Strom aus einem System von Schleifen. Die in jedem Augenblick in den verschiedenen Schleifen auftretenden, verschieden großen Spannungen addieren sich zu einer ziemlich konstant bleibenden Spannung. Der Strom wird an denjenigen Windungen zu- und abgeführt, zwischen denen die stärkste Spannung herrscht.

Spannungsregulierung: Die meisten Gleichstrommaschinen werden als sog. Nebenschlußmaschinen, wie Abb. 56, ausgeführt, wobei die Magnetwicklung im Nebenschluß oder parallel zum Hauptstrom geschaltet ist; es geht dabei immer nur ein Teil des Hauptstromes durch die Erregerwicklung.

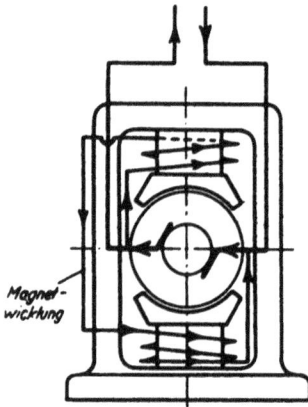

Abb. 56. Nebenschlußmaschine.

Die äußere Charakteristik, d. h. die Abhängigkeit der Klemmenspannung vom Belastungsstrom, einer solchen Maschine zeigt, daß die Klemmenspannung bei unbelasteter Maschine ihren Höchstwert hat und mit zunehmender Belastung sinkt.

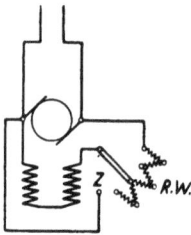

Abb. 57. Nebenschluß m. Regulierwiderstand (Siemens Bd. 1 Bild 53).

Wird jedoch für die an das Netz angeschlossenen Motoren und Lampen gleichbleibende Spannung verlangt, so wird in den Stromkreis der Nebenschlußwicklung ein Regulierwiderstand eingeschaltet nach Abb. 57. Sinkt die Spannung, so wird ein Teil des Widerstandes ausgeschaltet und dadurch der Erregerstrom erhöht und das Magnetfeld verstärkt. Um die Maschine nach Abtrennung vom Netz spannungslos zu machen, wird erst aller Regulierwiderstand in den Erregerstromkreis eingeschaltet und dann der Kontakthebel auf den Kurzschlußkontakt Z gestellt, wodurch die Erregerwicklung kurzgeschlossen und die Maschine spannungslos wird.

Drehstrommaschinen (Drehstromerzeuger, Generatoren).

Anwendung: Hauptsächlich zur Stromerzeugung in großen Kraftwerken für elektrische Kraftübertragung. Der erzeugte Strom wird in weitverzweigten Netzen der Überlandwerke nach den verschiedensten Verbrauchstellen für Licht und Kraftzwecke geleitet.

Allgemeines: Die Drehstrommaschinen erzeugen Wechselstrom mit dem in Abb. 58 angegebenen Verlauf. Der Strom oder die Spannung steigt in »+«-Richtung bis zum Höchstwert *b*, fällt dann bis *c* wieder zum Nullwert, und wechselt seine Richtung; hierauf steigt er in »—«-

Richtung bis zum Höchstwert *d*, um dann wieder zum Nullwert zu fallen. Die Zeit, innerhalb welcher sich dieser Vorgang zwischen *a* und *e* wiederholt, während welcher also Strom und Spannung zweimal die Richtung wechseln, heißt **Periode**. Die Anzahl der Perioden in 1 *s*

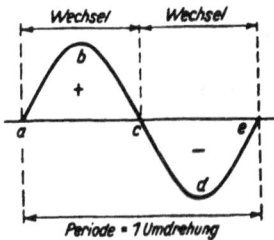

Abb. 58. Wechselstromverlauf.

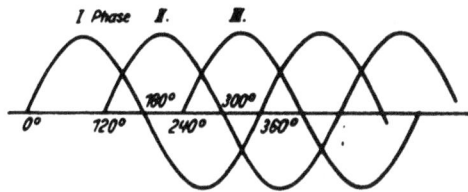

Abb. 59. Dreiphasen-Wechselstrom (Drehstrom).

bezeichnet man als **Frequenz**. Zahl der Stromwechsel demnach $= 2 \times$ Frequenzzahl. Die Frequenz ist abhängig von der minutlichen Drehzahl *n* und der Anzahl der Magnetpole *z*.

Frequenz $f = \dfrac{n \cdot z}{2 \cdot 60}$; in Deutschland $f = 50$ üblich. Damit ergibt sich für eine vierpolige Maschine die Drehzahl

$$n = \frac{2 \cdot 60 \cdot f}{z} = \frac{2 \cdot 60 \cdot 50}{4} = 1500 \text{ i. d. Minute.}$$

Hinsichtlich der Zahl der Wicklungssysteme unterscheidet man Einphasen- und Mehrphasen-Wechselströme; von letzteren ist der Dreiphasenstrom oder Drehstrom der wichtigste.

Bei Drehstrommaschinen sind im Anker 3 Wicklungen mit entsprechend versetzten Anfängen angeordnet. Sie liefern 3 Wechselströme, deren Phasen nach Abb. 59 gegeneinander um $\frac{1}{3}$ Periode verschoben sind.

Konstruktion: Die Wechselstrommaschinen sind einfacher als die Gleichstrommaschinen und bestehen in der Regel aus einem feststehenden Anker mit den drei Wicklungssystemen und aus dem inneren umlaufenden Magnetgestell mit abwechselnden Nord- und Südpolen. Zur Erregung der Magnetwicklung kann eine beliebige Gleichstromquelle oder eine besondere auf der Welle des Magnetgestelles sitzende Gleichstrommaschine — Erregermaschine — verwendet werden, deren Strom mittels Bürsten und zweier auf der Welle isoliert angebrachten Schleifringen der Magnetwicklung zugeführt wird.

Schaltung: Würde man für jede Phase eine Zu- und Rückleitung nehmen, so wären für Drehstrom $3 \times 2 = 6$ Leitungen erforderlich. Vereinigt man die 3 Rückleitungen zu einer Leitung, so erhält man das bei Überlandwerken verwendete System. Unter Berücksichtigung der Tatsache, daß bei gleicher Belastung der Phasen die Summe der Ströme in jedem Augenblick $= 0$ wird, kann man auch die Rückleitung sparen und kommt mit 3 Leitungen aus.

Die drei Stromkreise können nun in folgender Weise verkettet werden:

1. Die übliche geschlossene oder **Dreieckschaltung** ($\triangle$) (Abb. 60). Dabei ist das Ende der 1. Wicklung mit dem Anfang der 2. Wicklung, Ende der 2. mit Anfang der 3. und Ende der 3. mit Anfang der 1. Wick-

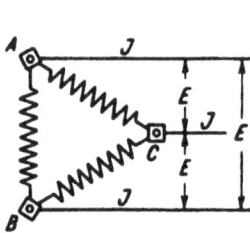

Abb. 60. Dreieckschaltung.   Abb. 61. Sternschaltung.

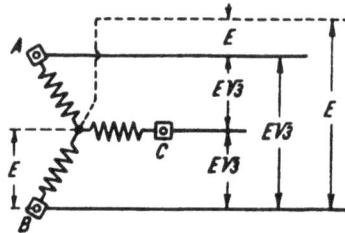

lung verbunden. Die 3 Stromkreise werden mit den Klemmen an die 3 Leitungen angeschlossen und mit der vollen Spannung E beansprucht. Klemmenspannung $E_1 = E$, Stromstärke $J_1 = J \sqrt{3}$.

2. Die offene oder **Sternschaltung** (λ) (Abb. 61). Die 3 Stromkreise werden nur mit einer Teilspannung beansprucht.

Klemmenspannung $E_1 = E \sqrt{3} = 1{,}732\,E$, Stromstärke $J_1 = J$. Diese Schaltung hat den Vorteil, daß man unter Anwendung der Nullleitung von derselben Maschine Strom von verschiedener Spannung entnehmen kann. Die Spannung E zwischen dem Nulleiter und jeder der 3 Hauptleitungen heißt man die Phasen- oder Sternspannung. Die verkettete Spannung E_1 zwischen den 3 Hauptleitungen ist $E_1 = E \sqrt{3}$.

Man kann z. B. zwischen Nulleiter und jede der 3 Hauptleitungen Glühlampen von 220 V Spannung einschalten und zwischen die Hauptleitungen Drehstrommotoren mit $220 \sqrt{3} = 380$ V anschließen.

Transformatoren.

Anwendung: Sie dienen dazu, bei Überlandwerken große Wechselstromleistungen mit verhältnismäßig niedriger Spannung in solche von sehr hoher Spannung zu verwandeln, um zur Fortleitung möglichst kleine Leitungsquerschnitte zu erhalten (geringe Stromstärke). An den Verbrauchsstellen muß dieser hochgespannte Strom wieder auf die entsprechend niedrigere Verbrauchsspannung transformiert werden. Für Baustellen kommt nur der zweite Fall in Betracht, wobei z. B. Motoren von 220 V Spannung an das Netz eines Überlandwerkes mit etwa 10 000 V angeschlossen werden sollen.

Wirkungsweise: Die Grundlage der Transformatoren bildet der elektrische Induktionsvorgang (s. S. 46). Wird nach Abb. 62 durch Spule *I* ein Wechselstrom gesandt, so schneidet der von ihm erzeugte Kraftlinienfluß die Leiter der Spule *II* und induziert in ihnen Spannung. Die der Spule *I* zugeführte Hochspannung verhält sich zu der in der Spule *II* entstehenden Niederspannung wie die Windungszahl von *I* zur Windungszahl von *II*. Soll die obige Spannung von 10000 V auf 220 V trans-formiert werden, so sind bei 100 Windungen der

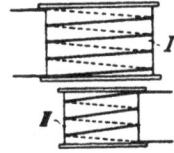

Abb. 62. Grundlage eines Transformators.

Niederspannungsspule $\dfrac{x}{100} = \dfrac{10000}{220} = 4550$ Windungen der Hoch-

spannungsspule erforderlich.

Drehstromtransformatoren erhalten 3 Primär- und 3 Sekun-därwicklungen. Zur Erleichte-rung des Kraftlinienflusses wer-den die Spulen über Eisenkerne gebaut nach Abb. 63. Das zugehörige Schaltungsschema zeigt Abb. 64, wobei die En-den *X*, *Y*, *Z* der Wicklungen in der üblichen Sternschaltung verbunden sind.

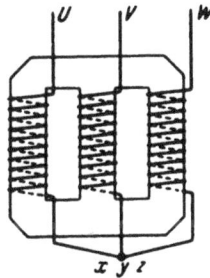

Abb. 63. Drehstrom-Transformator.

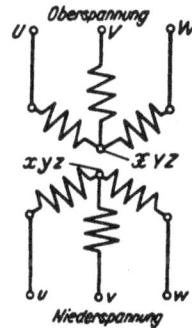

Abb. 64. Schaltung eines Drehstromtransformators.

Dynamomaschine und Elektromotor.

Bei der Dynamomaschine wird der Anker durch Aufwand von mechanischer Energie in dem Magnetfeld gedreht, es wird in den Ankerwicklungen Spannung induziert, die den Strom nach außen treibt. Dieser Strom hat das Bestreben, die Bewegung zu hemmen. Bei dem ebenso eingerichteten Elektromotor ist der Vorgang insofern umge-kehrt als hier der Strom in entgegengesetzter Richtung von außen zu-geführt wird und dieser die Bewegung unterstützt. Der Strom wird eine Drehung des Ankers bewirken und ihm seine elektrische Energie geben, so daß der Motor mechanische Arbeit zu leisten vermag.

Gleichstrommotoren.

Anwendung: Für Baustellen, wo nur Anschluß an ein vorhandenes Gleichstromnetz möglich ist oder wenn Strom für Licht und Kraft selbst erzeugt wird.

Konstruktion: Der Gleichstrommotor besteht aus denselben Teilen wie die Dynamomaschine in Abb. 55 und zwar:

1. Feststehendes Magnetgestell mit den Elektromagneten.

2. Umlaufender Anker mit den Wicklungen.

3. Kollektor (Stromwandler), dessen gegenseitig isolierte Lamellen mit den Enden der Ankerwicklungen verbunden sind.

4. Bürsten (Kohlenbürsten), die auf dem Kollektor schleifen.

Die häufigste Ausführungsart ist ähnlich wie bei den Dynamomaschinen der sog. **Nebenschlußmotor,** der vollständig der Abb. 56 entspricht. Der Hauptunterschied gegenüber anderen Motoren besteht darin, daß die Erregerwicklung für das Magnetfeld im Nebenschluß zur Ankerwicklung liegt oder parallel zu ihr geschaltet ist. Infolge der Parallelschaltung wird nur ein Teil des eingeführten Stromes durch die Erregerwicklung geleitet; dieser Strom und das durch ihn erzeugte Magnetfeld ist unveränderlich. Die Nebenschlußmotoren haben daher bei allen Belastungen eine nahezu konstante Drehzahl. Bei wechselnder Belastung der angetriebenen Arbeitsmaschinen holt sich der Motor soviel Strom aus dem Netz, als er jeweils braucht, ohne seine Geschwindigkeit wesentlich zu ändern. Ist es erwünscht, den Nebenschlußmotor auch mit veränderlicher Drehzahl laufen zu lassen, so baut man in den Erregerstromkreis einen Regulierwiderstand (Nebenschlußregulator) ein.

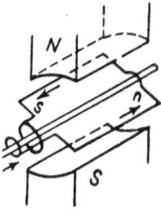

Abb. 65.
Wirkungsweise des
Elektromotors.

Wirkungsweise: Nach der schematischen Darstellung in Abb. 65 erhält die Stromschleife den Strom in der Pfeilrichtung von außen zugeführt und sie wird zu einem Elektromagneten mit Nord- und Südpol n, s. Diese Pole wollen sich den ungleichnamigen Polen des Magnetgestells N, S gegenüberstellen, die Schleife wird im Uhrzeigersinne gedreht durch die Anziehungskraft S, n und N, s. Die Bewegung würde nach kurzer Zeit aufhören, wenn sich die ungleichnamigen Pole gegenüberständen. Dadurch aber, daß bei einem Motor auf dem Anker mehrere Windungen angeordnet sind und der Strom diesen Windungen nacheinander zugeführt wird, bleibt der Anker in dauernder Drehung erhalten. Denn die stromführende Schleife wird jedesmal ihre Pole so stehen haben (neutrale Zone), daß sie eine Anziehung durch N und S erfahren.

Anlassen: Man darf den Strom nicht in seiner vollen Stärke in den stillstehenden Anker des Motors hineinschicken; denn bei dem geringen Widerstand des Ankers würde der Anlaßstrom ein Vielfaches des normalen Stromes bei Vollbelastung (Nennstrom), also so stark werden, daß die Ankerwindungen zerstört würden, wenn nicht vorher die Sicherungen durchbrennen. Es sind daher den Motoren **Anlaßwiderstände** (Anlasser) vorzuschalten, die in die Zuleitungen zu den Klemmen der Maschine eingeschaltet sind. — Nur kleine Motoren können ohne Anlasser in Betrieb gesetzt werden. Dabei ist jedoch zu beachten, daß die Magnetwicklung zuerst erregt und dann der Anker eingeschaltet wird. Deshalb muß die Magnetwicklung vor dem Anlasser abgezweigt werden, damit die Wicklung beim Einschalten des Motors sofort volle Spannung erhält, die Magnete voll erregt werden und der Motor mit großem Drehmoment anlaufen kann.

Beim Anlassen geht der dem Motor zugeführte Strom durch den vollen Widerstand, wird stark geschwächt und der Anker setzt sich langsam in Bewegung. Dadurch entsteht im Anker infolge seiner Drehung im Magnetfeld eine Spannung, die der Netzspannung entgegengesetzt gerichtet ist, so daß der vom Anker aufgenommene Strom wieder geringer wird. Mit zunehmender Drehzahl wird langsam immer mehr Widerstand abgeschaltet bis schließlich die Leitung kurzgeschlossen, d. h. der ganze Widerstand ausgeschaltet ist und der Anker direkt am Netz liegt.

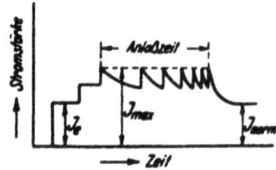
Abb. 66. Verlauf des Anlaßstromes (Siemens Bd. 8, Bild 3).

Je nachdem mehr oder weniger Massen zu beschleunigen sind, ist die Zeit vom Stillstand des Motors bis zu seiner vollen Drehzahl verschieden und die Anlaßzeit beträgt etwa $\frac{1}{2}$—$1\frac{1}{2}$ min. Die Anlaßwiderstände sind also im allgemeinen nur so zu bemessen, daß sie die Erwärmung durch die Anlaßstromstärke diese kurze Zeit über aushalten. Bleibt ein Teil des Widerstandes dauernd dem Anker vorgeschaltet, so kommt der Motor nicht auf volle Drehzahl.

Diese Eigenschaft des Anlaßwiderstandes kann daher zur Regulierung der Drehzahl verwendet werden, wenn man den Anlasser so benützt, daß er den Ankerstrom dauernd vertragen kann.

Den Verlauf des Anlaßstromes zeigt Abb. 66. Der Anlaufstrom kann beim Anlassen mit vollem Drehmoment das 1,5—2 fache, beim Anlassen mit doppeltem Drehmoment das 2—3 fache des Normalstromes betragen.

In Abb. 67 ist das Schaltbild eines Anlassers für Gleichstrom-Nebenschlußmotoren dargestellt. Die Sicherungen sind nur für den Normalstrom zu bemessen.

Kleine Motoren bis 3 kW können mit Hilfe eines festen Ankerwiderstandes an das Netz angelegt werden. Der Widerstand bleibt auch während des Betriebes eingeschaltet und vernichtet etwa 15% der Spannung, was auch eine Verminderung der Drehzahl um denselben Betrag zur Folge hat.

Hauptmerkmale des Nebenschlußmotors: Die Drehzahl des Motors nimmt bei zunehmender Belastung nur wenig ab. Daher eignet er sich besonders zum Antrieb einzelner Arbeitsmaschinen oder Gruppen von Maschinen.

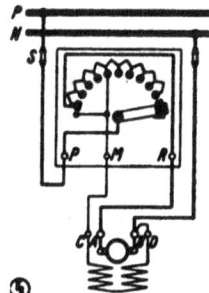
Abb. 67. Anlasser.

Der Motor hat auch den Vorteil der Drehzahlregulierung, die darin besteht, daß die Drehzahl durch Schwächung der Erregung erhöht werden kann. Dies geschieht durch einen Regulierwiderstand, wie bei Dynamomaschinen.

Um bei Veränderung der Drehzahl und bei stark schwankender Belastung das Gleichrichten des Stromes durch den Kollektor zu erleichtern sowie insbesondere die Funkenbildung auf dem Kollektor zu vermeiden, baut man zwischen die normalen Feldmagnete Hilfspole oder Wendepole nach Abb. 55 ein, deren Wicklungen vom Hauptstrom durchflossen werden.

Die Gleichstrommotoren können allgemein für beliebige Umdrehungszahlen hergestellt werden. Je höher die Drehzahl, desto kleiner und billiger wird der Motor.

Drehstrommotoren.

Anwendung: Sie finden Verwendung in allen Fällen, wo die Motoren an das Drehstromnetz eines Überlandwerkes unter Zwischenschaltung eines Transformators angeschlossen werden können.

Abb. 68. Teile eines Drehstrom-Kurzschlußmotors (Heemaf, Dortmund).

Konstruktion: Die Drehstrommotoren gestalten sich einfacher und billiger als die Gleichstrommotoren. Der in Abb. 68 in seinen Teilen dargestellte Drehstrommotor besteht aus:

1. dem feststehenden Ständer (Stator) mit drei gegenseitig versetzten Wicklungen,
2. dem drehbaren Läufer (Rotor, Anker); dieser kann entweder als Kurzschlußläufer oder Schleifringläufer ausgeführt sein,
3. den 2 Lagerschilden.

Wirkungsweise der Statorwicklung: In Abb. 69 sind zwei Stromschleifen, eine horizontale H und eine Vertikale V dargestellt. Schickt man durch eine Schleife einen Strom, so wird ein Magnetfeld senkrecht zur Ebene der Schleife erzeugt (s. S. 45 Elektromagnet). Die Feldstärke ist um so größer, je stärker der Strom ist. Schickt man durch die horizontale Schleife einen Wechselstrom mit dem Verlauf der Kurve H in Abb. 70 und durch die vertikale einen solchen mit dem Verlauf V, dessen Phase um 90° gegenüber H verschoben ist, so werden sich die magnetischen Feldstärken in den beiden Schleifen entsprechend dem wechselnden Verlauf der Ströme in folgender Weise ändern:

Strom und {	Horizontalschleife	Höchstwert	abnehmend	Null
Feldstärke {	Vertikalschleife	Null	zunehmend	Höchstwert

Zeichnet man nun in einem bestimmten Maßstab für vier unmittelbar aufeinanderfolgende Stellungen die resultierenden Feldstärken ein, so ergibt sich, daß die Feldstärke gleichbleibt und das Feld sich dreht.

Nimmt man statt der zwei Schleifen drei unter 120° versetzte Schleifen und schließt dieselben an ein Drehstromnetz an, so entsteht ebenfalls ein **Drehfeld.**

Arbeitsweise des Motors: Der dem Stator zugeführte Drehstrom erzeugt das umlaufende Drehfeld. Der Läufer wird durch Induktion zu einem Elektromagneten. Dies geschieht in der Weise, daß das kreisende Drehfeld mit seinen Kraftlinien über die Läuferdrähte hinweggeht, die Kraftlinien die Läuferdrähte schneiden und in denselben eine Spannung induzieren. Der zum Elektromagneten werdende Läufer stellt sich dem Drehfeld entgegen, wird aber von diesem in derselben Richtung mitgezogen. Damit jedoch Kraftlinien geschnitten werden, muß der Anker langsamer laufen als das Drehfeld. Das Zurückbleiben der Läufergeschwindigkeit gegenüber der Drehfeldgeschwindigkeit bezeichnet man als Schlüpfung. Sie beträgt bei Normalbelastung des Motors etwa 4 bis 5%, so daß der Läufer

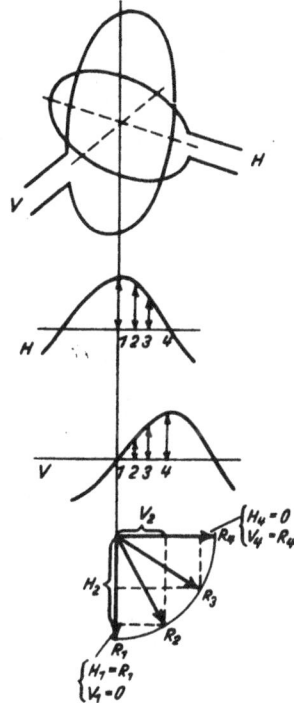

Abb. 69/70. Wirkungsweise der Statorwicklung (Drehfeld).

eines Motors mit 6 Polen statt 1000 Umdrehungen nur 950—960 Umdrehungen in der Minute macht.

Motor mit Kurzschlußläufer (Kurzschlußmotor). Abb. 68 zeigt einen solchen Motor in auseinandergenommenem Zustande; er ist von äußerst einfacher Bauart. Der Läufer (Anker) besteht aus einer Anzahl von Kupferstäben, die am Umfang desselben ohne jede Isolierung in die Nuten des Rotors eingebracht und auf den Stirnseiten durch Kupferringe kurzgeschlossen sind. Der Motor benötigt keine Schleifringe, keine Bürstenhalter mit Bürsten und keine Bürstenabhebvorrichtung. Durch den Wegfall der Schleifringe bekommt er kürzere, gedrungenere Bauart.

Die Motoren laufen mit nahezu konstanter Drehzahl, da auch bei voller Belastung die Schlüpfung gering ist. Eine Regulierung der Drehzahl ist nicht möglich. Das Anlassen geschieht in einfachster Weise dadurch, daß die Ständerwicklungen mittels eines Schalters mit dem Netz verbunden werden.

Die Motoren haben aber den Nachteil, daß sie mit einem großen Stromstoß angehen, da gerade beim Anlaufen, solange der Läufer noch nicht in Bewegung ist, die Ankerstäbe von den Kraftlinien des Drehfeldes am schnellsten geschnitten werden, in ihnen also die größte Spannung induziert wird. Kurzschlußmotoren mit unmittelbarer Einschaltung ohne Anlasser werden daher nur für kleinere Leistungen, bis 3 PS, gebaut.

Die Heemaf Motorenwerke A.G. Dortmund bauen eine Sonderkonstruktion eines Kurzschlußmotors mit zwei unabhängigen Läufer-

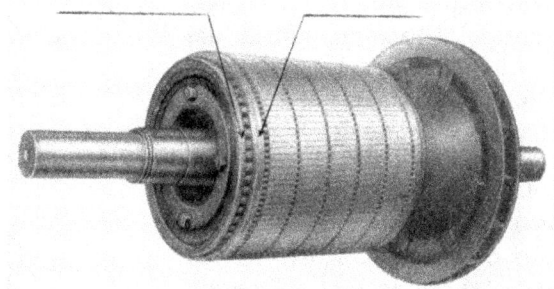

Abb. 71. Kurzschlußläufer (Heemaf, Dortmund).

wicklungen nach Abb. 71, einem Innenkäfig und einem Außenkäfig. Durch diese Anordnung wird ein hohes Anlaufdrehmoment bei niedrigem Anlaufstrom erreicht.

Anlassen von Kurzschlußmotoren. Dieses kann auf dreifache Weise geschehen.

1. Das unmittelbare Einschalten ohne Anlasser. Wird nach Abb. 72 durch einen Hebelschalter der Motor an das Netz gelegt, d. h. die Netzleitungen RST mit den Ständerwicklungen UVW verbunden, so tritt als Anlaßstrom etwa der 4- bis 7fache Normalstrom auf. Der Motor läuft an und der Strom sinkt auf den der Last entsprechenden Wert. Das Anlaufmoment beträgt je nach der Größe des Motors das 0,5- bis 2,5fache des normalen. Die Sicherungen sind für den zweifachen Normalstrom zu bemessen.

2. Sterndreieckschaltung. Der hohe Anlaufstrom läßt sich dadurch herabdrücken, daß die Ständerwicklung beim Anlassen in Stern für den Betrieb aber in Dreieck geschaltet wird. Der Sterndreieckschalter wird für Leistungen bis etwa 10 PS verwendet, wenn das Anlaufmoment gering ist (etwa $^1/_3$ des normalen). Der Einschaltstrom in der Sternwicklung beträgt das 1,7- bis 2,4fache, der Stromstoß beim Überschalten von λ auf $\triangle$ etwa das Dreifache des Normalstromes (Abb. 73).

Das Schema einer Sterndreieckschaltung zeigt Abb. 74. In der gezeichneten Stellung des dreipoligen Umschalthebels ist die Anlaßstellung
gegeben, die Ständerwicklungen sind in Stern geschaltet, wobei XYZ miteinander verbunden sind, entsprechend Abb. 75. Beim Umlegen des

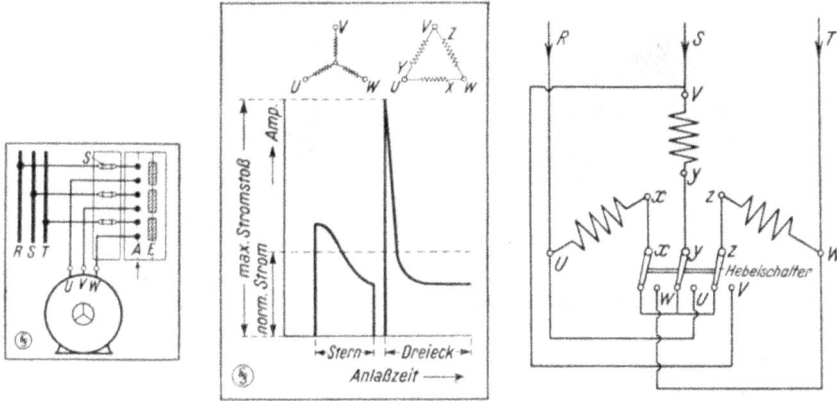

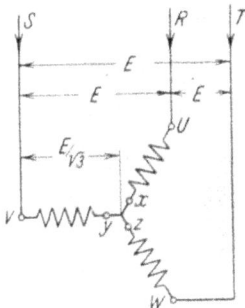

Abb. 75. Sternschaltung. Abb. 76. Dreieckschaltung.

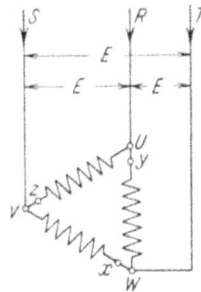

werden, so daß in einfacher Weise von Stern auf Dreieck umgeschaltet
werden kann. In Sternschaltung erhält der Motor bei einer Netzspan-
nung E nur die Spannung $\dfrac{E}{\sqrt{3}}$, die Zugkraft fällt hierbei beim Anlauf des
Motors auf etwa $^1/_3$ des Höchstwertes, gleichzeitig sinkt auch der Anlaufstrom (Abb. 73). Ist der Motor angelassen, so wird von Stern auf Dreieck
geschaltet.

Motoren mit diesen Anlassern können also ohne weiteres für zwei Netze verwendet werden, z. B. für 380 und 220 V, bei Ständerwicklung in Sternschaltung 380 V Netz, und in Dreieckschaltung 220 V

Abb. 77. Stern-Dreieckschalter
(Siemens 8. Bd.).

Abb. 78. Deckel abgenommen
(Siemens 8. Bd.).

Netz. Das Leistungsschild des Motors trägt dann die Bezeichnung 380/220 V.

3. Mechanische Anlasser der S.S.W. Bei diesem ist der Anlauf des Motors und das Anziehen des Motors zeitlich voneinander getrennt. Der Motor läuft zunächst leer an, und erst wenn er volles Drehmoment erreicht hat, faßt er die Arbeitsmaschine an und zieht die volle Belastung durch.

In der Periode des Leerlaufes wird von Stern auf Dreieck umgeschaltet und erst nachher wird der mechanische Anlasser Abb. 79, der in der

Abb. 79. Mechanischer Anlasser der Siemens-Schuckertwerke.

Hauptsache aus Fliehgewichten mit Gegenzugfedern besteht, die Riemenscheibe nach und nach anfassen, um sie mit vollem Drehmoment mit allmählicher Beschleunigung auf volle Drehzahl zu bringen. Dieser Anlasser bildet außerdem auch eine mechanische Sicherung, indem bei Überlastung der Arbeitsmaschine die Kupplung nachgibt.

Motor mit Schleifringläufer (Schleifringmotoren). Abb. 80 zeigt einen solchen Motor der Heemafwerke Dortmund in seinen Teilen und Abb. 81 das Schema mit den Wicklungen und dem Läuferanlasser. Diese Motoren werden für größere Leistungen gebaut und haben den Zweck, die großen Stromstöße beim Anlassen zu vermeiden, indem man

Abb. 80. Teile eines Drehstrom-Schleifringmotors (Heemaf, Dortmund).

Anlaßwiderstände vor die Läuferwicklungen schaltet, die in diesem Falle auch dreiphasig wie die Ständerwicklungen ausgeführt werden müssen. Die Verbindung der Wicklungen mit den Widerständen kann wegen der Drehung des Läufers nur mittels Schleifringen und Bürsten erfolgen. Der Läufer wird daher als Schleifringanker ausgeführt. Ein Schleifring-motor besteht demnach aus

1. dem feststehenden Ständer mit 3 um je 120° versetzten Wicklungen,
2. zwei Lagerschilden,
3. dem Läufer (Anker) mit ebenfalls 3 Wicklungen mit 3 Schleif-ringen (Abb. 82),
4. den Bronze-Kohlebürsten mit Bürstenhaltern und Bürstenab-hebevorrichtung.

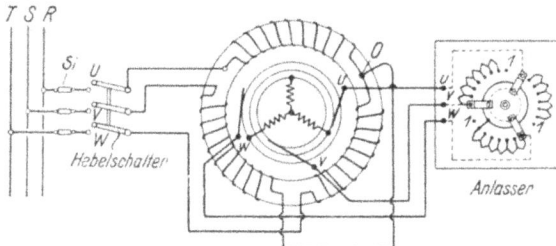

Abb. 81. Schaltungsschema eines Motors mit Schleifringläufer.

Nach dem Schema der Abb. 81 wird den Ständerwicklungen der Strom aus den drei Netzleitungen *R S T* über die Sicherungen und mittels des dreipoligen Hebelschalters zugeführt; die Enden der drei Wick-lungen sind bei 0 zusammengeführt. Die drei Läuferwicklungen gehen von einem Stern aus, um in den drei Schleifringen zu enden. Durch die auf ihnen schleifenden Bürsten wird die Verbindung zwischen den Ankerwicklungen und den Anlaßwiderständen hergestellt. Durch Drehen des sternartigen Kontakthebels im Sinn des Uhrzeigers wird sich der Widerstand stufenweise verringern, bis schließlich der Anlaßwiderstand kurzgeschlossen ist.

Der Anlaßwiderstand ist gewöhnlich nur für die Zeit des Anlaufens mit den Ankerwicklungen verbunden. Zum Schluß des Anlassens werden die Ankerdrähte in sich kurz geschlossen, indem man eine unmittelbare Verbindung der drei Schleifringe untereinander herstellt und durch Abheben der Bürsten den Anlasser vom Motor trennt. Zu diesem Zweck ist an dem Wellenende ein Handgriff vorgesehen, bei dessen Bewegung

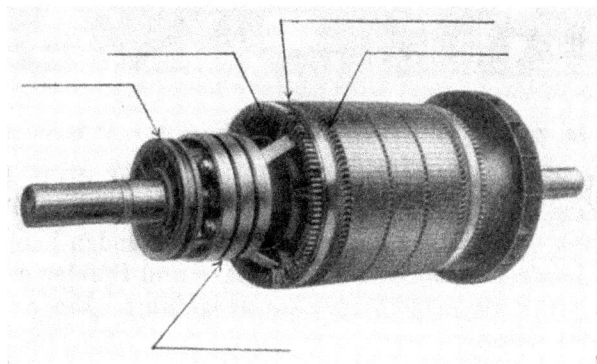

Abb. 82. Schleifringläufer (Heemaf).

ein Stift im Innern der Schleifringe so verschoben wird, daß er die Schleifringe untereinander verbindet. Gleichzeitig hebt der Hebel die Bürsten ab, der Motor läuft nun ohne schleifenden Kontakt.

Beim Anlassen des Motors ist darauf zu achten, daß die Bürsten aufliegen und der Anlasser auf 1—1—1 steht. Man legt hierauf durch Einschalten des dreipoligen Schalthebels den Ständer ans Netz und schließt den Anlaßwiderstand allmählich kurz.

Durch Verwendung von Anlassern wird ein zu hohes Ansteigen der Stromstärke auch im Ständer verhindert und dadurch erreicht, daß die Motoren eine Zugkraft entwickeln, die das 2- bis 3fache der im regelrechten Lauf erzeugten beträgt. Werden die Widerstände während des Laufes dauernd im Läuferstromkreis gelassen, so vermindert der Motor seine Drehzahl mit wachsender Belastung. Zum Regulieren der Drehzahlen müssen aber diese Widerstände besonders bemessen werden.

Hauptmerkmale der Schleifringmotoren. Mit steigender Belastung fällt die Drehzahl um ein Geringes ab.

Anlassen der Schleifringmotoren: Die beim Kurzschlußmotor in sich geschlossene Wicklung des Läufers wird bei den Schleifringmotoren zu den drei Schleifringen geführt. Sind die Schleifringbürsten nicht miteinander verbunden, so kann der Motor beim Einschalten kein Drehmoment entwickeln, er bleibt stehen und wirkt wie ein Transformator, indem er an den drei Schleifringen eine Läuferspannung erzeugt. Werden die drei Schleifringe kurz geschlossen, so verhält sich der Motor wie ein Kurzschlußmotor. Durch Einschalten von Widerständen zwischen die drei Schleifringe kann der Stromkreis bedeutend gedämpft werden. Danach kann man zwei Anlaßarten unterscheiden:

a) Unmittelbares Einschalten mit festem Widerstand für Motoren bis 5 kW. Wird ein Widerstand zwischen die 3 Schleifringe eingeschaltet, der etwa 15% der im Läufer entwickelten Spannung abdrosselt, so tritt beim Einschalten etwa der 3fache Nennstrom auf. Der Motor läuft an, entsprechend der im Widerstande abgedrosselten Spannung sinken Drehzahl und Wirkungsgrad des Motors um etwa 15%.

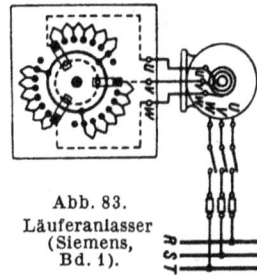

Abb. 83.
Läuferanlasser
(Siemens,
Bd. 1).

Die Sicherungen sind für 1,5fachen Nennstrom zu bemessen.

b) Anlassen mit Läuferanlasser (Abb. 83). Wählt man den Widerstand zwischen den Schleifringen so groß, daß im Netz der 1,3fache Nennstrom auftritt, so entwickelt der Motor beim Anlauf das normale Drehmoment. In dem Maße wie der Motor anläuft und der Strom fällt, wird der Widerstand verkleinert, bis er schließlich ganz kurzgeschlossen ist. Der Motor kann mit Hilfe des Anlassers allein nicht stillgesetzt werden; es ist für diesen Zweck ein Ständerschalter vorzusehen.

Die im Ständerkreis liegenden Sicherungen sind für den Nennstrom zu bemessen.

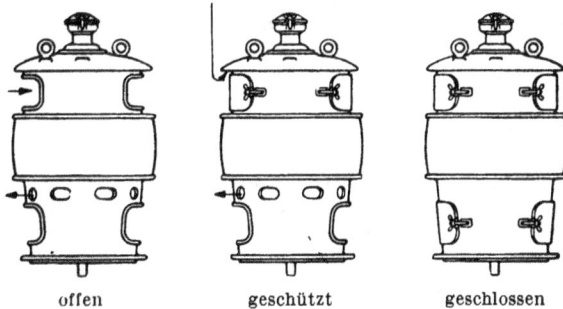

offen   geschützt   geschlossen
Abb. 84. Motortypen (Siemens, Bd. 1).

Ausführungsformen der Elektromotoren.

Abb. 84 zeigt die drei Typen:

1. Offene Motoren für Betriebe, in denen keine besondere Feuchtigkeit oder Staubentwicklung vorkommt; die kühlende Luft kann alle Teile leicht bestreichen.

2. Geschützte Motoren haben ein bis auf die Lüftungsöffnungen abgeschlossenes Gehäuse, das die Wicklungen gegen mechanische Ver-

letzungen sowie Tropf- und Spritzwasser schützt. Bürsten und Schleifringe sind durch Öffnungen, die mittels Klappen geschlossen werden,
zugänglich. Ein auf der Welle angebrachter Lüfter saugt Luft durch
den Motor.

3. Mantelgekühlte, geschlossene Motoren haben ein Gehäuse, das ebenso Schutz gewährt wie unter 2. Die stromführenden
und inneren umlaufenden Teile sind allseitig abgeschlossen.

Aufstellung der Elektromotoren.

Vor dem Anlassen ist folgendes zu beachten:

1. Möglichste Reinigung von Schmutz und Staub.

2. Prüfung des Zustandes der Lager, ob sich die Welle leicht in ihnen dreht. Auffüllen der Lager mit Dynamoöl. Bei neuen oder sehr lange außer Betrieb gewesenen
Motoren zuerst die Lager mit Petroleum ausspülen. Bei Ringschmierlagern müssen
die Schmierringe sicher von der Welle mitgenommen werden und derselben genügend
Öl zuführen.

3. Auflegen des Treibriemens unter Spannung. Der Riemen soll nicht zu straff
gespannt sein wegen der damit verbundenen starken Lagerabnützung. Die zulässige
Lagerabnützung beträgt nur wenige Zehntelmillimeter. Wenn sie größer wird, so
ist ein Anstreifen des Läufers im Ständer und eine Gefährdung der Wicklung
möglich. Deshalb ist von Zeit zu Zeit der Luftspalt zwischen Läufer und Ständer zu
ermitteln.

4. Schleifringe bzw. Kollektoren müssen vollkommen rund laufen. Die Bürsten
müssen vor Inbetriebnahme sorgfältig eingeschliffen werden. Bei Motoren sind die
Bürsten entgegengesetzt dem Drehsinn etwas über die neutrale Zone des Magnet-
feldes zurückzuschieben, bei Dynamomaschinen im Drehsinn etwas vorzustellen.
Genaue Einstellung der Bürsten am besten während des Betriebes, indem man die
Stellen der geringsten Funkenbildung aufsucht.

5. Prüfung der Motoren auf Isolation der Wicklungen gegen das Maschinengestell
mit Hilfe eines Isolationsprüfers oder mittels der vom Verband deutscher Elektro-
techniker vorgeschlagenen Durchschnittsprobe (s. einschlägige Vorschriften). Ist der
Isolationswiderstand nicht genügend groß, wenn die Motoren beim Transport oder
während der Aufstellung viel Feuchtigkeit aufgenommen haben, so müssen die Motoren erst ausgetrocknet werden. Das Austrocknen von innen heraus wird erreicht,
ndem man ihnen Strom von geringer Spannung zuführt.

6. Die zur Maschine gehörigen Apparate, insbesondere die Widerstände, sind
vor dem Gebrauche zu reinigen.

7. Die Maschinen sind an Hand eines Schaltungsschemas richtig an das Netz
anzuschließen bzw. mit dem Regulier- und Anlaßwiderstand zu verbinden.

Gleichstrommotoren: Der Anschluß der Motoren kann nach
Abb. 85 erfolgen, indem nach dem Schaltschema die entsprechenden Verbindungen mit den Stellen des Klemmbrettes (Abb. 86) hergestellt werden. Abb. 87 zeigt die Betriebskurve. Die Motoren können sowohl für
Rechts- als auch Linkslauf verwendet werden. — Rechtslauf ist im Uhr-
zeigersinn, von der Antriebsseite gesehen.

Eine Änderung der Drehrichtung ist nur durch Umlegen der Brücke
am Klemmbrett des Motors möglich, wobei sich die Stromrichtung nur

im Magneten ändert. Durch einfaches Vertauschen von zwei Drähten der Hauptzuleitung würde sich bei diesen Motoren die Stromrichtung sowohl im Anker als auch im Magnetfeld ändern und der Motor würde die alte Drehrichtung beibehalten.

Geeignete Drehzahlen bei günstigstem Wirkungsgrade:

$n =$	2800	1400	1200	1100	1000	900	600	600
$PS =$	1	5	10	15	20	30	40	50

Gebräuchliche Spannungen: 110, 220, 440 V.

Drehstrommotoren: Der Anschluß dieser Motoren für Rechts- und Linkslauf an das Netz geschieht nach Abb. 88, indem die drei Zu-

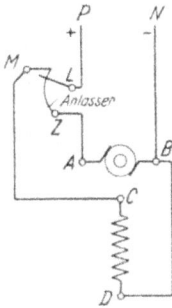

Abb. 85.
Anschlußschema.

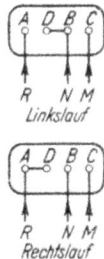

Abb. 86.
Klemmbrett
eines Gleich-
strommotors.

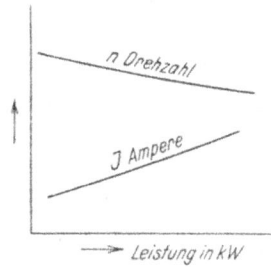

Abb. 87.
Betriebskurve.

leitungsdrähte an die mit $U V W$ bezeichneten Motorenklemmen angeschlossen werden (s. auch Abb. 74÷76 Sterndreieckschaltung). Die anderen drei Motorenklemmen $X Y Z$ sind gewöhnlich miteinander verbunden und es liegt Sternschaltung vor. Mit dieser Schaltung werden die neuen Motoren in der Regel geliefert, wenn in der Bestellung nicht anderes gewünscht ist.

Verbindet man X mit W, Y mit U und Z mit V, so hat der Motor Dreieckschaltung. Diese Schaltung ist wichtig für Kurzschlußmotoren, die mittels Stern-Dreieckschaltung angelassen werden. In Betriebsstellung sind sie in Dreieck geschaltet und in der Anlaufstellung werden sie vorübergehend in Stern an

Abb. 88. Klemmbrett
eines Drehstrommotors.

das Netz gelegt, so daß z. B. bei 220 V Netzspannung ein Motor geeignet ist, in Stern an 380 V Netzspannung gelegt zu werden.

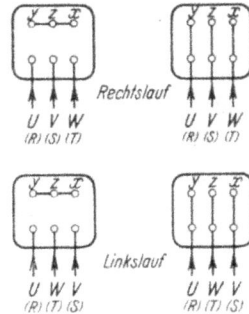

Zur Änderung der Drehrichtung des Motors braucht man nur am Hebelschalter zwei beliebige Leitungen miteinander zu vertauschen (Abb. 88 S und T vertauscht).

Die Drehzahl ist bei Drehstrommotoren von der Polzahl p und der Frequenz $f = 50$ abhängig. Sie berechnet sich nach der Formel

$$n = \frac{2 \cdot 60 \cdot f}{p}$$

bei Polzahl   2   4   6   8   10
Drehzahl $n =$ 3000   1500   1000   750   600

Die wirkliche Drehzahl des Läufers (Nenndrehzahl) ist entsprechend der Schlüpfung um 3 bis 5% kleiner.

Gebräuchliche Spannungen 110, 190, 220, 380 V.

Inbetriebsetzen und Abstellen der Motoren.

Gleichstrommotoren (siehe Seite 52). Vor dem Anlassen muß man sich überzeugen, ob der Anlasser auf »Aus« steht; dann kann erst der Hauptschalter angelegt werden.

Das Anlassen selbst geschieht durch langsames Drehen der Kontaktkurbel des Anlassers bis in ihre Endstellung. Das Ausschalten erfolgt durch schnelles Zurückdrehen der Kurbel bis zum Anschlag und hierauf ist der Hauptschalter zu öffnen.

Die Bürsten müssen vor Inbetriebnahme sorgfältig eingeschliffen werden.

Alle mit Anlassern betriebenen Motoren nehmen beim Anlassen an Strom auf:

            bei Leerlauf   ½ Belastung   Vollast
            das 1fache   1,3fache   2fache

Drehstrommotoren (siehe Seite 56). Kurzschlußmotoren bis 3 PS können ohne Anlasser durch unmittelbares Einschalten eines Schalters in Betrieb gesetzt werden.

Bei Kurzschlußmotoren bis 10 PS mit den Bezeichnungen 380/220 oder 190/110 V verwendet man Sterndreieckschalter oder mechanische Anlasser.

Bei Schleifringmotoren (siehe Seite 60) kommt zur Bedienung des Schalthebels noch die Bedienung des Läuferanlassers und bei größeren Schleifringmotoren noch die der Bürstenabhebevorrichtung dazu.

Vor dem Anlassen ist zu beachten, daß die Bürsten auf den Schleifringen aufliegen und der Anlasser auf »Aus« steht, dann anlassen:

     1. Hebelschalter einschalten,
     2. Kurbel des Anlassers langsam bis in die Endstellung drehen,
     3. Bürsten abheben.

Beim Abstellen ist umgekehrt zu verfahren:

     1. Bürsten am Motor auflegen,
     2. Kurbel des Anlassers schnell in die Ausschaltstellung zurück-drehen,
     3. Hebelschalter ausschalten.

Leistungsberechnung.

Die drei Grundeinheiten Volt, Ampere und Ohm lassen sich am einfachsten erklären, wenn man die elektrische Leitung mit einer Wasserleitung nach Abb. 89 vergleicht.

Der Gefällshöhe H bzw. dem Druck in der Leitung entspricht die elektrische Spannung = Volt (E); die Wassermenge, die dauernd durch die Leitung fließt, ist zu vergleichen mit der Stromstärke = Ampere (J), und dem Widerstand, den die Rohr-

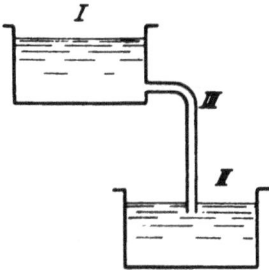

Abb. 89.

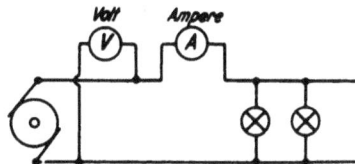

Abb. 90. Anschluß der Meßinstrumente.

leitung dem fließenden Wasser entgegensetzt, entspricht der elektrische Widerstand = Ohm (R).

Die Stromstärke wird mit Hilfe des Amperemeters, die Spannung mittels des Voltmeters gemessen (Abb. 90).

Zwischen den drei Größen besteht das Ohmsche Gesetz:

$$E = J \cdot R.$$

Über elektrische Einheiten siehe S. 9.

Elektrische Leistung:

$$1 \text{ Watt} = \text{Volt} \times \text{Ampere} = E \cdot J$$

Unter Berücksichtigung von 1 Kilowatt = 1 kW = 1000 Watt ergibt sich

$$\text{Leistung in kW} = \frac{E \cdot J}{1000}$$

und mit Hilfe der Beziehung 1 PS = 736 Watt

$$\text{Leistung in PS} = \frac{E \cdot J}{736}$$

Um die **Nutzleistung** eines Motors zu berechnen, ist noch der Wirkungsgrad zu berücksichtigen:

$$\text{Wirkungsgrad } \eta = \frac{\text{Vom Motor abgegebene Leistung}}{\text{dem Motor zugeführte Leistung}} = \frac{\text{Nutzleistung}}{\text{zugeführte Leistung}}$$
in %

er schwankt zwischen 70 und 90% je nach Größe und Bauart.

Leistung von Motoren.

Gleichstrom: Hier wird der in der Dynamomaschine erzeugte Wechselstrom durch den Kollektor gleichgerichtet; es gilt also wie oben:

$$\boxed{\text{Leistung in kW} = \frac{E \cdot J}{1000}}, \qquad \boxed{\text{Leistung in PS} = \frac{E \cdot J}{736}}.$$

Nutzleistung des Motors in PS: $\quad \boxed{N_e = \eta \cdot \frac{E \cdot J}{736}}$
$\eta_{\text{motor}} = 0{,}70$ bis $0{,}90$.

Beim **Kraftaufwand** für eine **Dynamomaschine** ist die Leistung in PS noch durch den Wirkungsgrad der Dynamomaschine η_{dyn} zu dividieren.

Kraftbedarf einer Dynamomaschine in PS: $\quad \boxed{N_e = \frac{E \cdot J}{736 \cdot \eta_{\text{dyn}}}}$
$\eta_{\text{dyn}} = 0{,}70$ bis $0{,}90$.

Beispiel: Wieviel PS gibt ein Gleichstrommotor nutzbar ab, wenn man ihm einen Strom von 20 A bei 220 V Spannung zuführt und der Wirkungsgrad $\eta = 82\%$ ist?

$$\text{Nutzleistung } N_e = \eta \, \frac{E \cdot J}{736} = 0{,}82 \, \frac{220 \cdot 20}{736} = \mathbf{4{,}9 \, PS.}$$

$$\text{Zugeführte Leistung in kW} = \frac{E \cdot J}{1000} = \frac{220 \cdot 20}{1000} = \mathbf{4{,}4 \, kW}$$

$$\mathbf{\text{,}} \qquad \mathbf{\text{,}} \qquad \mathbf{\text{,}} \; PS = \frac{E \cdot J}{736} = \frac{220 \cdot 20}{736} = \mathbf{6 \, PS.}$$

Drehstrom: Hier werden die erzeugten Wechselströme als solche an das Netz abgegeben. Dabei ergibt sich ein Nacheilen des magnetisierenden Stromes J gegenüber der ihn erzeugenden Spannung E, d. i. die sog. **Phasenverschiebung** (Abb. 91). Sie wird durch den cosinus des Phasenverschiebungswinkels φ ausgedrückt; es ist etwa $\cos \varphi = 0{,}8$ bis $0{,}9$.

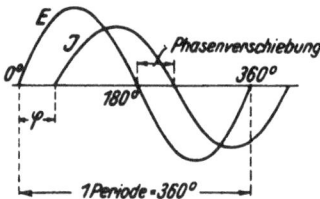

Abb. 91. Phasenverschiebung.

Bei sog. induktionsfreier Belastung, z. B. durch Glühlampen, verläuft die Spannung in gleicher Phase mit der Stromstärke, d. h. beide erreichen zu gleicher Zeit ihre Höchst- und Nullwerte.

$$\varphi = 0 \text{ und } \mathbf{\cos \varphi = 1.}$$

Bei induktiver Belastung, die immer durch **Motoren und Transformatoren** hinzukommt, tritt eine **Phasenverschiebung** ein. Der Strom erhält seine Höchst- und Nullwerte immer etwas später; es wird bei vollbelasteten Motoren $\cos \varphi = 0{,}8$ bis $0{,}9$, bei schwacher Belastung und Leerlauf entsprechend größer. Der Wert **cos φ** ist auch gleichbedeutend mit dem sog. **Leistungsfaktor F**.

Scheinleistung $= E \cdot J$ für Wechselstrom.

Wirkliche Leistung $= E \cdot J \cdot \cos \varphi$.

Da ferner bei Drehstrom infolge der Verkettung der Wicklungen die Spannung zwischen zwei Leitern $E \sqrt{3} = 1{,}732\,E$ wird, so ergibt sich die wirkliche Leistung $N = 1{,}732\,E\,J \cos \varphi$ und die

Nutzleistung in PS $\boxed{N_e = \eta \cdot \dfrac{1{,}732\,E \cdot J \cdot \cos \varphi}{736}}$

Beispiel: Wieviel PS wird ein Drehstrommotor nutzbar abgeben, wenn er bei 220 V Spannung 20 A aufnimmt, der Wirkungsgrad $\eta = 0{,}86$ und der Leistungsfaktor 0,85 beträgt?

$$N_e = 0{,}86 \,\frac{1{,}732 \cdot 220 \cdot 20 \cdot 0{,}85}{736} = 7{,}6\,\text{PS.}$$

Zur Ermittlung der Leistung sind bei Gleichstrommaschinen ein Voltmeter und ein Amperemeter notwendig, bei Drehstrommotoren dagegen wird die aufgenommene Leistung unmittelbar mit einem Wattmeter in kW abgelesen.

Bemessung der Leitungen.

Für lange Zuleitungen zu den Motoren bei einem zulässigen Spannungsabfall von 3 bis 4% — d. i. die Anzahl Volt, um welche die Spannung am Ende der Leitung kleiner ist als am Anfang — kann der Querschnitt in mm² nach folgenden Formeln berechnet werden:

Gleichstrom: **Drehstrom:**

$$\boxed{q = \frac{l \cdot \text{kW} \cdot 200}{E \cdot E \cdot p \cdot k} \cdot 1000.} \qquad \boxed{q = \frac{l \cdot \text{kW} \cdot 100}{E \cdot E \cdot p \cdot k \cdot \cos \varphi} \cdot 1000.}$$

Darin bedeutet:

$q =$ Mindestquerschnitt in mm²,
$l =$ einfache Streckenlänge in m,
$p =$ zulässiger Spannungsabfall in % $(3 \div 4\%)$,
$k =$ Leitfähigkeit für Kupfer, etwa 57,
$\text{kW} =$ Leistungsaufnahme des Motors,
$E =$ Klemmenspannung in Volt.

Beispiel: Wie groß muß die 150 m lange Kupferzuleitung zu einem Drehstrommotor werden, wenn er 20 kW aufnehmen kann bei 380 V Spannung und 3% Spannungsabfall $(\cos \varphi = 0{,}87)$?

$$q = \frac{l \cdot \text{kW} \cdot 100}{E \cdot E \cdot p \cdot k \cdot \cos \varphi} \cdot 1000 = \frac{150 \cdot 20 \cdot 100}{380 \cdot 380 \cdot 3 \cdot 57 \cdot 0{,}87} \cdot 1000 = 14\,\text{mm}^2.$$

Die folgenden Zahlentafeln enthalten für Gleichstrom- und Drehstrommotoren für die üblichen Spannungen die Querschnitte der Zuleitung, die Stromstärke in der Zuleitung und die Stromstärke für die Sicherung.

Gleichstrom.

Motoren-leistung		Wirkungsgrad	110 Volt			220 Volt			440 Volt			Die Nennstromstärke der Sicherung ist bemessen für Motoren mit
			Strom-stärke	Sicherung	Quer-schnitt	Strom-stärke	Sicherung	Quer-schnitt	Strom-stärke	Sicherung	Quer-schnitt	
kW	PS	%	A	A	mm²	A	A	mm²	A	A	mm²	
1,5	2	79	17,2	35	10	8,6	20	4	4,3	10	1,5	
3	4	81	33	60	16	16,5	25	6	8,3	20	4	
5,5	7,5	82	65	80	25	32,5	60	16	15,7	25	6	
7,5	10	82	86	100	35	43	60	16	21	35	10	
11	15	83	120	160	70	60	80	25	30	60	16	Anlasser und Anlauf unter Vollast
15	20	84	162	200	95	81	100	35	40	60	16	
22	30	84	238	260	150	119	160	70	60	80	25	
30	40	86	318	350	240	158	200	95	80	100	35	
40	55	88	—	—	—	205	225	120	108	125	50	
50	68	89	—	—	—	—	—	—	135	160	70	

Drehstrom.

Motoren-leistung		Wirkungsgrad	Leistungs-faktor	125 Volt			220 Volt			380 Volt			Die Nennstromstärke der Sicherung ist bemessen für Motoren mit
				Strom-stärke	Sicherung	Quer-schnitt	Strom-stärke	Sicherung	Quer-schnitt	Strom-stärke	Sicherung	Quer-schnitt	
kW	PS	%	cos φ	A	A	mm²	A	A	mm²	A	A	mm²	
1,5	2	85	0,86	12	15	2,5	7	10	1,5	4	6	1	Kurzschlußläufer mit mechanischem Anlasser und Anlauf unter Vollast oder Kurzschluß-läufer mit Stern-Dreieck-Anlaßschaltung u. Anlauf unter halber Last
3	4	85	0,86	23	25	6	13	15	2,5	7,5	10	1,5	
5,5	7,5	86	0,87	43	50	16	23	25	6	14	15	2,5	
7,5	10	86	0,87	58	60	16	31	35	10	19	20	4	
11	15	88	0,87	83	100	35	48	50	16	26	35	10	
15	20	89	0,87	100	125	50	58	60	16	31	35	10	Schleifringläufer mit Anlasser und Anlauf unter Vollast
22	30	90	0,87	143	160	70	83	100	25	46	50	16	
30	40	90	0,88	192	225	120	100	125	50	62	80	25	
40	55	91	0,89	255	260	150	135	160	70	80	100	35	
50	68	91	0,89	315	360	240	170	200	95	100	125	50	

Die Leitungsquerschnitte gelten für folgende Streckenlängen:

Bei Gleichstrom von 110 V   bis 40 m

» 220 V   » 60 m

» 440 V   » 120 m

Bei Drehstrom von 125 u. 220 V   bis 30 m

» 380 V   » 80 m.

Für größere Streckenlängen können die Querschnitte im Verhältnis der Längen vergrößert oder nach obigen Formeln gerechnet werden.

Den Anschluß der Baustellen an die Elektrizitäts- und Überlandwerke besorgen Installateure, die von den Werken zugelassen sind. Die
Baufirma braucht nur ihre Motoren an die Niederspannungsseite des
Transformators anzuschließen, der möglichst zentral auf der Baustelle
aufgestellt wird.

Störungen an Elektromotoren.

Gleichstrommotoren:

1. Motor läuft nicht an.
   Ursache: 1. Unterbrechung in der Zuleitung, z. B. Sicherung durchgebrannt,
   2. Anlasser ist durchgebrannt,
   3. Bürsten sind infolge Verschmutzung in den Haltern festgeklemmt
   und berühren den Kollektor nicht.

2. Motor läuft mit Stoß an, wenn der Anlasser zum Teil eingeschaltet ist. Kontaktbahn ist an dieser Stelle angeschmort.
   Ursache: Anlasser hat an dieser Stelle Unterbrechung.

3. Motor läuft schwer an. Anlasser wird heiß, Sicherungen brennen durch.
   Ursache: 1. Leitungen zwischen Anlasser und Motor haben untereinander
   Schluß oder Erdschluß,
   2. Motor hat Körperschluß,
   3. Magnetstromkreis hat Unterbrechung,
   4. Bürstenbrücke hat falsche Stellung.

4. Motor funkt bei Belastung. Kollektor wird an der ganzen Oberfläche schwarz.
   Ursache: 1. Vorstehende Lamellenisolation,
   2. ungeeignetes Bürstenmaterial,
   3. unrunder Kollektor,
   4. ausgelaufene Lager,
   5. einzelne Bürsten haben sich gelöst und berühren deshalb den
   Kollektor in ungleichen Abständen,
   6. Motor ist starken Erschütterungen ausgesetzt,
   7. eine oder mehrere Magnetspulen haben Windungsschluß.

5. Einzelne Bürsten funken stark und erhitzen sich, wogegen andere kalt bleiben.
   Ursache: Motor hat verschiedene Kohlensorten auf den untereinander verbundenen Bürstenbolzen.

6. Motor funkt sehr stark, an einzelnen Lamellen brennt die Isolation aus.
   Ursache: Unterbrechung in der Ankerwicklung.

7. Motor funkt, Kollektor wird stellenweise schwarz.
   Ursache: 1. Schlechter Kontakt zwischen der Wicklung und den Lamellen
   bzw. deren Fahnen,
   2. schlechter Kontakt zwischen Lamellen und Fahnen,
   3. bei Kollektoren, an denen die Ankerdrähte verschraubt sind,
   lockere Schrauben.

8. Motor hat anormal hohe Stromaufnahme. Einzelne Ankerspulen erhitzen sich
   nach kurzer Zeit.
   Ursache: Überbrückung der Spulen am Kollektor.

9. Motor läuft bei großer Stromaufnahme ruckweise an.
   Ursache: Ankerspulen haben gegeneinander Schluß.

10. Anker zeigt im ganzen anormal hohe Erwärmung.
    Ursache: Überlastung.

Drehstrommotoren:

1. **Motor läuft nicht an.**
   Ursache: 1. Unterbrechung in der Zuleitung, z. B. eine oder mehrere Sicherungen durchgebrannt,
   2. Unterbrechung im Läuferstromkreis,
   3. Unterbrechung im Ständerstromkreis.
2. **Motor läuft mit Stoß an, wenn der Anlasser zum Teil eingeschaltet ist. Kontaktbahn ist an dieser Stelle angeschmort.**
   Ursache: Anlasser hat an dieser Stelle Unterbrechung.
3. **Motor läuft schwer an, Drehzahl fällt bei Belastung stark ab.**
   Ursache: Unterbrechung in einer Phase des Läuferstromkreises.
4. **Motor läuft schwer an, brummt stark beim Anlauf und erhitzt sich schnell.**
   Ursache: Ausgelaufene Lager. Läufer streift am Ständer.
5. **Beim Einschalten des Schalters brennen eine oder mehrere Sicherungen durch.**
   Ursache: 1. Leitungen vom Schalter zum Gehäuse haben Schluß miteinander,
   2. Leitungen vom Motor zum Anlasser oder 2 Bürstenhalter haben untereinander Schluß,
   3. 2 Phasen der Gehäusewicklung haben Schluß miteinander bzw. Schluß mit Eisen,
   4. Schleifringe haben gegeneinander Schluß bzw. Läufer hat Schluß in der Wicklung.
6. **Motor brummt sehr stark bei großer Stromaufnahme.**
   Ursache: Eine Phase der Ständerwicklung hat Windungsschluß.
7. **Zeiger des Amperemeters in der Motorzuleitung pendelt bei konstanter Belastung stark hin und her.**
   Ursache: Schlechter Kontakt im Läuferstromkreis.
8. **Anormal hohe Erwärmung des Motors.**
   Ursache: Überlastung.
9. **Beim Anlassen mit Sterndreieckschalter läuft Motor in Anlaufschaltung nicht an.**
   Ursache: Schaltfinger im Anlaßschalter haben Brandstellen.
10. **Wird Sterndreieckschalter auf Arbeit geschaltet, läuft Motor an, läßt aber bei Belastung stark in der Drehzahl nach.**
    Ursache: 1. Läuferstäbe sind ausgelötet,
    2. zu große Belastung.

D. Wirtschaftlichkeit und Wahl der Kraftmaschinen.

Regeln für die Wahl der Betriebsart — ob Dampfmaschine, Verbrennungskraftmaschine oder Elektromotor — oder für die Größe einer Kraftmaschine lassen sich im Bauwesen sehr schwer aufstellen, da diese Maschinen auf jeder Baustelle unter ganz verschiedenen Verhältnissen arbeiten müssen. Man wird eben von den auf dem Maschinenlager zur Verfügung stehenden Kraftmaschinen die für die betreffende Baustelle wirtschaftlichste Maschine wählen. Es kommt auch darauf an, ob mehrere auf einer Baustelle verwendete Maschinen gemeinsam von einer Kraftmaschine angetrieben werden können oder ob manche zweckmäßig Einzelantrieb (Wasserpumpe unmittelbar mit Elektromotor gekuppelt) erhalten müssen.

Im allgemeinen sind für die Wahl der Kraftmaschinen maßgebend:

1. die Wirtschaftlichkeit oder die Betriebskosten für 1 PSₑh,
2. die Betriebssicherheit,
3. die rasche Betriebsbereitschaft und Überlastungsfähigkeit,
4. die Einfachheit und Unempfindlichkeit.

Die **Elektromotoren** stehen wohl in bezug auf Einfachheit der Bedienung und rascher Betriebsbereitschaft obenan; sie sind mit fortschreitender Ausbreitung der Elektrizitätsversorgung an jeder größeren Baustelle leicht anzuschließen. Die Betriebskosten kommen jedoch bei den teueren Strompreisen verhältnismäßig hoch.

Die **Dampfmaschine** ist unstreitig die unempfindlichste und auch betriebssicherste Maschine. Sie kann auch am meisten überlastet werden und es lassen sich mit Hilfe des Kesseldampfes außer der Betriebsdampfmaschine noch andere Maschinen, z. B. Dampframmen, Pulsometer, betreiben. Unbequem aber ist das Mitführen des Brennstoffes, die Beschaffung des Speisewassers und nachteilig die lange Anheizzeit, besonders wenn die Maschine nur kurze Zeit betrieben werden muß.

Die **Verbrennungskraftmaschine** vereinigt in weitgehendem Maße die Vorteile der beiden anderen Maschinen, ohne deren Nachteile zu besitzen. Sie ist rasch betriebsbereit, der Brennstoff kann leicht mitgeführt werden; sie ist bei dem heutigen Stand der Konstruktion auch vollkommen betriebssicher und leicht zu bedienen. Sie ist allerdings wenig überlastbar, hat aber den Vorteil, daß bei Belastungsschwankungen zwischen Normalbelastung und ½ Belastung der Brennstoffverbrauch für 1 PSₑh sich wenig ändert.

Die **Brennstoffkosten für 1 PSₑh** werden durch Versuche bestimmt, indem man die Nutzleistung und den Brennstoffverbrauch ermittelt.

Die **Nutzleistung** wird durch Bremsen festgestellt.

Abb. 92 zeigt eine Backenbremse, die für alle Arten von Kraftmaschinen Verwendung finden kann. Sie besteht aus zwei Bremsbacken, die durch zwei Schrauben verbunden sind, einem Bremshebel und einer Wagschale mit Bremsgewichten. Die Bremse ist gewöhnlich auf einer besonders auf der Kurbelwelle aufgekeilten Bremsscheibe angebracht. Das überhängende Gewicht des Hebelarms muß entweder beim Bremsgewicht berücksichtigt oder auf der gegenüberliegenden

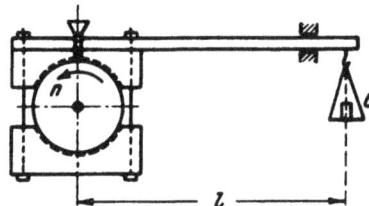

Abb. 92. Backenbremse.

Seite ausgeglichen werden. Die Schrauben der Bremse sind so anzuziehen, daß der Hebel zwischen zwei Anschlägen spielt und die Maschine dabei eine gleichmäßige Drehzahl besitzt.

Die Nutzleistung in PS berechnet sich dann zu

$$N_e = \frac{1}{716}\, G \cdot l \cdot n$$

$G =$ wirksames Bremsgewicht in kg,
$l =$ Hebelarm in m,
$n =$ Drehzahl in der Min.

Für kleinere raschlaufende Motoren z. B. auch Elektromotoren bis zu 4 PS kann die Bandbremse nach Abb. 93 verwendet werden.

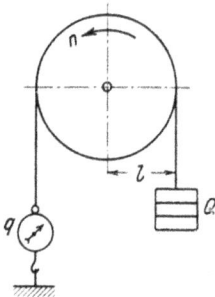

Diese besteht aus einem Stahlband oder einem mit Blechlamellen belegten Gurt, welche über eine Bremsscheibe gelegt und auf beiden Seiten mit Gewichten (bei q Federwage) belastet werden. Das wirksame Bremsgewicht ist in diesem Falle $G = (Q-q)$ und der Bremshebel l, der von Wellenmitte bis Mitte Stahlband oder Gurt zu messen ist.

Die Nutzleistung der Maschinen berechnet sich bei all diesen Bremsen (auch Wasserwirbelbremsen oder elektrische Pendelwagen) nach der obigen Formel.

Abb. 93. Bandbremse.

Brennstoffverbrauch für 1 PS$_e$h.

a) Dampfmaschine: Bei den im Bauwesen verwendeten Dampfmaschinen, deren Kessel in der Regel nur Dampf zum Betrieb der Maschine liefern, ermittelt man nur den Kohlenverbrauch für 1 PS$_e$h und nicht den Dampfverbrauch.

Wegen der Ungenauigkeiten in der Bestimmung des Rostbelages bei Versuchsbeginn und -schluß muß ein etwa fünfstündiger Versuch durchgeführt werden. Aus gewogener Kohlenmenge und Versuchszeit ergibt sich der Kohlenverbrauch in 1 Stunde. Dieser Verbrauch geteilt durch die Nutzleistung gibt den Kohlenverbrauch für 1 PS$_e$h.

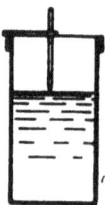

b) Verbrennungskraftmaschinen: Die Menge des flüssigen Brennstoffes kann hier viel genauer bestimmt werden, weshalb eine $^1\!/_2 - ^3\!/_4$ stündige Versuchszeit genügt. Man mißt den Brennstoff, indem man in einem kleinen zylindrischen Gefäß bei einer bestimmten Marke (Befestigung einer in den Brennstoffspiegel tauchenden Nadel, Abb. 94) den Versuch beginnt, eine abgewogene Menge in das Gefäß nachgießt und bei derselben Marke den Versuch beendet. Die Zeit, während der die abgewogene Menge im Motor verbrennt, ist die Versuchszeit; die Brennstoffmenge wird auf die Stunde umgerechnet, durch die mittels Bremsung festgestellte Nutzleistung geteilt, und man erhält wieder den Brennstoffverbrauch für 1 PS$_e$h.

Abb. 94. Brennstoffmessung.

Beispiele: 1. Eine **Sattdampf-Lokomobile** von 23 PS_e Dauerhöchstleistung hat bei einem 5,2stündigem Bremsversuch bei ziemlich gleichmäßiger Belastung durchschnittlich 23 PS_e abgegeben und dabei 198 kg Kohlen verbraucht. Wie groß ist der Kohlenverbrauch für 1 PS_eh?

Der stündliche Kohlenverbrauch beträgt $\frac{198}{5,2} = 38$ kg bei 23 PS_e Belastung.

Der Kohlenverbrauch für 1 PS_eh ist dann $\frac{38}{23} =$ **1,65** kg.

Wenn 1 t dieser Kohle 26,50 M. kostet (1kg $= 2,65$ Pf.), so ergeben sich die reinen Brennstoffkosten für 1 PS_eh zu $1,65 \cdot 2,65 = 4,4$ Pf.

Berechnung der **jährlichen Brennstoffkosten** unter der Annahme, daß die Maschine

a) 5 Monate (je 25 Arbeitstage) täglich 9 Std. mit rd. 17 PS_e belastet sei
b) 5 » (» 25 ») » 8 » » » 14 » » »

Die jährlichen PS_eh ergeben sich zu

a) $5 \cdot 25 \cdot 9 = 1125$ Std. $\cdot 17\,PS_e = 19150\,PS_e$h
b) $5 \cdot 25 \cdot 8 = 1000$ Std. $\cdot 14\,PS_e = 14000\,PS_e$h

Die Maschine ist belastet

bei a) mit 17 $PS_e = \frac{17}{23} \cdot 100 = 75\%$ der Dauerleistung

» b) » 14 $PS_e = \frac{14}{23} \cdot 100 = 60\%$ » »

Die übrige Berechnung ergibt die folgende Zusammenstellung.

	durch-schn. Belast.	% der Dauer-leistung	Mehr-verbr. in %[1]	Verbrauch für 1 PS_eh kg	1 PS_eh kostet Pf.	Jährliche Kosten M.	zu-samm. M.
a)	17PSe	$\frac{17}{23} \cdot 100 = 75$	10	$1,1 \cdot 1,65 = 1,81$	$2,65 \cdot 1,81 = 4,8$	$19150 \cdot \frac{4,8}{100} = 920$	1655
b)	14 »	$\frac{14}{23} \cdot 100 = 60$	20	$1,2 \cdot 1,65 = 1,98$	$2,65 \cdot 1,98 = 5,25$	$14000 \cdot \frac{5,25}{100} = 735$	

Die 1655 M. stellen die reinen Brennstoffkosten während der Arbeitszeit dar, dazu kommen noch etwa $10 \div 15\%$ für Anheiz- und Stillstandsverluste während der Pausen sowie die Kosten für Bedienung, Putz- und Schmiermittel; außerdem für Verzinsung, Abschreibung des Anlagekapitals und Unterhaltung der Maschinen.

2. Eine **Diesellokomobile** mit kompressorlosem Dieselmotor von 25 PS Dauerleistung habe bei einem ¾stündigen Versuch bei einer durchschnittlichen Bremsleistung von 23 PS_e 3,3 kg Gasöl verbraucht. Was kostet 1 PS_eh, wenn 100 kg Gasöl 15 M. kosten?

Stündlicher Gasölverbrauch $\frac{3,3\ \text{kg}}{0,75\ \text{h}} = 4,37$ kg/h bei 23 PS_e Belastung

Gasölverbrauch für 1 PS_eh $= \frac{4,37}{23} =$ **0,190** kg

Brennstoffkosten für 1 PS_eh $= 0,190 \cdot 15 = 2,85$ Pf.

---

[1]) Wegen geringerer Belastung.

Während des Betriebes wird bei stark schwankender Belastung der Brennstoffverbrauch höher werden; jedoch sind die Anfahrverluste nicht so groß wie bei Dampfmaschinen.

3. Bei **Elektromotoren** kann der Stromverbrauch ohne weiteres am Zähler abgelesen werden und die Kosten rechnen sich mit dem Preis für 1 kWh.

Energieverbrauch für 1 PS$_e$h im praktischen Betrieb.

Motorgröße PS	Vollbelastung				²/₃ Belastung			
	5	10	15	20	5	10	15	20
Benzin . . . . . . kg	0,33	0,32	0,28	0,25	0,42	0,39	0,36	—
Benzol . . . . . . ,,	0,32	0,31	0,26	0,24	0,41	0,38	0,33	0,28
Gasöl für Diesel . . ,,	0,25	0,23	0.21	0,20	0,29	0,26	0,24	0,23
Elektromotor . . kWh	0,87	0,85	0,84	0,83	0,89	0,88	0,87	0,86

Unter Zugrundelegung folgender Brennstoff- bzw. Strompreise rechnen sich in einfacher Weise die Brennstoffpreise für 1 PS$_e$h.

$$
\begin{array}{llllllll}
100 \text{ kg Kohlen von} & 7500 \text{ cal Heizwert je kg} & \text{M. } 3{,}60 \\
1 \text{ » Benzin} & » 10000 & » & » & » & » & » & 0{,}40 \\
1 \text{ » Benzol} & » 9500 & » & » & » & » & » & 0{,}46 \\
1 \text{ » Gasöl} & » 10000 & » & » & » & » & » & 0{,}15 \\
1 \text{ kWh} & \ldots\ldots\ldots\ldots\ldots\ldots\ldots\ldots & » & 0{,}15.
\end{array}
$$

Beispiel: Welches sind die Brennstoffkosten für 1 PS$_e$h von einem 15-PS-Dieselmotor bei Normalbelastung (Gasölverbrauch nach Zahlentafel 0,210 kg) und bei ²/₃ Belastung (Gasölverbrauch 0,240 kg), wenn 1 kg Gasöl 15 Pf. kostet?
Bei Normalbelastung kostet 1 PS$_e$h = 0,210 · 15 = 3,15 Pf.
Bei ²/₃ Belastung kostet 1 PS$_e$h = 0,240 · 15 = 3,6 Pf.

Die Werte der obigen Zahlentafel entsprechen den praktischen Verbrauchszahlen, wie sie an Maschinen mit schwankender Belastung festgestellt werden. Die Zahlen sind um etwa 10—15% höher als die Verbrauchs-

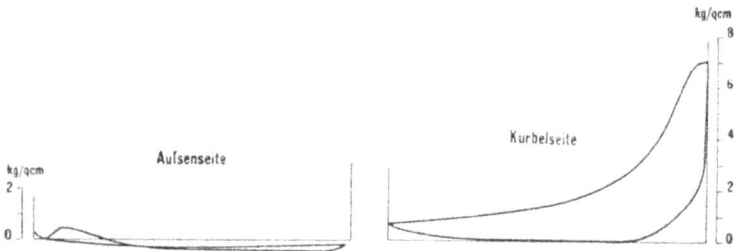

Abb. 95. Diagramm einer Dampfmaschine mit verstellter Steuerung.

ziffern von neuen oder neu instand gesetzten Maschinen mit gleichmäßiger Belastung. Besonders groß wird der Brennstoffverbrauch, wenn die Maschine nicht in Ordnung ist, wenn z. B. bei einer Dampfmaschine die Steuerung sich verstellt oder bei einer Reparatur falsch eingestellt wird.

Es ergeben sich dadurch auch noch ungenügende Leistungen, wie die Diagramme einer Lokomobile Abb. 95 zeigen. Diese Diagramme wurden nach Auswechselung der Schieberstange abgenommen. Die Maschine leistete auf der Außenseite überhaupt nichts. (Siehe Normaldiagramme Abb. 21.)

Betriebskostenberechnungen.

Die Betriebskosten werden für eine Pferdekraftstunde (1 PS$_e$h) angegeben; sie setzen sich zusammen aus den **eigentlichen Betriebskosten** (Verzinsung, Abschreibung des Anlagekapitals, Unterhaltung, Bedienung, Schmieröl und Putzmittel) und den **reinen Brennstoffkosten**. Die Kosten werden naturgemäß verschieden, je nach der täglichen Betriebszeit der Maschinen. Deshalb sollen im folgenden die Betriebskosten für eine tägliche Betriebsdauer von 4, 8 und 12 Std. bei normaler Belastung der Maschine berechnet werden.

1. Betriebskosten für eine 18/22/33 PS$_e$ Heißdampf-Auspuff-Lokomobile.

A. Grundlagen:

Anlagekapital (Lokomobilpreis) . . . . 7460 M.
durchschnittliche Belastung . . . . 22 PS$_e$

tägliche Betriebszeit	4	8	12 Std.
jährliche Betriebszeit bei 250 Arbeitstagen	1 000	2 000	3 000 Std.
jährliche Pferdekraftstunden	22 000	44 000	66 000 PS$_e$h
Verzinsung, Abschreibung, Unterhaltung .	14	15	15½%
Bedienung (einschl. 1 Std. Anheizen) . . .	5	9	13 Std.

Heizerlohn 1 M. je Stunde

Kohle von 7500 cal je kg: Verbrauch 1,1 kg für 1 PS$_e$h, Preis 36,— M. je t
Maschinenöl: » 0,1 » je Betriebsstd., » 0,40 » » kg
Zylinderöl: » 5 gr » » » 0,60 » » »
Putzmittel: 20—25% der Ölkosten.

B. Berechnung für 8 Std. tägl. Betrieb:

I. Betriebskosten (jährlich):

Verzinsung, Abschreibung, Unterhaltung 15% von 7460 M. . . . 1120 M.
Bedienung 250 · 9 Std. · 1,0 . . . . 2250 »
Schmieröl 44 000 · (0,1 · 0,35 + 0,005 · 0,60) . . . . 189 »
Putzmittel . . . . 41 »
                                                         3600 M.

II. Brennstoffkosten: $250 \cdot 9 \cdot 22 \cdot 1,1 \cdot \dfrac{36}{1000}$ . . . . 1960 M.

I. Betriebskosten: 3600 M. oder $\dfrac{3600}{44\,000} \cdot 100 = 8,17$ Pf. für 1 PS$_e$h

II. Brennstoffkosten: 1960 » » $\dfrac{1\,960}{44\,000} \cdot 100 = 4,46$ » » 1 »

Gesamtkosten: . 5560 M.   **12,63** Pf. für 1 PS$_e$h

In ähnlicher Weise berechnen sich die Kosten für 4- und 12stündige tägliche Betriebszeit sowie auch für eine geringere Durchschnittsbelastung der Maschine, wobei besonders der Mehrverbrauch an Brennstoff für 1 PSₑh zu berücksichtigen ist. (Siehe Brennstoffkostenberechnung für die Diesellokomotive bei $^2/_3$ Belastung).

Für Normalbelastung ergeben sich

bei täglicher Betriebszeit von	4	8	12 Std.
Gesamtbetriebskosten für 1 PSₑh	15,9	12,6	11,5 Pf.

2. Betriebskosten für eine Normal-25-PS-Diesellokomotive.

A. Grundlagen:

Anlagekapital (Lokomobilpreis)			6100 M.
durchschnittliche Belastung			22 PS
tägliche Betriebszeit	4	8	12 Std.
jährliche Betriebszeit bei 250 Arbeitstagen .	1 000	2 000	3 000 Std.
jährliche Pferdekraftstunden	22 000	44 000	66 000 PSₑh
Verzinsung, Abschreibung, Unterhaltung .	14	15	15½ %
Bedienung (1,20 M. je Std.)	1,5	2	3 Std.
Brennstoff: Verbrauch 0,2 kg/PSₑh, Preis: 15 M. für 100 kg			
Schmieröl: » 5 g/PSₑh, » 60 » » 100 kg			
Putzmittel: 25% der Schmierölkosten			

B. Berechnung:

	4	8	12 Std.
I. Betriebskosten (jährlich): tägl. Betrieb von			
Verzinsung, Abschreibung, Unterhaltung			
14% von 6100 M.[1])	854 M.	915 M.	950 M.
Bedienung 250 · 1,5 Std. · 1,20	450 »	600 »	900 »
Schmieröl 0,005 kg · 22 000 · 0,60	66 »	132 »	198 »
Putzmittel 0,25 · 66 M.	16 »	33 »	50 »
	1386 M.	1680 M.	2098 M.
II. Brennstoffkosten 0,2 kg · 22 000 · $\frac{15}{100}$ =	660 »	1320 »	1980 »

Zusammenstellung der Kosten bei Normalbelastung (rd. 22 PS):

	bei tägl. Betrieb von		
	4 Std. bezw. 22 000 PSₑh	8 Std. bezw. 44 000 PSₑh	12 Std. bezw. 66 000 PSₑh jährl.
I. Betriebskosten . . .	1386 M. 6,3 Pf.	1680 M. 3,8 Pf.	2098 M. 3,2 Pf./PSₑh
II. Brennstoffkosten . .	660 M. 3,0 Pf.	1320 M. 3,0 Pf.	1980 M. 3,0 Pf./PSₑh
Gesamtkosten	2046 M. 9,3 Pf.	3000 M. 6,8 Pf.	4078 M. 6,2 Pf./PSₑh

Betriebskosten bei $^2/_3$ Belastung (rd. 15 PSe).

	bei tägl. Betrieb von		
	4 Std. bezw. 15 000 PSₑh	8 Std. bezw. 30 000 PSₑh	12 Std. bezw. 45 000 PSₑh jährl.
I. Betriebskosten . . .	1386 M. 9,2 Pf.	1680 M. 5,6 Pf.	2098 M. 4,7 Pf./PSₑh
II. Brennstoffkosten 0,24 kg · 15 000 · $\frac{15}{100}$ =	540 M. 3,6 Pf.	1080 M. 3,60 Pf.	1620 M. 3,60 Pf./PSₑh
Gesamtkosten	1926 M. 12,8 Pf.	2760 M. 9,2 Pf.	3718 M. 8,3 Pf./PSₑh

[1])Ansatz bezieht sich auf eine tägliche Betriebzeit von 4 Stunden.

3. Betriebskosten für einen Normal-22-PS-Elektromotor.

A. Grundlagen:

Anlagekapital (Motorpreis einschl. allem Zubehör, jedoch ohne An-
schlußleitung) . . . . 1900 M.
durchschnittliche Belastung . . . . 22 PS

B. Berechnung:

	bei tägl. Betrieb von		
	4 Std. bezw. 22 000 PSₑh bezw. 16 200 kWh	8 Std. 44 000 PSₑh 32 400 kWh	12 Std. 66 000 PSₑh jährl. 48 600 kWh
I. Betriebskosten jährlich			
Verzinsung, Abschreibung, Unterhaltung	11 % von 1900 = 209 M.	209 M.	209 M.
Bedienung	½ st. · 250 · 1,20 = 150 M.	220 M.	300 M.
Schmieröl u. Putzmittel	0,005 · 22 000 = 11 M.	22 M.	33 M.
	370 M.	451 M.	542 M.
II. Stromkosten bei 15 Pf. für 1 kWh	0,15 · 16 200 = 2430 M.	4860 M.	7290 M.

Zusammenstellung:

	bei tägl. Betrieb von		
	4 Std. bezw. 22 000 PSₑh	8 Std. bezw. 44 000 PSₑh	12 Std. bezw. 66 000 PSₑh jährl.
I. Betriebskosten . . .	370 M. 1,7 Pf.	451 M. 1,0 Pf.	542 M. 0,8 Pf./PSₑh
II. Stromkosten	2430 M. 11,0 Pf.	4860 M. 11,0 Pf.	7290 M. 11,0 Pf./PSₑh
Gesamtkosten	2800 M. 12,7 Pf.	5311 M. 12,0 Pf.	7832 M. 11,8 Pf./PSₑh

Zusammenstellung der Betriebskosten für 1 PSₑh bei Normalbelastung.

tägliche Betriebszeit	Dampfmaschine	Dieselmaschine	Elektromotor
4 Std. {	I. 10,9 II. 5,0 } 15,9 Pf.	I. 6,3 II. 3,0 } 9,3 Pf.	I. 1,7 II. 11,0 } 12,7 Pf.
8 Std. {	I. 8,2 II. 4,4 } 12,6 Pf.	I. 3,8 II. 3,0 } 6,8 Pf.	I. 1,0 II. 11,0 } 12,0 Pf.
12 Std. {	I. 7,2 II. 4,3 } 11,5 Pf.	I. 3,2 II. 3,0 } 6,2 Pf.	I. 0,8 II. 11,0 } 11,8 Pf.

Ein Vergleich der Ergebnisse der Betriebskostenberechnungen zeigt,
daß die Kosten für 1 PSₑh bei der Verbrennungskraftmaschine als Dieselmotor wesentlich geringer sind als bei der Dampfmaschine und beim
Elektromotor, bei denen sie für normale tägliche Arbeitszeit ziemlich
gleich sind. Dabei ist für den Elektromotor vorausgesetzt, daß man den
Strom zu 15 Pf. für 1 kWh erhält, ferner ist die Stromzuleitung zur
Baustelle in der Betriebskostenberechnung nicht berücksichtigt. Bei
der Dampfmaschine sind die hohen Kosten hauptsächlich auf die lange
Bedienungszeit für die Heizung zurückzuführen, während beim Elektromotor die Gesamtkosten eine Funktion der Stromkosten sind.

III. Arbeitsmaschinen.

A. Pumpen.

Allgemeines: Die Pumpen haben den Zweck, Flüssigkeiten auf eine bestimmte Höhe zu heben und fortzuleiten. An der zwischen Ober- und Unterwasser eingebauten Pumpenanlage in Abb. 96 hat man zu unterscheiden: Die eigentliche Pumpe mit Zylinder und Kolben, die Saugleitung von der Pumpe bis zum Unterwasser (zugehörige geodätische Saughöhe H_s), die Druckleitung von der Pumpe bis zum Oberwasserspiegel (zugehörige geodätische Druckhöhe H_d) und bei längeren Saug- und Druckleitungen noch Saug- und Druckwindkessel in der Nähe der Ventile.

Die Drücke in den Pumpenanlagen werden in der Regel in m Wassersäulen (10 m W.-S. = 1 at = 1 kg/cm² = 735 mm Quecksilber) angegeben. Ist die Flüssigkeit in Ruhe, so wirkt in einem bestimmten Querschnitt lediglich der auf diesem Querschnitt lastende Flüssigkeitsdruck. Bei der bewegten Flüssigkeit vergrößert sich dieser Druck, indem der Flüssigkeit eine bestimmte Geschwindigkeit erteilt werden muß und außerdem noch die inneren Reibungswiderstände in den Rohrleitungen zu überwinden sind.

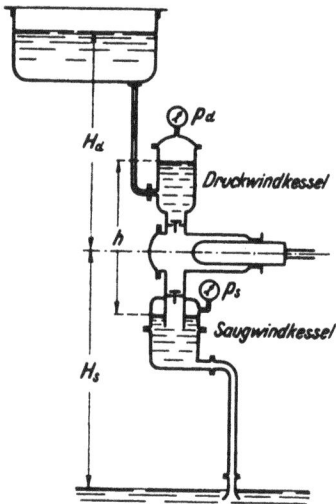

Abb. 96. Schema einer Pumpenanlage.

Die gesamte Förderhöhe oder manometrische Förderhöhe einer Pumpenanlage setzt sich demnach zusammen aus:

1. der geodätischen Förderhöhe $H_s + H_d$,
2. der dynamischen Förderhöhe oder Geschwindigkeitshöhe $\dfrac{v^2}{2g}$, wenn die der Flüssigkeit erteilte Geschwindigkeit v ist,
3. der Widerstandshöhe H_w.

Die geodätische Förderhöhe ist durch die Höhenlage von Ober- und Unterwasser gegeben.

Zahlentafel über Rohrreibungswiderstände.

Beim Durchfließen einer stündlichen Wassermenge (Q) durch Rohrleitungen mit nachgenannten Lichtweiten (d) mit einer durch v gekennzeichneten Geschwindigkeit entstehen auf je 100 m Leitungslänge die mit h bezeichneten Rohrreibungsverluste (Widerstände):

v = Geschwind. in Meter p. Sek.	Q = m³ pro Std. / h = Widst.höhe l.m	\multicolumn{18}{c}{Lichte Rohrweite in mm}
		50	60	70	80	90	100	125	150	175	200	225	250	275	300	350	400	450	500
0,20	Q	1,4	2,0	2,8	3,6	4,6	5,7	8,8	12,7	17,3	22,6	28,6	35,3	42,8	50,9	69,3	90,5	115	141
	h	0,16	0,12	0,10	0,087	0,075	0,067	0,051	0,041	0,035	0,030	0,026	0,023	0,021	0,019	0,016	0,013	0,012	0,011
0,30	Q	2,1	3,1	4,2	5,4	6,9	8,5	13,3	19,1	26,0	33,9	42,9	53,0	64,2	76,3	104	136	172	212
	h	0,32	0,26	0,21	0,18	0,16	0,14	0,11	0,087	0,073	0,063	0,055	0,049	0,044	0,040	0,033	0,029	0,025	0,023
0,40	Q	2,8	4,1	5,5	7,2	9,2	11,3	17,7	25,5	34,6	45,2	57,3	70,7	85,5	102	139	181	229	283
	h	0,53	0,43	0,36	0,31	0,27	0,24	0,18	0,15	0,12	0,11	0,094	0,084	0,077	0,069	0,058	0,050	0,044	0,039
0,50	Q	3,5	5,1	6,9	9,1	11,5	14,1	22,1	31,8	43,3	56,6	71,6	88,4	107	127	173	226	286	353
	h	0,80	0,65	0,54	0,46	0,40	0,36	0,28	0,23	0,19	0,16	0,14	0,13	0,12	0,10	0,089	0,077	0,067	0,060
0,60	Q	4,2	6,1	8,3	10,9	13,7	17,0	26,5	38,2	52,0	67,9	85,9	106	128	153	208	271	344	424
	h	1,12	0,90	0,75	0,65	0,57	0,50	0,39	0,32	0,27	0,23	0,21	0,18	0,16	0,15	0,12	0,11	0,096	0,086
0,70	Q	5,0	7,1	9,7	12,7	16,0	19,8	31,0	44,5	60,6	79,2	100	124	150	178	242	317	401	495
	h	1,5	1,2	1,0	0,86	0,75	0,67	0,52	0,43	0,36	0,31	0,27	0,24	0,22	0,20	0,17	0,15	0,13	0,12
0,80	Q	5,7	8,1	11,1	14,5	18,3	22,6	35,3	50,7	69,3	90,5	115	141	171	204	277	362	458	565
	h	1,9	1,5	1,3	1,1	0,98	0,86	0,67	0,55	0,46	0,40	0,35	0,31	0,28	0,26	0,22	0,19	0,17	0,15
0,90	Q	6,4	9,2	12,5	16,3	20,6	25,5	39,8	57,3	77,9	102	129	159	192	229	312	407	515	636
	h	2,4	1,9	1,6	1,4	1,2	1,1	0,84	0,69	0,58	0,50	0,44	0,39	0,36	0,32	0,27	0,24	0,21	0,19
1,00	Q	7,1	10,2	13,9	18,1	22,9	28,3	44,2	63,6	86,6	113	143	177	214	254	346	452	573	707
	h	2,9	2,3	2,0	1,7	1,5	1,3	1,0	0,84	0,71	0,61	0,54	0,48	0,44	0,40	0,34	0,29	0,26	0,23
1,10	Q	7,8	11,2	15,2	19,9	25,2	31,1	48,6	70,0	95,3	124	157	194	235	280	381	498	630	778
	h	3,4	2,8	2,3	2,0	1,8	1,6	1,2	1,0	0,85	0,74	0,65	0,58	0,52	0,48	0,40	0,35	0,31	0,28
1,25	Q	8,8	12,8	17,3	22,6	28,6	35,4	55,2	79,5	108	141	179	221	267	318	433	565	716	884
	h	4,3	3,5	3,0	2,6	2,3	2,0	1,6	1,3	1,1	0,94	0,83	0,74	0,67	0,61	0,52	0,45	0,40	0,35
1,50	Q	10,6	15,3	20,8	27,1	34,4	42,4	66,3	95,4	130	170	215	265	321	382	520	679	859	1060
	h	6,1	5,0	4,2	3,6	3,2	2,8	2,2	1,8	1,5	1,3	1,2	1,1	0,96	0,87	0,74	0,64	0,57	0,51
1,75	Q	12,4	17,8	24,3	31,7	40,1	49,5	77,3	111	152	198	250	309	374	445	606	792	1002	1237
	h	8,1	6,6	5,7	4,8	4,3	3,8	3,0	2,4	2,1	1,8	1,6	1,4	1,3	1,2	0,99	0,86	0,76	0,69
2,00	Q	14,1	20,4	27,7	36,2	45,8	56,6	88,4	127	173	226	286	353	428	509	693	905	1145	1414
	h	10,5	8,6	7,2	6,2	5,5	4,9	3,8	3,2	2,7	2,3	2,1	1,8	1,7	1,5	1,3	1,1	0,99	0,89
2,50	Q	17,7	25,5	34,6	45,2	57,3	70,7	110	159	216	283	358	422	535	636	866	1131	1431	1767
	h	16,0	13,1	11,1	9,6	8,4	7,5	5,9	4,9	4,1	3,2	3,2	2,9	2,6	2,4	2,0	2,0	1,5	1,4
3,00	Q	21,2	30,5	41,6	54,3	68,7	84,8	133	191	260	339	429	530	641	763	1039	1357	1718	2121
	h	24,7	18,6	15,8	13,6	11,8	10,7	8,4	6,9	5,9	5,1	4,5	4,1	3,7	3,4	2,9	2,5	2,2	2,0

Für den Saugkorb, Regulierschieber, Rückschlagklappe und für Krümmer nehme man je 5 m Rohrleitungslänge an und bestimme nach der sich dadurch ergebenden Gesamt-Rohrleitungslänge die Reibungsverluste (siehe oben), die zur Feststellung der manometrischen Gesamtförderhöhe nötig sind. Bei inkrustierten Leitungen treffen obige Zahlen nicht zu, vielmehr erhöhen sich hier die Widerstände entsprechend der Stärke der Inkrustierungen, wofür ein entsprechender Zuschlag zu machen ist. Werte von h sind errechnet nach der Formel: $h = \lambda \cdot \dfrac{l}{d} \cdot \dfrac{v^2}{2g}$ Meter, worin l = Länge der Leitung in Metern, d = lichte Weite der Leitung in Metern, v = sekundliche mittlere Wassergeschwindigkeit in Metern, g = Erdbeschleunigung = 9,81, λ = ein Koeffizient = $0,02 + 0,0018 : \sqrt[3]{v \cdot d}$ („Hütte").

Die Geschwindigkeitshöhe ist sehr gering und beträgt höchstens bei $v = 1{,}5$ m/s nur $\dfrac{1{,}5^2}{2 \cdot 9{,}81} = 0{,}1$ m; die Widerstandshöhe dagegen kann sehr beträchtlich werden bei langen Leitungen, besonders wenn Querschnittsveränderungen und Krümmungen vorkommen.

Die Reibungswiderstände rechnen sich nach der Formel:

$$H_w = \lambda \, \frac{l}{d} \cdot \frac{v^2}{2\,g},$$

wenn $l =$ Länge der Leitung in m

$d =$ Durchmesser der Leitung in m

$\lambda = 0{,}02 + 0{,}0018 : \sqrt{v \cdot d}$ (nach Hütte).

Dazu kommen noch die Widerstände bei Richtungsänderung und Querschnittsänderung.

Die gesamte manometrische Förderhöhe bestimmt man an einer ausgeführten Anlage, indem man die manometrische Saughöhe p_s an einem Vakuummeter am Saugwindkessel, die manometrische Druckhöhe p_d einschließlich der Reibungswiderstände an einem Manometer am Druckwindkessel ermittelt. Die genaue Förderhöhe H ist dann

$$H_{\text{man}} = \text{Vakuumablesung} + \text{Manometerablesung} + h = p_s + p_d + h.$$

h ist der Abstand der beiden Wasserspiegel in den Windkesseln.

Je nach der Art des erzeugten Druckgefälles kann man die Pumpen einteilen in:

1. **Kolbenpumpen** — Förderung durch die hin- und hergehende Bewegung eines Kolbens in einem Zylinder,
2. **Kreisel- oder Zentrifugalpumpen** — Förderung durch ein umlaufendes Schaufelrad,
3. **Pulsometer** — Förderung durch Dampfdruck,
4. **Wasserstrahl- oder Dampfstrahlpumpen** (Injektoren und Ejektoren) — Förderung durch Wasser- oder Dampfstrahl,
5. **Mammutpumpe** — Förderung durch Druckluft.

Kolbenpumpen.

Diese kann man wiederum einteilen in:

a) **einfachwirkende** (als Hub- und Druckpumpe). Bei einem Doppelhub oder 1 Kurbeldrehung wird nur einmal angesaugt und einmal gedrückt;

b) **doppeltwirkende.** — Bei einem Doppelhub wird zweimal angesaugt und zweimal gedrückt;

c) **Differentialpumpen.** — Bei einem Doppelhub wird einmal aus der Saugleitung gesaugt und diese Menge in den zwei Hüben in die Druckleitung gefördert.

Saughöhe: Entsteht bei der Bewegung des Kolbens im Zylinder und in der Saugleitung ein Unterdruck, so bewirkt der äußere Atmosphärendruck eine Bewegung des Wassers. Die Saughöhe hängt demnach von dem mittleren Barometerstand des Aufstellungsortes der Pumpe ab.

Für Barometerstand = 760   735   700   660 mm Quecksilber
wird Druck in at   = 1,03   1,0   0,96 0,9 kg/cm²

Die dem Atmosphärendruck entsprechende Wassersäule muß nun die geodätische Saughöhe H_s, die Geschwindigkeitshöhe und die Widerstandshöhe überwinden; es muß also sein

$$H_{\text{gesamt}} = H_s + \frac{v_s^2}{2\,g} + hw_s < 1 \text{ at, gewöhnlich } H_{\text{ges}} \leq 8 \text{ m.}$$

Saugleitung: Die Wassergeschwindigkeit beträgt gewöhnlich 1,0 bis 1,5 m/s; dementsprechend wird der Leitungsquerschnitt bemessen nach der Formel

$$Q = \frac{d^2\,\pi}{4}\,v_s.$$

Bei sehr langen Leitungen läßt man $v_s = 0{,}70 \div 1{,}0$ m/s zu. Angenähert nimmt man den Querschnitt der Leitung $= \frac{1}{3} \div \frac{1}{4}$ des Kolbenquerschnittes.

Saugwindkessel: Sie werden angewandt bei Saughöhen über 5 m und bei Leitungen über 10 m Länge. Sie haben den Zweck, die Bewegung des Wassers von der veränderlichen Kolbenbewegung unabhängig zu machen und eine gleichmäßige Wasserströmung zu erzielen. Wenn der Kolben den Saughub ausführt, dann wird erst Wasser aus dem Windkessel gesaugt, das Wasser in der Saugleitung wird allmählich beschleunigt und kann auch nach dem Schließen des Saugventils noch in den Windkessel nachströmen. Die Luft im Windkessel wirkt dabei als elastisches Polster. Der Inhalt des Luftraumes im Windkessel ist ungefähr 5 bis 8mal so groß als das Pumpenhubvolumen. Zweckmäßig ist das Wasser beim Durchgang durch den Windkessel von seiner Richtung abzulenken.

Druckleitung: Die Wassergeschwindigkeit beträgt gewöhnlich $1{,}5 \div 2$ m/s, bei sehr langen Leitungen $v_d < 1$ m/s; dementsprechend ist die Leitung zu bemessen.

Druckwindkessel: Sie sind bei langen Leitungen erforderlich. Der Luftraum wird gleich dem 5 bis 10fachen des Pumpenhubvolumens gewählt. Über die Wirkung gilt sinngemäß dasselbe wie beim Saugwindkessel.

Ausführungen von Kolbenpumpen.

1. **Saug- und Hubpumpe:** Die einfachste Ausführung für Handbetrieb zeigt Abb. 97. Beim Kolbenhochgang hebt sich das Saugventil S

(Klappe mit Lederbelag) und Wasser strömt in den Zylinder. Geht der Kolben nach abwärts, so schließt das Saugventil, das Kolbenventil D hebt sich und das im Zylinder befindliche Wasser strömt über den Kolben; beim nächsten Kolbenhochgang wird wieder angesaugt, gleichzeitig das über dem Kolben befindliche Wasser gehoben, das dann durch die Rinne abläuft. Zylinderdurchmesser etwa 200 mm, Leistung pro Hub 4 bis 7 l.

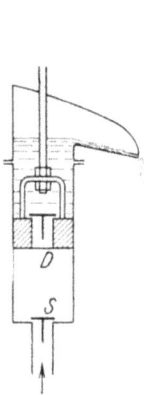

Abb. 97. Saug- und Hubpumpe.

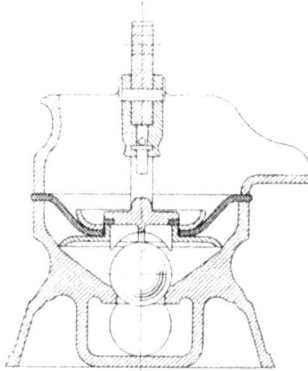

Abb. 98. Schnitt durch eine Diaphragmapumpe (aus Weihe, Maschinenkunde).

Abb. 99. Bild einer Diaphragmapumpe.

2. **Baupumpe oder Diaphragmapumpe:** Sie wird in der Regel nur als Hubpumpe besonders für Schmutzwasser in kleineren Baugruben benutzt. Abb. 98 zeigt den Schnitt durch eine solche Pumpe und Abb. 99 eine Ansicht. Die Arbeitsweise ist folgende: Statt eines hin- und hergehenden Kolbens, der wegen Schmutz und Sand rasch undicht wird, verwendet man eine tellerförmige Membrane aus Chromleder oder Gummi, die am Umfang im zweiteiligen Pumpengehäuse eingespannt ist und in der Mitte das Druckventil, eine Gummikugel mit Eisenkern, trägt. Die beiden Ventile wirken in ähnlicher Weise wie bei der Saug- und Hubpumpe. Die Pumpe hat den Vorteil großer Einfachheit, leichter Zugänglichkeit und Unempfindlichkeit gegen schmutziges sandiges Wasser. Bei Saughöhen bis zu 4 m genügt ein Mann zur Bedienung; für größere Höhen ist es ratsam einen Saugkorb mit Fußventil zu verwenden. Diese Pumpen lassen sich durch Auswechseln des Auslaufes in einfacher Weise in Druckpumpen umwandeln; sie werden auch doppeltwirkend ausgeführt und sowohl für Hand- als auch Maschinenbetrieb ($n = 60 \div 70$ U/min) eingerichtet.

Pumpenart	Hubpumpe einfachw.	doppeltw.		Druckpumpe einfachw.	doppeltw.		
Stündliche Leistung bei 8 m vertikaler Saughöhe . . . . m³	10	22	30	38	60	10	22	30	60
lichter Rohrdurchmesser für den Anschluß . . . . mm	65	76	100	16	100	65	76	100	—

Bei den Druckpumpen verstehen sich die Fördermengen für 11÷12 m gesamte vertikale Höhe.

3. **Einfachwirkende Saug- und Druckpumpe:** Abb. 100 zeigt das Schema einer solchen Pumpe stehender Bauart mit Druckwindkessel. Diese Pumpen haben bei größeren Druckhöhen über 50 m statt eines Scheibenkolbens einen Tauchkolben (Plunger), der nach außen durch eine Stopfbüchse abgedichtet ist. Die Arbeitsweise ist folgende:

Kolbenhochgang: Es entsteht im Zylinder ein Unterdruck, das Saugventil S hebt sich, und Wasser strömt durch die Saugleitung in den Zylinder. Das Druckventil D ist dabei infolge des Rückdruckes geschlossen.

Kolbenniedergang: Das Saugventil schließt durch sein Eigengewicht und den Überdruck; das Druckventil D öffnet sich und das Wasser wird in die Druckleitung gedrückt.

Anwendung: Als Kesselspeisepumpen mit entsprechend hohen Drücken.

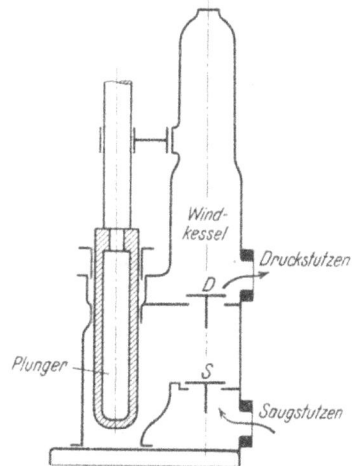

Abb. 100. Einfachwirkende Plungerpumpe.

Angaben über einfachwirkende Plungerpumpen
(Klein, Schanzlin & Becker, Frankenthal).

Pumpenart	Kesselspeisepumpen bis 13 at	Reservoirpumpe bis 50 m Förderhöhe
Stündliche Leistung . . . . . m³	0,7 ÷ 5,5	0,85 ÷ 7,4
Kraftbedarf . . . . PS	0,4 ÷ 2,3	0,2 ÷ 1,7
Umdrehg./min	200 ÷ 130	200 ÷ 120
Plungerdurchmesser . . . . . mm	40 ÷ 90	45 ÷ 110
Hub . . . . mm	50 ÷ 120	50 ÷ 120
Lichtweite des Saugstutzens . mm	25 ÷ 60	25 ÷ 60
Lichtweite des Druckstutzens mm	25 ÷ 50	25 ÷ 50

4. **Doppeltwirkende Plungerpumpen:** Abb. 101. Klein, Schanzlin & Becker führt sie aus als Niederdruckpumpen für Förderhöhen von 20, 40 und 50 m mit Leistungen und Abmessungen nach der folgenden Zahlentafel, für noch größere Leistungen (doppelte) in Zwillingsanordnung.

| Stündliche Leistung m³ | 10,0 | 14,8 | 25,0 | 33,0 | 40,0 | 48,0 | 65,0 | 78,0 | 115,0 |
U/min	145	120	100	80	70	70	67	60	60
Plungerdurchmesser . . . mm	90	110	140	165	185	200	220	250	300
Hub . . . . mm	100	112	150	180	200	200	230	250	250
Lichtweite d. Saugstutzens mm	70	90	125	125	150	150	175	175	200
Lichtweite d. Druckstutzens mm	60	80	110	125	125	125	150	150	175

6*

5. Doppeltwirkende Pumpe mit Scheibenkolben: Die in Abb. 102 im Schema dargestellte Pumpe wird zum Einspülen von Pfählen bei Rammarbeiten verwendet. Sie ist sehr einfach und gedrängt gebaut und besitzt Klappenventile.

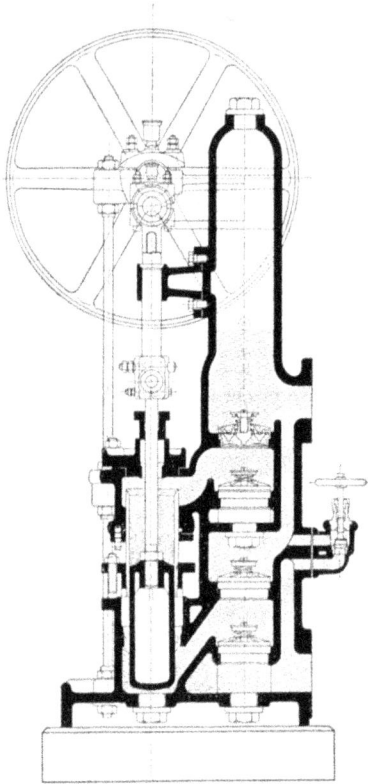

Abb. 102. Doppeltwirkende Pumpe mit Scheibenkolben.

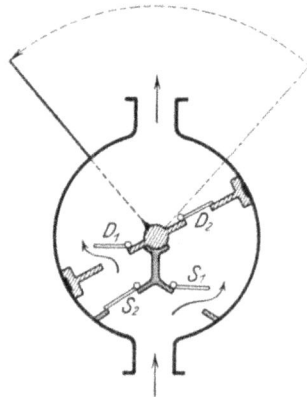

Abb. 101. Doppeltwirkende Plungerpumpe.

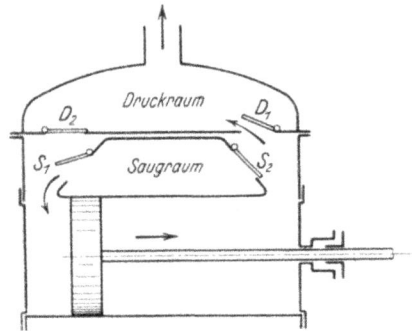

Abb. 103. Doppeltwirkende Flügelpumpe.

Arbeitsweise: Nach der in Abb. 102 gezeichneten Stellung ist bei

Kolbenrechtsgang: Ansaugen durch das linke Saugventil S_1 und gleichzeitig Drücken durch das rechte Druckventil D_1.

Kolbenlinksgang: Schließen dieser beiden Ventile, dagegen Öffnen der beiden anderen Ventile, wobei ebenfalls gleichzeitig gesaugt und gedrückt wird.

Alle doppeltwirkenden Pumpen haben, abgesehen von der doppelten Förderleistung, den Vorteil eines gleichmäßigen Ganges, da bei jedem Kolbenhub dieselbe Arbeit geleistet wird.

6. Flügelpumpen: Diese werden mit Gummikugelventilen doppeltwirkend und mit Metall- und Klappenventilen sowohl doppelt- als auch vierfachwirkend ausgeführt. Die Firma Leo Roß, Berlin, stellt die doppeltwirkenden Pumpen mit Klappenventilen in 12 verschiedenen Größen mit Leistungen von 20 bis 325 l/min bei 104 bis 40 Hüben/min her.

Abb. 103 zeigt eine solche doppeltwirkende Pumpe mit Klappenventilen.

7. **Differentialpumpe;** (Abb. 104). Sie stellt ein Zwischending zwischen der einfach- und der doppeltwirkenden Pumpe dar und besteht aus zwei Zylinderräumen mit dazwischenliegender Kolbenlaufbüchse, einem Saug- und einem Druckventil sowie einem abgesetzten Kolben von den Durchmessern D und d.

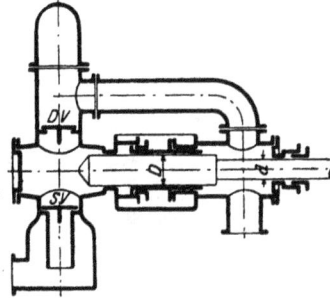

Abb. 104. Differentialpumpe.

Arbeitsweise:

	Saugen	Drücken
Kolbenrechtsgang:	$F s$	$(F - f) s$
Kolbenlinksgang:	—	$F s - (F - f) s.$

Das Ergebnis während eines Doppelhubes ist also, daß aus der Saugleitung die Menge $F_s \cdot s$ angesaugt (linke Zylinderseite) und in die Druckleitung die Summe $(F - f) s + F s - (F - f) s = F \cdot s$, also dieselbe Menge gefördert wird. Die Pumpe saugt demnach nur während eines Hubes aus der Saugleitung, drückt aber dieselbe Menge während zweier Hübe in die Druckleitung. Wird $f = \dfrac{F}{2}$, dann ist die Wasserverdrängung des Plungers beim Hin- und Rückgang gleichgroß.

Kreisel- oder Zentrifugalpumpen.

Sie dienen zur Förderung größerer Wassermengen auf beliebige Förderhöhen und eignen sich wegen der umlaufenden Bewegung des Schaufelrades, zum unmittelbaren Antrieb durch Elektromotoren oder bei sehr großen Pumpen durch Dampfturbinen.

Abb. 105 zeigt eine solche Pumpe mit einseitigem Einlauf im Schema. Das Schaufelrad, das die Förderung des Wassers bewirkt, besteht aus 2 Wänden mit dazwischenliegenden, gekrümmten Schaufeln. Der Wassereintritt in das Rad geschieht axial, der Wasseraustritt radial. Das Gehäuse ist zweiteilig zum Ein- und Ausbau des Rades.

Wird das Laufrad in Pfeilrichtung gedreht, so wird das im Gehäuse befindliche Wasser durch die Zentrifugalkraft nach dem äußeren Umfang geschleudert und die Geschwindigkeitsenergie des Wassers in Druckenergie umgewandelt zur Überwindung der Druckhöhe. Im Innern des

Laufrades entsteht dabei ein Unterdruck, der ein Nachströmen des Wassers aus dem Saugrohr veranlaßt. Die Förderung erfolgt also bei diesen Pumpen ununterbrochen im Gegensatz zu den Kolbenpumpen.

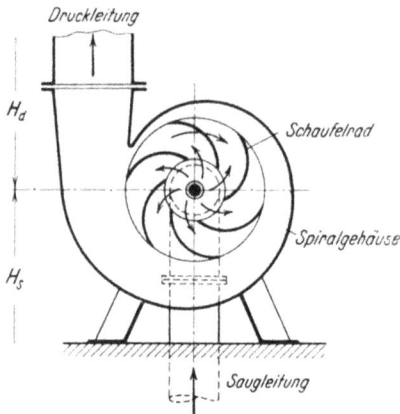

Saughöhe: Die vakuummetrische Saughöhe soll bei Wasser bis zu 20° C nicht größer als 7,5 m genommen werden (also einschließlich Reibungsverluste in der Saugleitung); für wärmeres Wasser ist entsprechend geringere Saughöhe zu wählen.

Bei Pumpen, die nur eine Saughöhe zu überwinden haben, darf das Wasser aus dem Druckstutzen nicht frei auslaufen, weil auf den Stopfbüchsen ein gewisser Wasserdruck ruhen muß, um das Ansaugen von Luft an der Saugstopfbüchse längs der Pumpenwelle zu verhindern. Ebenso könnte durch den Druckstutzen Luft eingewirbelt werden. Beides kann ein Abreißen der Saugwassersäule zur Folge haben. Es ist deshalb die Pumpe zweckmäßig so aufzustellen, daß von der Saughöhe 1 m auf die Druckhöhe entfällt.

Abb. 105. Schema einer Kreiselpumpe.

Rohrleitungen: Infolge des ununterbrochenen Förderns der Kreiselpumpen kann man auch größere Geschwindigkeiten in den Leitungen zulassen als bei Kolbenpumpen.

Saugleitung: $v_s > 2$ m/s Wassergeschwindigkeit
Druckleitung: $v_d > 3$ »   »

Die Rohrleitungen sind in ihrer Lichtweite reichlich zu bemessen, um die Rohrleitungswiderstände möglichst gering zu halten (s. Rohrreibungstabelle S. 79).

Einteilung: Die Kreiselpumpen kann man einteilen nach der Förderhöhe in:

1. Niederdruck-Pumpen mit Förderhöhen bis zu 25 m
   a) mit einseitigem Wassereinlauf,
   b) mit beiderseitigem Wassereinlauf,
   c) mit offenem Laufrad für besonders verunreinigte Stoffe,
   d) mit beiderseitigem Einlauf für große Fördermengen;
2. Mitteldruck-Pumpen für Förderhöhen bis zu 50 m. Die Umsetzung der Geschwindigkeitsenergie in Druckenergie erfolgt in einem Spiralgehäuse;
3. Hochdruck-Pumpen (Preßwasserpumpen) mit Druckhöhen bis über 100 at.

Nach der Anzahl der Laufräder kann man sie einteilen in:

1. einstufige Pumpen — sie besitzen ein Laufrad (Nieder- und Mitteldruckpumpen),

2. mehrstufige Pumpen — hier arbeiten mehrere Laufräder auf einer gemeinsamen Welle hintereinander, die Förderhöhen der einzelnen Stufen addieren sich (Hochdruckpumpen),

3. Mehrkammerpumpen — bei diesen Pumpen sind mehrere Laufräder auf gemeinsamer Welle parallel geschaltet. Die Förderhöhe ist gleich der eines einzelnen Rades, dagegen addieren sich die Fördermengen der einzelnen Räder. Sie finden Anwendung in Bergwerken für sehr große Wassermengen.

Ausführungen:

a) Eine **Niederdruckpumpe** mit einseitigem Wassereinlauf der Firma Amag Hilpert, Nürnberg, zeigt Abb. 106.

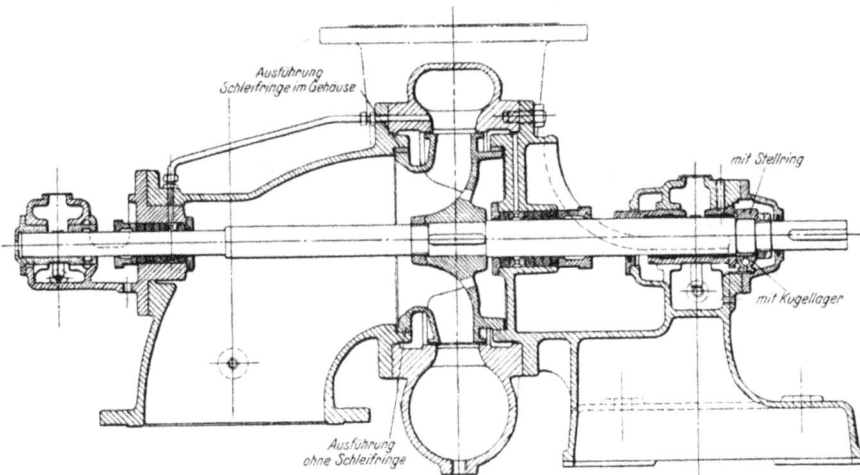

Abb. 106. Niederdruckpumpe (Amag Hilpert, Nürnberg).

b) Eine andere **Niederdruckpumpe** zur Förderung von stark verunreinigten, dickflüssigen Flüssigkeiten von Klein, Schanzlin & Becker, Frankenthal (Pfalz) ist in Abb. 107 dargestellt. Das Laufrad A besitzt zwei oder drei propellerähnliche Schaufeln und sitzt fliegend auf dem Ende der Welle. Diese ist unmittelbar neben dem Laufrad in einem Führungslager B gelagert, um ein Überhängen des Laufrades zu vermeiden. Auf der Antriebseite ist ein zweites Lager C mit Ringschmierung sowie ein Kugellängslager D zur Aufnahme des Axialschubes. Das Laufrad kann wenn nötig unmittelbar durch den Saugstutzen herausgezogen werden. Wegen der geringen Schaufelzahl besitzen die Laufräder derart weite Durchgangsquerschnitte, daß auch Flüssigkeiten mit den gröbsten Beimengungen gefördert werden.

c) Die **Mitteldruckpumpen** sind entsprechend den höheren Beanspruchungen in allen Teilen kräftiger gebaut; im übrigen sind sie ähnlich ausgeführt wie die Niederdruckpumpen für größere Förderleistungen, nämlich mit Spiralgehäuse zur Erzielung eines günstigen Wirkungsgrades und mit Laufrädern für beiderseitigen Einlauf (Abb. 108).

d) Eine zweistufige **Hochdruckpumpe** von Klein, Schanzlin & Becker für 2300 m³ stündliche Fördermenge und 137 m Förderhöhe bei einem Kraftbedarf von 1500 PS zeigt Abb. 109. Es ist dies die größte von den 5 Pumpen der Förderwerke der Württembergischen Landeswasser-

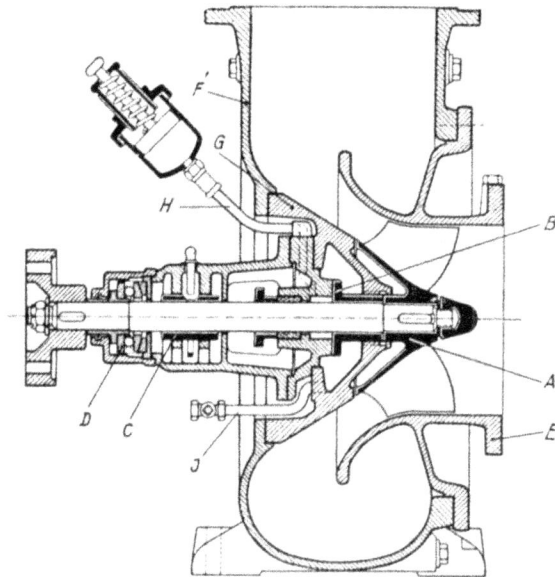

Abb. 107. Schraubenpumpe (Klein, Schanzlin & Becker, Frankenthal, Pfalz).

A Laufrad	D Kugellängslager	G Druckdeckel
B Führungslager	E Saugdeckel	H Schmierrohr
C Ringschmierlager	F Spiralgehäuse	J Kühlwasserzuleitung

versorgung Niederstotzingen[1]), durch die in einem Gebiet von 80 × 55 km in der Luftlinie 100 Städte und geschlossene Gemeinden mit rd. 450 000 Einwohnern mit Wasser versorgt werden. Im Sommer 1921 stieg einmal die tägliche Leistung auf 65 000 m³.

Pumpe Nr.	Fördermenge m³/h	Förderhöhe m	Kraftbedarf PS
1	1100	106	540
2	1500	117	930
3	1650	118	960
4	1900	125	1180
5	2300	137	1500

[1]) V. d. I. 1925.

Zum Betrieb der Pumpen dienen Drehstrommotoren von 5000 V mit einer Drehzahl von 985 U/min.

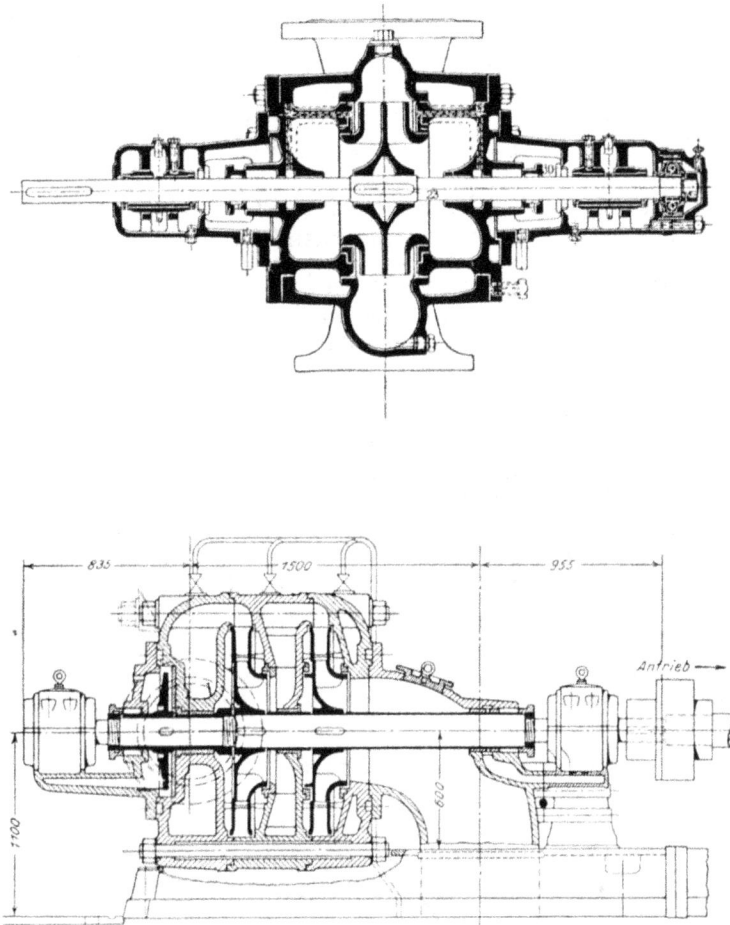

Abb. 109. Zweistufige Hochdruckpumpe.

Fördermengen, Kraftbedarf und Wirkungsgrad von Pumpen.

1. **Kolbenpumpen:** Ist

D = Kolbendurchmesser in m,

s = Kolbenhub in m,

n = Anzahl der Doppelhübe bzw. Kurbelumdrehungen i. d. Min.,

η_l = Lieferungsgrad, d. i. das Verhältnis der wirklichen zur theoretischen Fördermenge, dann ergibt sich

a) die **stündliche Fördermenge**:

für einfachwirkende	für doppeltwirkende Pumpen

$$Q = 60 \, \frac{D^2 \pi}{4} \cdot s \cdot n \cdot \eta_l \qquad\qquad Q = 2 \cdot 60 \cdot \frac{D^2 \pi}{4} \cdot s \cdot n \cdot \eta_l$$

$$\boxed{Q = 47 \, D^2 \, s \, n \, \eta_l} \qquad\qquad \boxed{Q = 94 \, D^2 \, s \, n \, \eta_l}$$

Der Lieferungsgrad η_l kann je nach der Größe und der Hubzahl der Pumpen zu $\eta_l = 0,90 \div 0,98$ angenommen werden.

b) **Kraftbedarf**: Mit obigen Bezeichnungen und einem mechanischen Wirkungsgrad η_m (d. i. das Verhältnis der an das Wasser abgegebenen Energie zu der an der Kurbelwelle zugeführten Energie) berechnet sich der Kraftbedarf in PS zu

$$\boxed{N = \frac{1000 \cdot Q \cdot H_{\mathrm{man}}}{3600 \cdot 75 \cdot \eta_m}} \qquad \eta_m = 0,75 \div 0,85.$$

Beispiel: Eine doppeltwirkende Kolbenpumpe von 300 mm Plungerdurchmesser und 250 mm Hub, die 60 Umdrehungen machen darf, soll aus einer Baugrube Wasser um eine manometrische Förderhöhe von 10 m heben. Welche Wassermenge fördert die Pumpe in 1 Stunde bei $\eta_l = 0,96$ und welcher Kraftaufwand ist erforderlich bei $\eta_m = 0,84$?

Für eine genaue Berechnung ist zu berücksichtigen, daß die vordere Kolbenfläche um die Fläche der Kolbenstange ($d = 100$ mm Durchm. angenommen) verkleinert wird.

Hintere Kolbenfläche $D^2 \dfrac{\pi}{4} = 0,300^2 \dfrac{\pi}{4} = 0,07069$ m².

Vordere » $(D^2 - d^2) \dfrac{\pi}{4} = (0,3^2 - 0,1^2) \dfrac{\pi}{4} = 0,06284$ m².

Mittlere wirksame Kolbenfläche $D_m^2 \dfrac{\pi}{4} = \dfrac{0,07069 + 0,06284}{2} = 0,06676$ m².

Stündl. Fördermenge $Q = 2 \cdot 60 \cdot \dfrac{D_m^2 \pi}{4} s \cdot n \cdot \eta_l = 120 \cdot 0,06676 \cdot 0,250 \cdot 60 \cdot 0,90$

$Q = 115$ m³.

Kraftbedarf $N = \dfrac{1000 \cdot Q \cdot H_{\mathrm{man}}}{3600 \cdot 75 \cdot \eta_m} = \dfrac{1000 \cdot 115 \cdot 10}{3600 \cdot 75 \cdot 0,84} = 5,1$ PS.

Der Durchmesser des Saugstutzens rechnet sich für $v = 1$ m/s. zu

$$\frac{d^2 \pi}{4} v = Q = \frac{115}{3600} = 0,032 \text{ m}^3/\text{s}$$

$$\frac{d^2 \pi}{4} \cdot 1 = 0,032; \quad d = 0,202 \text{ m}$$

$$d = 200 \text{ mm}.$$

2. **Kreiselpumpen:** Der Kraftbedarf in PS, an der Pumpenwelle gemessen, berechnet sich nach derselben Formel wie bei Kolbenpumpen.

$$N = \frac{1000 \cdot Q \cdot H_{man}}{3600 \cdot 75 \cdot \eta}$$

Wirkungsgrad bei Niederdruckpumpen $\eta = 0{,}62$ bis $0{,}70$,
Wirkungsgrad bei Hochdruckpumpen $\eta = 0{,}80$ bis $0{,}85$.

Wird für obige Verhältnisse ($Q = 115$ m³/h und $H_{man} = 10$ m) $\eta = 0{,}67$ angenommen, so errechnet sich ein Kraftbedarf von

$$N = \frac{1000 \cdot 115 \cdot 10}{3600 \cdot 75 \cdot 0{,}67} = \sim \mathbf{6{,}4}\,\text{PS}.$$

Für etwa $v = 1{,}8$ m/s rechnet sich der Saugstutzen zu

$$\frac{d^2 \pi}{4} \cdot 1{,}8 = \frac{115}{3600} = 0{,}032 \text{ m}^3/\text{s}$$

$$\frac{d^2 \pi}{4} = \frac{0{,}032}{1{,}8} = 0{,}01777 \text{ m}^2 \text{ oder } d = \mathbf{150} \text{ mm}.$$

Diese Ergebnisse stimmen gut überein mit den Angaben über die größte doppeltwirkende Plungerpumpe nach Zahlentafel S. 83 und mit denen der Kreiselpumpe der folgenden Zahlentafel, die für 120 m³/h und 10 m Förderhöhe bei $n = 1000$ einen Kraftverbrauch von 6,4 PS hat.

Zahlentafel über Kraftbedarf (N) und Drehzahlen (n) von Kreiselpumpen für verschiedene Förderhöhen und Fördermengen (Amag Hilpert, Nürnberg).

Rohranschluß mm		80	100	125	150	175	200	250	300
Fördermenge in m³/h		36	60	90	120	150	255	360	480
5	n	980	1000	940	820	800	730	670	610
	N	1,1	1,8	2,9	3,5	5,4	7,9	12,1	16,2
7,5	n	1140	1120	1040	910	870	800	750	660
	N	1,6	2,9	4,3	4,9	7,5	11,5	15,6	21,5
10	n	1290	1240	1110	1000	960	870	820	710
	N	2,1	3,5	5,2	6,4	9,5	14,2	19,6	25
12,5	n	1420	1380	1230	1100	1030	930	890	760
	N	2,9	4,1	6,4	8,0	12	17,2	25	31
15	n	1530	1500	1320	1170	1120	990	930	830
	N	3,4	4,9	7,7	9,7	13,7	20,4	28,7	36,5
17,5	n	1670	1620	1380	1240	1190	1050	970	870
	N	4,0	5,8	9,1	11,5	16	23,7	34,5	43
20	n	1770	1700	1460	1320	1260	1110	1010	910
	N	4,9	7,2	10,1	13,1	18,5	26,4	38,2	48
22,5	n	1870	1800	1540	1400	1320	1160	1060	940
	N	5,7	7,6	11,7	15,4	20,9	29,6	43,0	55
25	n	1980	1860	1610	1460	1370	1210	1130	990
	N	6,4	8,8	13,1	16,9	22,9	34,0	47,7	60

(Förderhöhe in Meter)

Kennlinie einer Kreiselpumpe.

Für die Kreiselpumpe des obigen Rechenbeispieles sind die Kennlinien (Q-H-Linien) in Abb. 110 veranschaulicht. Die Linien, die durch
Untersuchung der Pumpe bei verschiedenen Betriebsverhältnissen gewonnen werden, geben die Abhängigkeit der Fördermenge Q von der
Förderhöhe H bei verschiedenen Drehzahlen zwischen $n = 900$ bis 1100
an. Außerdem sind in die Abbildung die bei den entsprechenden Drehzahlen gemessenen Kraftbe-
darfe sowie der Wirkungs-
grad für $n = 960$ eingetragen;
dieser wurde aus gemessener
Förderleistung und Kraftbedarf berechnet.

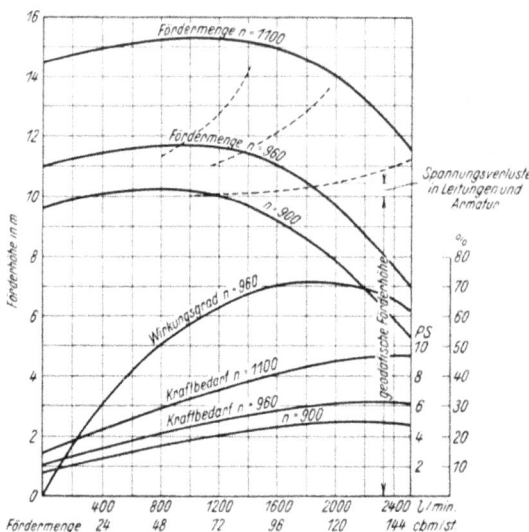

Die gestrichelte Linie
gibt die für eine bestimmte
Rohrleitung berechnete Förderhöhe (geodätische + Rei-
bungshöhe) an. Die Schnitt-
punkte dieser Linie mit den
Kennlinien ergeben die Fördermengen, die bei den entsprechenden Drehzahlen zu
erwarten sind. Von mehreren
Pumpenmodellen wird für
einen gegebenen Betriebsfall
ein Modell den besten Wirkungsgrad ergeben.

Abb. 110. Kennlinie einer Kreiselpumpe (Q—H Linien).

Die Kurven für $n = 960$ (Förderhöhe, Wirkungsgrad und Kraftbedarf) beziehen sich auf den Betrieb mit Drehstrommotoren, welche
nur für bestimmte Drehzahlen gebaut werden können und bei denen die
Drehzahl bei allen Belastungen nahezu gleich bleibt. Eine Regulierung
der Drehzahl ist bei ihnen mit Verlust verbunden.

Drehzahlregulierung: Diese Art der Regulierung ist die vorteil-
hafteste. Sie kommt nur in Betracht bei einem mit Nebenschlußregulator versehenen Gleichstrommotor. Je mehr Widerstand mit
dem Regulator eingeschaltet wird, desto schwächer wird das Magnetfeld, um so schneller muß der Motor laufen. Die Pumpe kann sich
bei der Drehzahlregulierung bei veränderlicher Fördermenge leicht verschiedenen Förderhöhen anpassen.

Schieberregulierung: Diese erfolgt durch Drosseln mit dem Absperrschieber in der Druckleitung. Aus dem Verlauf der Kennlinien
(H-Linien) geht hervor, daß im allgemeinen mit abnehmender Förderhöhe die Fördermenge wächst und umgekehrt; man kann also durch

künstliche Vergrößerung der Druckhöhe, d. h. Drosseln des Schiebers, die Fördermenge verkleinern. Die Widerstandslinie der Rohrleitung erfährt dadurch eine Verschiebung nach oben, wodurch sich kleinere Abszissen und damit kleinere Liefermengen ergeben. Durch diese Regulierung ist es möglich, die Förderung bis fast auf Null herabzudrosseln.

Der Nachteil dieser Regulierungsart besteht darin, daß mit abnehmender Fördermenge der Wirkungsgrad der Pumpe sehr stark abnimmt, was verhältnismäßig hohen Kraftverbrauch zur Folge hat.

Aus dem Verlauf der Wirkungsgradkurve in dem Bereich der geringen Fördermengen kann man leicht ermessen, daß große mit Elektromotoren gekuppelte Kreiselpumpen bei kleinen Fördermengen viel Strom verbrauchen, da auch der Wirkungsgrad des Motors in diesem Bereich ähnlich ungünstig verläuft.

Betrieb von Pumpen.

1. **Kolbenpumpen**: Der Antrieb erfolgt meist mittels Riemen. In manchen Fällen werden solche Pumpen auch von Elektromotoren angetrieben, die auf gleicher Grundplatte befestigt sind, unter Anwendung von Riemenspannrollen oder Zahnradübersetzungen.

Störungen: Häufig liegen Undichtheiten vor von Fußventil, Saugleitung, Saug- und Druckventil oder der Dichtungen; außerdem Verstopfungen oder Verschmutzungen des Saugkorbes oder der Saugleitung, Luftsäcke in den Leitungen, Fallen des Wasserspiegels und dadurch Überschreiten der zulässigen Saughöhen. Bei Abnahme der Pumpenleistung empfiehlt es sich den Pumpenzylinder zu indizieren, um die Ursachen der Minderleistung durch Vergleich des Indikatordiagrammes mit dem normalen Diagramm festzustellen.

2. **Kreiselpumpen**: Diese werden angetrieben:

a) mittels Riemen von einem Vorgelege aus, oder von einer Verbrennungskraftmaschine, die mit der Pumpe auf einem Fahrgestell angeordnet ist,

b) unmittelbar durch Kupplung der Pumpe mit einem Elektromotor auf gemeinsamer Grundplatte. Bei ganz großen Pumpen in Wasserwerken kann statt des Elektromotors auch eine Dampfturbine verwendet werden (s. S. 89, Wasserwerke Niederstotzingen).

In der Saugleitung ist ein Fußventil anzuordnen, in der Druckleitung ein Regulierschieber und bei längerer Druckleitung eine Rückschlagklappe.

Inbetriebsetzung: Vor dem Anlassen wird die Saugleitung und die Pumpe durch einen Einfüllhahn im Gehäuse soweit mit Wasser gefüllt, daß die Schaufeln des Laufrades vollständig unter Wasser sind. Der Regulier- oder Absperrschieber in der Druckleitung bleibt solange geschlossen, bis die Pumpe eine bestimmte Umdrehungszahl besitzt und ein bestimmter Druck sich gebildet hat. Dann wird allmählich der Schieber geöffnet und die Pumpe fängt an, Wasser zu fördern.

Störungen: Versagen oder Verringerung der Leistung der Pumpe kann eintreten:

1. bei nicht genügender Auffüllung der Pumpe;
2. bei Luftsackbildung in der Saugleitung. — Horizontale Rohrlängen sind nach der Pumpe zu leicht ansteigend zu verlegen;
3. bei Undichtheiten der Saugleitung. — Der Saugkorb muß so tief unter dem niedrigst abgesenkten Wasserspiegel liegen, daß niemals Luft in die Saugleitung kommen kann. Anderseits muß der Saugkorb mindestens 50 cm über der Sohle liegen, um ein Aufwirbeln von Sand und Schlamm zu vermeiden;
4. bei Verstopfung des Saugkorbes, der Saugleitung oder des Laufrades;
5. bei zu geringer Drehzahl der Pumpe, hervorgerufen durch Riemenrutsch oder Spannungsabfall in der elektrischen Leitung;
6. bei zu großer Saughöhe, herbeigeführt durch zu große Absenkung des Saugwasserspiegels. — Mit dem Regulierschieber ist soweit zu drosseln, daß die Fördermenge dem Wasserzufluß entspricht;
7. bei größerer geometrischer Förderhöhe als der Pumpe zugrunde gelegt wurde. — Drehzahl ist zu erhöhen oder wenn möglich, ein Laufrad mit größerem Durchmesser einzubauen;
8. bei falscher Drehrichtung der Pumpe. — Pfeil auf dem Pumpenkörper ist zu beachten.

Besondere Pumpen.

1. Pulsometer: Sie wirken ähnlich wie eine doppeltwirkende Kolbenpumpe, abwechselnd saugend und drückend. Das Saugen erfolgt durch Kondensation des Dampfes, die Druckwirkung (Heben des Wassers) durch Dampfdruck. Abb. 111 zeigt ein solches Pulsometer.

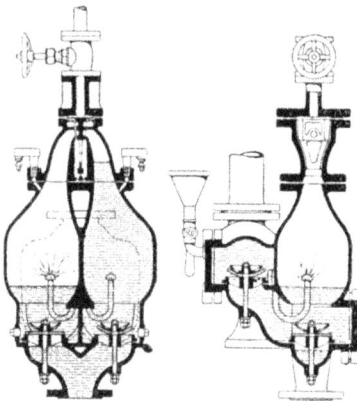

Abb. 111. Pulsometer (aus Weihe, Maschinenkunde).

Arbeitsweise: Das Pulsometer wird zur Inbetriebsetzung mit Wasser gefüllt, wobei die Luftventile geöffnet werden. Dann läßt man durch das obere Zuleitungsrohr Dampf zuströmen, der abwechslungsweise durch selbsttätiges Umlegen einer Pendelzunge in die beiden Kammern tritt. Liegt z. B. die Zunge rechts an, dann drückt der Dampf bei geöffnetem Dampfabsperrventil oben auf die Wasseroberfläche der linken Kammer, drückt das Wasser durch das Druckventil in die Druckleitung. Ist der Wasserspiegel bis zur Oberkante des Druckventils gelangt, dann strömt der Dampf mit großer Geschwindigkeit durch dasselbe. Durch Mischung mit dem Wasser tritt Kondensation des Dampfes ein, ferner ein Unterdruck in der linken Kammer, ein rascheres Einströmen des Dampfes durch den Spalt der Pendelzunge, wodurch ein Umlegen der letzteren nach links und Einströmen des Dampfes in die rechte Kammer bewirkt wird. Die Kondensation wird noch durch Einspritzen von Wasser aus dem Druckraum in die Kammer unterstützt. Durch den Unterdruck in der linken Kammer wird nun gleichzeitig während des Druckvorganges in der rechten Kammer Wasser angesaugt durch das Saugventil. An beiden Kammern sind von Hand regulierbare Luftventile angeordnet, wodurch ein sanfteres Arbeiten gewährleistet wird.

Wirtschaftlichkeit: Die günstigste Saughöhe für Pulsometer ist $3 \div 5$ m und darf 8 m nicht übersteigen; die Druckhöhe $40 \div 50$ m. Der Dampfdruck soll $1 \div 1,5$ at größer sein als die Druckhöhe.

Die Förderleistung der Pulsometer beträgt für 1 kg Dampf 3000 bis 5000 mkg gehobenen Wassers. Sie werden in verschiedenen Größen ausgeführt mit Leistungen

bis	180 m³/h	bei	5 m	Förderhöhe	
»	150 m³/h	»	10 m	»	
»	60 m³/h	»	20 m	»	
»	80 m³/h	»	30 m	»	

2. **Wasserstrahlpumpen** (Ejektoren): Sie haben die Aufgabe, bei vorhandener Druckwasserleitung Sickerwasser aus Baugruben bis zu 10 m Förderhöhe zu bringen. Die Pumpe nach Abb. 112 wird mit dem Gewindestutzen bei D an die Wasserleitung angeschlossen. Das Druckwasser strömt durch die verengte Düse D, saugt durch die Löcher L Wasser aus der Saugleitung S an und drückt es in die angeschlossene Druckleitung. Die Saughöhe kann $2 \div 3$ m betragen, sie kann auch ganz in Wegfall kommen, wenn man die

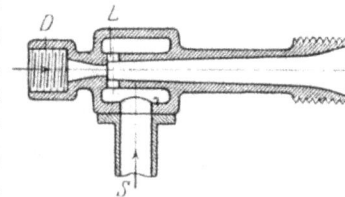

Abb. 112. Wasserstrahlpumpe (aus Mathießen u. Fuchslochner, Pumpen).

Pumpe in das auszupumpende Wasser legt. Zum Schutz gegen eindringenden Schmutz ist die Saugkammer mit einem Sieb umgeben.

3. **Dampfstrahlpumpen** (Injektoren): Sie dienen in der Regel zum Speisen von Dampfkesseln und wirken in der Weise, daß die Strömungsenergie des Dampfes dem Speisewasser mitgeteilt und diese in Druckenergie umgewandelt wird.

Arbeitsweise: In Abb. 113 tritt bei a der Dampf ein, gelangt durch die Dampfdüse d infolge ihrer Verengung mit großer Geschwindigkeit in die Mischdüse e. Dort

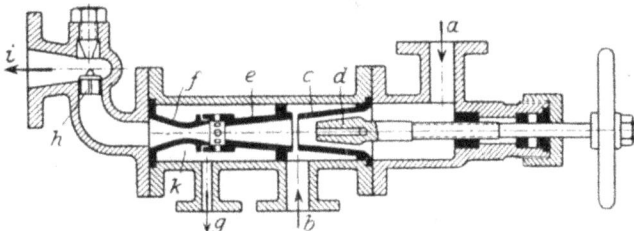

Abb. 113. Dampfstrahlpumpe (Injektor) (aus Mathießen u. Fuchslochner. Pumpen).

trifft der Dampf mit dem bei b eintretenden Wasser zusammen. Durch Mischung des Dampfes mit dem Wasser kondensiert sich der Dampf und gibt einen Teil seiner Strömungsenergie an das Wasser ab. Das Gemisch erreicht am Ende der Mischdüse eine hohe Geschwindigkeit, die sich dann in der sich erweiternden Druckdüse f in Druck umsetzt. Das Gemischwasser strömt hierauf durch das Rückschlagventil in den Kessel. Der Düsenkegel d dient zur Regulierung. Aus dem mit Löchern versehenen Raum zwischen den Düsen e und f kann bei Inbetriebsetzung kondensierendes Schlabberwasser ablaufen.

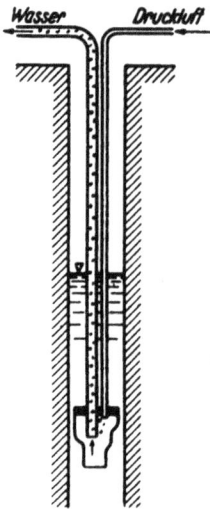

4. Druckluftpumpe (Mammutpumpe): Diese dient zum Heben von sehr tief liegenden Flüssigkeiten, wenn die Aufstellung von Saugpumpen nicht möglich ist. Die in Abb. 114 dargestellte Pumpe besteht aus einem Förderrohr und einer Druckluftleitung, die durch das Fußstück verbunden sind.

Arbeitsweise: Bedingung für das Arbeiten der Pumpe bei kleinen und mittleren Förderhöhen ist, daß das Rohrsystem mit Fußstück mit $^1/_3$ bis $^2/_3$ seiner Länge in das Wasser eintaucht. Die Druckluft von $3 \div 5$ at, die in einem besonderen Kompressor mit großem Windkessel erzeugt wird, strömt durch die kleinere Leitung in das Fußstück und reißt beim Hochsteigen im Förderrohr das in demselben befindliche Wasser mit. Das Wasser-Luftgemisch hat ein geringeres spezifisches Gewicht als das Wasser im Bohrloch, wodurch der äußere Wasserdruck die Förderhöhe überwindet.

Die Firma Borsig, Tegel-Berlin, liefert Pumpen bis zu 72 m³/min Fördermenge und bis zu 300 m Förderhöhe.

Abb. 114. Mammutpumpe.

Luftkompressoren:

Sie haben die Aufgabe, Druckluft von etwa 5 bis 7 at zu erzeugen zur Verwendung auf den verschiedensten Gebieten, z. B. bei Brückenbauten zum Betrieb der Preßluft-Nietmaschinen, in Steinbrüchen zum Antrieb der Bohrhämmer und Steinbearbeitungswerkzeuge, bei Druckluftgründungen mittels Caisson und für Mammutpumpen.

Man unterscheidet Kolbenkompressoren und rotierende Kompressoren.

Kolbenkompressoren: Diese kann man einteilen in ein-, zwei- und mehrstufige Kompressoren, je nachdem die Luft von atmosphärischer Spannung auf einmal oder in mehreren Stufen auf den gewünschten Druck gebracht wird.

Für den Baubetrieb ist meist Druckluft von $6 \div 7$ at Überdruck erforderlich, wofür eine ein- oder zweistufige Kompression genügt.

Die zweistufigen Kompressoren haben gegenüber den einstufigen im allgemeinen den großen Vorteil, daß die Luft zwischen der 1. und 2. Stufe zurückgekühlt und mitgerissenes Wasser im Zwischenkühler abgeschieden werden kann. Die Druckluft bekommt dadurch bessere Beschaffenheit und niedrigere Endtemperatur. Die Zylinderwände zeigen ebenfalls geringere Erwärmung, wodurch auch die Ansaugtemperatur niedriger bleibt und mehr Luft angesaugt werden kann. Durch die Zwischenkühlung wird auch der Kraftbedarf um 10—15% vermindert. Man kann sagen, daß für An-

saugmengen von 6—7 m³/min ab der zweistufige Kompressor vorzuziehen ist.

Der einstufige Kompressor stehender Bauart hat sich besonders
bei kleineren fahrbaren Anlagen eingebürgert, wobei der Kompressor
mit einem Benzol-, Diesel- oder Elektromotor unmittelbar gekuppelt
ist. Er eignet sich vor allem für vorübergehende Arbeiten wie Straßen-
bau, Bahnbau, Brückenbau, Montagearbeiten, Verlegen von Rohrleitungen.

In Abb. 115 ist eine solche Kompressoranlage von der Frankfurter-
Maschinenbau-Aktiengesellschaft vorm. Pokorny u. Wittekind dar-

Abb. 115. Fahrbarer Kompressor (Frankfurter-Maschinenbau-A.-G.).

gestellt. Die Anlage ist für 2,5 m³/min. Ansaugleistung und für Schienenfahrt als Anhänger eingerichtet. Der Kompressor ist mit einem Zwei-
zylinder-Benzolmotor gekuppelt, die vordere Wagenwand bildet den
Kühler, die hintere trägt im oberen Teil den Brennstoffbehälter. Große
Schwierigkeit bietet gewöhnlich die Unterbringung eines genügend
großen Luftbehälters. Diese ist hier in einfacher Weise dadurch be-
hoben, daß der tragende Rahmen mit reichlich bemessenen Stahlrohren
als Windkessel ausgebildet ist.

Die folgende Zahlentafel enthält Angaben der Firma über solche
Kompressoranlagen in bezug auf Leistung, Kraftbedarf und Anzahl der
Werkzeuge, die mit der Anlage versorgt werden können.

Angesaugte Luftmenge m³/min	2,5	3,5	5	7
Kraftbedarf in PS	20	28	40	56
Kraftbedarf in kW	15	21	30	41
Schwere Aufbruchhämmer	2	2—3	4—5	5—7
Leichte Aufbruchhämmer	3—4	4—5	6—8	9—10
Schwere Meißelhämmer und Stampfer	3—4	4—5	6—8	9—11
Leichte Meißelhämmer und Stampfer .	4—5	5—6	8—10	12—14
Gleisstopfhämmer	4	5—6	8	10—12
Pflasterrammen	4	5—6	8	10—12

Für besondere Zwecke wie für Farbspritzpistolen und Sandstrahl-gebläse kommen noch kleinere Anlagen mit 400 l/min Ansaugluft mit einem Druck von etwa 2,5 at Überdruck in Betracht.

Abb. 116 stellt ebenfalls eine fahrbare Kompressoranlage von Flott-mann & Co., Herne, dar.

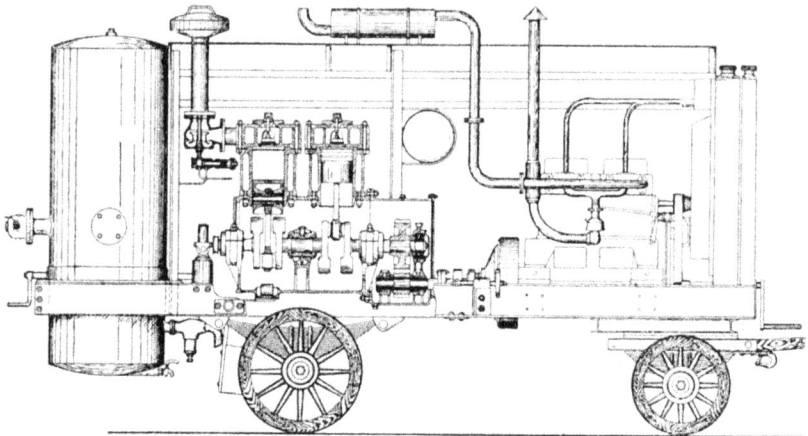

Abb. 116. Fahrbarer Kompressor (Flottmann & Co., Herne).

Einen zweistufigen Dreidruckraum-Kompressor für größere Baustellen zeigt Abb. 117 von Flottmann & Co., Herne. Der Kompressor ist von liegender Bauart mit Kreuzkopf-Geradführung. In den Nieder-druckräumen *I* links vom Kolben und *II*, rechts zwischen den Abstufungen von Zylinder und Kolben, wird die Luft auf etwa 2 at komprimiert.

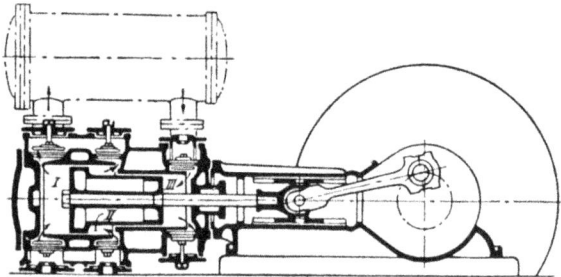

Abb. 117. Dreidruckraum-Kompressor (Flottmann & Co., Herne).

Die Niederdruckstufe ist also doppeltwirkend mit verschiedenen Ansaug-mengen für beide Zylinderseiten. Die vorverdichtete Luft wird in dem oberhalb des Zylinders befindlichen Zwischenkühler stark zurückgekühlt und dann im Hochdruckraum *III*, rechts vom Kolben, auf den Enddruck weiter verdichtet. Die Rohre des Kühlers sind aus Kupfer; das Kühl-wasser fließt in den Rohren und die Luft umspült dieselben. Der Luftzylinder hat sowohl Mantel- als auch beiderseitige Deckelkühlung. Die Schmierung der Zylinder erfolgt durch besondere Kompressoröler der Firma.

Die Steuerorgane sind als selbsttätige, kleinhubige Ringventile ausgeführt. Die Regulierung geschieht durch Veränderung der Ansaugluftmenge in der Weise, daß durch besondere Steuerorgane nach Erreichung des gewünschten Enddruckes der Kompressor auf Leerlauf geschaltet wird. Bei vergrößertem Luftbedarf wird selbsttätig wieder auf Vollast umgestellt.

Angaben über liegende Flottmann-Dreidruckraum-Kompressoren.

Hubvolumen in . . . . . m³/min	4,3	7	9	10,6	12,9	16	20
Angesaugte Luftmenge . . m³/min	3,1	5,2	7	8,5	11	13,5	17
Angesaugte Luftmenge . . . m³/h	186	312	420	510	660	810	1020
Kraftbedarf bei 6 at Überdr. . . PS	19,5	32,5	42,5	52	67	82	104
Kühlwasserbedarf . . . . . l/min	17	24	33	36	45	55	70
Zylinderdurchmesser Niederdr. mm	245	280	315	340	375	400	450
Zylinderdurchmesser Hochdr. mm	175	190	225	240	275	290	330
Kolbenhub . . . . mm	150	200	250	250	300	350	350
Minutliche Drehzahl	360	320	280	290	258	237	238

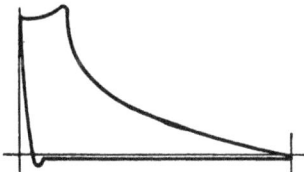

Abb. 118. Diagramm eines einstufigen Luftkompressors.

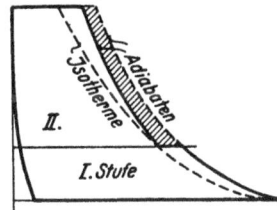

Abb. 119. Zweistufiger Luftkompressor.

Abb. 118 zeigt das Indikatordiagramm eines einstufigen Luftkompressors und Abb. 119 den Gewinn an Kraftaufwand (schraffierte Fläche) bei der zweistufigen Kompression infolge der Zwischenkühlung.

Inbetriebsetzung und Wartung von Kolbenkompressoren.

Größere ortsfeste Kompressoren: Bei der Inbetriebsetzung sind sämtliche Öler zu öffnen. Die Kühlwasserleitung ist anzustellen und die Wassermenge so zu regeln, daß die Temperatur des austretenden Wassers etwa 25° beträgt.

Zur Schmierung des Kompressorzylinders ist bestes Kompressoröl zu verwenden, für die übrigen Schmierstellen gutes Maschinenöl.

Die Öler sind im Betrieb stets zu füllen. Der Ölstand der Ringschmierlager ist öfter zu kontrollieren und deren Öl alle 4 Wochen zu erneuern.

Das im Zwischenkühler aus der Luftfeuchtigkeit niedergeschlagene Wasser ist von Zeit zu Zeit durch vorgesehene Hähne zu entfernen. Ebenso sind Druckluftleitung und Windkessel ab und zu zu entwässern.

Nach längerer Zeit ist eine gründliche Reinigung des Kompressorinnern, der Ventile und des Zwischenkühlers vorzunehmen.

Der Kompressor soll in der Regel leer anlaufen. Im Winter ist das im Zylindermantel und Zwischenkühler befindliche Wasser vor jeder größeren Betriebspause abzulassen.

7*

Fahrbare Kompressoren: Vor Inbetriebsetzung ist der Wagen so zu unterkeilen, daß Kompressor und Motorwelle genau horizontal liegen. Das Wagengestell ist so festzukeilen, daß die Räder entlastet sind. Kühlwasser und Brennstoffbehälter sind richtig nachzufüllen. Bei zu heißen Zylinderwandungen des Motors infolge Wasser-

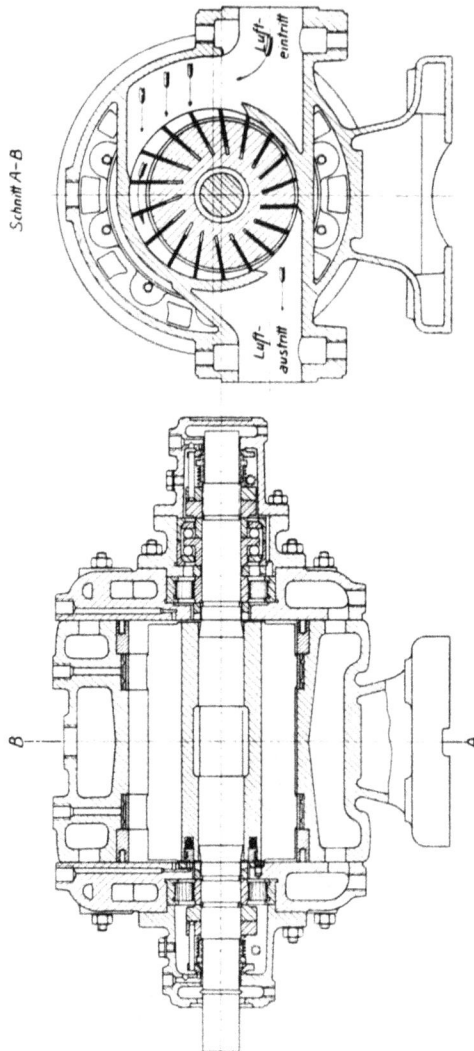

Abb. 1 .0. Rotierender Kompressor (Demag, Duisburg).

mangels darf nie plötzlich kaltes Wasser nachgefüllt werden. — Das Eindringen von Schmutz und Staub in die Öl- und Brennstoffbehälter ist zu vermeiden.

Rotierende Kompressoren: Diese eignen sich besonders zum unmittelbaren Antrieb durch Elektromotoren und haben außerdem noch den Vorteil, daß wegen der stoßfreien Förderung die Saug- und Druckventile sowie auch die Windkessel wegfallen.

In Abb. 120 ist ein solcher Kompressor der Deutschen Maschinenfabrik Duisburg (Demag) dargestellt. Der Kompressor besteht aus einem zylindrischen Gehäuse und zwei Stirnwänden, die sämtlich wassergekühlt sind. In dem Gehäuse befindet sich ein exzentrisch gelagerter Verdränger mit einer größeren Anzahl radial gerichteter Stahlblechschieber, die sich in Schlitzen leicht bewegen und sich an die innere Mantelfläche des Zylinders anlegen. Durch die Schieber wird der sichelförmige Arbeitsraum zwischen Trommel und Mantel in Zellen eingeteilt, welche bei der Drehung zuerst an Volumen zunehmen und so während der Verbindung mit dem Saugraum und Saugstutzen das Füllen der Zellen, das Ansaugen bewirken. Sobald diese Verbindung aufgehoben wird, verkleinern sich die Zellenräume und es erfolgt die Kompression bis zur Verbindung mit dem Druckstutzen.

Die folgende Zahlentafel enthält Angaben über zweistufige rotierende Kompressoren der obigen Firma für einen Überdruck von 7 at.

max. Drehzahl	2850	2850	1450	980	980
Ansaugmenge in m³/h	39	68	186	263	368
Kraftbedarf in PS	7	11,6	28	38	53

B. Lasthebemaschinen.

Diese Maschinen dienen zur Ortsveränderung, insbesondere zum Heben von festen Körpern auf meist kleine Entfernungen.

Einteilung: Man kann sie nach dem Förderbereich einteilen in:

a) **Einfache Hebemaschinen,** die die Körper in der Hauptsache nur senkrecht heben. Dazu gehören: der gewöhnliche Flaschenzug, Differentialflaschenzug, Schraubenflaschenzug, Zahnstangenwinde, Schneckenwinde, Schraubenwinde, hydraulischer Hebebock, Reibradwinde, Zahnradwinde, Rollenzüge;

b) **Krane,** die die Körper nicht nur senkrecht heben, sondern auch in horizontaler Richtung auf kleinere Entfernungen bewegen. Dazu kann man rechnen:

1. Drehkrane mit festem Ausleger, und zwar mit fester Säule, mit drehbarer Säule und Drehscheibenkrane,
2. Drehkrane mit einziehbarem Ausleger, meist fahrbar,
3. Laufkrane (Laufkatzen, Bockkrane),
4. Kabelkrane.

Maschinenteile für Lasthebemaschinen.

Zugmittel: Hanfseile, Drahtseile, Ketten.

Hanfseile werden aus bestem russischen oder italienischen Hanf hergestellt und hauptsächlich zum Heben von kleineren Lasten mittels Flaschenzügen verwendet.

Seilstärke . . . . mm	10	12	15	18	20	22	25	28	30	35	40	45
Tragkraft bei achtfacher Sicherheit . . . . kg	80	120	155	220	250	300	400	510	650	800	1000	1250

Drahtseile finden die meiste Verwendung und werden nach den deutschen Industrienormen (DIN) aus Stahldraht mit einer Festigkeit von 130 bis 180 kg/mm² hergestellt. Seile aus Drähten mit 130 und 160 kg/mm² Festigkeit werden blank oder verzinkt, solche mit 180 kg/mm² nur blank geliefert.

Die Seile werden in 3 Ausführungen hergestellt.

Seildurchm. 6,5 ÷ 22 mm, Ausführung A mit 6 × 19 = 114 Drähten und 1 Fasereinlage,

Seildurchm. 9 ÷ 44 mm, Ausführung B mit 6 × 37 = 222 Drähten und 1 Fasereinlage,

Seildurchm. 20 ÷ 56 mm, Ausführung C mit 6 × 61 = 366 Drähten und 1 Fasereinlage.

Je mehr Drähte ein Seil von gleichem Durchmesser besitzt, desto dünner können die Einzeldrähte sein und desto kleiner fallen die Seilrollen- und Trommeldurchmesser aus. Z. B. ein Seil von 20 mm Durchmesser hat nach Ausführung A 1,3 mm Drahtdurchmesser, nach B 0,9 mm und nach C nur 0,7 mm. Trommel-, Scheiben- und Rollendurchmesser sollen etwa gleich dem 500fachen des Drahtdurchmessers gewählt werden.

Die Herstellung der Seile geschieht in der Weise, daß man eine Anzahl Drähte (19, 37, 61) zu einer Litze und je 6 Litzen um eine Fasereinlage dreht. Sie werden in Kreuzschlag und Längsschlag L geliefert, sowohl rechtsgängig (r) als linksgängig (l). Bei Kreuzschlag haben die Drähte in den Litzen entgegengesetzte Drehrichtung gegenüber der Drehrichtung der Litzen im Seil; bei Längsschlag haben die Drähte in den Litzen und die Litzen im Seil gleiche Drehrichtung.

Die folgende Zahlentafel enthält Angaben über die Seile nach Ausführung A mit 6 Litzen zu je 19 Drähten.

Seil-durchm. mm	Einzel-draht-durchm. mm	Querschnitt sämtlicher Drähte im Seil mm²	Rechner. Gewicht für 1 m kg	Festigkeit in kg/mm²		
				130	160	180
				Rechnerische Bruchfestigkeit kg		
6,5	0,4	14,3	0,135	1860	2290	2570
8	0,5	22,4	0,21	2910	3580	4030
9,5	0,6	32,2	0,30	4190	5150	5800
11	0,7	43,9	0,41	5700	7020	7900
13	0,8	57,3	0,54	7450	9170	10310
14	0,9	72,5	0,68	9430	11600	13050
16	1,0	89,4	0,84	11620	14300	16090
17	1,1	108,3	1,02	14080	17330	19490
19	1,2	128,9	1,22	16760	20620	23300
20	1,3	151,3	1,43	19670	24190	27230
22	1,4	175,5	1,66	22820	28060	31590

Die Seile werden in Kreuzschlag und rechtsgängig geliefert, wenn nicht Längsschlag oder linksgängig besonders vorgeschrieben wird. Die Bezeichnung eines Drahtseiles von 16 mm Durchmesser aus 6 Litzen zu je 19 Drähten von 1,0 mm Drm. wäre demnach: A 16 DIN 655. Für Längsschlag und linksgängig ist die Bezeichnung: A *Ll* 16 DIN 655.

Ketten: Diese bestehen aus zähem Schweißeisen oder Stahl; man unterscheidet:

a) **Rundeisenketten:** Sie werden als kurzgliedrige oder langgliedrige Ketten (Abb. 121) ausgeführt. Für Hebemaschinen eignen sich mehr die kurzgliedrigen Ketten, weil sie beweglicher sind und deshalb ihre Glieder beim Aufwinden auf Trommeln und Rollen weniger beansprucht werden. Für verzahnte Kettenräder müssen die Ketten gleiche Teilung, gleiche Gliedlängen besitzen, d. h. kalibriert sein. Die langgliedrigen Ketten dienen wegen des geringeren Gewichtes und Preises zu reinen Befestigungszwecken.

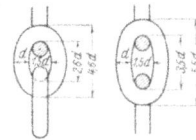

Abb. 121. Rundeisenketten.

b) **Laschenketten:** Abb. 122 (Schuchardt & Schütte, Berlin). Sie laufen ebenfalls über glatte Rollen und dienen als Lastketten an Stelle von Drahtseil.

c) **Gallsche Gelenkketten:** Abb. 123 (für gezahnte Kettenräder). Je nach der Belastung bestehen sie aus mehreren Reihen von

Abb. 122. Laschenkette.

Abb. 123. Gallsche Gelenkkette.

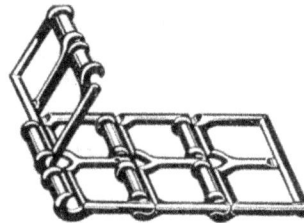

Abb. 124. Zerlegbare Gelenkkette (Schuchardt & Schütte, Berlin).

Laschen, die an den abgesetzten Enden der Verbindungsbolzen befestigt sind. Sie finden hauptsächlich Verwendung als Lastketten, als Treibketten nur für Geschwindigkeiten bis etwa 0,3 m/s.

d) **Zerlegbare Gelenkketten:** Abb. 124 (Schuchardt & Schütte). Sie bestehen aus schmiedbarem Guß und werden aus einzelnen Gliedern durch Ineinanderschieben zusammengesetzt. Man benutzt sie als Lastorgan für Aufzüge, Elevatoren, aber auch als Treibmittel, als Ersatz für Riementriebe in feuchten Räumen.

Rollen und Trommeln: Diese sind aus Gußeisen. Abb. 125 zeigt eine Seilrolle.

Eisenstärke . . . . mm	5	6	7	8	10	11	13	16	20	23	26
GeprüfteTragfähigkeit kg	250	360	490	640	1000	1210	1690	2560	4000	5290	6760
Gewicht pro m/kg . . .	0,6	0,8	1,15	1,5	2,3	2,8	3,9	6,1	9,0	12,0	16,0

Hanfseiltrommeln haben einen glatten, zylindrischen Mantel mit seitlichen Rändern. Eine Abart davon sind die Spilltrommeln mit

Abb.125. Seilrolle.

glattem, geschweiftem Mantel (Abb. 126); bei diesen werden vielfach Hanfseile verwendet. Das Seil wird hier einige Male um die meist fliegend angeordnete Trommel herumgelegt und von Hand so in Zug gehalten und abgeführt, daß es nicht gleitet. Durch die geschweifte Form wird eine große Reibung erzielt. Es können dadurch mit einer kurzen Trommel sehr lange Seile angezogen werden (Rangieren von Eisenbahnwagen).

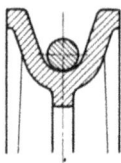

Drahtseiltrommeln haben flache, halbkreisförmige Rillen, die spiralförmig in solcher Windungslänge umlaufen, daß das ganze Seil in einer Lage aufgenommen werden kann (Abb. 126).

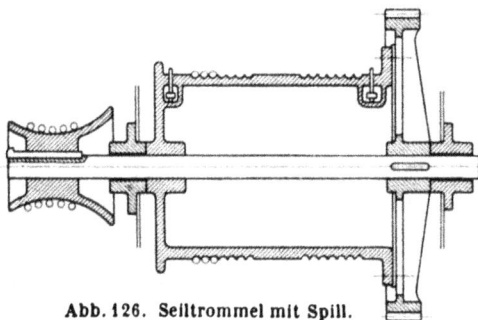

Abb. 126. Seiltrommel mit Spill.

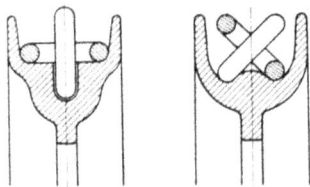

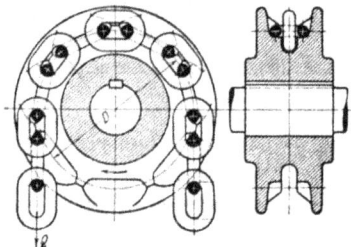

Abb. 127. Kettenrollen.   Abb. 128. Kettenrad (aus Weihe, Maschinenkunde).

Kettentrommeln und Rollen erhalten ausgedrehte Rillen nach Abb. 127 für gewöhnliche, kurzgliedrige Ketten. An Stelle von Kettentrommeln werden bei Platzmangel auch verzahnte Kettenräder (Abb. 128) mit kalibrierten Ketten verwendet, auf denen die Kette einen gewissen Halt hat; das Kettenende läuft frei ab.

Vorrichtungen zum Fassen der Last.

Dazu gehören Haken und Zangen der verschiedensten Art.

Abb. 129. Bei kleinen Hebezeugen hängt der Haken unmittelbar an der Kette, die manchmal noch durch ein Zusatzgewicht beschwert wird (Kugelgewichte) zum leichteren Herabgehen beim Leergang (Leo Roß, Berlin W 9).

Abb. 130. Der Haken wird mittels Schraube und Mutter in einem Schäkel befestigt, der in einer Kausche des Drahtseiles hängt.

Abb. 131. Bei Anwendung von Rollenzügen (Verwendung mehrerer Rollen) spricht man von Hakengeschirren. Die Rollen sind an einem

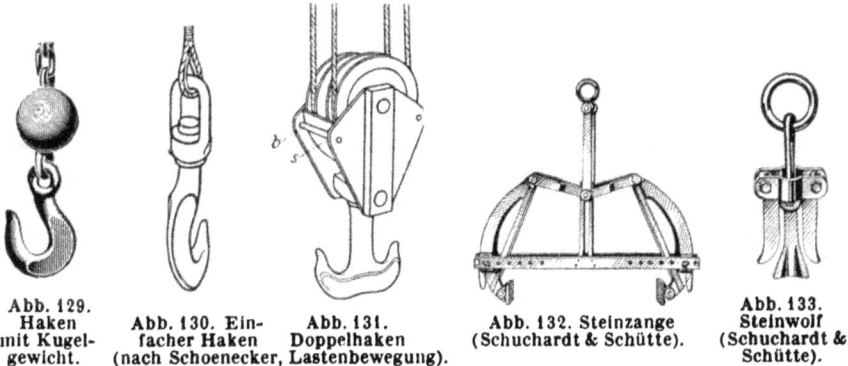

Abb. 129.
Haken
mit Kugel-
gewicht.

Abb. 130. Ein-
facher Haken
(nach Schoenecker, Lastenbewegung).

Abb. 131.
Doppelhaken

Abb. 132. Steinzange
(Schuchardt & Schütte).

Abb. 133.
Steinwolf
(Schuchardt &
Schütte).

Querbalken des Hakens befestigt. Um letzteren auch unter Belastung leicht drehen zu können, ist er in einem Kugellager geführt.

Bei schweren Hebezeugen von etwa 20 t ab verwendet man Doppelhaken. Die Rollen werden durch seitliche Blechschilder geschützt, die durch Distanzbolzen in ihrem Abstand voneinander gehalten werden. Ein Schutzblech verhindert das Herausspringen und Klemmen des Seiles.

Abb. 132. Steinzange. Abb. 133. Steinwolf.

Bremsvorrichtungen.

Um einen einwandfreien Betrieb der Hebemaschinen zu gewährleisten, benötigt man verschiedene Sicherheitsvorrichtungen.

1. Zahngesperre: Sie sind die einfachsten Mittel, um ein unbeabsichtigtes Rücklaufen der Last zu verhindern. Die Sperräder sind mit der Seiltrommel fest verbunden.

Beim Zahngesperre (Abb. 134) gleitet über ein meist außen verzahntes Sperrad eine Klinke, die durch ihr Eigengewicht oder durch eine Federbelastung in die Zahnlücken einfällt und ein Sinken der Last nach Beendigung des Hubvorganges verhindert. Das lästige Klappern der Klinke beim Heben der Last kann man vermeiden durch eine selbsttätige

Anhebevorrichtung für die Klinke, die aber beim Rückgang der Last die Klinke sofort einfallen läßt.

2. **Band- und Klotzbremsen:** Diese sind bei allen Windwerken erforderlich, bei Kranen sogar mehrere, z. B. wenn der Kran außer zum Heben auch noch drehbar und fahrbar eingerichtet ist, um die aus-

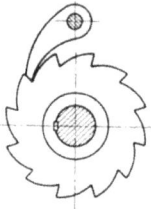

Abb. 134. Zahngesperre.   Abb. 135. Klotzbremse.   Abb. 136. Bandbremse.

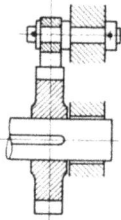

geführten Bewegungen rasch abstoppen zu können. Beim Hubwindwerk hat die Bremse auch die Aufgabe, die Last anzuhalten und mit bestimmter Geschwindigkeit zu senken.

Wirkung der Bremsen: Durch die Bremse wird ein Reibungsmoment erzeugt, das die Bewegungsenergie der Triebkraft überwindet, oder das dieser Energie beim Lastsenken das Gleichgewicht hält. Da die Bremskraft zum Anhalten der Last um so kleiner ist, je geringer das Drehmoment der betreffenden Welle ist, so bringt man die Bremsen an möglichst raschlaufenden Wellen (Motorwellen) mit kleinem Moment an.

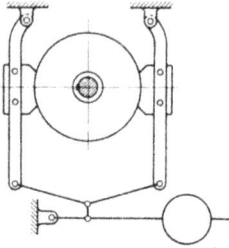

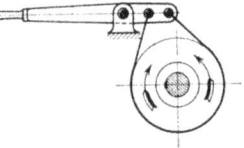

Abb. 137. Sperradbremse
(nach Weihe, Maschinenkunde).

Die Klotzbremse oder Backenbremse (Abb. 135) kann für beide Drehrichtungen verwendet werden. Die Klötze aus möglichst astfreiem Holz werden mit der Holzfaser senkrecht zur Bremsfläche angeordnet und gegen die Bremsscheibe gedrückt.

Bandbremsen nach Abb. 136 sind wirksamer als die Backenbremsen, da ein dünnes Stahlband auf einem großen Teile des Umfangs der Bremsscheibe angepreßt wird. Sie haben aber den Nachteil, daß infolge der einseitigen Zugwirkung ein Druck auf die Lager ausgeübt wird.

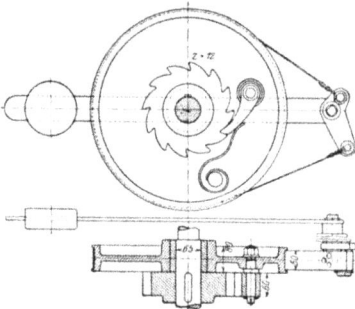

3. **Sperradbremsen:** Abb. 137 stellt eine Verbindung von Zahngesperre und Bandbremse dar, die beide mit einem Hebel bedient werden. Die Bremsscheibe sitzt lose auf der Welle und trägt die Sperrklinke; das Sperrad ist auf der Welle festgekeilt. Beim Heben der Last bewegt sich die Bremsscheibe nicht, da sie durch das Hebelgewicht ge-

bremst wird. Bei der geringsten Rückwärtsbewegung greift sofort der Sperrkegel der ruhenden Bremsscheibe in das bewegte Sperrad ein und hält die Last. Zum Senken der Last ist nur die Bremse zu lüften.

4. **Magnetbremsen** (Abb. 138): Sie werden verwendet bei Kranen mit Elektromotorenantrieb, besonders zum Stoppen der Fahr- und Drehbewegung. Beim Einschalten der Motoren mittels des Anlassers wird gleichzeitig durch den elektrischen Strom die Bremse gelüftet, beim Ausschalten der Motoren die Bremse angezogen.

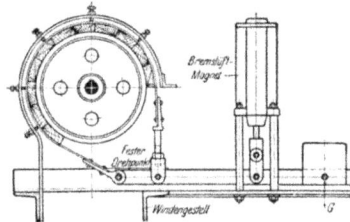

Abb. 138. Magnetbremse
(nach Weihe, Maschinenkunde).

Bei Gleichstrom benutzt man sog. Bremslüftmagnete, die durch den Strom erregt werden, bei Wechselstrom dagegen Bremslüftmotoren, deren Anker sich bis zu einem federnden Anschlag drehen und dann unter Strom stehen bleiben.

Einfache Hebevorrichtungen.

1. **Lose und feste Rolle:** Nach Abb. 139 ist die obere f e s t e Rolle oder Leitrolle aufgehängt; sie bewirkt nur einen Richtungswechsel der Kraft, aber keine Kraftersparnis. Dagegen wird durch die untere l o s e oder Arbeitsrolle, die an der Bewegung teilnimmt, die Hälfte der Kraft gespart. Die Zugkraft P ist gleich der halben Last Q, dafür aber ist der Kraftweg doppelt so groß als der Lastweg.

$$P = \frac{Q}{2}.$$

Die Kraft P ist in Wirklichkeit immer größer infolge der Widerstände von Seil oder Kette und der Zapfenreibung; diese Widerstände werden berücksichtigt durch den Wirkungsgrad η (Wirkungsgrad einer Rolle $\eta = \sim 0{,}90$)

$$\boxed{P = \frac{1}{\eta} \cdot \frac{Q}{2}}$$

2. **Der gewöhnliche Flaschenzug:** Er stellt eine Verbindung von zwei oder mehreren losen Rollen mit ebensovielen festen Rollen dar. In Abbildung 140 wird $P = \frac{Q}{4}$, weil sich die Last auf 4 Seile verteilt. Bei den praktischen Ausführungen dieser Flaschenzüge (Abb. 141) sind jeweils die festen und losen Rollen auf einer Achse zu einem Taukloben (Hanfseil) oder Drahtseilkloben vereinigt (Abb. 142 und 143 mit Bügel).

Ist n die Anzahl der Rollen eines Tauklobens, so wird

$$\boxed{P = \frac{1}{\eta} \cdot \frac{Q}{2 \cdot n}} \qquad \eta = \sim 0{,}80$$

Welche Last kann mit $P = 40$ kg bei einem 3 rolligen Taukloben gehoben werden?

ohne Reibungsverlust $Q = 2 \cdot n \cdot P = 2 \cdot 3 \times 40 = \mathbf{240\ kg}$.

mit Reibungsverlust $Q = \eta \cdot 2 \cdot n \cdot P = 0{,}80 \times 240 = \mathbf{192\ kg}$

3. **Differentialflaschenzug:** Nach der schematischen Abb. 144 besteht dieser Flaschenzug aus einer unteren Flasche, d. i. eine lose Rolle und einer oberen Flasche, das sind zwei im Durchmesser wenig voneinander

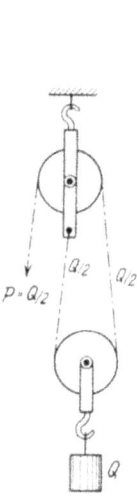

Abb. 139.
Lose und feste Rolle.

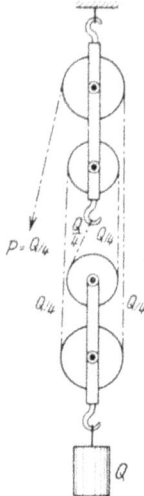

Abb. 140.
Schema eines Flaschenzug.

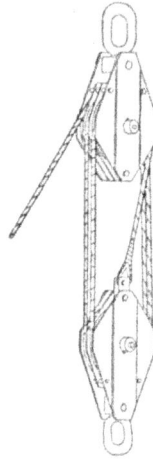

Abb. 141.
Ausführung eines Flaschenzuges.

Abb. 142.
Seilkloben mit Haken.

Abb. 143.
Seilkloben mit Bügel.

verschiedene feste Rollen. Über die Rollen der beiden Flaschen läuft eine endlose Kette. Für den Gleichgewichtszustand gilt die Beziehung

$$P \cdot R + \frac{Q}{2} r = \frac{Q}{2} R$$

oder

$$\boxed{P = \frac{Q}{2} \cdot \frac{R - r}{R}}$$ ohne Reibungsverlust

Beispiel: Welche Last kann mit einer Kraft $P = 40$ kg gehoben werden, wenn die Durchmesser der festen Rollen 220 bzw. 200 mm sind.

$$Q = 2 \cdot P \cdot \frac{R}{R - r} = 2 \cdot 40 \cdot \frac{110}{110 - 100} = \mathbf{880\ kg.}$$

In Wirklichkeit geht noch sehr viel Energie verloren durch die Reibung der Ketten auf den Rollen und der Rollenzapfen in den Lagern, so daß zum Heben von Q kg eine Kraft erforderlich ist von

$$\boxed{P = \frac{1}{\eta} \cdot \frac{Q}{2} \cdot \frac{R - r}{R}}$$ mit Reibungsverlust

erforderlich wird (η = Wirkungsgrad des Flaschenzuges).

Für ein Verhältnis der Durchmesser oder der Zähnezahlen der festen Kettenrollen

$$\frac{z}{Z} = \frac{10}{11}, \quad \frac{11}{12}, \quad \frac{12}{13}$$

wird

$$\eta = 0{,}46, \ 0{,}44, \ 0{,}42.$$

für $R = \dfrac{110}{100} = \dfrac{11}{10} = \dfrac{Z}{z}$ wird $\eta = 0{,}46$ und $Q = 0{,}46 \cdot 880 = \mathbf{405 \ kg}$

siehe gewöhnlichen Flaschenzug.

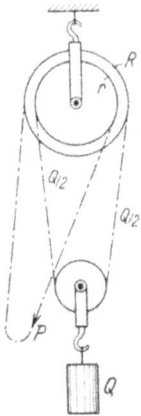

Abb. 144.
Differential-
flaschenzug.

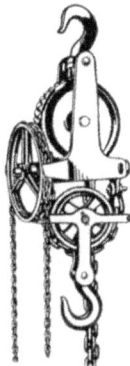

Abb. 145.
Schrauben-
flaschenzug
(Schuchardt &
Schütte).

Abb. 146.
Schneckenrad
mit Kettennuß.

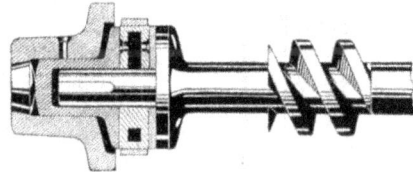

Abb. 147. Schneckenspindel.

4. Schraubenflaschenzug: Dieser dient zum Heben von größeren Lasten von 500 bis 10000 kg. Abb. 145 zeigt einen solchen Flaschenzug, Abb. 146 ein Schneckenrad mit Lastkettennuß und Abb. 147 eine Schneckenspindel. Letztere wird mit und ohne Bremsfriktion ausgeführt. Durch die Friktion werden in die Schneckenwelle bei ihrer Drehung im Sinne der niedergehenden Last selbsttätige Widerstände eingeschaltet, welche selbsthemmend wirken, so daß die Last freischwebend bleibt. Das Senken geschieht durch entgegengesetztes Ziehen an der Kette.

Der Wirkungsgrad eines solchen Flaschenzuges beträgt etwa $\eta = 0{,}60 \div 0{,}65$.

5. Stirnradflaschenzüge (Abb. 148): Man verwendet sie ebenfalls für größere Lasten bis 10000 und 15000 kg. Sie haben den Vorteil einer geringeren Bauhöhe und eignen sich deshalb besonders für solche Fälle, bei denen ein beschränkter Raum weitgehendst ausgenutzt werden muß. Sie sind mit einer Gewindebremse ausgerüstet. Die Abb. 145 und 148 stellen Flaschenzüge von 2000 kg Tragfähigkeit in gleichem Maßstab dar.

6. Zahnstangenwinden: Diese kommen in verschiedenen Ausführungen vor und werden je nach der Belastung mit 1 oder 2 Zahnradübersetzungen ausgeführt. Die Wagenwinden mit einfacher Übersetzung heben Lasten von 500 bis 5000 kg; die schweren Lokomotivwinden mit 2 Übersetzungen für 1500 bis 20000 kg werden für Baggertransport verwendet. Abb. 149 zeigt eine Winde zum Gleisheben von Leo Ross, Berlin W 9.

7. Schneckenwinden: Sie sind für mäßige Hubhöhen zu empfehlen. Eine Schnecke greift in ein Schneckenrad ein, das mit einer Windentrommel verbunden ist. Abb. 150 zeigt das Bild und Abb. 151 eine schematische

Abb. 150. Schneckenwinde,

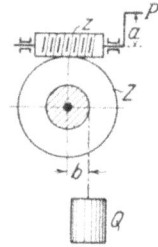

Abb. 148.
Stirnrad-
flaschenzug
(Schuchardt &
Schütte).

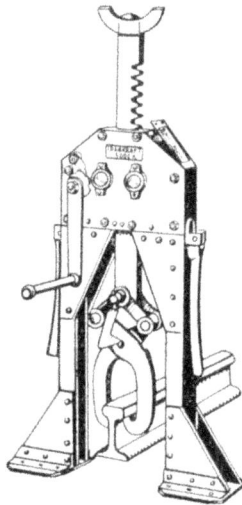

Abb. 149. Gleis-Hebewinde.
(Leo Ross, Berlin W 9.)

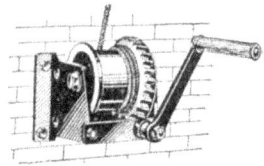

Abb. 151. Schema
einer
Schneckenwinde.

Darstellung. Die Winde ist selbsthemmend, die Last bleibt in jeder Lage freischwebend. Selbsthemmung tritt ein, wenn der Steigungswinkel der Schnecke gleich dem Reibungswinkel wird. Das Senken der Last erfolgt durch Niederkurbeln.

Kraftweg bei 1 Kurbeldrehung $= 2\,a\,\pi$; Arbeit der Kraft $= 2\,a\,\pi\,P$.

Entsprechender Lastweg:

Bei 1 Kurbeldrehung bewegt sich das Zahnrad um 1 Zahn, wenn Schnecke 1 gängig,
bei 1 Kurbeldrehung bewegt sich das Zahnrad um 2 Zähne, wenn Schnecke 2 gängig,
bei 1 Kurbeldrehung bewegt sich das Zahnrad um z Zähne, wenn Schnecke z gängig.

Bei 1 Kurbeldrehung wird dann der Lastweg $= 2\,b\,\pi\,\dfrac{z}{Z}$ und die Arbeit der Last $= 2\,b\,\pi\,\dfrac{z}{Z}\,Q$.

Nach dem Satz: Arbeit der Kraft = Arbeit der Last wird

$$2\,a\,\pi\,P = 2\,b\,\pi \cdot \frac{z}{Z}\,Q$$

ohne Reibung
$$P = Q \cdot \frac{b}{a} \cdot \frac{z}{Z}$$

mit Reibung
$$P = \frac{1}{\eta} \cdot Q \cdot \frac{b}{a} \cdot \frac{z}{Z}$$

Beispiel: Welche Last kann mit $P = 40$ kg am Kurbelhalbmesser $a = 250$ mm gehoben werden, wenn die Schnecke 2 gängig ist $(z = 2)$, das Schneckenrad $Z = 60$ Zähne hat und der Trommelhalbmesser $b = 125$ mm beträgt?

$$Q = P \cdot \frac{a}{b} \cdot \frac{Z}{z} = 40 \cdot \frac{250}{125} \cdot \frac{60}{2} = \mathbf{2400\ kg.}$$

Abb. 152. Schraubenwinde.

Unter Berücksichtigung der Reibungsverluste wird Q entsprechend kleiner. für $\eta = 0,45$ wird $Q = \mathbf{960\ kg}$ (siehe gewöhnl. Flaschenzug).

Durch Einschaltung einer losen Rolle kann die Tragfähigkeit verdoppelt werden, jedoch auf Kosten der Hubgeschwindigkeit.

8. Schraubenwinden: (Abb. 152 von Schieß-Defries, Düsseldorf). Sie dienen zum Heben von Lasten bis 40 000 kg auf allerdings geringe Höhen von $200 \div 300$ mm.

9. Hydraulischer Hebebock: (Abb. 153 von Schieß-Defries, Düsseldorf). Mit diesem können noch größere Lasten (Brücken, Schiffe) bis etwa 300 000 kg gehoben werden auf nur etwa 150 mm; Lasten bis zu 100 000 kg auf 500 bis 600 mm.

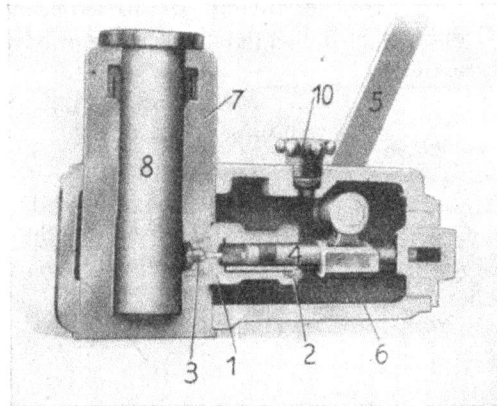

Abb. 153. Hydraulischer Hebebock
(Schieß-Defries, Düsseldorf).

In dem Pumpenzylinder *1* mit Saugventil *2* oder Druckventil *3* wird Kolben *4* durch Hebel *5* hin- und herbewegt. Bei Linksgang des Kolbens erfolgt das Ansaugen von Wasser aus dem Wasserkasten *6*, beim Rechtsgang das Drücken des Wassers in den Hubzylinder *7*, wodurch der Hubstempel *8* gehoben wird. Das Senken der Last geschieht durch Weiterführen des Handhebels über die Hubbewegungsgrenze hinaus. Dadurch wird der Pumpenplunger so weit vorgezogen, daß der an seinem vorderen Ende befindliche Zapfen das Druckventil öffnet und das Wasser aus dem Zylinder zurückströmt. *10* ist eine Füllschraube und gleichzeitig Entlüftungsschraube.

10. Reibradwinde: (Friktionswinde von Bünger, Düsseldorf, Abb. 154). Die Windentrommel, die lose auf der exzentrisch gelagerten Achse sitzt, trägt an einem Ende eine Scheibe mit Lederbelag oder eine Scheibe mit keilförmigen Rillen (wie in der Abbildung). Durch einen Handhebel kann man diese Scheibe gegen eine kleinere festgelagerte Scheibe drücken, wodurch die Windentrommel mitgenommen wird. Der Antrieb erfolgt durch eine auf der festgelagerten Welle angebrachte Riemenscheibe. Durch Umlegen des Handhebels nach der entgegengesetzten Richtung wird die große Scheibe gegen eine Bremsbacke gepreßt, so daß die Last stillsteht.

Abb. 154. Reibradwinde.

11. Zahnradwinden: (Kabelwinden). Diese werden je nach der Größe der zu hebenden Last mit einfacher, 2- und 3facher Übersetzung ausgeführt.

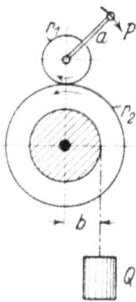

Abb. 155.
Zahnradwinde mit
einfacher
Übersetzung.

Winde mit einfacher Übersetzung: Abb. 155.

Beispiel: Am Kurbelarm $a = 300$ mm wirke eine Kraft $P = 15$ kg. Welche Last Q kann gehoben werden, wenn die Räderübersetzung

$$\frac{r_2}{r_1} = \frac{360}{60} = \frac{6}{1}$$

ist und der Halbmesser der Windentrommel $b = 130$ mm beträgt.

Es ist Kraftmoment = Lastmoment

$$\eta \cdot P \cdot a \cdot \frac{r_2}{r_1} = Q \cdot b.$$

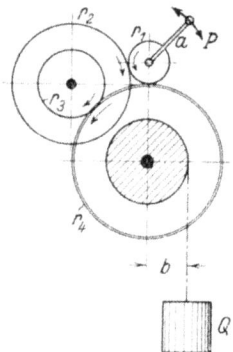

Abb. 156. Zweifache
Übersetzung.

Daraus ergibt sich das Übersetzungsverhältnis $\boxed{i = \frac{r_1}{r_2} = \eta \cdot \frac{P \cdot a}{Q \cdot b}}$

oder die zu hebende Last $\boxed{Q = \eta \cdot P \cdot \frac{a}{b} \cdot \frac{r_2}{r_1}}$ $\eta = \sim 0{,}85$

Für obige Zahlenwerte wird

$$Q = 0{,}85 \cdot 15 \cdot \frac{300}{130} \cdot \frac{360}{60} = 177 \text{ kg.}$$

Ähnlich kann bei gegebener Last und der Räderübersetzung die Kraft P berechnet werden.

Winde mit 2 Zahnräderpaaren (Abb. 156):

Beispiel: $r_1 = 50$ mm $\quad r_2 = 150$ mm $\quad \dfrac{r_2}{r_1} = \dfrac{3}{1}$

$\quad\quad\quad r_3 = 50$ mm $\quad r_4 = 300$ mm $\quad \dfrac{r_4}{r_3} = \dfrac{6}{1}.$

Welche Kraft ist aufzuwenden, wenn bei einem Kurbelarm $a = 300$ mm und einem Trommelhalbmesser $b = 130$ mm eine Last von 1250 kg gehoben wird?

Gesamtübersetzung der Zahnräder:

$$i = \frac{r_2}{r_1} \cdot \frac{r_4}{r_3} = \frac{3}{1} \cdot \frac{6}{1} = \frac{18}{1} \text{ (18fach).}$$

Kraftmoment = Lastmoment

$$P \cdot a \cdot \frac{r_2}{r_1} \cdot \frac{r_4}{r_3} = Q \cdot b.$$

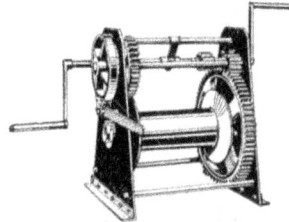

Abb. 157.
Bild einer Zahnradwinde.

Daraus

ohne Reibung $\boxed{P = Q \cdot \dfrac{b}{a} \cdot \dfrac{r_1}{r_2} \cdot \dfrac{r_3}{r_4}}$ $\quad$ mit Reibung $\boxed{P = \dfrac{1}{\eta} Q \cdot \dfrac{b}{a} \dfrac{r_1}{r_2} \dfrac{r_3}{r_4}}$

oder $\quad\quad\quad\quad\quad\quad\quad\quad\quad\quad\quad\quad\quad\quad\quad \eta = \sim 0{,}80$

Übersetzung $\boxed{i = \dfrac{r_1}{r_2} \cdot \dfrac{r_3}{r_4} = \eta \dfrac{P \cdot a}{Q \, b}}$

mit Reibung $P = \dfrac{1}{0{,}80} \cdot 1250 \cdot \dfrac{130}{300} \cdot \dfrac{50}{150} \cdot \dfrac{50}{300} = 80 \text{ kg,}$

d. h. es sind 2 Arbeiter erforderlich.

Abb. 157 zeigt eine solche Handwinde mit ein- und zweifacher Übersetzung. Das Gestell ist aus starkem Schmiedeisenblech. Durch Ausschalten eines Vorgeleges kann bei kleineren Lasten rascher gearbeitet werden. Schiebt man die Kurbelwelle um die Zahnbreite nach rechts, so kann die Last ohne Drehung der Kurbeln gesenkt werden. Schiebt man sie abermals um die Radbreite weiter nach rechts, so kommt das Rad der Kurbelwelle mit dem großen Rad der Trommelwelle in Eingriff. Man hat dann nur die Übersetzung $\dfrac{r_4}{r_1} = \dfrac{300}{50} = \dfrac{6}{1}$ (6fach) in Tätigkeit. Die Vorgelegswelle mit den Rädern r_2 und r_3 läuft leer mit.

In Abb. 158 ist eine Laufwinde für einen Kran mit Elektro-motoren-Antrieb dargestellt (Ibag, Neustadt a. H.). Sie arbeitet mit 3 Zahnräderpaaren und ist für 2 Seilgeschwindigkeiten eingerichtet. Die zweite Geschwindigkeit erzielt man, indem man die 2 kleinen Zahnräder auf der ersten Vorgelegswelle um zweimal die Radbreite verschiebt, so daß das größere der beiden Verschieberäder mit dem mittleren Rad der zweiten Vorgelegswelle in Eingriff kommt.

Die Winde wird in 2 Größen ausgeführt:

	Tragfähigkeit kg	Seilgeschwindigkeit m/s	Kraftbedarf PS
Nr. 1	5000	0,15 ÷ 0,3	13 : 15
» 2	8000	0,15 : 0,3	20 : 40

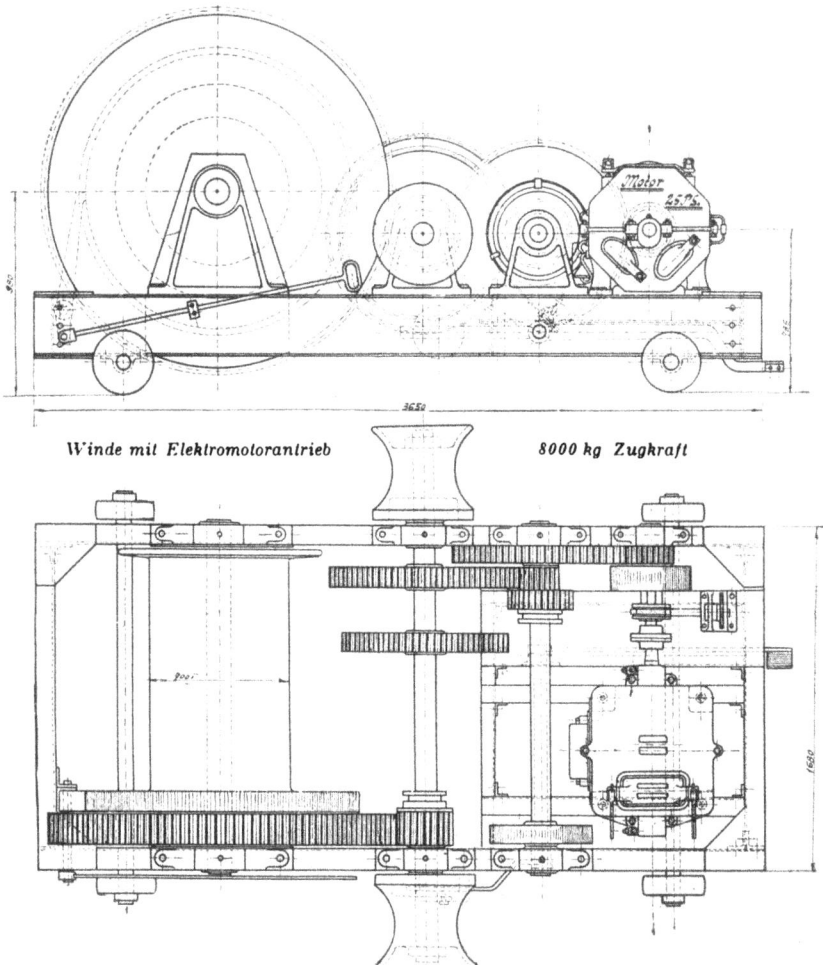

Winde mit Elektromotorantrieb   8000 kg Zugkraft

Abb. 158. Zahnradwinde mit dreifacher Übersetzung (Ibag, Neustadt a. Haardt).

Zum Senken der Last ist eine Magnetbremse eingebaut. Zum Ziehen leichterer Lasten sind seitlich auf die zweite Vorgelegswelle Spills angebracht; dazu muß das kleine Zahnrad dieser Welle verschoben werden.

12. **Rollenzüge:** Für große Lasten, die nur an einem Seil hängen, ergeben sich wegen der stärkeren Seile auch größere Trommeldurchmesser. Will man letztere verkleinern und dadurch auch leichtere Ge-

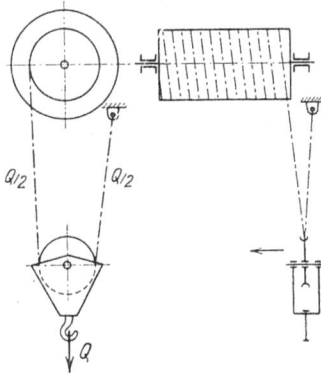

Abb. 159. Einfache Seilschlinge. Abb. 160. Doppelte Seilschlinge.

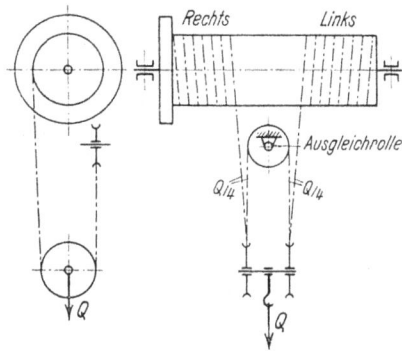

triebe erhalten, so verteilt man zweckmäßig die Lasten auf mehrere Seile. Dies geschieht in einfacher Weise nach Abb. 159 durch eine einfache Seilschlinge unter Anwendung einer losen Rolle. Die Last verteilt sich auf 2 Seilstränge, das Seil wird schwächer, der Trommeldurchmesser kleiner; aber das Seil läuft mit doppelter Geschwindigkeit und wird auch doppelt so lang.

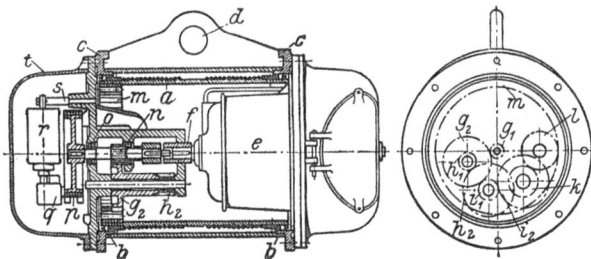

Abb. 161. Elektrozug von Demag, Duisburg.

Ein weiterer Übelstand ist bei längeren Trommeln das seitliche Wandern, weil dadurch die beiden Lager der Trommel ungleich belastet werden. Diesen Mangel beseitigt die doppelte Seilschlinge nach Abb. 160. Man wickelt beide Seilenden nach der Mitte zu auf die Trommel auf. Außerdem wird die Last auf 4 Seilstränge verteilt, die Seilbelastung auf $1/4$ der Last ermäßigt, die Seilgeschwindigkeit auf das doppelte erhöht.

Demag-Elektrozug. Eine praktische Ausführung dieses Rollen-
zuges in Verbindung mit einem elektrischen Antrieb ist der Demag-Zug,
wie ihn die Abb. 161 zeigt. Er stellt in sehr gedrängter Bauart eine vollständige Hebevorrichtung dar und besteht in der Hauptsache aus drei
Teilen: 1. einem Mantel mit der darin gelagerten Seiltrommel a, 2. dem
an den Mantel angeschraubten Flanschmotor d und 3. aus dem Getriebe-
deckel mit allen Zahnrädern und der elektromagnetischen Bremse p.

Dieser Elektrozug kann in der verschiedensten Weise verwendet
werden: Er kann an jedem Kran als Hubwerk angebracht oder als Laufkatze, auf einem oder zwei Trägern laufend, benutzt werden. Im letzten
Falle bewegt man den Zug entweder von Hand mittels Haspelrad oder
auch durch einen besonderen Elektromotor.

Krane.

Für den allgemeinen Fall einer Krananlage sind 3 Hauptbewegungen
auszuführen und demgemäß 3 Triebwerke erforderlich.

1. Das **Hubwerk** zum Heben der Last,
2. das **Drehwerk** zum Drehen des Auslegers und
3. das **Fahrwerk** zur Fortbewegung des Hubwerkes oder des ganzen Kranes.

Hubwerk: Dafür benutzt man die im vorigen Abschnitt behandelten
Zahnradwinden.

Handbetrieb: Bei kleinen und einfacheren Kranen werden die
Hubwerke mittels Handkurbeln betrieben. Die Länge des Kurbel-
armes ist gewöhnlich 400 mm, die Grifflänge 300 mm für einen Mann
und 500 mm für zwei Mann. Ein Arbeiter vermag mit $15 \div 20$ kg zu
drehen bei einer Geschwindigkeit am Kurbelkreis von 0,5 bis 1 m/s.

Maschinenbetrieb: In diesem Falle berechnet sich die Motorleistung zu

$$\boxed{N = \frac{1}{\eta} \frac{Q \cdot v}{75}} \ \text{PS.}$$

Darin bedeutet

$Q = $ Last in kg,
$v = $ Hubgeschwindigkeit der Last in m/s,
$\eta = $ Wirkungsgrad zwischen Last und Motorwelle.

Die **Hubgeschwindigkeiten** können gewählt werden:

für Lasten bis	1 000 kg zu	$v = $	0,5	bis	1	m/s
» » »	10 000 kg »	$v = $	0,2	»	0,5	m/s
» » größer als	10 000 kg	$v = $	0,1	»	0,2 m/s und kleiner.	

Das Übersetzungsverhältnis zwischen Lastwelle und Motorwelle ergibt sich als das Verhältnis der beiden Drehzahlen

$$\varphi = \frac{n_{\text{Last}}}{n_{\text{Motor}}}.$$

Mit angenommener Drehzahl des Motors errechnet sich die Übersetzung.

Drehwerk: Das Drehen des Kranes bzw. des Auslegers geschieht in
der Regel dadurch, daß ein kleines Stirnrad (Ritzel) am drehbaren Teil in
einen festen Zahnkranz mit Innen- oder Außenverzahnung eingreift.

Fahrwerk: Dasselbe treibt gewöhnlich nur eine Achse mit zwei
gegenüberliegenden Rädern an. Die Fortbewegung des ganzen Kranes
erfolgt entweder von einem besonderen Windwerk aus, das die eine Laufradachse betätigt, oder von Hand, indem mittels eines Haspelrades mit
Kette und eines kleinen Stirnrades ein größeres
Stirnrad an der betreffenden Laufradachse angetrieben wird.

1. Drehkrane mit fester Ausladung:

a) Mit drehbarer Säule. Die einfachste Ausführung dieser Art gibt die Abb. 162 wieder, das
ist ein Pfosten-Schwenkkran (Drehgalgen), der
bei kleineren Hochbauten auch in Holz hergestellt
wird. Der Kran wird in der Regel an einem Pfosten

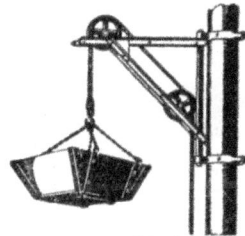

Abb. 162. Pfosten-
schwenkkran.

durch Schellen befestigt und meist durch eine Kabel- oder Reibradwinde angetrieben.

Eine andere Ausführung eines Doppel-Schwenkkranes des
bayr. Hüttenwerkes Sonthofen ist in Abb. 163 und 164 dargestellt mit
folgender Arbeitsweise:

Der auf 4 Laufrädern ruhende Unterwagen trägt ein Bockgerüst, in dem die
2 Ausleger drehbar gelagert sind. Jeder Ausleger hat ein Windwerk, die beide ein
gemeinsamer Verbrennungsmotor antreibt.

Hubwerk: Die Räder der Trommeln, mit denen das mit dem Motorstumpf
gekuppelte Ritzel in Eingriff steht, laufen, solange der Motor im Betrieb ist, fort-
während um und drehen sich hierbei lose um die feststehende Trommelachse. An den
Trommelrädern befinden sich Holzkonusse, die in entsprechende an den Trommeln
angegossene Hohlkonusse hineinreichen (Friktionskupplung). Der Kupplungsschluß
des umlaufenden Trommelrades mit der Trommel erfolgt durch Drücken an dem auf
der Trommelwelle sitzenden Handhebel *a* (Kupplungshebel), und zwar muß bei
beiden Windwerken derselbe von rechts nach links gedrückt werden. Gleichzeitig
hiermit wird durch den Winkelhebel *b*, der sich unter dem Bremshebel *c* befindet
und der durch ein Gestänge mit Spannschloß an dem nach unten verlängerten Handhebel angreift, die Bremse gelüftet; Bremsscheibe und Trommel sind aus einem
Stück gegossen. Sobald also der Hebel *a* von rechts nach links gedrückt
wird, hebt sich die Last. Zum Halten der Last wird der Hebel *a* wieder in seine
ursprüngliche Lage gebracht, wobei darauf zu achten ist, daß der Hebel *a* nicht

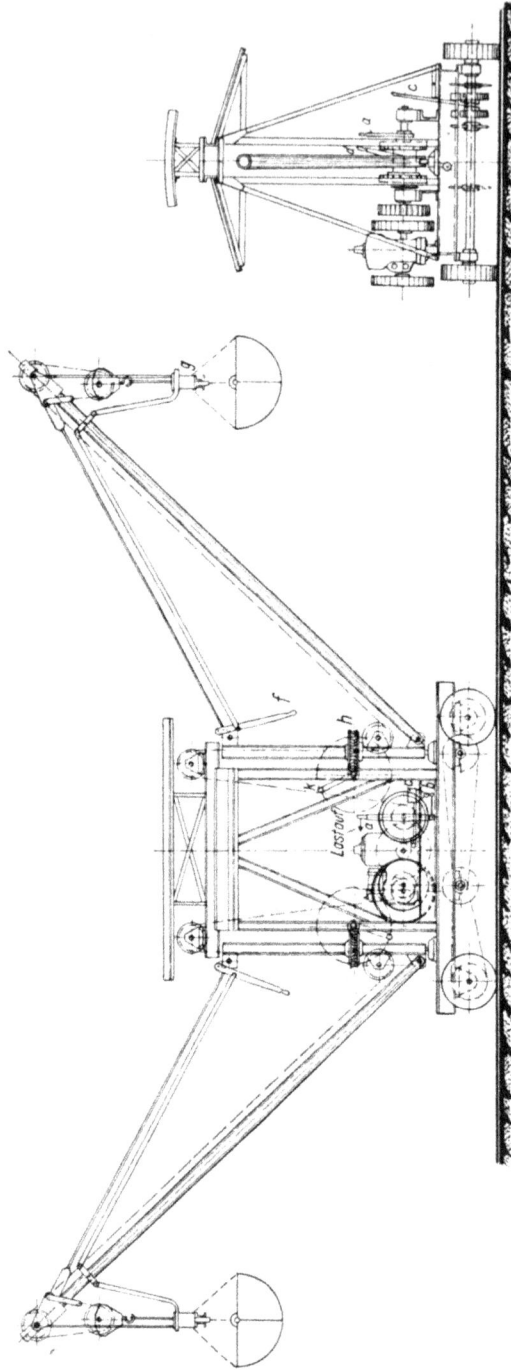

Abb. 163 u. 164. Doppelschwenkkran des bayer. Hüttenwerkes Sonthofen.

zu weit nach rechts gedrückt wird, da hierdurch der Winkelhebel *b* die Bremse lüftet und die Last abstürzen kann.

Das Senken der Last geschieht durch Drücken des Hebels nach rechts, wobei sich durch kräftigeren oder schwächeren Druck die Geschwindigkeit regulieren läßt.

Das Schwenken des Auslegers erfolgt entweder von Hand durch Drücken an dem herunterhängenden Hebel der Auslegerstrebe oder kann auch mittels eines Schneckengetriebes bewirkt werden.

Das Verfahren des Krans geschieht durch 2 Handhebel; der eine Hebel *d* hat seine Bewegungsrichtung senkrecht zum Windwerk und dient zum Einrücken einer Konuskupplung, der andere *e* am äußeren U-Eisen des Krangestelles betätigt die Klauenkupplung des Kegelräder-Wechselgetriebes. Zum Fahren wird zunächst die Konuskupplung eingerückt, hierauf die Klauenkupplung durch Drücken an dem Hebel *e* nach rechts oder links je nach der Fahrtrichtung. Zum Halten ist nur nötig zuerst die Konuskupplung und dann die Klauenkupplung auszurücken.

Die Gabelvorrichtung für die Fördergefäße wird in folgender Weise bedient:

Man hebt das Fördergefäß so hoch, daß die Gabel durch Drücken an dem Handhebel *f* nach vorne unter den Rand der Gußbüchse *g*, an der die Ketten befestigt sind, geschoben werden kann. Die Bremse des Hubwerkes wird langsam geöffnet, wodurch sich auch der Kübel öffnet und seinen Inhalt entleert. Daraufhin zieht man das Lastseil wieder an, das Gefäß schließt sich; die Gabel wird zurückgezogen und das Gefäß mittels der Bandbremse gesenkt.

Hauptangaben über den Kran:

Tragkraft	1200	kg
Ausladung von Mitte Kran gemessen	5	m
Rollenhöhe über Schienenoberkante	5	m
Spurweite	2,8	m
Motorstärke	8	PS
Hubgeschwindigkeit	22	m i. d. Minute
Fahrgeschwindigkeit	20	m » » »
Schwenkgeschwindigkeit	von Hand	
Kübelinhalt	0,5	m³
Stundenleistung	20	m³

b) Kran mit fester Säule (Abb. 165). Über die fest im Boden verankerte Säule stülpt sich der drehbare Ausleger. Die Säulen sind vielfach hohl oder bestehen aus einem Fachwerk je nach der Größe des Krans. Damit der Kran bzw. die Säule nicht zu einseitig belastet ist, werden zum Ausgleich Gegengewichte angebracht.

c) Drehscheibenkran (Abb. 166 für kleine Hubhöhen). Die Drehsäule fällt fort, das Krangestell wird als Drehscheibe mit darauf befindlichem Windwerk ausgeführt. Der Kran stützt sich auf zwei oder mehrere Rollen auf einer Kreisschiene, bei größeren Kranen nimmt man statt der Rollen Walzenlager. Es ist auch hier ein Gegengewicht nötig und außerdem legt man noch die Winde möglichst nach außen, damit die Mittelkraft aus Last und Eigengewicht innerhalb der Stützpunkte fällt. Zur Zentrierung der Drehscheibe auf dem Grundgestell sowie zur Sicherheit gegen Abheben ist in der Mitte ein Zapfen angebracht (Königszapfen).

Das Heben erfolgt durch eine Hand- oder Motorwinde, das Drehen von Hand, indem vermittelst einer Kurbel ein kleines Stirnrad in einen Zahnkranz der Grundplatte eingreift.

2. Drehkrane mit verstellbarem Ausleger:

a) Normaler Dampfdrehkran[1]) von Demag, Duisburg (Abb. 167 bis 171). Er kann sowohl zum Heben von Lasten bis 6000 kg als auch zum Rangieren von Eisenbahnwagen verwendet werden. Lasten bis zu 3000 kg hängt man unmittelbar an einem Seilstrang auf, größere Lasten an einer zweisträngigen Unterflasche.

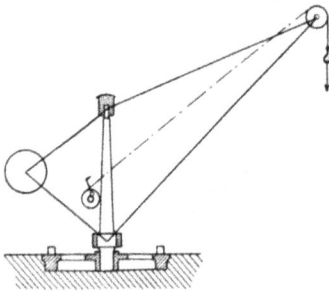

Abb. 165. Drehkran mit fester Säule.

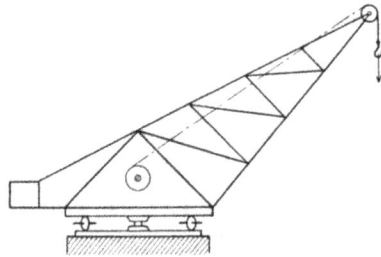

Abb. 166. Drehscheibenkran.

Der Kran besteht in der Hauptsache aus dem fahrbaren Unterwagen, dem drehbaren Oberwagen und dem verstellbaren Ausleger.

1. Der **Unterwagen** oder das Fahrgestell läuft auf 4 großen Rädern a. Auf ihm ist eine kreisrund gebogene Schiene aufgenietet, auf der sich mittels Stahlrollen

2. der **Oberwagen** dreht; dieser ist durch einen im Unterwagen eingesetzten Königszapfen zentriert. Auf dem Oberwagen befinden sich der für 8 at gebaute, stehende Quersiederkessel von etwa 7 m² Heizfläche und 0,35 m² Rostfläche; ferner eine liegende, umsteuerbare Zwillingsmaschine von 160 mm Zylinderdurchmesser, 180 mm Hub und 180 U/min sowie die Triebwerksteile. Die Dampfmaschine arbeitet mittels eines Stirnräderpaares f auf die Vorgelegewelle g, von der die verschiedenen Bewegungen zum Heben, Drehen, Fahren und Auslegerverstellung ausgehen.

Die Hubtrommel wird von der Welle g durch ein Stirnräderpaar h angetrieben, dessen Ritzel beim Senken der Last durch einen Handhebel c (Abb. 171) ausgerückt wird.

Falls der Kran mit einem Selbstgreifer arbeiten soll, ist noch eine Greifertrommel vorgesehen, die durch die Zahnräder k, l, m von der Hubtrommel aus bewegt wird. Die Trommel ist nötig zur Ausführung der Öffnungs- und Schließbewegung des Greifers.

Das Drehwerk t erhält seinen Antrieb durch ein Kegelräder-Wendegetriebe a' b' c' und ein Vorgelege d' e' von einem Ritzel f' aus.

Die Fahrbewegung wird von dem Vorgelege durch die Kegelräder r, s abgeleitet und durch weitere Kegelräder u, v, w, x auf die 4 Laufräder a gleichmäßig übertragen.

3. Die **Auslegerverstellung** wird durch ein selbstsperrendes Schneckengetriebe r, o, p, q von dem Vorgelege angetrieben. Die zum Einziehen des Auslegers und zum

---

1) V. d. I. 1922, S. 965.

Fahren des Krans dienenden Triebwerke können durch eine gemeinsame Kupplung *y* mit der Vorgelegewelle verbunden werden.

Für die **Steuerbewegungen** stehen dem Kranführer 5 Handhebel *a* bis *e* und ein Fußhebel zur Verfügung, die in Abb. 171 unmittelbar nebeneinander angebracht sind und folgende Arbeiten ausführen:

1. Hebel *e*: Öffnen und Schließen des Dampfabsperrschiebers.
2. Hebel *d*: Verstellen der Kulisse zum Umsteuern der Dampfmaschine.
3. Hebel *b*: Aus- und Einrücken des Hubwerkritzels.

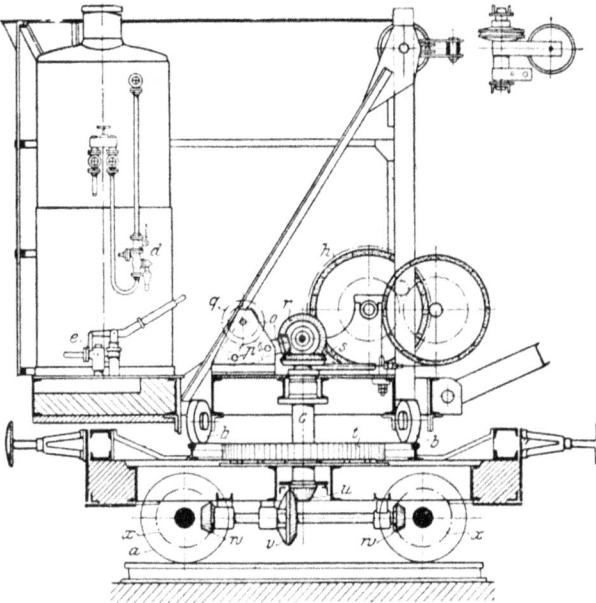

Abb. 167.

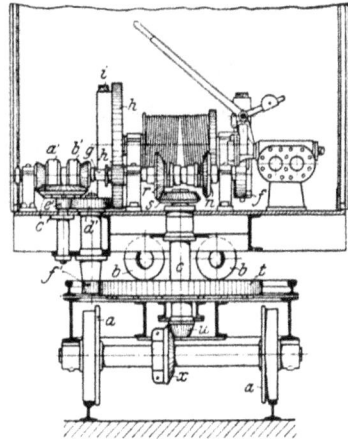

Abb. 168.

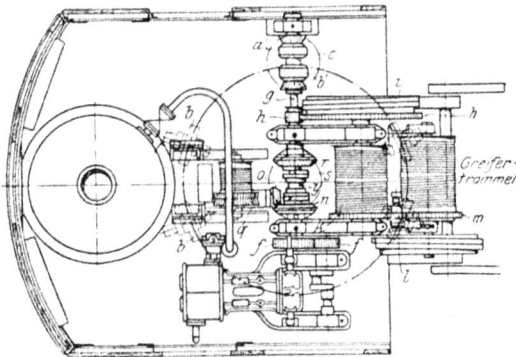

Abb. 169.

Abb. 167—169.
Normaler Dampf-Drehkran
(Demag).

4. Hebel *f*: Lüften der Hubwerkbremse.

5. Hebel *a*: Umschalten des Wendegetriebes für das Drehwerk.

6. Hebel *c*: Ankupplung des Fahr- oder Einziehwerkes an das Haupt-vorgelege.

Zu gleicher Zeit sind folgende Bewegungen möglich:

1. Heben oder Senken und Drehen,
2. » » » und Fahren,
3. » » » und Einziehen oder Auslegen,
4. Drehen und Einziehen oder Auslegen,
5. Drehen und Fahren.

Die Tragkraft des Krans ändert sich mit der Ausladung.

Tragkraft . . . . kg	6000	5000	3000	2500	2000
Ausladung . . . . m	4,75	5,4	7,0	8,0	9,0
Höhe der Auslegerrolle . . . . . m	9,1	8,8	7,8	6,9	5,0

Arbeitsgeschwindigkeiten:

beim Heben bis 3000 kg . . . .   20 m/min

beim Fahren . . . . $\begin{cases} 50 \text{ bis } 60 \text{ m/min b. Vollast} \\ 100 \text{ » } 120 \text{ m/min ohne Last} \end{cases}$

volle Drehung . . . .   24 sec

Ausleger von tiefster in höchste
Stellung . . . .   50 sec

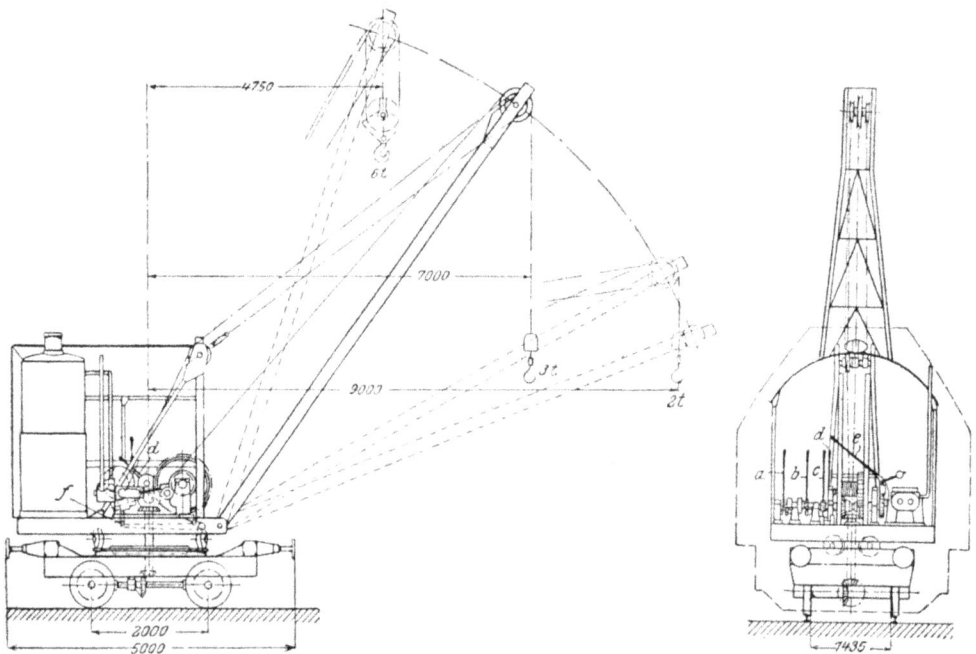

Abb. 170 u. 171. Normaler Dampf-Drehkran (Demag).

Die Zugkraft des Krans entspricht beim Rangierbetrieb auf geradem Gleis einer Gesamtbelastung von ungefähr 40 t, d. s. etwa 4 beladene Wagen von je 10 t oder 5 bis 6 leere Wagen.

Neuerdings werden diese Krane statt mit Dampfkraft vielfach mit Verbrennungsmotoren betrieben.

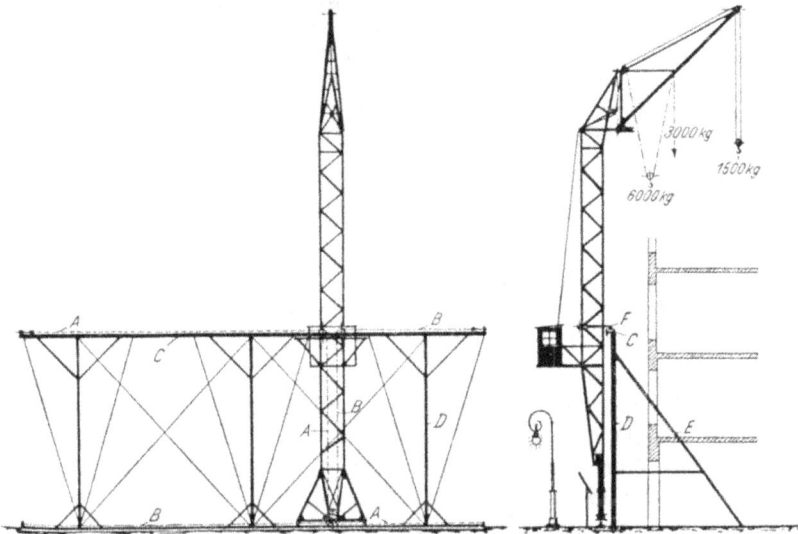

Abb. 172. Fahrbarer Einrollen-Mastenkran (Voß & Wolter, Berlin).

b) **Fahrbare Mastenkrane für große Hubhöhen.** Sie eignen sich besonders für Hochbauten in Städten mit verkehrsreichen Straßen, wo möglichst wenig Raum vor der Häuserfront dem Verkehr entzogen werden soll. Die Firma Voß & Wolter, Berlin, führt diese Krane als fahrbare, elektrisch betriebene Ein- und Zweirollenkrane sowie auch als feststehende aus.

Ein Einrollenkran ist in Abb. 172 dargestellt. Er besteht im wesentlichen aus dem Mast, dem Triebwerk und dem Führungsgerüst. Der Mast ist als Gitterträger ausgeführt, im unteren Teil sehr schmal konstruiert und trägt an seiner Spitze einen drehbaren Ausleger. Letzterer ist zwar nicht verstellbar, kann jedoch durch besondere Seilführungen und Anwendung loser Rollen unter folgenden Verhältnissen arbeiten.

Tragkraft: 5000 kg bei 2,25 m Ausladung
» 3000 kg » 3,80 m »
» 2000 kg » 5,50 m »
» 1500 kg » 7,00 m »

Mast 1,2 m²

Hubhöhe (d. h. Rollenhöhe) = 21 bis 28 m bei Führungsgerüst von 10 m Höhe

Hubhöhe bis 34 m bei Führungsgerüst von 12 m Höhe

Der Mast läuft mittels eines Stahllaufrades vor der Front auf einer Laufschiene, die auf einer hölzernen Schwelle befestigt und gegen seitliche Verschiebung im Boden verlegt ist. Um ein Kippen des Mastes senkrecht zur Gebäudefront zu verhüten, gleitet er mittels einer Rolle auf einem wagrecht abgebundenen Führungsträger in 10 bzw. 12 m Höhe. Die Sicherung des Mastes gegen Umkippen in der Längsrichtung der Laufschienen ist durch 2 Spannseile *A* und *B* erreicht, welche einerseits an den Enden des wagrechten Führungsträgers befestigt und anderseits über die an dem Mast angebrachte Rollenführung hinweg nach dem unteren jeweils entgegengesetzten Ende der Fahrschiene verspannt sind.

Das Führungsgerüst wird durch Stiel *D* und Streben *E*, welche in etwa 10 m Entfernung aufgestellt werden, gehalten. Die Streben werden durch Fenster und Türöffnungen hindurchgeführt und in Kellerwänden oder im Fußboden mittels großer Platten gehalten.

Der Ausleger bestreicht normal ein Arbeitsfeld von 270°; er kann auch verstellbar und mit voller Drehung um 360° ausgeführt werden.

Die Hub- und Fahrbewegung des Krans erfolgt durch ein Windwerk mit Elektromotorbetrieb. Zur Ableitung der verschiedenen Bewegungen von der Antriebswelle der Winde sind Friktionskupplungen eingebaut. Für jede Bewegung ist nur ein Bedienungshebel vorhanden. Eine selbsttätige Sperradbremse hält die Last beim Ausschalten des Motors sicher in Schwebe; das Senken der Last geschieht durch einfaches Lüften des Bremshebels.

Am vorteilhaftesten und billigsten sind die Mastenkrane in feststehender Anordnung und besonders bei Platzmangel in engen Straßen unerläßlich. Ist genügend Platz vorhanden, so bedient man sich der um 360° drehbaren Turmdrehkrane.

c) Fahrbare Turmdrehkrane für große Hubhöhen. Diese Krane stützen sich mit 4 Laufrädern auf 2 Schienen und können längs des Bauwerkes sowie auch unabhängig von einem äußeren Stützgerüst in Kurvenbahnen fahren.

Während ursprünglich diese Krane von einem einzigen Elektromotor angetrieben wurden, stellt man neuerdings Dreimotorenkrane her, also für Hub-, Dreh- und Fahrbewegung je einen Motor. Dadurch ist die Möglichkeit gegeben, verschiedene Bewegungen gleichzeitig auszuführen.

Der Turmdrehkran von Peschke, Zweibrücken nach Abb. 173 besteht

1. aus dem fahrbaren Untergestell mit 2,5÷3 m Abstand der Laufrollen; es ist meist portalartig ausgeführt, so daß der Raum zwischen den Schienen noch ausgenützt werden kann. Im unteren Teil des Gestelles befindet sich das Fahrwerk,

2. aus dem Gerüst, das unten das Führerhaus mit dem Hub- und Drehwindwerk und oben die drehbare Auslegersäule trägt.

Die Antriebe für die 3 Hauptbewegungen des Krans sind in den Abb. 174 bis 176 dargestellt:

Fahrwerk (Abb. 174): Der Motor setzt mittels Ritzel ein großes Stirnrad auf der horizontalen Vorgelegewelle, in Bewegung; diese Welle ist unter Zwischenschaltung eines Differentialgetriebes (wie bei Automobilen) geteilt, um die verschiedenen Geschwindigkeiten der Laufräder bei Kurvenfahrten auszugleichen. Von der Vorgelegewelle aus erfolgt der weitere Antrieb durch Kegelräderpaare unter Verwendung von vertikalen Zwischenwellen auf die Laufräder.

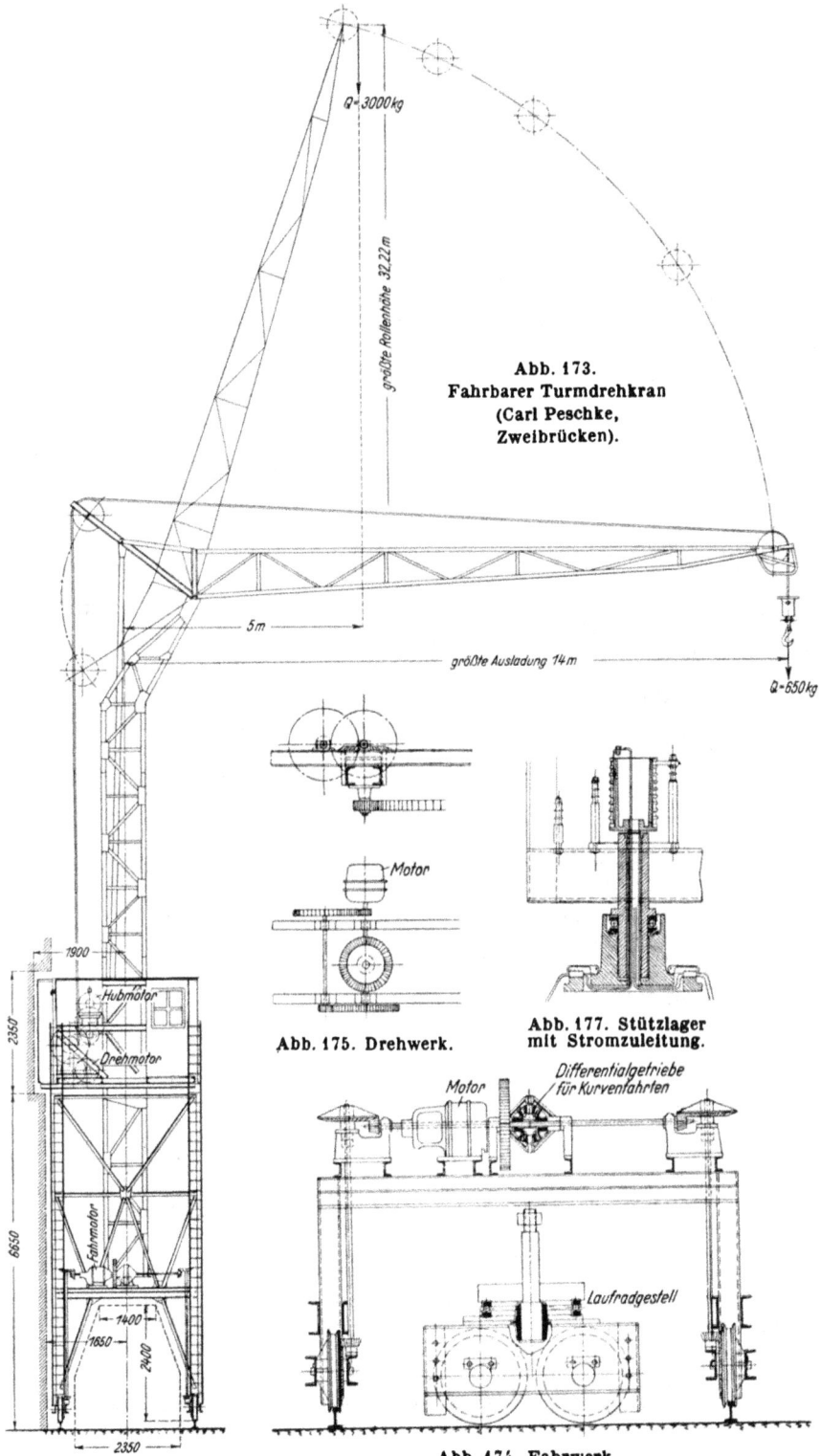

Q = 3000 kg

größte Rollenhöhe 32,22 m

Abb. 173.
Fahrbarer Turmdrehkran
(Carl Peschke,
Zweibrücken).

5 m

größte Ausladung 14 m

Q = 650 kg

Motor

Abb. 175. Drehwerk.

Abb. 177. Stützlager
mit Stromzuleitung.

1900

2350

6650

1400

1650

2400

2350

Hubmotor

Drehmotor

Fahrmotor

Differentialgetriebe
für Kurvenfahrten

Motor

Laufradgestell

Abb. 174. Fahrwerk.

Drehwerk (Abb. 175): Der Schwenkmotor treibt mit Hilfe zweier Stirnräderpaare und eines Kegelräderpaares auf ein Ritzel, das in einen Zahnkranz eingreift, wodurch das Krangerüst gedreht wird.

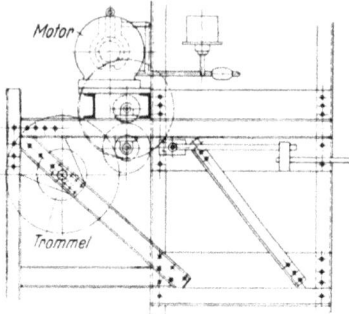

Hubwerk (Abb. 176): Der Antrieb der Hubtrommel erfolgt hier vom Motor aus durch 3 Stirnräderpaare. Das Verschieben der 2 Räder auf der ersten Vorgelegewelle ermöglicht mit einfacher Übersetzung eine schnellere Förderung des Hubwerkes. Das Stützlager mit Stromzufuhr für die Motoren zeigt Abb. 177.

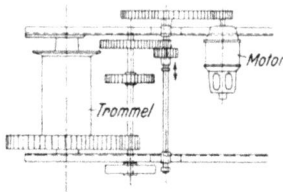

Auslegerverstellung: Der Ausleger kann mit Hilfe des Hubwindwerkes auf vier verschiedene Ausladungen eingestellt werden, wobei der Kran folgende Belastungen aufnehmen darf:

Angaben über den Turmdrehkran:

Tragkraft kg	3000	2000	1500	1000
Ausladung m	5	7	9	12
Rollenhöhe m	31	29,7	28	20

Die zulässigen Geschwindigkeiten sind folgende:

Fahrgeschwindigkeit . $v = 26$ m/min
Drehgeschwindigkeit bei
12 m Ausladung . . $v = 43$ m/min

Abb. 176. Hubwerk.

Hubgeschwindigkeit $\begin{cases} \text{einfach übersetzt bei 1500 kg} & . v = 18 \text{ m/min} \\ \text{doppelt } \text{»} \text{ » } 3000 \text{ kg} & . v = 9 \text{ m/min} \end{cases}$

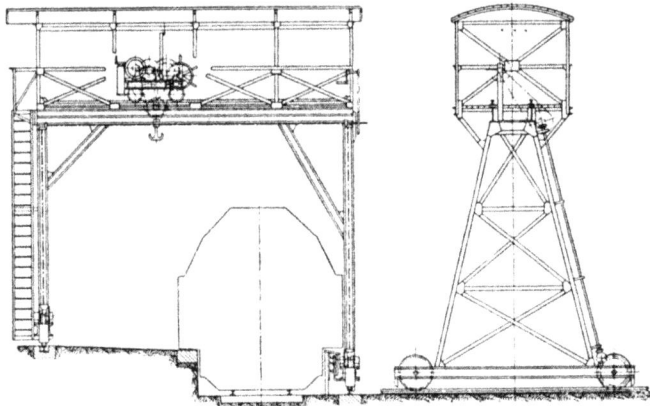

Abb. 178. Bockkran (aus Weihe, Maschinenkunde).

3. **Laufkrane.** Die gewöhnlichen Laufkrane oder Maschinenkrane, bei denen sich eine Laufbühne auf Trägern längs der Seitenwände bewegt, findet man bei Bauten nicht mehr, da sie viel zu teuer kämen wegen des erforderlichen Traggerüstes. Sie sind durch die Turmdreh-

krane vollständig verdrängt worden. Dagegen verwendet man in manchen Fällen noch für schwere Lasten Bockkrane (Abb. 178) bei Lagerplätzen als Verladekrane.

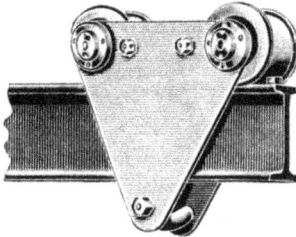

Abb. 179. Zweirollige
Laufkatze.

Abb. 180. Vierrollige Laufkatze
mit Fahrvorrichtung
(Peschke, Zweibrücken).

Je nach der Häufigkeit der Benützung wird das Hubwindwerk maschinell oder von Hand angetrieben. Das Fahrwerk wird in der Regel von Hand betätigt.

An Stelle der Laufkrane benützt man häufig Laufkatzen. Sie können durch zwei oder vier Rollen auf dem oberen oder unteren Flansch von I-Trägern entweder von Hand oder mit einer Fahrvorrichtung bewegt werden.

Abb. 179 zeigt eine zweirollige Laufkatze ohne Fahrvorrichtung und Abb. 180 eine vierrollige mit Fahrvorrichtung. An der Katze wird irgendein Flaschen- oder Rollenzug eingehängt.

4. **Kabelkrane.** Diese finden neuerdings vielfach Verwendung bei größeren Brückenbauten, Schleusenanlagen, Talsperrenbauten sowie auch bei großen Hochbauten.

Abb. 181 stellt das Schema einer Kabelkrananlage von Bleichert & Co., Leipzig für einen Brückenbau dar, Abb. 182 den eigentlichen Kran mit dem Maschinenturm, dem Pendelturm, der Laufkatze und den verschie-

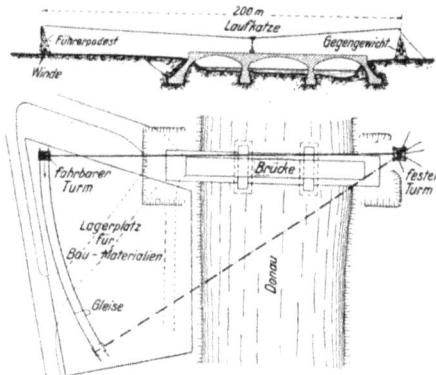

Abb. 181. Schema einer Kabelkrananlage.

denen Seilen mit den Spanngewichten. Abb. 183 zeigt die Seillaufkatze mit dem Kippkasten. Zwischen den beiden Türmen ist zunächst das Tragseil gespannt, auf dem die Laufkatze mittels heb- und senkbarer Flasche läuft.

Die Fahr-, Hub- und Senkbewegungen werden durch Seile von einer Winde ausgeführt, die fest auf dem Maschinenturm oder fahrbar auf der

Katze angeordnet sein kann. Die häufigste Ausführung ist die mit Seillaufkatze und gemeinsamer Hub- und Fahrwinde. Der eine der beiden Türme ist fest durch Seile verankert, der andere ist fahrbar, um mit der Laufkatze die ganze Baustelle befahren zu können.

Maschinenturm Pendelturm
Fahrseil
Knotenseil
Tragseil
Führerhaus
Knotenseil
Tragseil
Zugseil
Hubseil Seillaufkatze
Fahrseil-
Spanngew.
Fahrseil
Hubseil Flasche
Knotenseil-
Spanngew.
Kübel
Gewicht
Gewicht Windenhaus

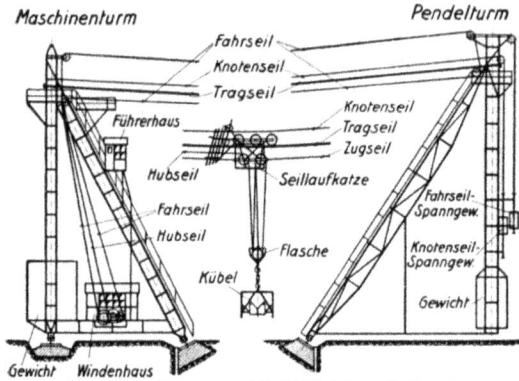

Abb. 182. Kabelkran von Adolf Bleichert & Co., Leipzig.

Bei langgestreckten Baustellen, z. B. bei Schleusenbauten sind beide Türme fahrbar.

Heb- und Senkvorrichtungen für Druckluftgründungen (Caissongründung). Die Druckluftgründung wird hauptsächlich verwendet bei Herstellung von Brückenpfeilern und Wehrbauten. Zur gesamten Anlage gehören:

1. Die Kompressoranlage zur Erzeugung der erforderlichen Druckluft. Sie wird je nach den örtlichen Verhältnissen am Ufer oder auf Schiffen aufgestellt und die Preßluft durch Rohrleitungen dem Arbeitsraum im Caisson zugeführt. Da bei etwaigen Störungen in der Druckluftanlage Menschenleben in Gefahr kommen können, muß immer ein Reservekompressor sowie auch eine Reserveleitung vorhanden sein.

2. Ein Holzgerüst mit Laufsteg zur Aufnahme der eigentlichen Senkvorrichtung (Schraubenwinden), an denen der Caisson aufgehängt wird.

3. Ein Bockkran mit Elektrolaufkatze zur Montage des Caissons.

4. Die übrige Einrichtung, bestehend aus Druckausgleichkasten, Materialaufzug, Schachtrohr zum Ein- und Aussteigen der Arbeiter sowie Materialschleusen zur Beförderung des Aushubmaterials und zum Einbringen des Betons.

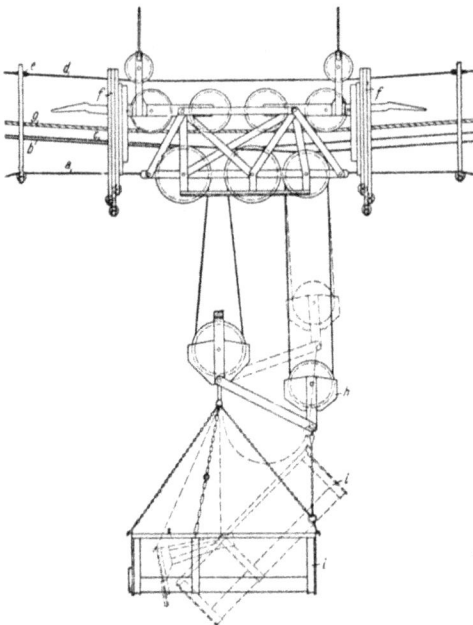

Abb. 183. Laufkatze mit Kippkasten.

Die hauptsächlichste Einrichtung einer solchen Anlage der M.A.N.,
Gustavsburg, ist in Abb. 184 veranschaulicht. Auf dem Holzgerüst mit
Laufsteg sind die Schraubenwinden angebracht; diese sind mit langen

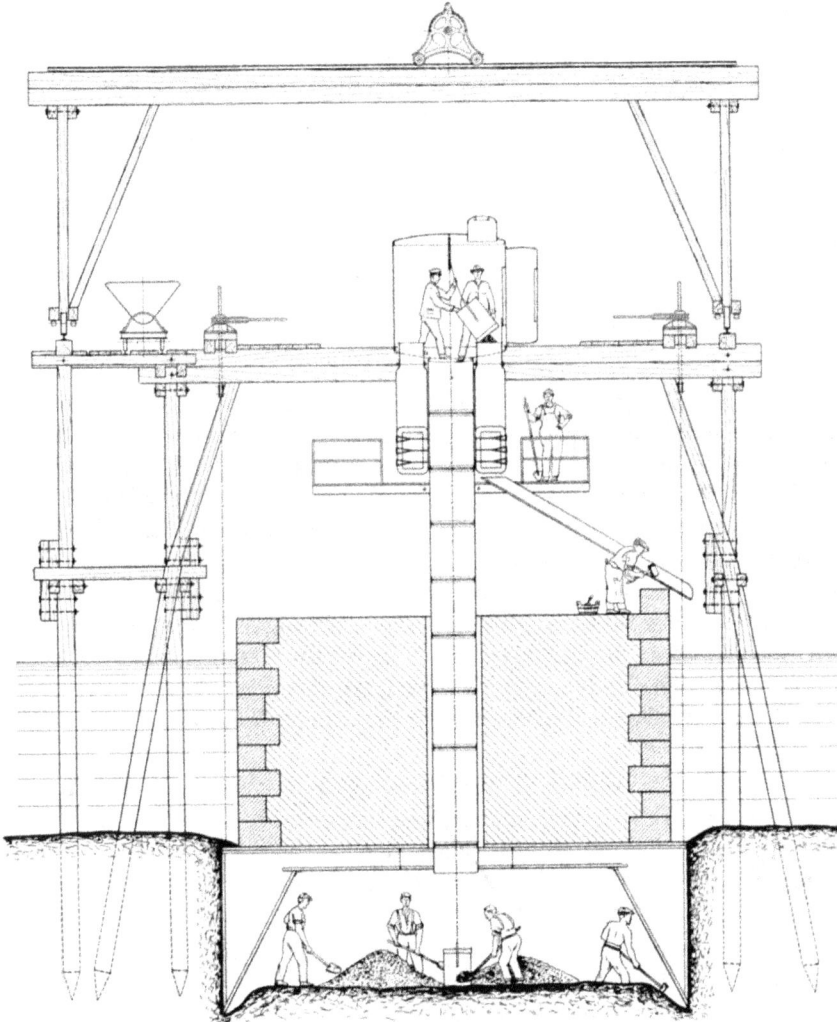

Abb. 184. Heb- und Senkvorrichtungen für Druckluftgründung (MAN., Gustavsburg).

aneinandergesetzten Spindeln versehen, an denen der Caisson hängt. Bei
längeren Brückenpfeilern sind die Winden in 2 parallelen Reihen derart
angeordnet, daß alle Winden einer Reihe untereinander verbunden sind
und durch einen Elektromotor gemeinsam und gleichmäßig den Caisson
senken. Bei kleinen Pfeilern werden die Winden einzeln mit Ratschen

betätigt. An geeigneten Stellen der Caissondecke wird nach Abb. 185 und 186 die Druckluft zugeführt; außerdem ist an dieser Decke ein aus mehreren Schüssen zusammengesetztes Schachtrohr aufgesetzt, in dem sich Steigeisen zum Ein- und Aussteigen der Arbeiter befinden. Bei größeren Pfeilern hat man zwei symmetrische Schachtrohre und in der Mitte die Luftzuführung. Das Schachtrohr endigt oben in dem Ausgleichskasten, der mit einer Vorkammer zum Ein- und Ausschleusen der Arbeiter versehen ist. Am Boden der Ausgleichskammer sind zu beiden Seiten des Schachtrohres Materialschleusen angeordnet; durch diese wird das Aushubmaterial, das ein Kübelaufzug aus dem Arbeitsraum durch das Schachtrohr fördert, durchtransportiert bzw. durchgeschleust.

Abb. 185 u. 186. Luftzufuhr bei Caissongründung.

Arbeitsvorgang: Ist der Caisson fertig montiert und an den Schraubenspindeln aufgehängt, so wird er zum Teil in das Wasser versenkt und Preßluft in das Caissoninnere, sowie in Schachtrohr und Ausgleichskammer eingeführt. Entsprechend der Wassertiefe wird der Luftdruck gesteigert, so daß das Wasser bis nahezu in Höhe der Caissonschneide verschwindet; gleichzeitig wird auf der Caissondecke aufgemauert und betoniert und hierauf das Ganze allmählich in dem Maß der Abbindung des Betons weiter versenkt. Solange der Caisson im freien Wasser hängt, wird ein Auftrieb zur Entlastung der Spindeln erzeugt. Sobald die Caissonschneide den Boden erreicht hat, ist das Innere von Wasser frei, so daß man trockenen Fußes im Arbeitsraum stehen kann, und der Aushub kann beginnen.

Die Arbeiter werden in der Weise in den oberen Ausgleichkasten eingeschleust, daß sie sich erst in die Vorkammer begeben. Diese wird allmählich auf den im Innern herrschenden Druck gebracht, dann die Zwischentüre zum Ausgleichkasten geöffnet, die Arbeiter treten ein und können durch das Schachtrohr in den Arbeitsraum gelangen.

Das aufgezogene Material wird durch die Materialschleusen, die oben und unten mit Klappen versehen sind, entfernt. Dies geschieht dadurch, daß das Material in der gezeichneten Stellung in die Schleuse gegeben und die obere Klappe geschlossen wird. Hierauf läßt man die Druckluft im Rohr ab, öffnet die untere Klappe, und das Material fällt heraus. Dann wird die untere Klappe wieder geschlossen und das Rohr unter Druck gesetzt.

Nach beendetem Materialaushub erfolgt das Einbringen des Betons in das Caissoninnere. Zu diesem Zweck werden die oben erwähnten Materialschleusen außen abgenommen und im Innern des Ausgleichkastens in der gestrichelten Lage an der Decke montiert. Der fertige Beton kommt von außen durch diese Schleusen in den Ausgleichkasten und fällt durch das Schachtrohr in den Arbeitsraum. Ist letzterer vollständig mit Beton ausgefüllt bzw. ausgestampft, so verlassen die Arbeiter den Arbeitsraum, steigen im Schachtrohr hoch, der letzte Mann löst die Verbindungsschrauben des Caissons mit dem untersten Teil des Schachtrohres, steigt ebenfalls hoch, worauf Ausgleichkasten und Schachtrohr mittels Kran entfernt werden können. Der um das Schachtrohr im Mauerwerk frei gebliebene Schacht wird ebenfalls mit Beton ausgefüllt, so daß der Pfeiler einen vollständigen massiven Block darstellt.

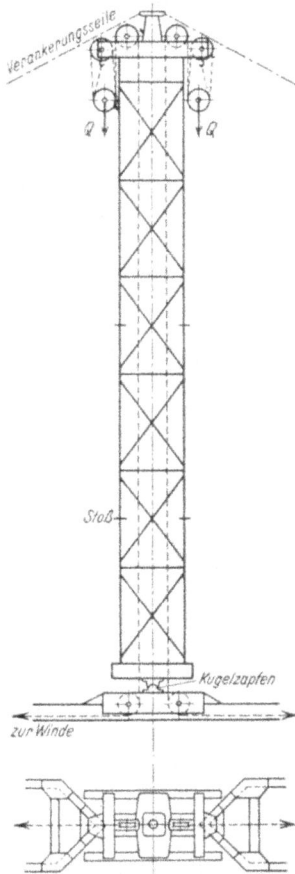

Montage-Masten.

Diese dienen hauptsächlich zur Montage von Eisenhochbauten und eisernen Brücken.

Für kleinere Brücken und Gerüstkonstruktionen genügt ein einziger Mast nach Abb. 187. Die Masten bestehen aus einem Fachwerkständer von etwa 70×70 cm im

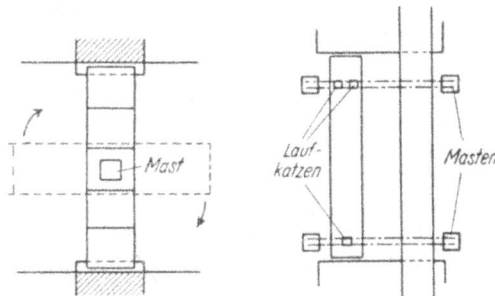

Abb.187. Montage-Mast von M. A. N. Nürnberg-Gustavsburg.

Abb. 188 u. 189. Anwendung der Masten im Brückenbau.

Grundriß, aus Schüssen von 2 bis 3 m zusammengesetzt. Unten stützen sie sich vielfach mit einem Kugelzapfen auf ein Grundgestell, das mit einem auf dem Boden liegenden Rahmen zur Aufnahme der Aufzugswinden fest verbunden ist. Am oberen Ende sind die Masten durch Drahtseile gut verankert. Je nach der Größe der zu hebenden Konstruktionen sind 1 oder 2 Winden vorhanden. Abb. 188 zeigt die Anwendung des Mastes für kleine Brücken.

Bei größeren Brücken von 20 bis 30 m Länge verwendet man zweckmäßig mehrere Masten. Um z. B. bei einer zweigleisigen Bahnstrecke in wenigen Stunden eine alte Brücke gegen eine neue auswechseln zu können, stellt man nach Abb. 189 zu beiden Seiten der Brücken 4 Montage-Masten auf. Auf je 2 gegenüberliegende Masten werden Träger gelegt, auf denen sich Laufkatzen bewegen können. Die alte Brücke wird mit 3 Laufkatzen (3 Punktaufhängung) abgehoben, auf das andere Gleis hinübergeschoben, dann auf einen Wagen gelegt und verfahren. Auf dem umgekehrten Wege wird die neue Brücke an die Stelle der alten gebracht.

Instandhaltung von Kranen.

Allgemeines: Bei der Wartung von Kranen ist vor allem auf die Schmierstellen, Bremsen und Seile zu achten. Wöchentlich einmal Nachziehen der Bremsgestänge, der Schrauben, Muttern, Keile; auch während der Arbeitszeit nach Bedarf.

Schmierung: Nachziehen der Staufferfettbüchsen täglich vor der Inbetriebnahme und außerdem noch einmal während des Betriebes. Achtgeben, daß das Schmiermittel auch bis zur Schmierstelle durchgedrückt wird. Gegebenenfalls Büchsen nachfüllen.

Schmierstellen der Lager aller schnellaufenden Wellen (Ringschmier- und Kugellager) täglich nachprüfen, diejenigen der langsamlaufenden mindestens wöchentlich einmal nachsehen. Nach Bedarf auffüllen.

Eindringen von Staub in die Schmiergefäße bzw. Lager vermeiden; das gleiche gilt für die Gefäße zur Aufbewahrung der Schmiermittel.

Konus der Reibungskupplungen mit gutem dickem Zylinderöl leicht schmieren. Kupplungen müssen sich leicht einrücken lassen.

Oberfläche des Schienenkranzes mit Staufferfett fest einfetten; ebenso die Zähne sämtlicher Zahnräder des Zahnkranzes für das Drehwerk mit Fett bestreichen, um geräuschlosen Gang und geringen Verschleiß zu erzielen.

Wenig bewegte Hebel von Zeit zu Zeit mit Öl schmieren.

Verstopfte Schmierlöcher sind sorgfältig zu reinigen und mit Petroleum auszuspülen. Einmal jährlich alle Ölbehälter und Schmierstellen gründlich reinigen.

Bremsen: Band- und Backenbremsen müssen täglich geprüft und nach Bedarf nachgestellt werden.

Bei geschlossener Bremse sollen die Bremsbänder unter dem Druck der Gegengewichte die Bremsscheibe fest umspannen. Alle Teile des Bremsgestänges sind gut zu schmieren. Der Umfang der Bremsscheibe ist auf die ganze Breite leicht einzufetten, um ein sanftes Senken der Last zu erreichen.

Bei gelüfteten Bremsen darf das Band die Bremsscheibe nirgends berühren (Abstand $\frac{1}{2}$—1 mm). Einstellen des Bremsbandes durch Druckschrauben am Schutzbügel (Schrauben durch Gegenmuttern sichern).

Seile: sind möglichst straff zu halten, damit sie nicht aus den Rillen springen bzw. knicken. Vorstehende Enden einzelner etwa gerissener Drähte sind dicht am Seil abzuschneiden. Unverzinkte Seile sind mit einem säurefreien Fett gut zu schmieren.

Getriebe: Büchsen der Laufräder bei starkem Verschleiß auswechseln. Etwaige Schneckengetriebe kontrollieren und die Kugellager der Schneckenachse von Zeit zu Zeit nachstellen.

Gerüst: Alle $\frac{1}{4}$ Jahr prüfen, ob sich Nieten gelockert haben. Mangelhafte Nieten sind auszuwechseln oder durch eingepaßte Schrauben zu ersetzen. Schadhafte Stellen des Gerüstes sind gründlich von Schmutz und Rost zu befreien. Grundanstrich mit Bleimennige und nach deren Trocknung Ölfarbanstrich.

StarkerVerschleiß an Fahrschienen bzw. Laufrädern kann davon herrühren, daß der Kran durch Stöße wagrechte Einbeulungen erhalten hat. Dadurch kann eine Änderung der Spurweite eintreten, die ein Klemmen der Räder zur Folge hat.

Bei Dampfkranen: Beim Dampfkessel ist zu beachten, daß die Marke des niedrigsten Wasserstandes (N.W.) nicht unterschritten wird. Sicherheitsventile, Absperrventile, Ablaßhahn sind zu prüfen (siehe Dampfkessel). Hat sich auf den Querrohren viel Kesselstein angesetzt, so muß der Kessel ausgeblasen und gereinigt werden.

Bei der Dampfmaschine ist vor allem für Schmierung des Zylinders zu sorgen; beim ersten Anlassen Kondenswasserhähne öffnen. Stopfbüchsbrillen gleichmäßig anziehen, um ein Klemmen der Schieberstangen zu vermeiden.

Bei Elektrokranen: Kontroller für die Schaltung der Motoren sind wöchentlich einmal zu öffnen, nachzusehen und zu reinigen. Brandstellen an Kontaktringen sind mit Schmirgelleinwand glatt und blank zu machen, sowie die einzelnen Kontaktsegmente mit trockenem, reinem Lappen oder Putzwolle sauber abzureiben.

Motoren: Kohlenbürsten dürfen nicht zu weit abgeschliffen sein und müssen richtig aufliegen. Neue Kohlen sorgfältig einschleifen, indem man ein Stück Glaspapier mit der glatten Seite nach unten um den Kollektor legt und unter der Kohle hin- und herzieht. Staub mit Blasebalg entfernen.

Kollektor: Nach Bedarf an der Stirnwand von Öl reinigen und mit Benzin abwaschen. Im kalten Zustand Kollektor sorgfältig reinigen und gleichmäßig mit ganz wenig Vaselin einreiben.

Schaltbrett: Schmutz und Staub entfernen; Brandstellen am Schalthebel beseitigen.

C. Bau-Aufzüge.

Für Hoch- und Tiefbauten sind besondere Ausführungen von Hebevorrichtungen für größere und kleinere Massengüter erforderlich, die unter dem Namen Bauaufzüge bekannt sind.

Abb. 190. Kippmulden-Schrägaufzug (Kaiser, St. Ingbert).

Abb. 191. Doppelkippmulden-Schrägaufzug (Sonthofen).

1. **Fahrbarer Kippmulden-Schrägaufzug:** Abb. 190 zeigt das Bild eines solchen Aufzuges, welcher von einem neben ihm aufgestellten Motor mittels eines Seiles angetrieben wird. Diese Aufzüge finden vielfach Verwendung zum Erdaushub beim Anlegen von kleineren Baugruben. Sie bestehen in der Hauptsache aus dem fahrbaren Gerüst zur Führung des Aufzugkastens (Kippmulde), der sich in der obersten Stellung selbsttätig über den Wagen bewegt und den Inhalt in diesen unmittelbar (ohne Rutsche) entleert. Die Führungsschienen für den Aufzugkasten können je nach der Tiefe der Baugrube durch je 1 bis 2 m lange Schienenstücke verlängert werden. Der Aufzugkasten aus Blech

Abb. 192. Feststehender Kippmulden-Vertikalaufzug (Sonthofen).

Abb. 193. Fahrstuhlaufzug.

selbst besitzt ein Gehänge mit eingebauter loser Rolle, wodurch der Seilzug für das Windwerk nur die Hälfte der Aufzugslast beträgt. Wenn das Gewicht von 500 l Erdmassen einschließlich Aufzugkasten 1300 kg beträgt, so ist die Aufzugswinde für mindestens $\frac{1300}{2} = 650$ kg Tragkraft zu wählen.

Die Ausführung eines fahrbaren Doppelkippmulden-Schrägaufzuges des Hüttenwerkes Sonthofen veranschaulicht Abb. 191. Dieser ist mit einer Doppelwinde versehen, die unmittelbar durch Elektromotor angetrieben wird.

2. **Feststehender Kippmulden-Vertikalaufzug:** (Abb. 192 des Hüttenwerkes Sonthofen). Er wird bei Hochbauten verwendet und vielfach

von einem zweiten Windwerk der Betonmischmaschine angetrieben. Die Arbeitsweise ist ähnlich wie bei den Schrägaufzügen. Der Aufzug wird so aufgestellt, daß sich der Aufzugkasten in seiner tiefsten Stellung vor dem Auslauf der Mischmaschine befindet. Das gemischte Material fällt dann unmittelbar in den Aufzugkasten. In der oberen Entleerungsstelle kippt der Kasten selbsttätig und entleert den Beton oder Mörtel über eine schräge Rutsche auf Transportwagen (Muldenkipper). Der Aufzug kann von 3 zu 3 m verlängert werden. Der obere Teil von der Blechrutsche aufwärts mit den Ablenkführungsschienen bleibt stets gleich.

3. **Fahrstuhlaufzüge:** Sie dienen bei Hochbauten zur Förderung von Baumaterialien. In Holzgerüsten oder eisernen Türmen werden Fahrstühle nach Abb. 193 mittels Kabelwinden auf und ab bewegt.

D. Fördervorrichtungen.

Während die in den beiden letzten Abschnitten besprochenen Hebevorrichtungen und Bauaufzüge hauptsächlich in senkrechter Richtung und periodisch arbeiten, fördern die in diesem Abschnitt zu behandelnden Vorrichtungen mehr in beliebiger Richtung und dauernd; deshalb können sie auch als Dauerförderer bezeichnet werden.

Die Dauerförderer dienen hauptsächlich zum Fortbewegen von Kleinmaterial, Schotter, Schutt, Steinschlag, Zement und können nach der besonderen Art der Förderung eingeteilt werden in

a) **Nahförderer** für kurze und mittlere Förderstrecken. Dazu gehören Transportschnecken, Schüttelrinnen, Elevatoren, Bandförderer, fahrbare Bandförderer;

b) **Fernförderer** für größere Förderstrecken. Hierzu zählen die verschiedenen Arten von Bahnen, die Schienenfeldbahn, Kettenbahn, Seilschwebebahn, Bremsberge.

a) Nahförderer.

1. **Transportschnecken:** Man benutzt diese zur Förderung auf kurze Entfernung innerhalb einer Schotteranlage oder Betonaufbereitungsanlage. Ein Schneckenförderer mit Kegelradantrieb von Krupp Grusonwerk, Magdeburg, ist in Abb. 194 dargestellt. Die Schnecke bewegt sich in einem unten abgerundeten, oben meist offenen Trog aus starkem Eisenblech und ist wegen der Gefahr des Durchbiegens in kürzeren Abständen gelagert. Die Schraubenfläche kann aus vollem Blech bestehen, das spiralförmig auf ein Rohr aufgewickelt wird oder aus einer Flacheisenspirale oder aus einzelnen auf dem Rohr aufgeschraubten Schraubenflügeln.

2. **Schüttelrutschen:** Diese verwendet man im Bergbau und auch bei Tunnelbauten zur Materialförderung. In Abb. 195 ist eine Schüttelrutschenanlage von Flottmann & Co., Herne, zu sehen, bei der der Rut-

schenmotor unter der Rinne aufgestellt ist. Der mit Druckluft arbeitende Motor (s. S. 206) verleiht dem Rinnensystem eine rasche Schüttelbewegung, wodurch das Material fortbewegt wird. Diese Anlagen fördern in

Abb. 194. Transportschnecke.

jeder Lage, sogar bis 6⁰ bergauf. Die Grundform der Rinnenprofile ist stets die Trapezform mit Füllquerschnitten zwischen 275 und 720 cm².

Bei einer Neigung von etwa 8⁰ und mehr sowie bei 4 bis 5 atü. Druckluftspannung, kann man die höchsten Rutschenlängen und Motoren wählen nach der folgenden Zahlentafel:

Abb. 195. Schüttelrutsche (Flottmann & Co., Herne).

Zylinderdurchm. des Motors . . mm	160	200	250	290	350	400
größte Hublänge . . . . mm	270	300	400	400	400	450
für Rutschenlänge bis zu. . . . m	25	40	75	100	150	200

Bei längeren Rutschenanlagen als etwa 130 m wird zur Schonung der Bleche und deren Verbindungen sowie zur Erzielung größerer Betriebssicherheit die Rutsche zweckmäßig unterteilt. Diese Art der Materialförderung wird zurzeit beim Bau der neuen Zugspitzbahn von der Firma Edwars & Hummel, München, in größerem Umfang angewandt.

3. **Elevatoren:** Sie lassen sich für die verschiedensten Zwecke gebrauchen. z. B. zur Förderung von Ziegeln, als Zubringer von Rollkies zu Steinbrechern und als Zwischenfördermittel bei Schotter- oder Sandbereitungsanlagen.

Ziegelelevatoren mit Hängeschaukeln (Abb. 196) bestehen aus 2 Doppelkettenrädern mit 2 endlosen Ketten, an denen die Hänge-

Abb. 196. Ziegelelevator.

Abb. 197. Geschlossener Vertikalelevator.

schaukeln angebracht sind. Der Antrieb erfolgt oben durch Riemenscheiben und Stirnräderübersetzung. Die ganze Vorrichtung wird von einem einfachen Gerüst getragen.

Becherelevatoren werden entweder vertikal oder schräg angeordnet, geschlossen oder offen ausgeführt.

Bei ihnen läuft ein endloser Gurt mit Stahlbechern über 2 Scheiben, von denen die obere angetrieben wird; durch Verschieben der unteren Scheibe wird der Gurt dauernd in Spannung gehalten. Gurt und Becher samt Inhalt sowie die durch die Spannvorrichtung hervorgerufene Kraft werden durch die oben gelagerte Scheibe getragen.

Abb. 197 zeigt einen geschlossenen vertikalen und Abb. 198 einen offenen schrägen Elevator. Letzterer hat wegen der großen Förderstrecke und des großen Gewichtes von Gurt und Becherwerk eine besondere Eisentragkonstruktion. Unten ist der Einlauf in den Elevator zu sehen und oben der Ablauf bei Rechtsdrehung.

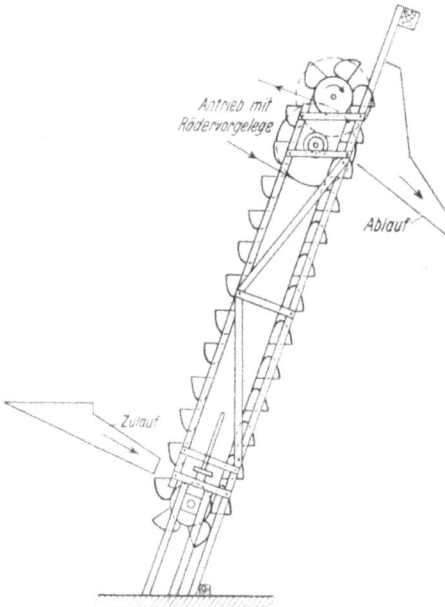

4. **Bandförderer:** Nach dem Schema der Abb. 199 besteht derselbe aus einem endlosen Gummi- oder Balata-Band, einer Antriebs- und einer Spanntrommel sowie einer größeren Anzahl von Trag- und Führungsrollen. Er kann je nach der Beschaffenheit des Fördergutes bis etwa 25⁰ schräg ansteigend fördern.

Die Antriebstrommel (Abb. 200) wird gewöhnlich von einer Riemenscheibe aus in Bewegung gesetzt, und zwar entweder unmittelbar oder unter Zwischenschaltung eines Stirnräder- oder Kegelrädervorgeleges. Die Spanntrommel (Abb. 201) sitzt mit ihren Lagern auf Führungsschienen, wodurch sie mittels Schraubenspindeln nach Bedarf verschoben werden kann.

Der die Last fördernde obere Teil des Bandes wird durch Rollensätze getragen, die je nach der Breite des Bandes und dem Gewicht des Fördergutes in 1 bis 2 m Abstand angeordnet sind. Die Rollen jedes Satzes sind so gestellt, daß das fördernde Band Muldenform annimmt. Der Abstand

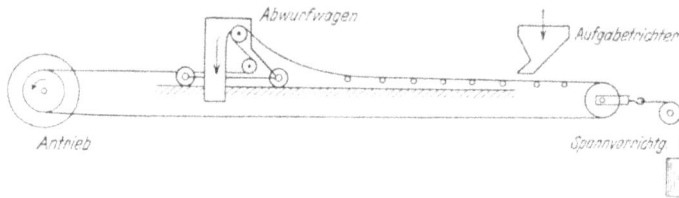

Abb. 198. Offener **Schrägelevator.**

Abb. 199. Schema einer Bandförderanlage (nach Schoenecker, Lastenbewegung).

der Tragrollen für den leerlaufenden unteren Teil des Bandes beträgt etwa 3 bis 4 m. Gegen seitliches Verschieben des Bandes sind sog. Kantenrollen im Abstand von etwa 10 m angebracht.

Das Fördergut kann an beliebiger Stelle des Bandes durch eine Schurre oder ähnliche Vorrichtung aufgegeben werden und läuft in der Regel an der Antriebstrommel in einen Behälter oder Wagen ab. Es kann aber auch an jeder anderen Stelle des Bandes mittels einer besonderen Abfwurfvorrichtung (Abb. 202) abgeleitet werden. Diese besteht aus einem über dem Förderbande auf Schienen beweglichen

Abb. 200. Antriebstrommel.

Wagen, der zwei schräg übereinanderliegende Rollen trägt. Das fördernde Band steigt an zur oberen in der Bewegungsrichtung nach vorn gelegenen Rolle und wird von dieser zurück um die untere Rolle geführt. Das Förder-

Abb. 201. Spanntrommel.

material wird durch unterhalb der oberen Rolle angebrachte Schurren seitwärts abgeführt.

Die folgende Zahlentafel enthält Angaben über Bandförderer der Firma Krupp-Grusonwerk, Magdeburg.

	Nr.	1	2	3	4	5
Bandbreite	mm	300	460	600	800	1000
Stündl. Leistung bei 1,25 m/sec mittlerer Bandgeschwindigkt.	m³	11,5	34	60	100	150
Kraftbedarf für einen 60 m langen Förderer	PS	3	5	9	14	25

5. **Fahrbarer Bandförderer:** (Abb. 203 von Wilh. Fredenhagen, Offenbach a. Main) diese eignen sich zum wirtschaftlichen Beladen von Eisenbahnwagen, Rollwagen, Beschicken von Lagerplätzen. Sie werden

Abb. 202. Abwurfvorrichtung.

aber neuerdings auch an kleineren Baustellen mit Vorteil zu Betonierungs-arbeiten verwendet, wenn man an der Ablaufstelle eine zweckmäßige Abstreifvorrichtung anbringt.

Die Vorrichtung besteht in der Hauptsache aus einem starken Gummiband mit Baumwolleinlagen und beiderseitiger Gummidecke. Das Band wird durch Rollen getragen und entweder flach (Abb. 204) oder muldenförmig (Abb. 205) geführt. Die Spannung des Bandes kann durch eine Nachstellvorrichtung am unteren Ende ver-ändert werden. An diesem Ende befindet sich auch die Aufgabeschurre für das Förder-gut, während am oberen Ende der Antrieb des Bandes durch einen Elektromotor oder Verbrennungsmotor erfolgt. Die Kraftübertragung geschieht durch Zahnräder-vorgelege mit Rohautritzel und Kettentrieb. Das Ganze ruht in einer Eisenkonstruk-tion und auf großen Rädern.

Fahrbewegung: Sie wird von Hand ausgeführt.

Schwenkbewegung: Für besondere Zwecke werden die Förderer mit Drehgestell versehen, welches eine Schwenkung des eigentlichen Fördergerüstes um seine Achse sowie ein seitliches Abfahren ermöglicht.

Hub- oder Förderbewegung: Diese besorgt der Motor.

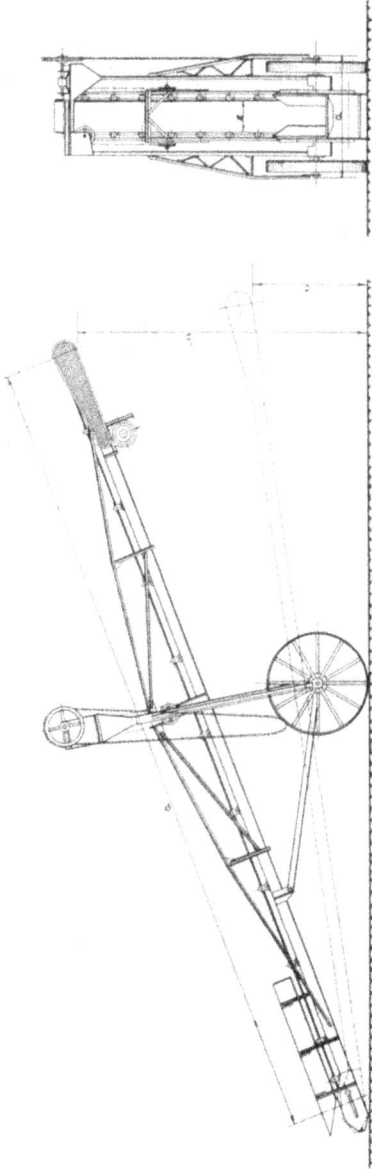

Abb. 203. Fahrbarer Bandförderer.

Abb. 205. Muldenförmiges Band.

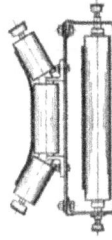

Abb. 204. Flaches Band.

Abb. 206. Verbindung mehrerer Förderer.

Die Höheneinstellung: Sie erfolgt entsprechend dem Rutschwinkel des Fördermaterials durch eine Winde am Galgen über dem Fahrgestell, die durch einen Kettenzug betätigt wird.

Die Bandförderer können auch ohne Höhenverstellung ausgeführt werden entweder als Zubringer für horizontale Förderung oder als Schrägförderer mit konstanter Neigung. Durch Verbindung der verschiedenen Apparate kann man beliebige Förderlängen und Höhen erzielen, wie Abb. 206 zeigt.

Angaben über Abmessungen und Leistungen der Bandförderer (Fredenhagen, Offenbach).

Förderlänge a	Förderhöhe		Maschinenbreite	Bandbreite	Kraftbedarf
m	größte b	kleinste c	mm	mm	PS
8	3,3	1,3	1500	400	1,5
10	4,0	1,5	1500	400	1,5
12	4,6	1,5	1500	400	2
15	5,5	1,5	1500	400	2,5

b) Fernförderer.

1. **Schiefe Ebenen:** Sie dienen in Steinbrüchen, Baugruben und Kiesgruben zum Hochziehen von beladenen Wagen. In Abb. 207 (Ibag, Neustadt) treibt ein Elektromotor eine Friktionswinde, welche durch ein über eine Walze führendes Seil die Wagen hochzieht. Vielfach ordnet man

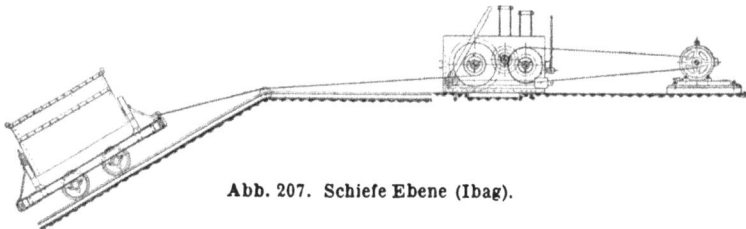

Abb. 207. Schiefe Ebene (Ibag).

für die abwärtsgehenden Wagen ebenfalls ein Gleis an, wobei dann die leeren Wagen die aufwärtsgehenden vollen ziehen helfen. Zweckmäßig führt man in Baugruben die Wagen über ein Podest hoch und kippt den Inhalt unmittelbar in Lastwagen.

2. **Bremswerke:** Man verwendet sie zur Talförderung von Material. Das Bremswerk Abb. 208 und 209 (Gauhe, Gockel-Oberlahnstein) besteht in der Hauptsache aus 2 großen gleichmäßig stark gebremsten Seiltrommeln, um die das Seil in fortlaufendem Zuge je nach Bedarf mehr oder weniger oft herumgelegt wird. Zwischen den Trommeln befinden sich 2 große Bremsklötze, die mittels Schraubenspindel und Handrad betätigt werden. Am vorteilhaftesten gestaltet sich die Seilführung für ganz geradliniges Doppelgleis. Obige Firma führt Bremswerke in

22 verschiedenen Größen aus mit Trommeldurchmessern von 525 bis 3800 mm und mehr.

Abb. 208. Bremswerk (Gauhe, Gockel).

3. **Schienenfeldbahnen:** (Lokomotivzüge) Sie haben die Aufgabe große Erdmassen auf weite Entfernungen und schwach ansteigendem Gelände zu fördern. Als Zugmaschine kann eine Dampf- oder Motorlokomotive dienen. Die Lokomotiven und Wagen werden meist mit einer Spurweite von 600, 750 und 900 mm ausgeführt.

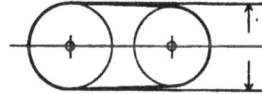

Abb. 209.
Schema zum Bremswerk.

Die hauptsächlichsten Wagentypen sind: Schnabelrundkipper, Muldenkipper und Kastenkipper. Sie werden in Größen von ½ bis 2 m³, die letzteren von 1 bis 4 m³, auch zweiseitig kippend hergestellt. In Abb. 210 ist ein Schnabelrundkipper, in Abb. 211 ein gewöhnlicher Kastenkipper von Leo Roß, Berlin, und in Abb. 212 ein Muldenkipper des Hüttenwerkes

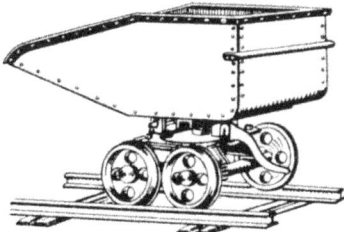

Abb. 210. Schnabelrundkipper (Leo Roß, Berlin W 9).

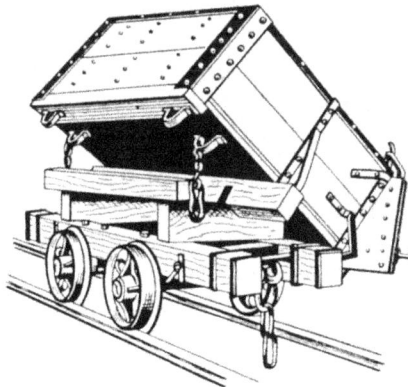

Abb. 211. Kastenkipper (Leo Roß, Berlin W 9).

Sonthofen zu sehen. Der letztere kann nach 3 Seiten entleeren. Er besteht aus dem Wagengestell, der Drehscheibe und der abnehmbaren Mulde mit vorderer Klappwand. Wird bei Hochbauten mit Schwenkkran gearbeitet, so kann die Mulde nach Anbringung von 4 Haken und einer vierteiligen Kette als Fördergefäß gebraucht werden.

4. Kettenbahn und Seilbahn: Bei Förderungen auf größere Entfernungen aber sehr steilem Gelände verwendet man zweckmäßig Ketten- oder Seilbahnen. Von einer Kraftmaschine wird eine endlose Kette oder ein Seil angetrieben, an die man die Wagen ankuppelt. Die Ketten werden bevorzugt bei großen Steigungen und bei häufig abwechselndem Steigen und Fallen der Bahn.

Die Kettenbahnen können wiederum mit Oberketten und Unterketten ausgeführt sein.

Oberkette — Vorteile: Leichtes selbsttätiges Kuppeln der Wagen mit der Kette in beliebigen Entfernungen; geeignet für abwechselnd steigendes und fallendes Gelände. Nachteil: Die Bahn kann während des Betriebes schwer überschritten werden.

Abb. 212. Muldenkipper (Sonthofen).

Unterkette — Vorteil: Sie gestattet ein leichtes Überschreiten der Bahn. Nachteil: Kuppeln der Wagen ist nur in ganz bestimmten Abständen möglich durch die an den Ketten angebrachten Mitnehmer; leichtes Lösen der Kupplung bei Gefälle.

5. Seilschwebebahnen: Sie sind für größere Entfernungen und sehr unwegsames Gelände geeignet. Man unterscheidet: Einseilbahnen, wobei das Seil sowohl Tragseil als auch Zugseil ist, und Zweiseilbahnen, die in Deutschland am meisten eingeführt sind.

In Abb. 213 ist das Schema einer Zweiseilbahn der Firma Bleichert & Co., Leipzig dargestellt. Ein endloses stärkeres Seil, das Tragseil, dient als Laufbahn für die Wagen; unten an der Entladestation wird es durch eine Spannvorrichtung in dauernder Spannung erhalten. Die Fortbewegung der Wagen erfolgt durch das Zugseil, mit dem die Wagen durch eine Klemmkupplung verbunden sind. Das Zugseil, das ebenfalls eine Spannvorrichtung bei der Entladestation hat, wird oben an der Beladestation durch irgendeinen Motor bewegt. Die beiden Abbildungen 214 und 215 geben im Schema die Seilführungen für Drahtseilbahnantrieb, wobei das Verhältnis des umspannten Bogens der Hauptseilscheibe zum Umfang $\frac{\alpha}{2\pi} = 0{,}5$ bzw. 1,0 beträgt.

Abb. 216 zeigt eine **Klemmkupplung** der Firma Pohlig, Köln;
sie arbeitet in der Weise, daß durch Drehen der mit Links- und Rechtsgewinde versehenen Schraubenspindel die beiden Klemmbacken fest
an das Seil gepreßt werden. Das Aus- und Einkuppeln ist aus Abb. 217

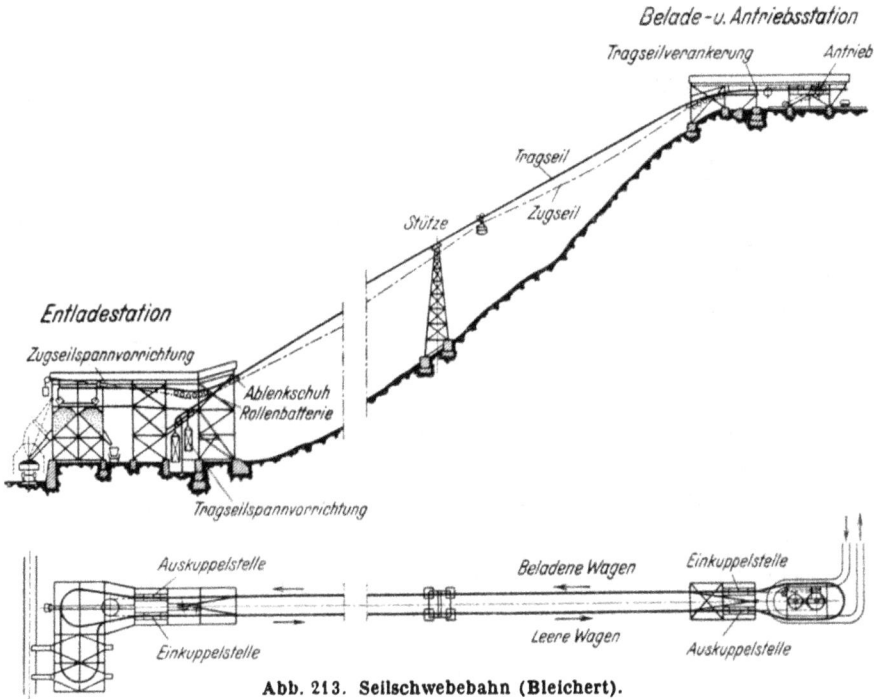

Abb. 213. Seilschwebebahn (Bleichert).

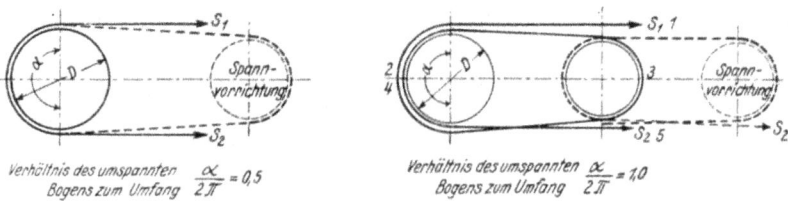

Abb. 214 u. 215. Schema der Seilführungen.

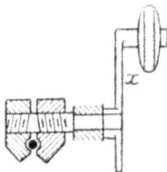

Abb. 216. Klemmkupplung
(Pohlig, Köln).

Abb. 217. Kupplungsvorgang.

Feihl, Baumaschinen.

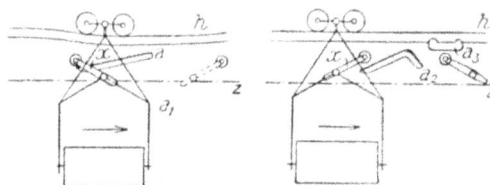

10

ersichtlich, wodurch der Wagen an das Zugseil gehängt bzw. von diesem abgehängt wird. Das Umlegen des Hebels x bewirken in beiden Fällen entsprechend geformte Anschläge a, a_1 bzw. a_2, a_3.

E. Bagger.

Bagger sind Fördervorrichtungen zum Ausheben und Abtragen der verschiedensten Materialien und zum Fortschaffen derselben. Es kommt bei ihnen zu der Tätigkeit des Hebens und Förderns noch die des Loslösens des Materials hinzu.

Sie finden die weitgehendste Verwendung im Hoch- und Tiefbau zum Grundausheben, bei Straßen-, Kanal-, Eisenbahnbauten und Kiesgewinnung. Je nach dem Verwendungszweck, nach dem Umfang der auszuführenden Arbeiten oder auch je nach dem loszulösenden Material kann man die Bagger nach folgender Übersicht einteilen:

Art der Förderung		Bezeichnung der Bagger	Organ zum Fassen der Last
unterbrochene Förderung	{	1. Greifbagger	ein Selbstgreifer
		2. Löffelbagger	ein Löffel mit Stiel
ununterbrochene Förderung	{	3. Eimerkettenbagger	mehrere Eimer auf endloser Kette
		4. Pumpenbagger	Saugkopf mit oder ohne Schneidwerk

Die Greifbagger, Löffel- und Eimerkettenbagger können für Trocken- und Naßbaggerung verwendet werden.

1. Greifbagger.

Die Greifbagger sind nichts anderes als fahrbare Drehkrane, bei denen das Organ zum Fassen der Last, der Greifer, entsprechend ausgeführt ist.

Greifer: Sie bestehen meist aus zwei symmetrischen, drehbaren Schaufelhälften, die mittels Seil- oder Kettenrollenzügen geschlossen (Füllen der Greifer) oder geöffnet werden (Entleeren der Greifer).

Je nach dem zu baggernden Material bestehen die Schaufeln z. B. bei sehr weichem Boden aus Blech mit glatter Schneide, bei Kies und Sand aus starkem Blech mit unten angenieteten Stahlzähnen (Reißzähnen), die bei geschlossenen Schaufeln ineinandergreifen. Beim Baggern von Steinen erhalten die Schaufeln unten und auch seitlich Stahlzähne. Die am meisten der Abnutzung ausgesetzten Teile, Schneiden und Zähne, sind auswechselbar.

Als Zugmittel zum Heben und Senken bzw. zum Öffnen und Schließen des Greifers benutzte man ursprünglich Ketten (Kettengreifer). Wegen der mannigfachen Nachteile der Ketten, z. B. Reißen bei stoßweiser Beanspruchung besonders bei Frost, geringe Hubgeschwindigkeit, große Kettentrommeln, großes Gewicht, führt man heute nur mehr Seilgreifer aus. Selbst bei den noch vorhandenen Kettengreifern werden schon seit langer Zeit außerhalb des Greifers nur Drahtseile als Zugorgan verwendet. Die Verbindung von Seil und Kette erfolgt dann zweckmäßig durch ein Seilschloß. Dies ist so gebaut, daß sowohl die Kette wie auch das Seil stoßfrei auf die Rolle auflaufen und von ihr ablaufen kann. Dadurch läßt sich der Greifer möglichst hochziehen.

Je nach der Anzahl der verwendeten Ketten oder Seile zur !Ausführung der einzelnen Bewegungen unterschied man Ein- und Zweikettengreifer bzw. Seilgreifer. Heute werden fast ausschließlich Vierseilgreifer, eine Abart des Zweikettengreifers, gebaut.

Zweikettengreifer: Eine schematische Skizze gibt Abb. 218 im geschlossenen und offenen Zustand. Seine Arbeitsweise ist folgende:

Senken des Greifers: Im geöffneten Zustande hängt der Greifer (zweiteilige Schaufeln a) an der Öffnurgskette e, die in der Mitte des Querhauptes c befestigt ist. Der Greifer gräbt sich durch sein Eigengewicht mittels der Schneiden oder Reißzähne teilweise in den Boden ein.

Schließen: Durch Ziehen der Schließkette d wickelt sich diese von der größeren Trommel f ab und gleichzeitig wickeln sich die beiden Hilfsketten k auf den kleinen Trommeln g auf, ziehen das Querhaupt c in der Rahmenführung nach abwärts, wodurch mittels der Druckstangen b die Schaufeln geschlossen werden.

Heben: Durch weiteres Ziehen an der Schließkette d, ohne daß sich dabei die Greiferkettentrommeln drehen, wird der ganze Greifer gehoben.

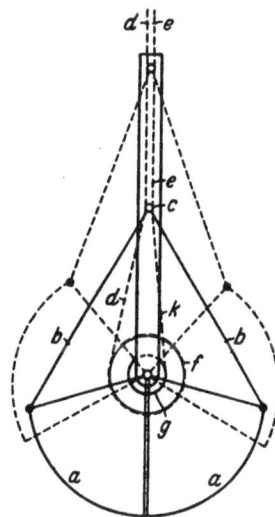

Abb. 218. Schema eines Zweikettengreifers.

Öffnen: Nach entsprechendem Heben und Schwenken wird die Öffnungskette e festgehalten und die Schließkette d nachgelassen; dadurch wird das Querhaupt hochgezogen und durch die Stangen b ein Drehen der Schaufelhälften und damit das Öffnen des Greifers bewirkt.

Vierseilgreifer: Abb. 219 zeigt das Schema und Abb. 220 die Ausführung eines Menck- & Hambrockgreifers. Der Aufbau ist ähnlich wie bei dem Zweikettengreifer, nur daß statt der Ketten auch innerhalb des Greifers Drahtseile verwendet werden, die über Rollen am Kopf des Greifers und an der Greiferschalenachse laufen. Durch Entfernen und Nähern der beiden Rollensysteme mittels des Schließseiles wird das Öffnen und Schließen des Greifers bewirkt. Das Heben und Senken besorgt das Hubseil.

Arbeitsweise des Vierseilgreifers:

Senken: Der entleerte offene Greifer hängt am Hubseil. Um ein Auf- und Zuklappen des Greifers beim Senken zu vermeiden, sind beide

Windentrommeln zwangsläufig verbunden. Das mit großer Geschwindigkeit erfolgende Senken kann durch die Hubwerksbremse reguliert werden.

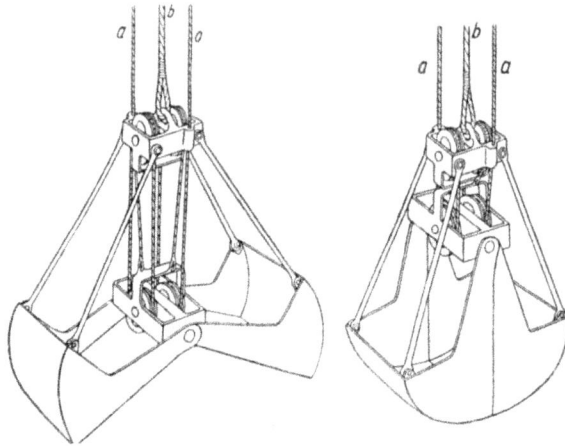

Abb. 219. Schema eines Vierseilgreifers.

Schließen: Dasselbe erfolgt durch Anziehen des Schließseiles, wodurch die unteren losen Rollen nach oben, nach dem Kopf des Greifers gezogen werden.

Heben: Nach dem Schließen wird durch weiteres Ziehen am Schließseil der Greifer gehoben und dabei das Hubseil ohne Spannung mit aufgewunden.

Abb. 220. Bild eines Vierseilgreifers (Menck & Hambrock).

Öffnen: Dasselbe geschieht dadurch, daß das Hubseil den Greifer hält und das Schließseil nachgelassen wird, wobei sich die beiden Rollensysteme wieder voneinander entfernen. (Die losen Rollen senken sich.)

Der Einkettengreifer hat den Vorteil der großen Einfachheit; er läßt sich außerdem an jedem beliebigen Kran mit einer Seil- oder Kettentrommel anbringen. Sein Nachteil besteht darin, daß man ihn nur in einer ganz bestimmten Stellung entleeren kann, d. i. die Stellung, wo er in der Fangvorrichtung hängt. Er ist also nur für eine feste Ausschütthöhe einstellbar.

Der Zweikettengreifer dagegen kann in jeder beliebigen Stellung geöffnet und geschlossen werden; er erfordert aber auch einen Kran mit doppeltem Windwerk.

Der Vierseilgreifer kann ebenfalls beliebig geöffnet und geschlossen werden und besitzt noch die weiteren Vorteile einer größeren Hubgeschwindigkeit und einer kleineren, leichteren Windentrommel; er ist heute fast ausschließlich in Gebrauch.

Vierseilgreifbagger finden vielseitigste Verwendung als Trocken- und Naßbagger, als Hoch- und Tiefbagger sowie nach Abnahme des Greifers als Kran. Mit besonderem Vorteil werden sie dort benützt, wo die große Reichweite des Baggers die unmittelbare Ablagerung des Baggergutes von der Gewinnungs- bis zur Ausschüttstelle ohne Anwendung von Kippwagen erlaubt.

Angaben über fahrbare Vierseilgreifer
(von Menck & Hambrock).

Greiferinhalt für allgemeine Bodenbaggerung . . m³	0,4	0,8	2,0
Tragfähigkeit des Baggers als Kran am einf. Seil . . . kg	2000	3600	7700
Ausladung vom Drehpunkt bis Mitte Greifer . . . . . m	7,5	10,0	12,6
Rollenhöhe am Ausleger über Schienenoberkante . . . m	5,8	6,25	9,0
Freier Raum über Schienenoberkante bei off. Greifer . m	2,5	2,5	4,0
Größte Baggertiefe unter Schienenoberkante . . . . . m	15,5	15,5	11,0
Spurweite zwischen den Schienenköpfen . . . . . . mm	1650	2070	2600

2. Löffelbagger.

Die Löffelbagger sind ebenfalls den Drehkranen ähnliche Fördervorrichtungen und haben nur zum Lockern und Fassen des Fördergutes ein besonders ausgebildetes Organ, den Löffel mit Stiel, der am Ausleger angebracht ist und entweder unmittelbar von einer besonderen Maschine betätigt oder von dem Hauptwindwerk des Oberwagens angetrieben wird.

Löffelausführungen: Die Löffel müssen sehr kräftig und widerstandsfähig gebaut sein. Der Mantel besteht in der Regel aus starkem Flußeisenblech mit oberem und unterem breiten Schutzband. Oben trägt er eine starke Schneide aus hartem Stahl und ist noch mit einigen kräftigen Zähnen aus Hartstahl versehen, die bei manchen Konstruktionen ausgewechselt werden können.

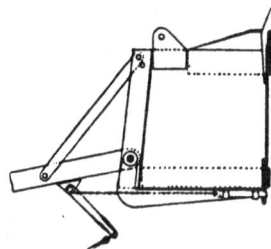

Abb. 221.
Einfache Bodenklappe
(nach Körting, Baumaschinen).

Die Bodenklappe wird bei einfachen Ausführungen nach Abbildung 221 durch Ziehen an einer Kette vollständig und auch sehr rasch geöffnet.

Dies hat den Nachteil, daß die Löffel zum Ausleeren in die Abfuhrwagen nicht genügend gesenkt werden können und daß ferner das oft mit größeren Steinen durchsetzte Baggergut unter kräftigen Stößen in die Wagen fällt und diese beschädigt.

Verschiedene Firmen haben nun zur Beseitigung dieses Mangels verbesserte Konstruktionen herausgebracht.

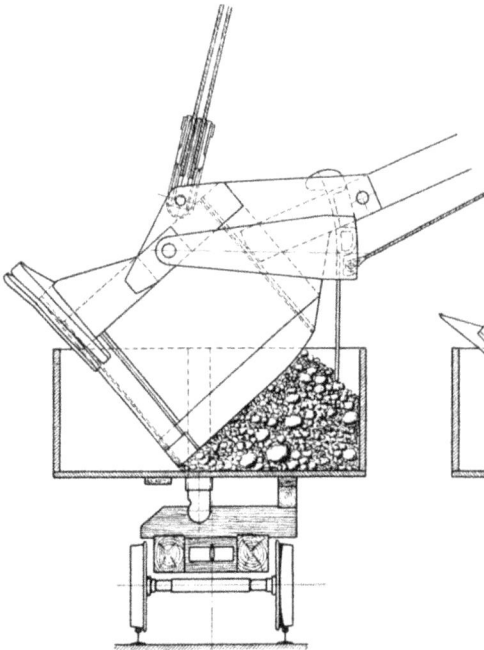 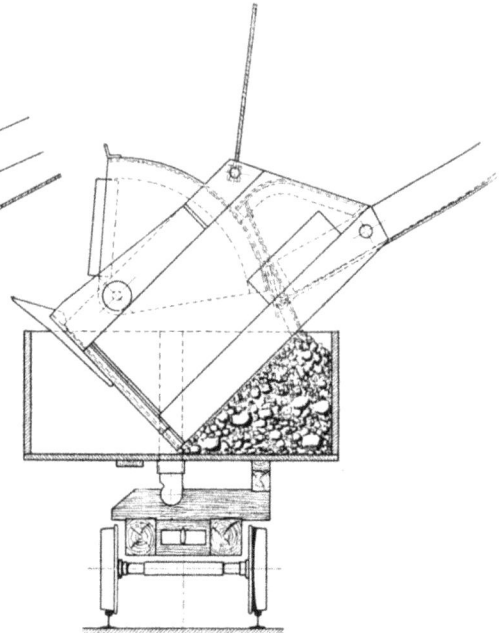

Abb. 222. Abb. 223.

Pendelschieber (Orenstein & Koppel).

Abb. 224. Bodenklappe (Menck & Hambrock).

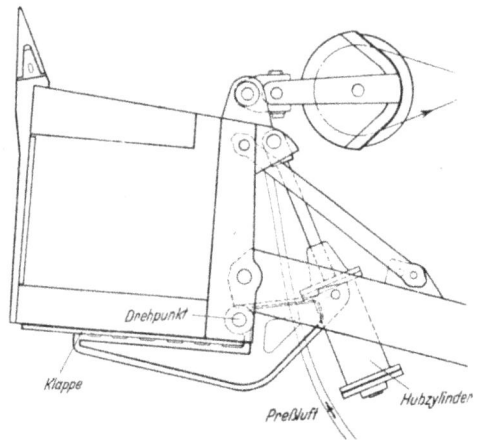

Abb. 225. Bodenklappe (Weserhütte).

Abb. 222 und 223 zeigen die Ausführung der Klappe als **Pendel-schieber** von **Orenstein & Koppel** als außen- oder innenliegender Pendelschieber.

Beim Ziehen des Schiebers wird dieser allmählich geöffnet und schwingt deshalb nicht wie eine Klappe nach unten aus. Der Löffel kann in beiden Fällen beim Ausschütten sehr tief über die Transportwagen gesenkt werden, die dadurch sehr geschont bleiben.

Eine andere Ausführung ist die in Abb. 224 veranschaulichte von **Menck & Hambrock**.

Der Löffel besitzt eine Stahlgußvorderwand und auswechselbare Zähne. Die Bodenklappenscharniere tragen am Ende ein Zahnsegment, das durch ein Zahnrad mit einer **Bandbremse** verbunden ist. Durch mehr oder weniger starkes Lüften der Bremse erfolgt das Öffnen der Klappe schneller oder langsamer. Nach erfolgter Entleerung und Senken des Löffels schließt sich die Klappe selbsttätig, und das auf der Bremse befindliche Sperrad hindert die Klappe am Öffnen.

Eine weitere Ausführung des Eisenwerkes **Weserhütte**, Bad Oeynhausen, Abb. 225, hat eine durch **Druckluft gesteuerte Bodenklappe**.

Die Klappe ist an zwei doppelarmigen Hebeln befestigt, die um eine Achse schwingen; zwischen den Hebeln ist der Preßzylinder drehbar gelagert mit Kolben und Kolbenstange, welch letztere oben an dem Baggerlöffel gelenkig angreift. Die Druckluft, die durch einen Steuerhahn am Baggerführerstand zu regulieren ist, gelangt durch einen Schlauch und die Kolbenstange in den Zylinder.

Zum Schließen der Bodenklappe ist der Steuerhahn zu öffnen, so daß Druckluft in den Zylinder tritt, wodurch sich dieser über seinen Kolben hinweg nach unten bewegt und die Klappe schließt. Das Schließen kann in jeder Höhenlage des Löffels erfolgen, nicht nur in der tiefsten Stellung. Während des ganzen Arbeitsvorganges des Löffels bleibt der Hubzylinder dauernd unter Druck und damit die Klappe beständig geschlossen.

Zum Entleeren des Löffels läßt man die Druckluft vermittelst des Steuerhahnes allmählich aus dem Hubzylinder entweichen, wodurch sich die Klappe langsam öffnet. Diese kann auch nach teilweiser Entleerung des Löffels wieder geschlossen werden.

Ausführungsarten von Löffelbaggern.

Die Löffelbagger können sowohl als Trockenbagger wie auch als Naßbagger arbeiten.

Als **Trockenbagger** führt man sie heute vielfach mit **Raupen-ketten-Fahrbewegung** aus. Sie können aber ohne weiteres auch mit einem Unterwagen für Schienengleis geliefert werden. Ausnahmsweise kann der Raupenbagger sogar zu Walzzwecken dienen. In München sollte z. B. an der Stelle einer aufgefüllten Kiesgrube ein Wohnhaus errichtet werden. Die Grube wurde ausgebaggert und dann schichtenweise derart gewalzt, daß der Boden mit etwa 1 kg/cm² belastet werden konnte.

In die Bagger lassen sich statt des Löffels Grabwerkzeuge, z. B. Greifer (Greifbagger) oder Schleppschaufeln (Schleppschaufelbagger) zum Baggern von Graben, einbauen.

Als Naßbagger für Unterwasserarbeiten aller Art kann er mit Löffel oder Greifer arbeiten oder mit der Schleppschaufel als Schwimmbagger.

Antrieb der Löffelbagger.

1. Zweimaschinenantrieb. Der gewöhnliche Dampflöffelbagger hat 2 Dampfmaschinen. Eine Hauptdampfmaschine auf dem Oberwagen für die Hub-, Dreh- und Fahrbewegung und eine Löffelvorschubmaschine an dem Ausleger.

2. Dreimaschinenantrieb. Besonders große Dampflöffelbagger von mehr als 2 m³ Löffelinhalt besitzen 3 Dampfmaschinen:

eine Zwillingsmaschine für das Hubwerk,
»　　　　»　　　　»　» Dreh- und Fahrwerk,
»　　　　»　　　　»　» Vorschubwerk.

Der Antrieb ist auch durch 3 Elektromotoren möglich.

3. Einmaschinenantrieb. Die Antriebsmaschine kann sein eine Dampfmaschine, ein Elektromotor oder eine Verbrennungskraftmaschine. In diesem Falle wird die Löffelvor- und Rückwärtsbewegung mittels Kegelreibungskupplung, Wendegetriebe und Kettentrieb betätigt.

Ausführungen von Löffelbaggern.

1. **Zweimaschinenantrieb:** Abb. 226 zeigt einen normalen Dampf-Löffelbagger der Weserhütte A.G., Bad Oeynhausen, mit einer Hauptdampfmaschine für das Hub-, Dreh- und Fahrwerk und einer besonderen Dampfmaschine für den Vorschub des Löffels.

Der Bagger besteht im wesentlichen aus dem Unterwagen, dem in vollem Kreis drehbaren Oberwagen mit Drehwerk, Drehzapfen und Laufkranz, dem Ausleger (mit Halteankern und Seilrollen) mit Löffelvorschubwerk, der Hauptdampfmaschine mit der Hubwinde. Die Hauptdampfmaschine ist als Zwillingsmaschine mit Kolbenschiebersteuerung ausgeführt.

Hubwerk: Der Antrieb der Hubwinde erfolgt von der Welle der Hauptmaschine aus durch Stirnräder auf die Trommelwelle. Die Trommel wird durch eine mit Dampfdruck betätigte Bandreibungskupplung mit dem Stirnrad auf der Trommelwelle verbunden. Auf der anderen Trommelseite ist eine Bandbremse in Verbindung mit einem Gesperre angeordnet, das ein Aufwinden unter angezogener Bremse gestattet.

Drehwerk: Um den Bagger nach beiden Richtungen bewegen zu können ist auf der Maschinenwelle ein Räderwendegetriebe mit Bandreibkupplung angebracht. Von dem Wendegetriebe aus erfolgt die Übertragung der Kraft auf die Zähne des Drehkranzes durch eine stehende Welle. Mit dem größeren Stirnrad auf dieser Welle ist eine Rutschkupplung verbunden, die etwaige Überlastungen des Getriebes bei heftigem Anfahren oder plötzlichem Bremsen verhindert.

Fahrwerk: Durch Ausschalten eines Stirnräderpaares des Wendegetriebes wird das Drehwerk ausgerückt und gleichzeitig der Fahrantrieb eingeschaltet. Dadurch ist die Umsteuerung der Hauptdampfmaschine überflüssig.

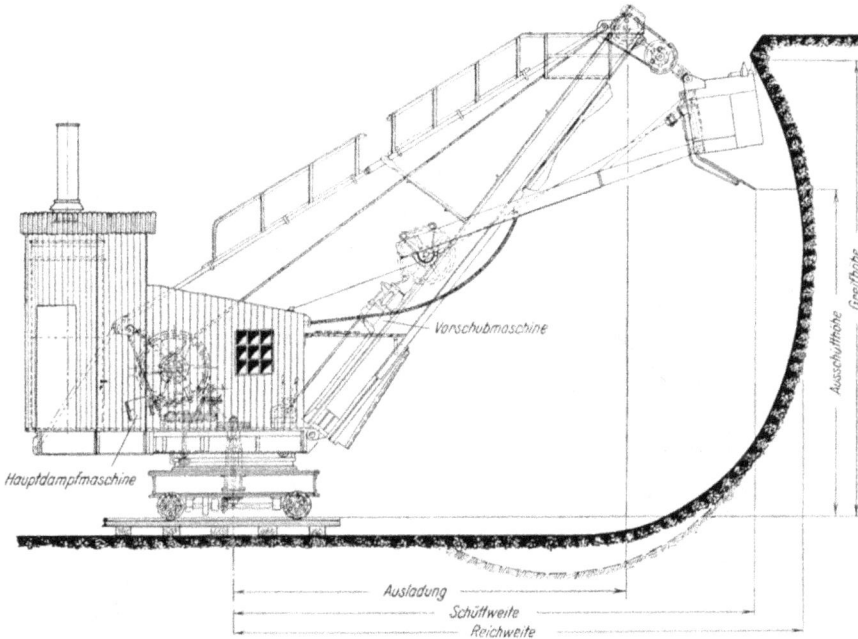

Abb. 226. Dampflöffelbagger (Weserhütte) Zweimaschinenantrieb.

Löffelvorschub: Für die Verschiebung des Löffels auf dem Ausleger ist eine besondere Zwillingsdampfmaschine mit Kulissenumsteuerung angeordnet (s. Abb. 29). Die Drehung der Vorschubwelle wird von der Kurbelwelle aus durch ein Stirnräderpaar übertragen. In dem größeren Stirnrad an der Vorschubwelle ist der Kranz einer Handbremse angeschraubt, mit der die Löffelstiele in jeder Lage festgehalten werden können. An beiden Enden der Vorschubwelle sind 2 Stirnräder befestigt, welche in die Zahnstangen der Löffelstiele eingreifen.

2. **Dreimaschinenantrieb**: Dieser unterscheidet sich von dem Zweimaschinenantrieb in der Hauptsache dadurch, daß für das Hubwerk eine besondere Maschine vorgesehen ist.

3. **Einmaschinenantrieb**: a) Ein **Öl-Löffelbagger** dieser Art von Menck & Hambrock ist in Abb. 227 bis 229 dargestellt. Er wird in der Regel als Raupenbagger in 2 Größen, Modell III und IV, ausgeführt

mit einem Löffelinhalt von $^2/_3$ und 1 m³. Es besteht dadurch die Möglichkeit, daß der Bagger selbst an seine Arbeitsstelle fahren und seinen Arbeits-
platz leicht wechseln kann. Für diese Typen ergeben sich gerade noch
Gewichte und Abmessungen, daß die Bagger normale Brücken befahren

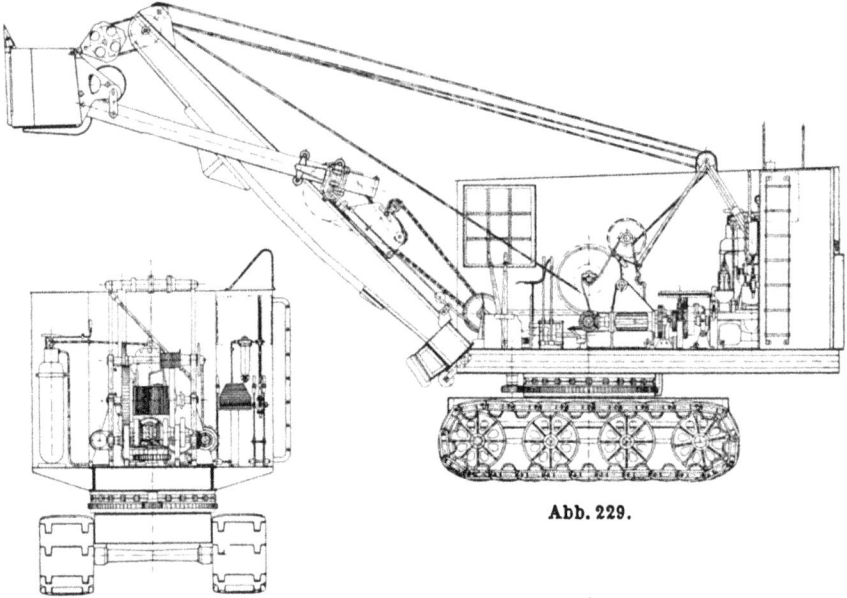

Abb. 229.

Abb. 227.

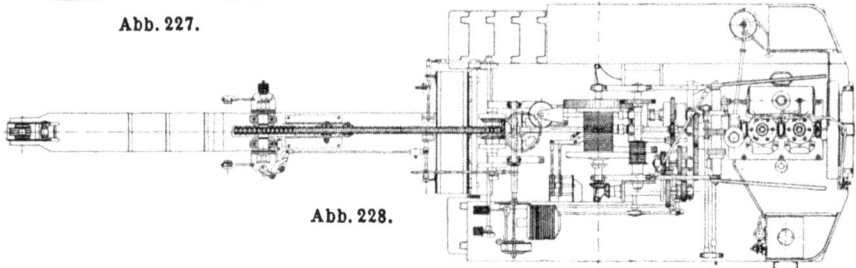

Abb. 228.

Abb. 227—229. Öl-Löffelbagger (Menck & Hambrock) Einmaschinenantrieb.

und unter normalen Unterführungen hindurchfahren sowie auch größere
Steigungen überwinden können. Der gleichmäßig verteilte Druck beim
Fahren des vollständig montierten Baggers beträgt 0,73 bis 0,84 kg/cm².
In der ungünstigsten Stellung, wenn z. B. der Ausleger über einer Ecke
des Raupenbandes steht, der Löffel ganz vorgeschoben und mit größter
Kraft arbeitet, sind die entsprechenden Drücke 1,53 bzw. 1,8 kg/cm².
   Um den vielseitigen Bedürfnissen gerecht zu werden, können diese
Bagger leicht umgebaut werden zu Greifbaggern, Eimerseilbaggern, fahr-
baren Drehkranen oder Rammen. Außerdem können sie ohne weiteres

mit einem oder mit drei Elektromotoren und schließlich auch mit Dampfmaschinen betrieben werden.

Unterwagen: Abb. 230. Dieser besteht aus einer Eisenkonstruktion; die Raupenbänder sind aus Stahlguß und bilden eine platte Außenfläche. Außer den 4 Turassen zur Bewegung der Bänder sind noch 4 Tragrollen vom gleichen Durchmesser wie die Turasse vorhanden. Jedes Raupenband kann abgekuppelt und durch eine Bremse in seiner Bewegung reguliert und festgestellt werden, so daß man beliebige Kurven fahren kann. Aus der Abb. 230 sind unten die zugehörigen Verstellhebel für die Fahrbewegung ersichtlich sowie auch der Dreh- und Zahnkranz, der mit dem Mittelzapfen aus einem Stahlgußstück besteht.

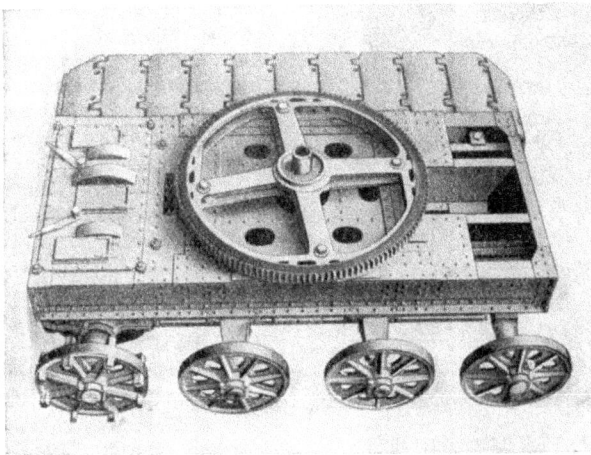

Abb. 230. Unterwagen.

Oberwagen: Er ist ebenfalls aus Eisenkonstruktion, in vollem Kreise drehbar und liegt mit ganzer Breite auf dem Rollenkranz auf. Um ein Abheben des Oberwagens vom Unterwagen während des Hebens zu vermeiden, befindet sich auf der dem Ausleger entgegengesetzten Seite des Oberwagens eine Kralle. Auf dem Oberwagen sitzt der Antriebsmotor.

Ausleger: Dieser ist vom Oberwagen bis zum Vorschubwerk, wo die größten Beanspruchungen auftreten, als ununterbrochener Kastenträger ausgeführt. Da die Ausleger insbesondere starken Verdrehungen ausgesetzt sind, werden sie nicht unmittelbar am Oberwagen befestigt, sondern stützen sich mit dem Fußende gegen einen um eine wagrechte Mittellinie am Oberwagen drehbaren Querbalken. Dadurch haben die Ausleger die Möglichkeit, sich um ihre Längsmittellinie zu drehen.

Als Antriebsmotor wird für Modell III ein stehender Zweizylinder-kompressorloser Deutzer Dieselmotor von 50 PS verwendet (für Modell IV 3 Zylinder mit 80 PS). Die Kurbelwelle des Motors ist mit der Hauptantriebswelle durch eine nachgiebige Kupplung verbunden, wodurch die verschiedenen Bewegungen — Fahr-, Hub-, Dreh-, Ausleger- und Vorschubbewegung — ermöglicht werden. In der Abb. 231 ist im Hintergrund der Motor zu sehen. Daran schließen sich die Kupplung mit der Hauptwelle und die Rädergetriebe zur Ableitung der Bewegungen an.

1. **Fahrwerk**: Dieses wird durch ein Wendegetriebe für Vorwärts- und Rück-wärtsfahrt in Bewegung gesetzt und besitzt für den Führer eine Bremse. Das Fahr-werk ist mit 2 Geschwindigkeiten ausgerüstet, wovon die größere Geschwindigkeit zum Fahren auf ebener Strecke bis etwa 1 km/h, die kleinere zum Fahren auf Steigungen und sonstigen Hindernissen dient. Hebel 2 der Abb. 231 kuppelt das Fahrwerk.

2. **Hubwerk**: Das Heben des Löffels geschieht durch die Hubtrom-mel, die von der Hauptwelle aus durch Stirn- und Kegelräderpaare, Ritzel und großes Stirnrad auf der Trommel Abb. 232 angetrieben wird. Das sonst lose laufende Stirnrad wird mit der Seiltrommel durch eine Bremsband-kupplung mit Drucklufteinrückung ver-bunden. Die Kupplung ist so ausge-führt, daß sie bei Überschreitung eines größeren Seilzuges schleift. Das Senken des Löffels erfolgt mit der Hubwerks-bremse. Zur Erzeugung der Druckluft für diese Bremse ist ein Luftkompressor am Windwerk angebaut. Hebel 2 der Abb. 231 kuppelt das Hubwerk. Fuß-tritthebel 5 betätigt die Hubwerkshalte-bremse.

Abb. 231. Bild der Antriebsmaschine.

3. **Drehwerk**: Hier wird die Be-wegung durch Wendegetriebe und Bremsbandkupplung eingeleitet, die von Hand gesteuert werden. Eine Handbremse setzt das Drehwerk still; Hebel 1 der Abb. 231 kuppelt das Drehwerk.

4. **Auslegerverstellung**: Hierfür ist eine kleine Seiltrommel über der Hubtrommel vorgesehen.

5. **Löffel-Vorschubwerk**: Abb. 233. Dieses wird durch ein auf dem Ober-wagen liegendes Wendegetriebe betätigt. Von letzterem wird die Kraft auf die Vorschubwelle am Ausleger mittels einer Kette übertragen, die entsprechend den verschiedenen Neigungen des Auslegers durch Spannrollen gespannt werden kann. Das Festhalten des Löffels in seiner jeweiligen Stellung geschieht durch eine Band-bremse. Damit der Löffel nicht zu weit vorgeht, ist eine selbsttätige Endausschal-tung vorgesehen.

b) Ein **Dampf-Löffelbagger** auf Raupenband für **Einmaschinen-antrieb** von Orenstein & Koppel, Berlin, ist in Abb. 234 dargestellt.

Dieser Typ besitzt einen Löffel mit 0,5 oder 0,75 m³ und für den Antrieb eine 40-PS-Dampfmaschine. Der Bagger kann auch durch einen Verbrennungsmotor oder einen Elektromotor angetrieben werden; ebenso kann er als Greifbagger, Schaufelbagger, Grabenbagger, oder, auf ein Ponton gesetzt, als Schwimmbagger arbeiten.

Zur Steuerung des Baggers ist nur ein Mann nötig. Zur Erzielung großer Leistungen ist noch ein Hilfsarbeiter erforderlich zur Instandhaltung des Baggers und Beischaffung von Betriebsstoffen bzw. Bedienung des Dampfkessels bei Dampfbetrieb.

Das Gesamtgewicht des Baggers wird durch 12 Tragrollen, die in Balanciers gelagert und abgefedert sind, selbst bei unebenem Boden gleichmäßig auf die Ketten und von diesem auf den Boden übertragen.

Die Dampfmaschine ist als liegende Zwillingsmaschine mit Kolbenschiebersteuerung ausgeführt. Durch diese Anordnung der Maschine ergibt sich z. B. ein unmittelbarer Antrieb der Hubtrommel mittels eines Ritzels von der Kurbelwelle der Dampfmaschine aus. Die übrigen Bewegungen des Baggers erfolgen in ähnlicher Weise wie bei dem Motorbagger von Menck & Hambrock.

Abb. 232. Hubwerk.

Abb. 233. Löffel-Vorschubwerk.

Betrieb und Kraftbedarf von Löffelbaggern.

Während des Baggerbetriebes sind folgende Arbeiten vorzunehmen:

1. Anstellbewegung, d. h. der Bagger wird durch das Fahrwerk bis zur Angriffsstellung gebracht.
2. Drehbewegung mittels der Hauptmaschine.
3. Löffel senken durch Nachlassen des Hängeseiles bis er senkrecht hängt.
4. Löffel durch das Vorschubwerk auf den Boden niederlassen und Vorschubwerk feststellen.
5. Hängeseil anziehen, der Löffel hebt sich in einer kreisförmigen Bahn und füllt sich dabei.
6. Löffel durch das Vorschubwerk etwas zurückziehen, um ihn von der Angriffsstellung zu entfernen.
7. Schwenken des Auslegers bis zur Entladestelle.
8. Öffnen der Bodenklappe.
9. Zurückschwenken in die Angriffsstellung.

Abb. 234.
Dampflöffelbagger (Orenstein & Koppel)
Einmaschinenantrieb.

In der Abb. 235[1]) ist der Verlauf des Kraftbedarfes eines 2 m³-Elektro-Löffelbaggers mit 3 Motoren für ein Arbeitsspiel zu sehen.

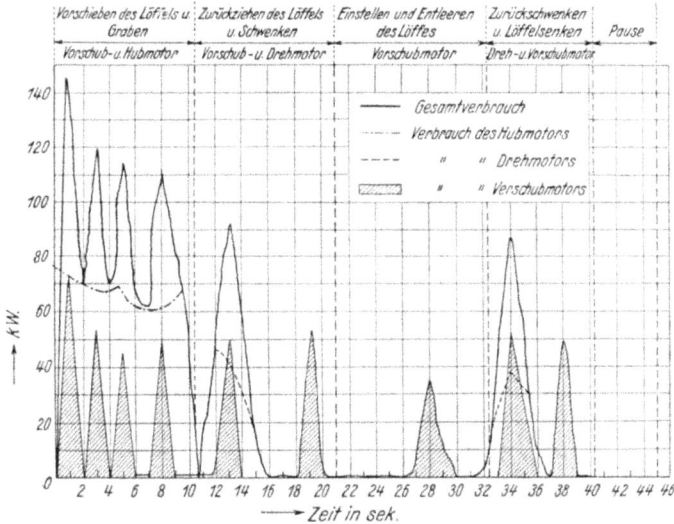

Abb. 235. Kraftbedarf eines Elektro-Löffelbaggers.

Gleisanlagen für Löffelbaggerbetrieb.

Man kann 2 Anordnungen unterscheiden:

1. Abfuhrgleis in gleicher Höhe mit dem Baggergleis.

a) Schlitzbaggerung. Gleisplan Abb. 236 wird gewöhnlich angewandt, wenn die Baggerung in weichem Boden stattfindet, also wenn die Wagen rasch gefüllt und große Leistungen erzielt werden sollen.

Hinter dem Bagger befinden sich zwei Gleise, die sich zu einem vereinigen, sich nochmals gabeln in einer Ausweiche und wiederum zusammengezogen werden zu einem Gleis, das nach der Kippe führt.

Von dem in der Ausweiche stehenden Leerzug hängt man zwei Wagen ab, die der Bagger beschütten kann. Auf dem anderen Gleis werden ebenfalls zwei Wagen abgestellt, worauf der Leerzug zur Ausweiche zurückfährt. Nun holt eine Rangierlokomotive die beiden zuerst gefüllten Wagen weg und fährt sie zur Ausweichstelle zurück. Der Leerzug stellt hierauf auf dem frei gewordenen Gleis weitere zwei Wagen ab und fährt wieder zurück. Die Rangierlokomotive holt sich wiederum die beladenen Wagen usw.

b) Bei Seitenentnahme gestaltet sich die Gleisanlage nach Abb. 237 und bedeutend einfacher.

2. Abfuhrgleis höher liegend als das Baggergleis: a) Bei Schlitzarbeit kommt Gleisplan Abb. 238 in Betracht, wenn infolge schlechter Bodenverhältnisse die Baggerleistung gering ist; b) bei Seitenentnahme gilt Abb. 239. In beiden Fällen wird der zu beladende Zug durch eine Lokomotive am Bagger vorbeigezogen.

---

[1]) Bergmann-Mitteilungen, 2. Jahrg. 1924, Nr. 2.

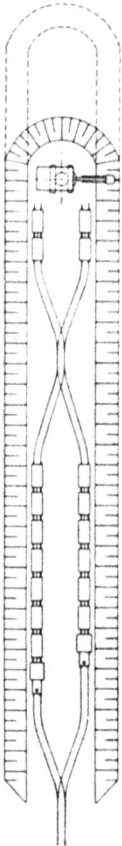

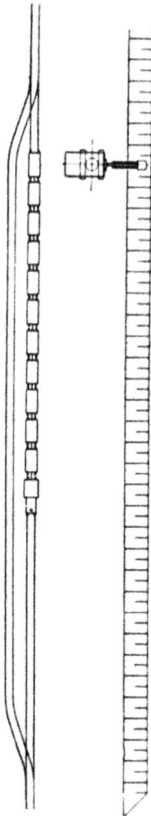

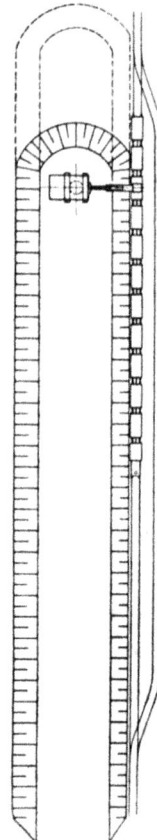

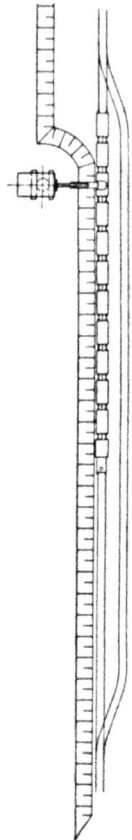

Abb. 236.　　　　Abb. 237.　　　　Abb. 238.　　　　Abb. 239.

Gleisbaggerbetrieb.

Abfuhrgleis in gleicher Höhe.　　　　Abfuhrgleis höher liegend.

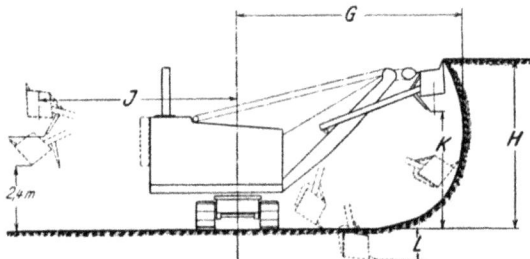

Abb. 240. Schema eines Löffelbaggers.

Angaben über Löffelbagger (Abb. 240)
(Menck u. Hambrock).

Modell			III	IV	V	VI
Löffelinhalt		m³	²/₃	1	1¹/₂	2¹/₄
Hub- u. Fahrmaschine {	Zylinderdmr.	mm	160	190	235	290
	Hub	»	170	210	245	315
Drehmaschine {	Zylinderdmr.	»	120,7	146	175	215
	Hub	»	115	140	175	215
Vorschubmaschine {	Zylinderdmr.	»	120,7	146	175	215
	Hub	»	115	140	175	215
Kesselheizfläche bei 8 at Betriebsdruck		m²	9,8	13,7	18,7	24,9
Überhitzerheizfläche		»	3,0	4,3	5,8	8,0
Hubtrommeldmr. (2 Seile wickeln sich auf die Trommel auf)		mm	373	463	571	700
Hubseildmr.		»	15	19	23	29
Konstruktionsgewicht		ca. kg	24 600	42 400	68 700	112 000
G größte Reichweite		mm	8 340	9 770	12 020	14 150
H » Reichhöhe	bei 45°	»	6 100	7 330	8 840	10 500
J » Ausschüttweite	Neigung	»	7 350	8 700	10 900	12 900
K » Ausschütthöhe	des Aus-	»	4 110	4 980	6 250	7 600
L » Baggertiefe unter Terrain	legers	»	1 200	1 350	1 430	1 600

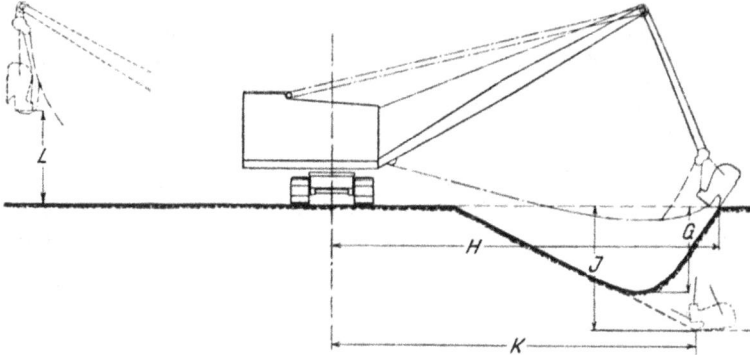

Abb. 241. Schema eines Eimerseilbaggers.

Angaben über Eimerseilbagger (Abb. 241)
(Menck u. Hambrock).

Modell		III	IV
Schleppschaufelinhalt	m³	²/₃	1
G = Baggertiefe, wenn die Schaufel sich selbst einschneiden muß, um ein Loch herzustellen bei Böschung 1:1,5	mm	3 820	4 480
H Grabweite zugehörig zu Baggertiefe J	»	14 250	16 800
J Baggertiefe, wenn ein Loch von angegebener Tiefe vorhanden ist, bei Böschung 1:1,5	»	5 560	6 550
K Grabweite zugehörig zu Baggertiefe J	»	11 700	13 950
L Ausschütthöhe von Terrain bis Unterkante des umgestürzten Eimers	»	3 550	4 600

Feihl, Baumaschinen.

Instandhaltung von Löffelbaggern.

Vor Inbetriebsetzung sind die verschiedenen Bolzen und Schraubensicherungen nachzusehen. Staufferfettbüchsen und sonstige Schmiergefäße sind nachzufüllen. Die Handhebel müssen beim Anlassen der Kraftmaschine ausgerückt bzw. in Mittelstellung sein.

Bei Raupenbaggern ist das Raupenband soweit zu spannen, daß es die Tragrollen leicht berührt.

Die wichtigsten Kupplungen werden mit Druckluft betätigt und sind so gebaut, daß sie bei einem Höchstluftdruck von 7 at die größte für den Bagger zulässige Kraft mit Sicherheit übertragen. Bei Überbeanspruchung durch Festsetzen des Löffels müssen die Kupplungen schleifen. Der Luftdruck darf also niemals einen höheren Druck erreichen, weshalb an dem eingestellten Sicherheitsventil nichts geändert werden darf.

Hubkupplung wird mit Druckluft betätigt. Bremsband an der Spannmutter so viel nachspannen, daß der Kolben des Preßzylinders einen großen Hub macht. An der Rückholfeder nichts ändern.

Hauptkupplung ebenfalls mit Druckluft betätigt. Über Aufliegen der Bremsbänder bzw. deren Abstand bei gelöster Bremse sowie über Einfetten der Bänder siehe bei Kranen.

Löffelklappenbremse. Bremse durch Spannmutter über der Feder nachspannen.

Druckluftleitung ist gut dicht zu halten. Druckluftbehälter von Zeit zu Zeit abblasen, um angesammeltes Öl und Wasser herauszudrücken.

Schmiervorrichtungen für Öl und Fett sind dauernd gut zu überwachen.

Getriebe: Die Kegelräder für den Hauptantrieb des Windwerkes müssen immer in dickflüssigem Öl laufen und immer gut in Eingriff sein. Letzteres ist der Fall, wenn der Anlaufring auf der Vorgelegewelle zum Hubwerk bei ½—1 mm Abnützung der Bronzescheibe wieder nachgestellt wird.

Die Stirnräder auf der Antriebseite am Unterwagen müssen in dickflüssigem Öl laufen.

Das vorgeschriebene Gegengewicht muß genau eingehalten und richtig angebracht werden, so daß bei gefülltem und ganz ausgelegtem Löffel die hinteren Rollen und beim Drehen mit leerem, ganz eingezogenem Löffel die vorderen Rollen noch tragen.

Oberwagen-Krallen so einstellen, daß Abstand zwischen Zahnkranz und Krallen höchstens 1 mm beträgt.

Hubseile für den Löffel, die sich im neuen Zustande verschieden verlängern, müssen richtig nachgespannt werden, so daß sie beide gleiche Spannungen haben.

Über die Betätigung der Hebel für Kupplungen, Bremsen gibt die Firma besondere Vorschriften heraus.

3. Eimerkettenbagger.

Eimerkettenbagger sind Fördervorrichtungen, die den Elevatoren ähnlich sind, mit dem wesentlichen Unterschied, daß die an einer endlosen Kette angebrachten Eimer der Bagger gleichzeitig die Aufgabe haben, das Erdreich zu lockern und zu fassen und in ununterbrochener Arbeit zu fördern.

Man kann diese Bagger nach den verschiedensten Gesichtspunkten einteilen:

1. Je nach der Verwendung zu Wasser oder zu Land in Naß- oder Schwimmbagger und Trockenbagger.

2. Die Trockenbagger je nach dem zu baggernden Terrain in Tiefbagger und Hochbagger.
3. Je nachdem die Baggereimer das Fördergut nach rückwärts oder
nach der Seite abwerfen in Hinterschütter und Seiten-
schütter.
4. Je nach der Führung der Eimerkette mit durchhängender oder
geführter Kette.

Für den Eimerbaggerbau sind die wichtigsten Angaben in den
Deutschen Industrienormen DIN 1266 festgelegt. Die folgende Zusammenstellung gibt einen Auszug aus den Normen.

Baggertyp		Benennung		Kurz-zeichen	Eimer-inhalt J in l
	S	Seiten-schütter	mit Umkehr-turas	$S\dfrac{J}{t}h$	100 150 200
			mit Planier-stück	$S\dfrac{J}{t\,\text{bis}\,t_1}h$	
	E	Eintor-bagger	mit Umkehr-turas	$E\dfrac{J}{t}h$	100 200 300 400 500 600
			mit Planier-stück	$E\dfrac{J}{t\,\text{bis}\,t_1}h$	
	D	Doppeltor-bagger	mit Umkehr-turas	$D\dfrac{J}{t}h$	300 400 500 600
			mit Planier-stück	$D\dfrac{J}{t\,\text{bis}\,t_1}h$	
	R	Raupen-bagger	mit Umkehr-turas	$R\dfrac{J}{t}h$	50 75 100
			mit Planier-stück	$R\dfrac{J}{t\,\text{bis}\,t_1}h$	

$J =$ theoretischer Eimerinhalt in l,

$h =$ Abtraghöhe bei Hochbaggerung in m,

$t =$ Baggertiefe ohne Planierstück in m,

$t_1 =$ Baggertiefe bei Strecklage des Planierstückes in m.

Die theoretische Leistung in m³/h errechnet sich aus dem Eimerinhalt und der minutlichen Schüttungszahl der Eimer zu

$$\text{theor. Leistung} = \frac{\text{Eimerinhalt} \cdot \text{Schüttungszahl} \cdot 60}{1000} \text{ in m}^3.$$

Die wirkliche Leistung entspricht den in Wagen gemessenen gelockerten Bodenmengen und ist abhängig vom Füllungsgrad der Eimer,

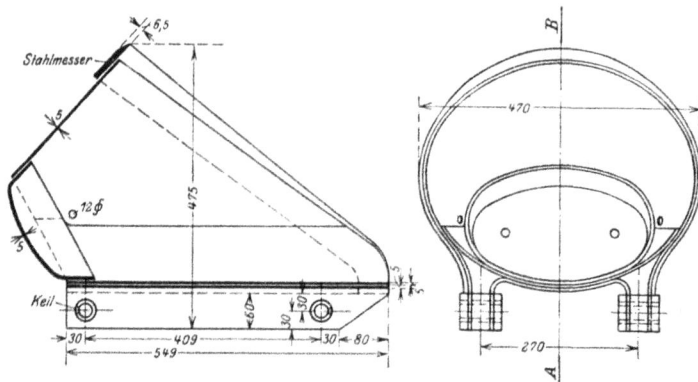

Abb. 242. Geschlossener Eimer (aus Paulmann-Blaum, Bagger).

der erfahrungsgemäß bei normalen Verhältnissen, d. h. bei trockenem, gut schüttendem mittelschweren Boden, $^2/_3$ der theoretischen Leistung beträgt.

Eimer-Ausführungen: a) Geschlossene. Die Eimer bestehen aus Schmiedeeisenblech oder Stahlguß mit Stahlmessern an der Angriffstelle. Bei widerstandsfähigerem Boden sind sie mit Stahlzähnen und bei Felsbaggerung mit besonderen Hartstahlzähnen versehen.

Abb. 242 zeigt einen schmiedeeisernen Eimer von 54 l Inhalt. Der Eimerrücken ist seiner ganzen Länge nach zwischen den Schaken doppelt ausgeführt. Das untere Doppelblech ist gleichzeitig mit den Schaken vernietet, ebenso das Stahlmesser.

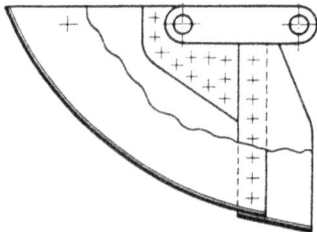

Abb. 243. Eimer mit offenem Rücken.

b) Eimer mit offenem Rücken werden hauptsächlich bei Tiefbaggerungen verwendet. In Abb. 243 ist ein solcher Eimer von der Lübecker Maschinenbau-Gesellschaft dargestellt.

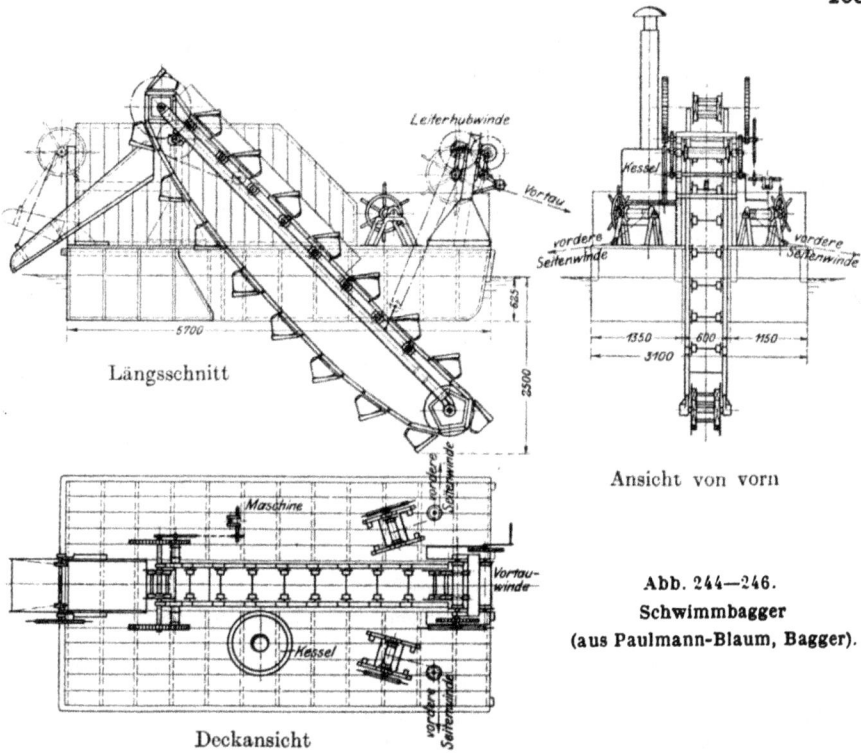

Längsschnitt

Ansicht von vorn

Abb. 244—246.
Schwimmbagger
(aus Paulmann-Blaum, Bagger).

Deckansicht

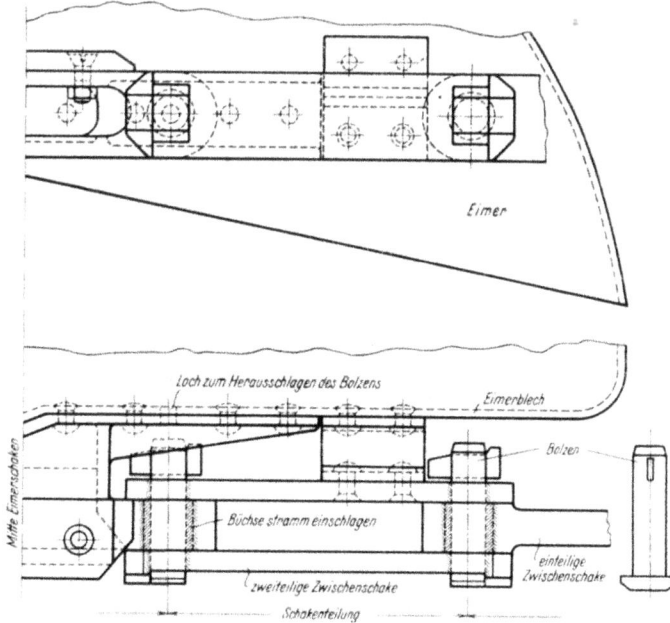

Abb. 247 u. 248. Eimer- und Kettenschaken (Weserhütte).

Eimerketten-Naßbagger oder Schwimmbagger.

Sie dienen hauptsächlich zum Ausbaggern von Schlamm, Kies, Steinen, festem Grund aus Kanälen, Graben und Flüssen.

Einen kleinen Schwimmbagger für etwa 8 m³ Stundenleistung zeigen die Abb. 244 bis 246.

Der Bagger ist als Hinterschütter mit durchhängender Kette und geschlossenen Eimern sowie mit einem Vor- und zwei Seitenankern ausgeführt, weil wegen der oft schmalen Flußläufe seitlich keine Prähme aufgestellt werden können. Die drei Ankerwinden sind Handwinden. Der Bagger liegt mit der Eimerleiter gegen die

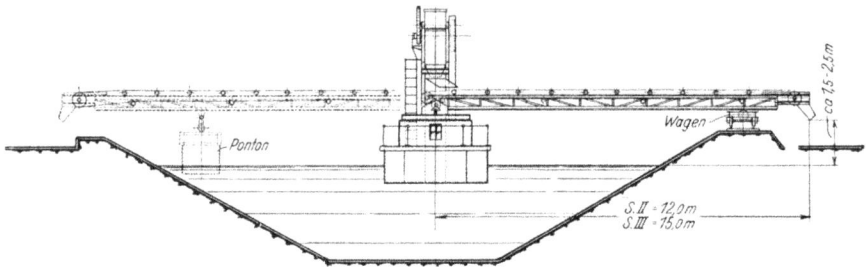

Abb. 249. Bagger mit Absetzförderband (Weserhütte).

Stromrichtung, wird also hauptsächlich vom Vorderanker gehalten. Durch Betätigung der Seitenwinden wird der Bagger quer zur Stromrichtung verholt (verschoben), er verrichtet die Arbeit des Scherens. Es legen sich dabei hauptsächlich die Seitenkanten der Eimer gegen den zu lockernden Boden. Bei Betätigung der Vorderwinde wird der Bagger eine Furche graben, er pflügt.

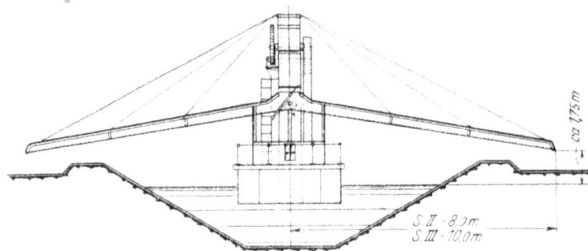

Abb. 250. Bagger mit Absetzspülrinne (Weserhütte).

Der Schiffskörper ist rechteckig mit einem langen Schlitz in der Mitte zur Aufnahme der Eimerleiter, die in der Abbildung mitschiffs angeordnet ist, wenn der Bagger nur zur Vertiefung des Fahrwassers innerhalb gewisser Grenzen unter Wasser arbeitet. Der Dampfkessel und die Maschine sind zu beiden Seiten des Schiffes aufgestellt, um eine gleichmäßige Gewichtsverteilung zu erzielen und bei Vermeidung eines Ballastes möglichst wenig Tiefgang zu erhalten.

Baggervorgang: Auf der aus einem eisernen Träger bestehenden Baggerleiter bewegt sich eine endlose Kette mit Eimern. An beiden Enden der Leiter befinden sich die um horizontale Achsen drehbaren Turasse. Der Antrieb der Eimerkette erfolgt am oberen Turas von der

Betriebsdampfmaschine aus mittels Gliederkette und Zahnradübersetzung. Die Oberturasse sind meist viereckig bis sechseckig und aus
Stahlguß gefertigt. Um diese legen sich die einzelnen Schaken der Eimerkette. Der untere Turas ist ebenfalls aus Stahlguß und meist sechseckig
oder rund. Wenn sich die Kette im Laufe des Betriebes verlängert, so
kann sie durch eine Spannvorrichtung gekürzt werden. Die abwärts-
gehende Kette mit den Eimern hängt infolge des Eigengewichtes durch;
in der Nähe des unteren Turas lösen die Eimer den Boden, füllen
sich damit und bewegen sich auf der oberen Seite der Baggerleiter aufwärts. Die Eimer sind untereinander durch Zwischenschaken und Bolzen
verbunden, wobei die Schaken abwechselnd als Doppel- und Einfach-
schaken ausgeführt werden (Abb. 247 und 248). Der aufwärts bewegte
Teil der Kette mit den gefüllten
Eimern wird durch die an der Baggerleiter angebrachten Rollen geführt.
Am oberen Turas angelangt, schütten
die Eimer das Baggergut in die
Schüttrinne, von wo aus es in einen
Prahm fällt. In manchen Fällen wird
das Baggermaterial von Schüttrinnen
aus durch Förderbänder von 10 bis
15 m Länge nach Abb. 249 oder durch
ebenso lange feste oder drehbare

Abb. 251. Bagger mit Kiessortierung
(Weserhütte).

Spülrinnen ans Land gebracht (Ab-
bildung 250). Der Bagger kann auch mit einer Kiessortierung nach
Abb. 251 verbunden werden, wobei der Kies sowie Sand und Wasser
in getrennte Prähme fallen.

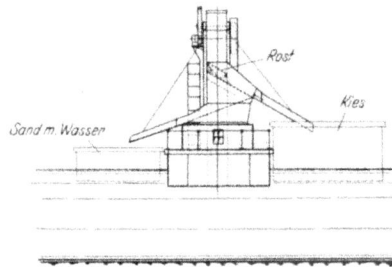

Das Baggern erfolgt stromaufwärts. Bei Außerbetriebsetzung wird
die Eimerleiter hochgezogen, so daß alle Eimer außer Wasser sind und das
Schiff fortbewegt werden kann.

Angaben über Schwimmbagger.
(Weserhütte A.G.)

Type	S_I	S_{II}	S_{III}	S_{IV}
Theoretische Stundenleistung .... m³	25	40	65	100
Eimerinhalt l	20	35	50	75
Länge des Schiffskörpers .... m	7,0	9,0	12,0	15,0
Breite » » über den Spanten .... »	3,0	3,5	4,0	4,6
Seitenhöhe des Schiffskörpers .... »	1,0	1,2	1,25	1,5
Tiefgang .... »	0,5	0,55	0,65	0,8
Normale Baggertiefe .... »	2,5	3,0	5,0	6,0
Maximale » .... »	3,0	4,0	6,0	8,0

Eimerketten-Trockenbagger.

Diese können ebenso wie die Greif- und Löffelbagger für die verschiedensten Zwecke von den kleinsten bis zu den größten Leistungen ver-

wendet werden. Ein ganz streng abgegrenztes Gebiet kann man einem Bagger nicht zuweisen; denn die Verwendungsmöglichkeit hängt von zu vielen Umständen ab, wie Bodenart, Umfang und Art der Baustelle. So konnte an einer Hochbaustelle ein für den Erdaushub bzw. Abbruch der alten Grundmauern angesetzter Greifbagger die alten Mauern nicht bewältigen; dagegen ein kräftiger Löffelbagger beseitigte dieselben ohne große Mühe.

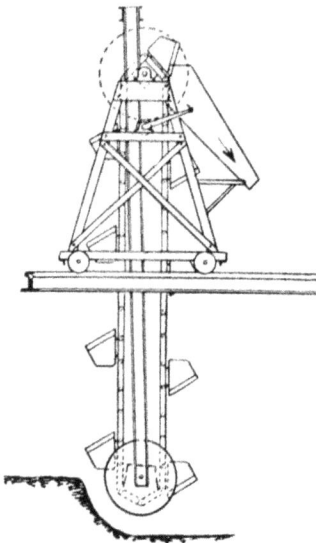

Abb. 252. Vertikal-Handbagger (aus Körting, Baumaschinen).

Für kleine und mittlere Leistungen haben vielfach die kombinierten Greif- und Löffelbagger mit Raupenband die Eimerbagger, insbesondere die reinen Hochbagger verdrängt, so daß die Eimerbagger hauptsächlich für große Leistungen, und zwar als kombinierte Hoch- und Tiefbagger in Betracht kommen. Für kleinere Leistungen werden aber in neuerer Zeit für besondere Zwecke auch Eimerbagger mit Raupenband gebaut.

1. **Vertikal-Handbagger:** Sie eignen sich für Schachtbrunnenabsenkung nach Abbildung 252 von C. Tobler, Borsigwalde. Der Bagger besteht aus einer eisernen Eimerleiter mit oberem viereckigem und unterem fünfeckigem Turas und endloser Eimerkette von 4,6 l Inhalt. Das Ganze stützt sich im oberen Turas- und Kurbelwellenlager auf ein eisernes Bockgerüst. Der Antrieb erfolgt von Hand mittels eines Doppelwindwerkes mit einfacher Übersetzung. Der Bagger entleert am oberen Turas über eine Schüttrinne.

2. **Eintor-Dampfbagger:** In Abb. 253 ist ein solcher Bagger für **Hoch- und Tiefbaggerung** von Fried. Krupp A.-G., Essen dargestellt. Die Bezeichnung $E \dfrac{300}{16 \text{ bis } 18,5} \, 14$ bedeutet: E = Eintorbagger mit 300 l theoretischem Eimerinhalt, 16 m senkrecht gemessener Baggertiefe bei einem Schnittwinkel von 45° und bei horizontaler Lage des etwa 3,5 m langen Planierstückes; 18,5 m senkrecht gemessene Baggertiefe, wenn nach Senkung des Planierstückes dieses mit der Eimerleiter eine Gerade bildet; 14 m senkrecht gemessene Abtragshöhe.

Die größte nutzbare Arbeitsleistung des Baggers beträgt an mittelschwerem, trockenem Boden in 10 h etwa 2900 ÷ 3900 m³.

Baggergerüst: Der Bagger ruht auf zwei vierachsigen Drehgestellen auf der Eimerleiterseite, welche den größten Teil des Baggergewichtes aufnehmen, und auf einem vierrädrigen Einschienen-Fahrgestell auf der entgegengesetzten Ballastseite. In der Mitte eines jeden Drehgestelles ist ein mit Kugelfläche versehener

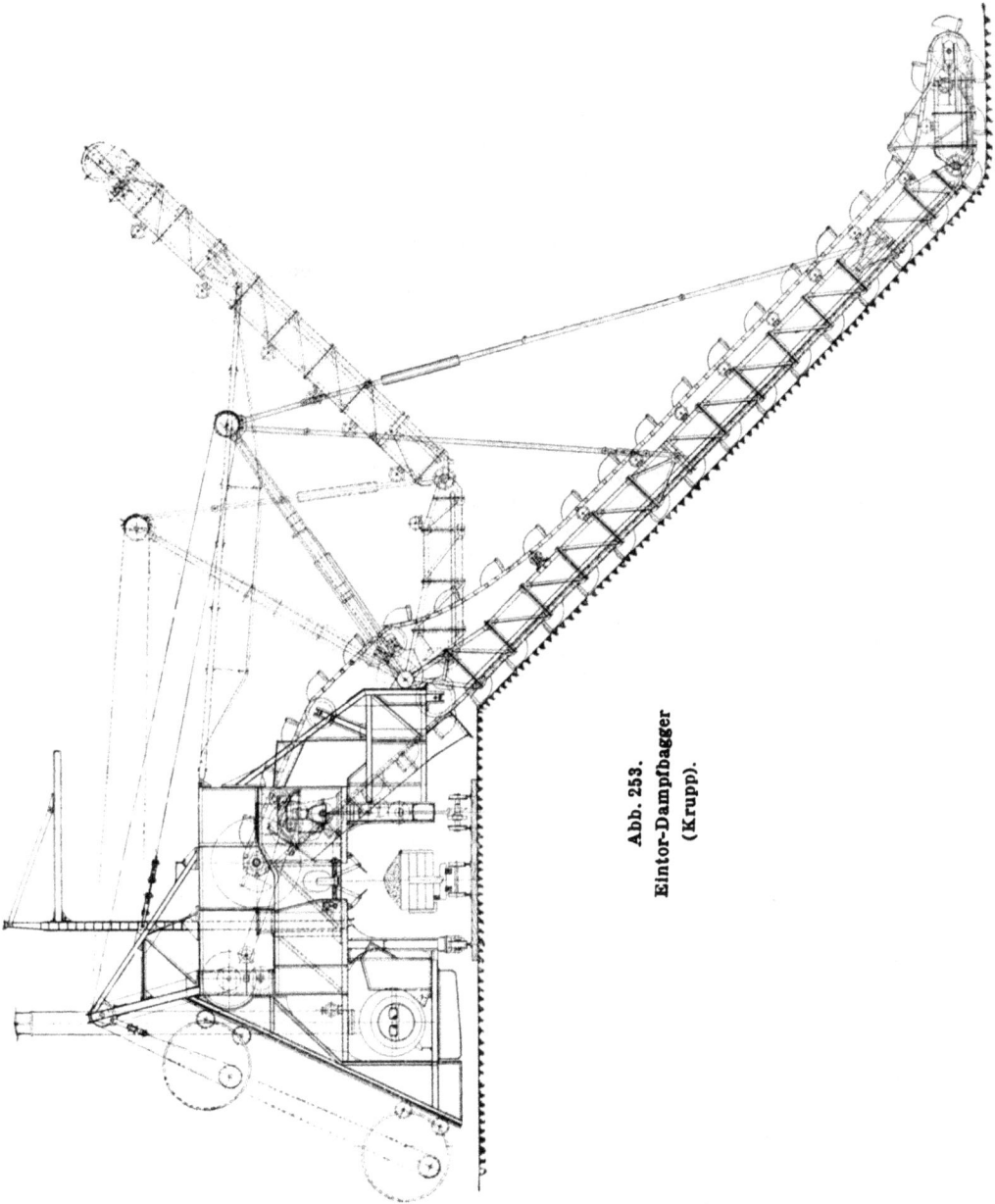

Abb. 253.
Eintor-Dampfbagger
(Krupp).

Stützzapfen aus Stahlguß vorgesehen, auf welche sich das den vorderen Baggerfuß bildende Eisengerüst mit Kugelpfannen auflegt. Durch Anordnung der Drehgestelle können stark gekrümmte Kurven befahren werden. Die vier Achsen des Einschienenfahrgestelles sind unter sich durch Schwingen ausgeglichen, in der Mitte des Gestelles ist ein Kipplager befestigt, auf dem der ballastseitige Baggerfuß ruht. Der Bagger ist durch diese Anordnung in drei Punkten abgestützt.

Das eigentliche Baggergerüst besteht aus den die beiden Stützen bildenden Trägern, die auf den Fahrgestellen lagern, und, darauf aufbauend, aus einem kräftigen Sattelstück. Die etwa 2 m auseinanderliegenden, durch Zwischenwände miteinander verbundenen Wangen des Sattelstückes tragen zunächst die Turaswelle (Hauptantriebswelle), ferner die Seiltrommel und an einem über das Dach hinausragenden Rollenbock die Seilrollen für das Eimerleiterwerk, an einem vorgebauten Konsol drehbar gelagert, die Eimerleiter und auf der Ballastseite das Gegengewicht. An und auf dem Sattelstück sowie auf den Stützen sind die Nebengerüste befestigt.

Der zwischen den Wangen des Sattelstückes angebrachte Schüttrumpf besitzt eine durch Druckluft betätigte Schüttklappe, die von einer Steuersäule aus durch einen Klappenschläger gesteuert wird.

Eimerleiter: Sie besteht aus einem Gitterträger, an dem in einer mit auswechselbaren Stahlschienen versehenen Führung der untere schneidende Strang der Eimerkette zwangsläufig geführt ist. Der obere Strang wird über Rollen geleitet, deren Achsen kugelbewegliche Lager besitzen.

Bei der Tiefbagger-Eimerleiter bildet die eigentliche Eimerleiter mit dem Eimerleitermast, der mit der Eimerleiter einen gemeinsamen Drehpunkt hat und von dessen oberem Ende Zugstangen zu der Eimerleiter gehen, einen Winkelhebel. Am oberen Ende des Eimerleitermastes sind Seilrollen gelagert, die die losen Rollen der zum Eimerleiterwindwerk gehörigen Flaschenzüge bilden, zum Heben und Senken der Eimerleiter.

Am unteren Ende der Eimerleiter wird die Eimerkette durch ein Planier-Knickstück horizontal geführt. Der Winkel zwischen Eimerleiter und Knickstück kann beliebig verändert werden.

Das Planierstück besitzt eine mit dem Umkehrturas in Verbindung stehende Spannvorrichtung, mit der die Spannung der Eimerkette berichtigt werden kann.

Die Tiefbaggerleiter läßt sich durch Einschalten weniger Ergänzungsteile zu einer Hochbaggerleiter umbauen.

Baggerantrieb: Zum Betrieb der ganzen Baggereinrichtung dient eine Zwillingsdampfmaschine mit Kolbenschiebersteuerung von 2×300 mm Zylinderdurchmesser und 300 mm Hub. Die Nutzleistung der Maschine beträgt bei 265 U/min, bei 25% Zylinderfüllung und 11 at Dampfeintrittsspannung etwa 150 PS. Die Drehzahl kann durch einen Achsenregler während des Ganges durch einfaches Verstellen eines Handrades an der Achsenreglerwelle innerhalb der Grenzen 225 bis 300 entsprechend 22 bis 30 Eimerschüttungen in der Minute verändert werden.

Der Dampf von 12 at wird in einem Heizrohrkessel mit ausziehbarem Röhrensystem von 80 m² wasserberührter Heizfläche mit eingebautem Überhitzer von 35 m² Heizfläche erzeugt.

a) **Hauptantrieb:** Von der Dampfmaschine wird durch ein Stirnrädergetriebe eine Vorgelegewelle und von dieser mit einer einmaligen Zahnradübersetzung die Turaswelle angetrieben. Um bei drohender Gefahr die Eimerkette plötzlich ausschalten zu können oder um das Heben und Senken der Eimerleiter ohne Mitlaufen der Eimerkette zu bewirken, ist eine pneumatische Lamellenkupplung zwischen der Vorgelegewelle und dem kleinen Zahnrad des Turasantriebes vorgesehen. Das Stirnradritzel auf der Vorgelegewelle wird erst durch das Zusammenpressen zweier Lamellenreihen mit der Welle gekuppelt. Die Kupplung kann mit Hilfe eines Reduzierventiles so unter Druck gehalten werden, daß beim Auftreten eines Hemmnisses am Eimerschnitt ein Durchgleiten stattfindet.

b) **Fahrantrieb**: Der Antrieb der die beiden Drehgestelle verbindenden Welle erfolgt durch ein Stirnräderpaar und ein Lamellenwendegetriebe. Letzteres erhält seinen Antrieb durch eine senkrecht nach oben geführte Welle, die durch ein Kegelräderpaar unmittelbar mit der Dampfmaschinenwelle in Verbindung steht. Das Ein- und Ausschalten des Lamellenwendegetriebes erfolgt durch einen Druckluftzylinder, der mit Hilfe eines Luftsteuerhahnes von den Führerständen aus bedient wird. Die auf der ersten Vorgelegewelle angeordnete Bandbremse wird von dem das Wendegetriebe betätigenden Druckluftzylinder ein- und ausgerückt.

c) **Windwerk**: Der Antrieb des Windwerkes zum Heben und Senken der Eimerleiter erfolgt von der Vorgelegewelle des Hauptantriebes aus mittels Gallscher Kettentriebe.

Das Windwerk besteht aus einem Wendegetriebe und einem Schneckengetriebe. Im ausgerückten Zustande wird ersteres durch eine vom Steuergestänge betätigte Bremse abgebremst. Die Schneckenradachse treibt mit einem Stirnrädertrieb die Windwerkstrommel an.

Diese Windetrommel betätigt je zwei doppelte Seilflaschenzüge, die am Mast der Eimerleiter und an dem beweglichen Gegengewichte angreifen. Letzteres ist derartig geführt, daß die Lage des Baggerschwerpunktes sich nicht ändert. Durch das Gegengewicht wird das Gewicht der Eimerleiter ausgeglichen, so daß das Eimerleiterwindwerk im wesentlichen nur die Reibungskräfte des Getriebes zu überwinden hat.

d) **Druckluftausrüstung**: Die für den Betrieb erforderliche Druckluft wird durch einen an die Dampfmaschine angebauten Kompressor erzeugt. Durch ein Regulierventil am Saugstutzen kann jeder gewünschte Höchstdruck zwischen 5 und 8 at im Druckluftbehälter eingestellt werden derart, daß bei Erreichung des eingestellten Höchstdruckes das Regulierventil den Kompressorsaugstutzen abschließt und der Kompressor mit geringerem Kraftbedarf weiterläuft, dagegen bei einer Druckminderung von 0,2 at die Drucklufterzeugung wieder einsetzt.

Durch die Druckluft werden betätigt:

1. Die Klappen und Schüttschirme an den Bunkerauslaufstellen. Bei Klappenumstellung durch Druckluft erfolgt der Anschlag in den Klappenend-

stellungen je nach dem eingestellten Luftdruck sehr heftig, so daß anhaftende Erdmassen oder nasser, toniger Boden abprallt.

2. Eine Signalpfeife vom Klappenschlägerstand aus.

3. Das Ein- und Ausrücken und Umsteuern der oben erwähnten Lamellenwendegetriebe im Fahrantrieb und im Eimerleiterwindwerk mit Hilfe von kleinen, an diese Kupplungen angeschlossenen Luftzylindern.

Die Druckluftsteuerung des Eimerleiterwindwerkes ist ferner mit einer Endumsteuerung ausgerüstet, die selbsttätig wirksam wird vor Erreichung der Hubendbegrenzung der Eimerleiter.

3. **Doppeltorbagger** *J*: Abb. 254 zeigt einen elektrisch angetriebenen Hoch- und Tiefbagger der Lübecker Maschinenbau-Gesellschaft mit der Bezeichnung $\dfrac{500}{21 \text{ bis } 23,5} \times 18$.

Hauptabmessungen:

Eimerinhalt. . . . . 500 l

Schüttungszahl . . . . 25 pro min

theoretische Stundenleistung $= \dfrac{500 \cdot 25 \cdot 60}{1000} =$ . . 750 m³

Baggertiefe bei 45⁰ Leiterneigung (Planierstück horizontal) . . . . 21 m

Baggertiefe bei 45⁰ Leiterneigung (Planierstück gestreckt) . . . . 23,5 m

Abtragshöhe . . . . 18 m

Eimerleiter (für geführte Kette)

Eimerkette (auf jedes 4. Glied der Kette kommt ein Eimer) 4teilig

2 vordere Drehgestelle mit je 4 Achsen von 1030 mm Spurweite; davon je 2 Achsen mit Motoren angetrieben

1 hinteres Drehgestell mit 4 Achsen

Fahrgeschwindigkeit des Baggers i. d. Minute . . . 6 m

Leistung des Hauptantriebsmotors . . . . 360 PS

» jedes Fahrmotors . . . . 30 PS

» des Leiterwindenmotors . . . . 25 PS

» des Kompressormotors . . . . 12 PS

Das Baggergerüst ist mit einem Doppeltor versehen für die Durchfahrt der Transportzüge und besteht aus einem Vorderwagen mit zwei Drehgestellen und dem Hinterwagen mit einem Drehgestell. Dadurch verteilt sich das ganze Baggergewicht gleichmäßig auf drei Stützpunkte. Der obere Teil des Gerüstes trägt das Turasgetriebe und die Leiterwinde; nach hinten ist der Träger für das verschiebbare Gegengewicht angebaut.

Der Ausleger dient für die Aufhängung der Eimerleiter. Er ist für Tiefbaggerung mit der Eimerleiter starr verbunden, so daß beide die gleichen Hub- und Senkbewegungen machen. Bei Hochbaggerung wird der Ausleger festgestellt und mit dem Baggergerüst durch Zugstangen verbunden.

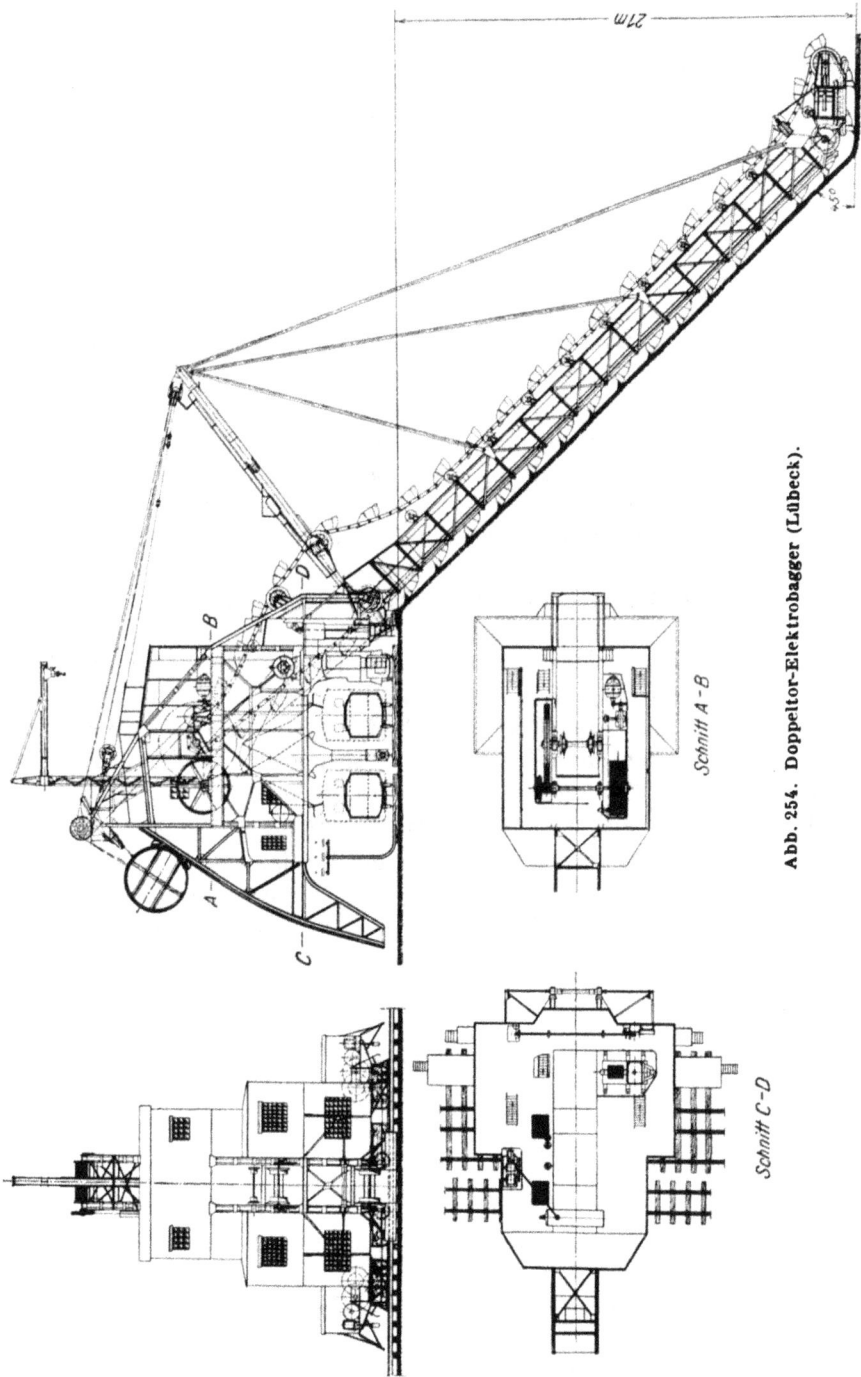

Schnitt A-B

Schnitt C-D

Abb. 254. Doppeltor-Elektrobagger (Lübeck).

Die Eimerleiter wird als Gitterträger ausgeführt. Die Tiefbaggerleiter kann nach Einbau eines Horizontalstückes zwischen Gerüst und Eimerleiter auch für Hochbaggerung verwendet werden. Die Seilflaschenzüge greifen dann im Knickpunkt der Eimerleiter an, während der obere Teil derselben durch Lenker gehalten wird. Diese Anordnung gestattet einen Parallelschnitt.

Antriebe: Diese werden von den oben angeführten Elektromotoren betätigt. Die Steuerung erfolgt von den Baggerführerständen aus.

1. **Fahrantrieb:** Jedes Drehgestell hat einen besonderen Fahrmotor, der unmittelbar an den Fahrgestellen angeordnet ist. Die Kraftübertragung erfolgt durch Stirnräder. In das Getriebe jedes Drehgestelles ist eine Bremse eingebaut. Sie bezweckt ein schnelles Stehen des Baggers und verhindert das Weiterfahren bei ausgeschalteten Fahrmotoren.

2. **Turasantrieb:** Der Oberturas wird durch Seiltrieb und Stirnradvorgelege von einem auf der Plattform aufgestellten Motor angetrieben. In das Getriebe ist eine pneumatische Lamellenkupplung eingeschaltet, die eine sofortige Ausschaltung der Eimerkette gestattet und bei abnormal hohen Grabwiderständen der Eimer gleitet. Die Einstellung des Druckes auf die Kupplung für den jeweiligen Grabwiderstand geschieht durch ein in die Druckluftleitung eingebautes regulierbares Reduzierventil. Als Reserve ist außerdem eine hydraulische Betätigung durch Handpumpe vorgesehen.

3. **Leiterhubwinde:** Das Windwerk zum Heben und Senken der Eimerleiter treibt ein besonderer Motor mittels Schnecken und Stirnradvorgelege an. Eine Bremse hält das Getriebe im ausgerückten Zustande fest. Die Eimerleiter und das Gegengewicht stehen durch Drahtseile derart in Verbindung, daß beim Heben der Eimerleiter mittels der Leiterwinde ein Senken des Gegengewichtes erfolgt.

Druckluftanlage: Zur Erzeugung der für den Baggerbetrieb erforderlichen Druckluft ist ein elektrisch betriebener Kompressor mit Reguliervorrichtung aufgestellt. Die Druckluft dient zur Betätigung von Kupplungen, einer Signalpfeife sowie der Klappe für die Verteilung des Bagger-

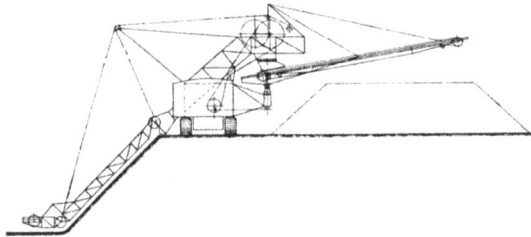

Abb. 255. Schema eines Raupenkettenbaggers mit Absetzförderband
(Lübeck).

gutes in eine der beiden Schüttrinnen und der Wendeklappen an den Schüttrinnen. Sämtliche Klappen werden durch Druckluftzylinder von einem Bedienungsstand aus verstellt.

4. Raupenkettenbagger: Der durch einen Elektro- oder Dieselmotor angetriebene Bagger der Lübecker Maschinenbau-Gesellschaft (Abb. 255) hat die Bezeichnung $R\dfrac{75}{7,5}\cdot 30$.

Hauptabmessungen:

Eimerinhalt. . . . . 75 l

Schüttungszahl . . . . 30 pro min

theoretische Stundenleistung $=\dfrac{75\cdot 30\cdot 60}{1000}=$ . . . . 135 m³

Baggertiefe bei 45° Leiterneigung (senkrecht gemessen) 7,5 m

Abtragshöhe bei 45° Leiterneigung (senkrecht gemessen) . . . . 6 m

Eimerleiter (für geführte Kette)

Eimerkette (auf jedes 4. Glied der Eimerkette kommt 1 Eimer) . . . . 4 teilig

Fahrgeschwindigkeit des Baggers pro min . . . . . 4 m

Leistung des Antriebsmotors . . . . ca. 60 PS

Transporteur . . . . 12 m Länge

Gurtbreite . . . . 0,7 m

Der Bagger besteht aus dem Gerüst in Eisenkonstruktion, dem Verladetrichter, dem Ausleger, der Eimerleiter, den Getrieben für Turasantrieb, Leiterwinde, Fahrantrieb und der Raupenkette.

Baggergerüst: Das Gerüst besteht aus dem Unterwagen, der Einlaufrinne mit dem Drehpunkt der Eimerleiter, dem Aufbau, dem Ballastkasten und dem Maschinenhaus. Auf der Plattform des Unterwagens sind der Antriebsmotor und die Teile zum Fahrantrieb aufgestellt. Auf der oberen Plattform des Gerüstaufbaues sind die Getriebe für den Turasantrieb und die Leiterwinde untergebracht.

Eimerleiter: Sie ist für geführte Kette als Fachwerkträger ausgebildet. Bei Hochbaggerung wird für die Herstellung eines Planums zwischen Eimerleiter und Einlaufrinne ein Horizontalstück eingebaut. Bei Tiefbaggerung wird, wenn man auf ebene Baugrubensohle Wert legt, das untere Leiterende horizontal einstellbar vorgesehen. Zur Herstellung bestimmter Kanalprofile werden entsprechende Leitern ausgeführt.

Ausleger: Dieser dient für die Aufhängung der Eimerleiter; er ist am Gerüst gelagert und durch Zugstangen mit dem Oberbau verbunden.

Eimerkette: Die rückwärts schneidenden Eimer bestehen aus gepreßten Flußstahlblechen. Die Eimer sind mit der Schakenkette durch seitlich an die Eimerwände angenietete Schaken verbunden. Die Kettenbolzen aus gehärtetem Sonderstahl besitzen flache Splinte.

Verladeeinrichtung: Das gebaggerte Material wird entweder in einen verschließbaren Trichter geschüttet, wobei man den Trichterverschluß als Klappe ausbildet und durch Hand betätigt, oder das Material wird durch einen kleineren Trichter mittels eines Gurtförderers weitergeleitet und abgesetzt.

Die verschiedenen Bewegungen werden in folgender Weise von dem Antriebsmotor ausgeführt:

1. **Turas- und Eimerkettenantrieb**: Dieser erfolgt durch Riemen oder Seiltrieb und ein Stirnräderpaar von der Hauptantriebswelle aus. In das Getriebe ist eine Friktionskupplung eingeschaltet, die bei Überbeanspruchung des Baggers gleitet, so daß Brüche der Getriebeteile möglichst ausgeschlossen sind. Die Kupplung ermöglicht auch ein Stillsetzen des Turasantriebes, ohne den Motor abstellen zu müssen.

2. **Fahrantrieb**: Er wird von der Hauptantriebswelle abgeleitet. Für das Vor- und Rückwärtsfahren des Baggers ist ein Wendegetriebe in die Triebwerksteile eingebaut. Beim Schwenken des Baggers werden die Raupenketten vom Antrieb vollständig aus- oder auf eine geringere Geschwindigkeit geschaltet.

3. **Heben und Senken der Eimerleiter**: Dieses geschieht durch die Leiterwinde, d. i. eine Drahtseilwinde, die man von der oberen Vorgelegewelle des Turasantriebes aus betreibt. Die Kraft wird durch Stirnräder und ein in einem geschlossenen Ölkasten gelagertes Wende- und Schneckengetriebe auf eine Seiltrommel übertragen.

4. **Heben und Senken des Unterteiles der Einlaufrinne** für die Eimerkette mit dem Drehpunkt für die Eimerleiter: Dies ist bei Raupenbaggern notwendig, um ein gleichmäßiges Planum zu erhalten, wenn sich die Raupenketten beim Baggern je nach der Beschaffenheit des Bodens mehr oder weniger in denselben eindrücken. Zu diesem Zweck ist die Einlaufrinne oben am Aufbau drehbar befestigt und das untere Ende mit dem Drehpunkt für die Eimerleiter mittels Seile, welche über Rollen zu einer Winde laufen, am Ausleger aufgehängt.

5. **Bewegung des Gurtförderers**: Sie erfolgt gewöhnlich von dem oberen Hauptvorgelege aus.

6. **Schwenken des Gurtförderers**: Dies geschieht meist durch einen Kettenhaspeltrieb.

7. **Schwenken des Oberbaues**: Wenn diese Bagger sowohl für seitliche Baggerung als auch für Grabenbaggerung verwendet werden sollen, erhalten sie einen um 360° schwenkbaren Oberbau. Bei seitlicher Baggerung wird dann die Eimerleiter rechtwinkelig zur Fahrtrichtung eingestellt, während sie bei Grabenbaggerung in Fahrtrichtung gestellt wird.

Raupenkettenbagger für seitliche Baggerung (Lübecker Maschinenbau-Gesellschaft).

Eimerinhalt l	15	25	25/30	25/30	75	100	150	300	300	300
max. senkr. Baggertiefe bei 45° Böschung . . . . m	4,5	5,5	7/6,5	8,6/7,5	7,5	8	10	10	10	14
theoretische Leistung . m³/h	27	45	45/90	45/90	135	180	270	468	500	540
Transporteurlänge . . . m	4	7	6	10	12	15	15	15	18	18
Transporteuranordnung . .	fest	fest					schwenkbar			
Leistung des Dieselmotors PS	18	27	34	45	60			nur elektrisch		
Leistung der Dampfmaschine PS$_1$	—	30	40	50	65			nur elektrisch		
Kessel . . . . m²	—	12	16,4	22	28,4	—	—	—	—	—
Leistung des Elektromotors PS	15	25	30	40	60		mehrere Elektromotoren			

Gleis-Eimerkettenbagger (Maschinenbau-Gesellschaft Lübeck).

Bauart	Dampfantrieb Einfachschütter						elektrischer Antrieb Einfachschütter						elektrischer Antrieb Doppelschütter			
Eimerinhalt l	180	250	300	300	400	500	180	250	300	300	400	500	300	400	500	500
Baggertiefe als Eimerbagger m / max. bei	12	15	12	20	18	18	14	15	12	20	18	18	21	19	19	23,5
Abtragshöhe 45° Böschung m	12	13	10	14	14	14	12	13	10	14	14	14	18	18	18	18
Anzahl der Schüttungen pro min	25	24	24	24	25	25	25	25	25	25	25	25	25	25	25	25
theoretische Leistung . . m³/h	270	360	432	450	600	750	270	375	450	450	600	750	450	600	750	750
effektive Leistung geschütteten Bodens im Waggon gemessen bei 66⅔ % Eimerfüllung m³/h	180	240	288	300	400	500	180	250	300	300	400	500	300	400	500	500
Gesamtbetriebsgewicht einschl. Ballast und Dampfanlage bzw. elektr. Ausrüstung . . . . t	113	156	154	282	294	302	102	150	150	254	261	265	275	282	286	350
Bedienung	1 Baggermeister, 1 Maschinist 1 Heizer, 1 Klappenschläger						1 Baggermeister, 1 Schmierer 1 Klappenschläger						1 Baggermeister 1 Schmierer 1 Klappenschläger			

Instandhaltung und Wartung von Eimerkettenbaggern und besonders der Raupenbagger.

Bei Inbetriebnahme des Baggers ist zu beachten:

Schmierung: Sämtliche Schmierstellen sind mit Fett gut durchzuschmieren. Die Ringschmierlager mit dünnflüssigem Öl aufzufüllen. Die Schneckengehäuse (besonders bei elektrischem Antrieb) und Getriebekasten mit geeignetem Öl zu füllen. Die Zahnräder sind ebenfalls gut zu schmieren und die Drahtseile mit Seilschmiere einzufetten.

Raupenkette: Sie muß immer gut nachgespannt werden, damit die obere Kette möglichst wenig durchhängt. Bei Dieselmotorenbetrieb erfolgt der Raupenbänderantrieb durch entsprechende Getriebe mit veränderlicher Geschwindigkeit. Bei elektrischem Betrieb wird jedes Raupenband mit besonderem Motor angetrieben. Beim Kurvenfahren ist der eine Motor in seiner Drehzahl herunterzuregulieren, indem man den ganzen Anlaßwiderstand einschaltet. Durch leichtes Anziehen der Bremse geht dann der Motor in seiner Drehzahl zurück, wodurch die innen liegende Raupe langsamer läuft als die außenliegende und der Bagger in Kurve fährt. Vollständiges Ausschalten des einen Motors und gleichzeitiges Bremsen ist auf keinen Fall zulässig.

Eimerkette: Diese kann durch eine Kupplung stillgesetzt werden. Die Turaskupplung, die mit einem Gemisch von Öl und Petroleum zu schmieren ist, muß von Zeit zu Zeit gereinigt werden. Das Gegengewicht zum Einrücken der Kupplung ist so zu regulieren, daß die Kupplung bei abnormal hohen Grabwiderständen rutscht.

Gurtförderer (Transporteur): Es soll mit ihm möglich sein das Material sowohl absetzen, als auch unmittelbar durch den Schütttrichter in die Wagen verladen zu können. In letzterem Falle ist der Gurtförderer rechtwinkelig zur Fahrtrichtung zu stellen und soweit nach vorn zu schieben, daß der zum direkten Beladen dienende Lauftrichter unter den Schütttrichter zu liegen kommt. Die Verbindung der Luftleitungs-Panzerschläuche mit dem Umsteuerungszylinder, die vorher gelöst wurde, ist wieder herzustellen.

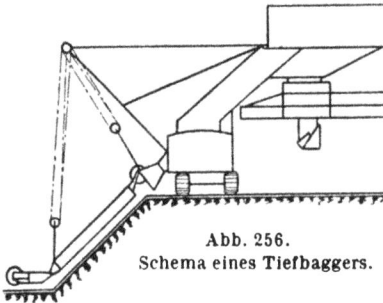

Abb. 256.
Schema eines Tiefbaggers.

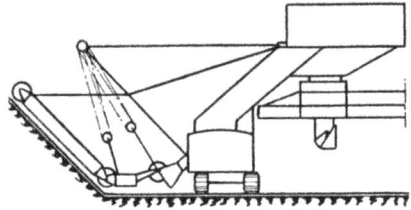

Abb. 257.
Schema eines Hochbaggers.

Tiefbaggerung: Beim Arbeiten als Tiefbagger, Abb. 256, bildet der Eimerleiter-Knotenpunkt das zweitletzte Feld der Eimerleiter. Mit dem letzten einstellbar angeordneten Leiterstück kann eine wagrechte Sohle erzielt werden.

Das Heben und Senken der Eimerleiter geschieht durch einen Flaschenzug, der gleich hinter dem Knotenpunkt am langen Leiterstück angreift.

Hochbaggerung: Beim Arbeiten als Hochbagger, Abb. 257, ist der bei Tiefbaggerung im zweiten Felde sitzende Leiterknotenpunkt nach oben zu versetzen Die Leiter ist hierfür mit einer durch Laschen verschraubten Teilstelle zu versehen. Es entsteht dadurch ein 2 ½ m langes Planierstück. Die Aufhängung greift dann wieder hinter dem Knotenpunkt auf dem langen Leiterstück an. Um die Eimerleiter an ihrem äußeren Ende zu halten, wird ein Lenker eingebaut, der an dem äußersten Angriffspunkt an der Eimerleiter beim Umlenkturas und einmal in der Mitte des Auslegers angreift. Der Lenker ist so angeordnet, daß beim Heben und Senken der Eimerleiter sich das lange Leiterstück parallel hebt und senkt.

Mit der Winde zur oberen Eimerleiter läßt sich das jeweilige Planum für Hochbaggerung einregulieren, je nachdem die Raupenkette in dem Boden mehr oder weniger einsinkt.

Ausbalancierung: Hierfür sind in den Ballastkasten des Gurtförderers, am Ausleger und in den beiden unteren Leiterfeldern vorgeschriebene Ballastgewichte unterzubringen.

Steigungen: Mit dem betriebsfertigen Bagger kann man Höchststeigungen von 1:30 fahren. Sollen bei Ortswechsel größere Steigungen überwunden werden, so ist der Gurtförderer abzunehmen und der Ballast aus dem Kasten am Ausleger zu entfernen. Dann sind Steigungen bis zu 1:15 zulässig. Das zu befahrende Gelände ist möglichst zu planieren.

Bei Sturmgefahr ist mit dem Bagger nicht zu arbeiten.

F. Rammen.

Rammen dienen zum Eintreiben von Pfählen und Spundwänden in den Boden.

Einteilung nach der Betriebsweise in:

a) **Handrammen:**

1. Gewöhnliche Ramme — Der Bär oder Schlegel wird direkt von Hand gehoben.

2. Zugramme. — Der Bär wird durch Zugleinen von Hand gehoben.

b) **Mechanische Rammen** oder **Kunstrammen:** Der Rammbär wird durch ein von einer Kraftmaschine angetriebenes Windwerk hochgezogen.

1. Freifallramme mit Nachlaufkatze — Eine Ramme mit Auslösevorrichtung und rücklaufendem Seil.

2. Ramme ohne Auslösevorrichtung — Der Bär ist mit dem Seil fest verbunden und Seil und Trommel laufen mit dem fallenden Bär zurück.

3. Ramme mit endloser Kette — Der Bär wird durch die umlaufende Kette hochgezogen und freigelassen.

c) **Direkt wirkende Dampframmen:** Der Bär ist als Dampfzylinder ausgebildet.

1. Normale Dampframme — Sie besitzt eine nach oben gerichtete, hohle Kolbenstange für den Dampfzutritt. — Die Rammen mit nach unten gerichteter, massiver Kolbenstange, die auf dem Pfahl aufsitzt (Lacourbär), werden nicht mehr ausgeführt.

2. Kanal-Dampframme — Eine fahrbare Kleindampframme mit einem ebenfalls fahrbaren Dampfkessel, der vom eigentlichen Rammgerüst getrennt ist.

3. **Kran-Dampframme** — Eine Ramme mit beliebig veränderbarer Ausladung.

d) **Spezialrammen:**

1. **Konuspfahlmaschine** — Durch Preßluft oder Dampfdruck wird ein konischer, eisenarmierter Hartholzpfahl gerammt, der von einem angepaßten, nach unten abschließenden Blechrohr umgeben ist. Das Blechrohr bleibt nach Entfernung des Konuspfahles im Boden und der verbleibende Innenraum wird mit Beton ausgestampft.

2. **Rammhammer** — Ein mittels Preßluft oder Dampfdruck betriebener Schlagkolben der sich in einem feststehenden Zylinder befindet, überträgt seine Bewegung durch einen Zwischenkolben und einen Rammblock auf den Pfahl.

3. **Simplexrammen** — Durch eine mechanische Ramme werden starkwandige Eisenrohre mit einer zweiteiligen Spitze in den Boden getrieben. Das Innere des Rohres wird mit Beton ausgestampft und das Rohr wieder herausgezogen.

a) Handrammen.

1. Gewöhnliche Handrammen: Man benutzt sie zur Pflasterung oder im Faschinenbau zum Einschlagen kleiner Pfähle von 1 bis 1,5 m Eindringtiefe.

Rammgewicht: 10—12 kg für 1 Arbeiter ⎱
50—60 » » 4 » ⎰ 0,5—1 m Hubhöhe
1 Hitze = 20—30 Schläge ohne Unterbrechung.

2. Zugrammen: Sie dienen zum Eintreiben von kleinen Pfählen. Bohlen, Spundwänden und werden mit Holz- oder Eisengerüst ausgeführt.

Die Ramme nach Abb. 258 zum Einrammen von Pfählen besteht aus einem Dreifuß, mit einer oben angebrachten Rolle. An dem darüberlaufenden Seil ist auf der einen Seite der eiserne Rammbär befestigt. Auf der anderen Seite hängen verschiedene Stränge mit Holzknebeln zum Ziehen.

Der Nachteil der Handrammen liegt in der Beschränkung des Bärgewichtes und der geringen Hubhöhe.

b) Mechanische Rammen oder Kunstrammen.

Die **Handkunstramme**, bei der man den Bär mit einer Handräderwinde hochzieht, wird wenig benutzt. Sie vermag Bärgewichte von 600 bis 700 kg auf 4 bis 6 m zu heben, aber bei zu geringer Schlagzahl.

Die **Motorramme**, bei der die Winde durch eine Kraftmaschine angetrieben wird, ist noch viel im Gebrauch. Sie ge-

Abb. 258. Zugramme (Bünger).

stattet Bärgewichte von 1000 bis 2000 kg bei 10 bis 12 m Nutzhöhe zu verwenden. Einige Motorrammen seien im folgenden näher ausgeführt.

1. **Ramme mit Freifallbär und Nachlaufkatze:** Die in Abb. 259 dargestellte Ramme dieser Art von Ibag, Neustadt a. H., besteht im all-

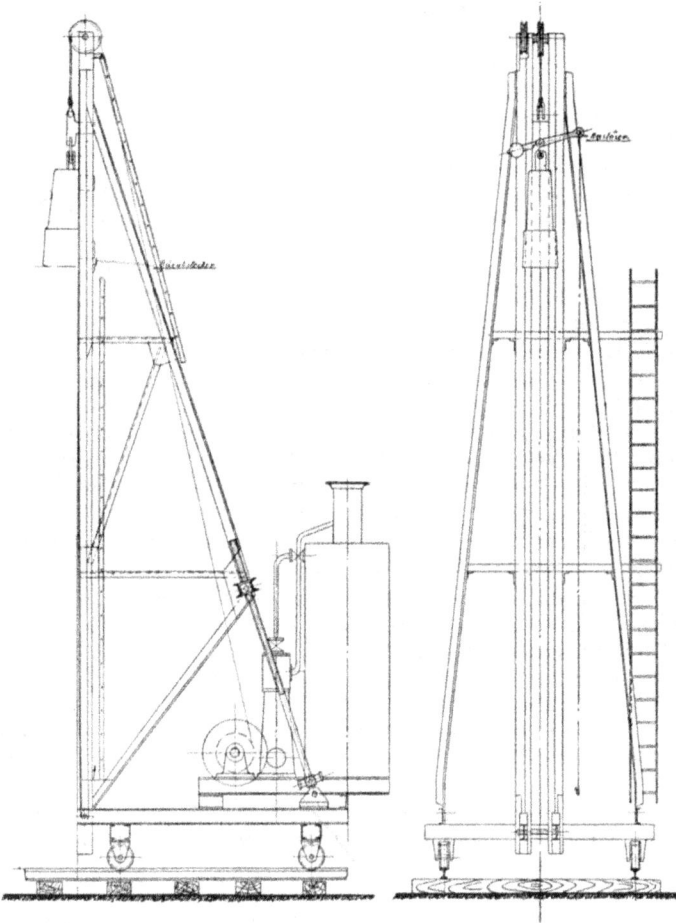

Abb. 259. Freifallramme (Ibag).

gemeinen aus dem Gerüst, dem Oberwagen mit der Winde, dem Unterwagen und Aufrichtebock.

Mit diesen Rammen können folgende Bewegungen ausgeführt werden:
1. Heben des Bären mit der Winde sowie Auslösung desselben;
2. Senken der Nachlaufkatze zur Wiederverbindung mit dem Bär;
3. Heben und Senken der Bärführungsschienen[1]);
4. Heben der Pfähle;

---

[1]) Eine gebräuchliche Bezeichnung dafür ist Mäkler auch Läuferruten.

5. Neigen des Gerüstes nach vor- und rückwärts;
6. Fahren des Unterwagens für Reihenrammung;
7. Drehen des Oberwagens für Flächenrammung.

Das Gerüst ist aus Eisen mit Ausnahme der Abdeckung des Oberwagens und der festen Läuferruten, die in der Regel aus Holz sind. Es hat doppelte Laufruten, zwischen denen sich die Bärführungen aus U-Eisen bewegen. Die Ausführung des Gerüstes mit doppelten Laufruten ermöglicht es, die Bärführungseisen in den Laufruten versenkbar anzuordnen und dadurch mit dem Bären auch unter den Fahrschienen schlagen zu können.

Die Bärführungseisen werden mittels eines Seiles gehoben oder gesenkt, das auf einer besonderen Trommel mit Bremse aufgewickelt und in der jeweiligen Lage gehalten wird. Das Heben geschieht durch eine Dampfwinde, wobei die Bärschiene bzw. der Rohrleitungsträger unter die obere Verbindung der Bärführungseisen greift. Bei geringer Versenkung der Bärführungseisen können diese ohne besondere Unterstützung arbeiten. Bei Versenkung von mehr als 2 m müssen sie unten gestützt werden. Ihre Länge reicht für eine Versenkung bis zu etwa 5 m aus.

Das Heben der Pfähle geschieht vielfach durch lose Rollen.

Die Absteckung des Bären in verschiedenen Stellungen ist durch Ziehen an einem Handseil vom Maschinistenstand aus möglich.

Die Neigung des Gerüstes aus der senkrechten Stellung heraus kann durch Schraubenspindeln erfolgen. Der vordere Fuß des Gerüstes ist fest auf dem Oberwagen gelagert. Bei den größeren Betonpfahlrammen ist der Gerüstfuß nach vor- und rückwärts verschiebbar, um ausweichenden Betonpfählen folgen zu können, da man diese nicht wie Holzpfähle an das Rammgerüst heranziehen kann.

Der Oberwagen trägt das Gerüst und auf der Hinterseite das Windwerk. Dieses treibt die Einrichtungen zum Drehen und Fahren der Rammen an, die auf dem Oberwagen vor der Winde aufgebaut sind.

Das Drehen erfolgt bei kleineren Rammen durch Seile, die auf Trommeln auf- und abgewickelt werden, bei größeren Rammen durch Zahnräder. Die Oberwagen drehen sich mit einem Drehkranz, schleifend auf dem Unterwagen.

Das Fahren geschieht bei manchen Rammen durch ein Fahrseil, das auf eine auf dem Oberwagen liegende Trommel bzw. auf dem Spillkopf aufgewickelt wird. Das Fahrseil muß an einen festen in der Fahrrichtung liegenden Punkt befestigt werden. Vielfach wird das Fahren durch Zahnräder bewirkt, die die Laufräder antreiben.

Der Unterwagen ruht auf vier Laufrädern mit doppeltem Spurkranz. Diese Räder sind bei kleineren Rammen auf kurzen Bolzen, bei größeren auf durchgehenden Achsen gelagert.

Um bei Gleisverlegungen die Rammen bequem von den Schienen abheben zu können, sind hinten am Oberwagen Schraubstützen angebracht, die von Hand oder auch maschinell verstellt werden können. Vorne müssen entweder Zahnstangenwinden unter die Laufruten oder Schraubenwinden unter die vorderen Ecken des Oberwagens gesetzt werden, damit man die ganze Ramme anheben und den Unterwagen frei herumdrehen kann.

Das Windwerk hat getrennte Bär- und Pfahlseiltrommel. Die Kupplungen sind so ausgeführt, daß jede Trommel unabhängig von der anderen eingerückt werden kann. Die Pfahltrommel hat eine feststellbare Handbremse bzw. Fußbremse, die Bärtrommel eine Fußbremse. Außerdem besitzt manche Winde noch einen außen sitzenden Spillkopf für Nebenarbeiten.

Der Freifallbär besteht aus Gußeisen mit Führung für doppelte
Laufruten. Zwischen Rammseil und Bär ist die Nachlaufkatze eingeschaltet, d. i. eine Vorrichtung zum Auslösen des Bären bzw. Fassen
desselben nach erfolgtem Schlage.

Eine Auslösevorrichtung ist in Abb. 263 dargestellt. Der Haken
schnappt selbst ein, sobald er auf den Bär niedergelassen wird. Das Ab-
ziehen des Hakens nach dem Hochziehen des
Bären erfolgt durch ein Zugseil.

Rammvorgang: Sobald der Haken ausgelöst
ist, führt der Bär den Schlag aus; die Trommel-
kupplung wird ausgerückt und die Trommel läuft,
von der Nachlaufkatze gezogen, zurück. Inzwischen
rückt man die Friktionskupplung aus. Nachdem
die Katze auf den Bären aufgestoßen ist, wird die
Klauenkupplung wieder eingerückt und darauf der
Motor durch die Friktionskupplung mit der Winde
neuerdings gekuppelt.

Die Bärtrommel erhält eine Bandbremse,
um die rücklaufende Trommel, nach dem Auf-
stoßen der Nachlaufkatze auf den Bären, ab-
bremsen zu können.

Die Pfahltrommel zum Heben der Pfähle
befindet sich vor der Bärtrommel.

Durch das Auslösen des Bären, das Niederlassen der Nachlaufkatze und Wiedereinhaken des
Bären geht ziemlich viel Zeit verloren. Diese Nachteile vermeidet zwar die

2. **Ramme ohne Auslösvorrichtung:** Der Bär
ist hierbei mit dem Seil fest verbunden. Wird er
niedergelassen, so reißt er das Seil sowie auch die
Bärtrommel mit; kommt er auf dem Pfahl zur
Ruhe, so wird durch eine Reibungskupplung die
Trommel mit dem inzwischen weitergelaufenen

Abb. 260.
Rammbär mit Auslöse-
vorrichtung.

Motor gekuppelt und der Bär wird dadurch von neuem gehoben. Diese
Ausführung hat aber den Nachteil, daß beim Fallen des Bären die
Trommel beschleunigt werden muß, wodurch ein Teil der Schlagkraft
verloren geht.

3. **Ramme mit endloser Kette:** Diese Rammenart vereinigt die Vorteile der unter 1 und 2 angeführten Rammen, indem sie einen freifallen-
den Bär besitzt und durch eine ständig umlaufende Kette Zeit gespart
wird. Die Kette wird mit Hilfe eines Knaggenrades vom Motor bewegt,
der Bär mit der Kette durch einen Riegel verbunden, der in die Lük-
ken der Kette eingreift und von einem Arbeiter mittels Ziehen an einem

Seil betätigt werden kann. Das Auslösen des Riegels erfolgt durch geeignete, verstellbare Anschläge am Rammenmäkler.

Angaben über mechanische Rammen. (Menck & Hambrock, Altona.)

Bärgewicht . . . . kg	1250	1500	2000
Zulässiges Pfahlgewicht . . . . kg	1000	1200	1600
Totale Höhe des Gerüstes . . . . m	15,6	17,5	20,1
Nutzhöhe von Schienenoberkante bis Unterkante des hochgezogenen Bären . . . . . m	11,8	13,5	15,8
Spurweite der Schienen . . . . m	2,5	2,75	3,0
Motordauerleistung . . . . PS	12,5	15	20

c) Direkt wirkende Dampframmen.

1. Normale Dampframme.

Diese Rammen werden zum Eintreiben von Eisenbetonpfählen für besonders große Leistungen verwendet und mit Bärgewichten bis 6000 kg und Schlagzahlen von 30 bis 40 Schlägen/min aber verhältnismäßig kleinen Hubhöhen von ¾ bis 1,5 m ausgeführt.

Bei ihnen wirkt der Dampf von einigen Atmosphären direkt auf den als Dampfzylinder ausgebildeten Rammbär im Gegensatz zu den oben erwähnten mechanischen Dampframmen, bei denen eine Dampfmaschine und Winde den massiven Bären hebt.

Die Dampfzuleitung erfolgt bei größeren Bären von mehr als 1600 kg durch Gelenkrohre. An einem Rohrträger ist auf der einen Seite das mehrteilige Gelenkrohr zum Kessel und auf der anderen Seite das Gelenkrohrstück nach dem Bär angeschlossen. Beim Rammen wird der Rohrträger vom Bären abgekuppelt und langsam mit der Winde abgelassen.

In den Abb. 261 u. 262 ist ein Bär von Menck & Hambrock in höchster und tiefster Hubstellung angegeben. Kolben und Kolbenstange stehen still, stützen sich mittels der Bärschiene auf den Pfahl und senken sich mit ihm. Der Dampf gelangt bei dem Dampfeinströmstutzen durch die hohle Kolbenstange und durch die Kanäle des Kolbens in den Raum oberhalb desselben, wodurch der Bär gehoben wird. Der Steuerkolben für die Dampfregulierung befindet sich dabei in seiner tiefsten Stellung. Während des Bärhebens wird der Steuerkolben durch die halbautomatische Steuerung, mittels Steuerschiene und Hebel, selbsttätig umgestellt, so daß der Kolben in seine höchste Stellung kommt. Dann entweicht der im Bären befindliche Dampf aus dem Raum oberhalb des Kolbens durch die Kolbenkanäle in den Raum unterhalb desselben und von da durch die Auspufföffnung ins Freie, während der Bär gleichzeitig fällt. Nach erfolgtem Schlag wird der Steuerkolben wiederum in seine tiefste Stellung gebracht und der Bär hebt sich von neuem.

Die Steuerung des Bären wird durch ein Seil bewirkt. Der Bedienungsmann läßt den Dampf ein, die Abstellung des Dampfeintrittes erfolgt selbsttätig durch die Steuerschiene. Will man kürzere Hübe, als die Schiene sie ergibt, ausführen, so kann man mit Hilfe des Abzugseiles den Bären von Hand steuern.

Im übrigen besitzt diese Dampframme in bezug auf Dreh- und Fahrbewegung, Pfahlheben sowie Neigung des Gerüstes ähnliche Einrichtungen wie die oben beschriebenen mechanischen Rammen.

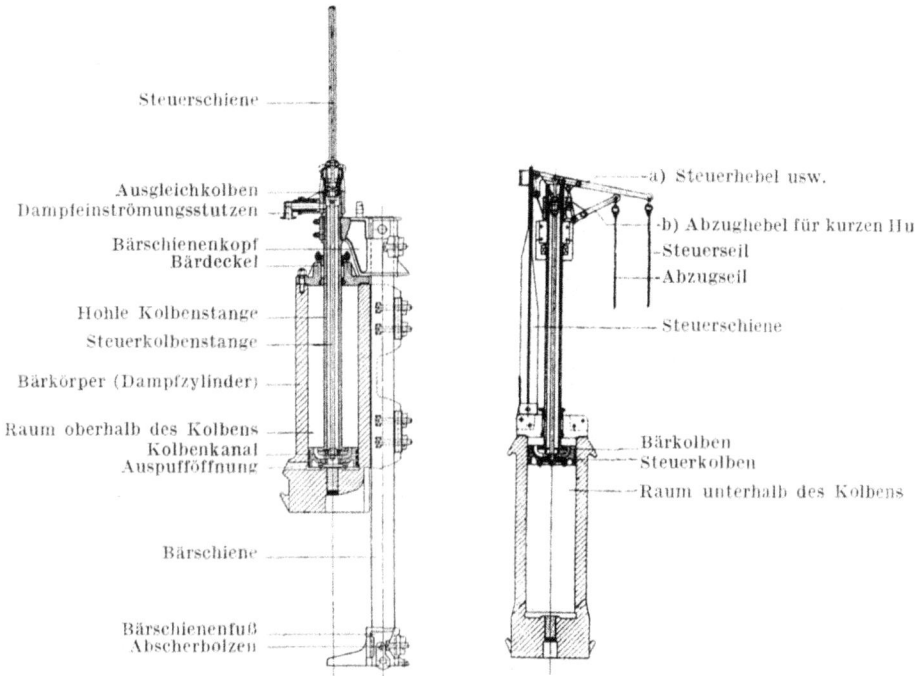

Steuerschiene

Ausgleichkolben
Dampfeinströmungsstutzen
Bärschienenkopf
Bärdeckel

Hohle Kolbenstange
Steuerkolbenstange

Bärkörper (Dampfzylinder)

Raum oberhalb des Kolbens
Kolbenkanal
Auspufföffnung

Bärschiene

Bärschienenfuß
Abscherbolzen

a) Steuerhebel usw.

b) Abzughebel für kurzen Hu
Steuerseil
Abzugseil

Steuerschiene

Bärkolben
Steuerkolben

Raum unterhalb des Kolbens

Abb. 261 und 262. Dampframmbär (Menck & Hambrock).

Abb. 263 u. 264 zeigen eine größere vollständige **normale Dampframme** von Menck & Hambrock mit Gelenkrohren und den übrigen erwähnten Einrichtungen. Die Ramme Modell D mit 4000 kg Bärgewicht hat 18 m Nutzhöhe, verkürzbar auf 10 m.

Zum Betrieb der Ramme dient ein stehender Dampfkessel mit Überhitzer, wobei der überhitzte Dampf durch Gelenkrohre zum Rammbär geleitet wird, während die neben dem Kessel stehende zur Ausführung der übrigen Bewegungen dienende Zwillingsmaschine Sattdampf erhält. Die Dampfmaschine treibt mittels Stirnradübersetzung auf eine Vorgelegewelle; auf dieser befindet sich eine **doppelseitige Klauenkupplung**, durch die mit Hilfe eines Handhebels *I*[1]) (von der Maschine aus gerechnet) einmal die **Bärtrommel**, das andere Mal die **Pfahltrommel** eingerückt werden kann. Die beiden Kupplungen für die Bär- und die

[1]) Hebel *I* neben der Antriebsmaschine; die übrigen Hebel folgen der Reihe nach.

Pfahltrommel, mit den Zahnrädern aus einem Stück gegossen, sind zugleich als Bremsscheiben ausgebildet. Die Bremsen werden mit dem Fuß betätigt und außerdem hat die Pfahltrommel noch Handbetätigung.

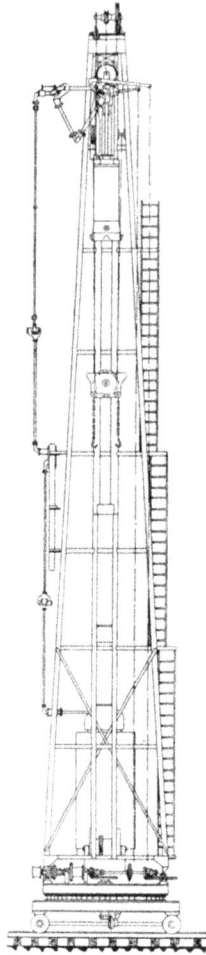

Abb. 263. Abb. 264.

Dampframme (Menck & Hambrock).

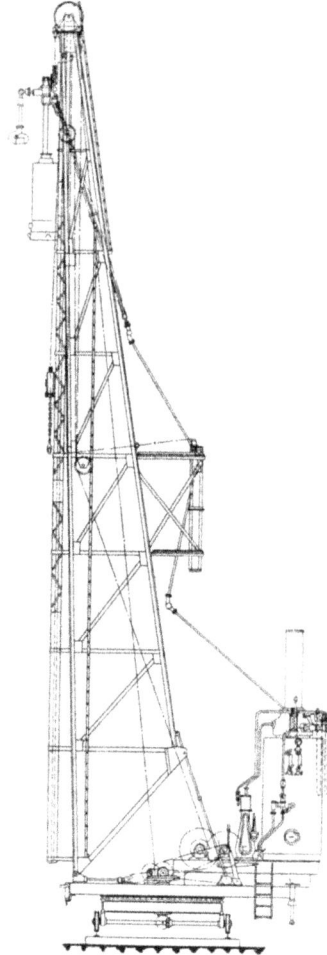

Der Rammbär wird durch die Bärtrommel (Hebel *I* nach der einen Seite) gehoben und kann in verschiedenen Stellungen am Gerüst mit Hilfe der Abstecker festgesetzt werden. Zum Pfahlheben wird die Pfahltrommel gekuppelt. (Hebel *I* nach der anderen Seite.)

Auf der verlängerten Vorgelegewelle sitzt auf der Seite des Maschinisten noch eine weitere Klauenkupplung, mit der die übrigen Bewegungen der Ramme ausgeführt werden. Durch Einrücken dieser Kupplung wird mit Hilfe der Gallschen Kette die Hauptantriebswelle betätigt.

Ausführung der verschiedenen Bewegungen:

1. **Heben der Bärführungseisen.** — Wenn man den Hebel *I*[1]) nach der einen Seite bewegt, wird die Bärtrommel mit der Antriebswelle gekuppelt. Durch Anstellen der Dampfmaschine bzw. der Bärwinde erfolgt das Heben. Beim Senken der Bärführungseisen ist zu beachten, daß die Schienen erst soviel gehoben werden, daß der die Bärführungseisen bei ausgerückter Kupplung festhaltende Stopper ausgelegt werden kann. Wird dies versäumt, so tritt beim Anstellen der Maschine irgendein Lagerbruch ein.

2. **Verschieben der Gerüstfüße der Ramme.** — Mit Hebel *II*[2]) wird durch die Kupplung das Kettenrad eingerückt, das durch eine Gallsche Kette die Verschiebung der Gerüstfüße bewirkt.

3. **Neigungsverstellung des Gerüstes.** — Hebel *III*[3]) veranlaßt die Kupplung des Kettenrades, das mittels der Kette die Antriebswelle für die Neigungsverstellung bewegt.

4. **Fahrbewegung der Ramme.** — Hebel *IV*[4]) schaltet das Triebrad ein, wodurch die Fahrbewegung eingeleitet wird.

5. **Drehbewegung.** — Hebel *V*[5]) kuppelt das Triebrad, das die Drehbewegung bewerkstelligt.

6. **Nebenarbeiten.** — Ein weiterer Hebel rückt den auf der verlängerten Hauptantriebswelle sitzenden Spillkopf an, mit dem verschiedene Arbeiten ausgeführt werden können.

Die Umkehr der Bewegungen unter 2, 3, 4, 5 erfolgt durch Umsteuerung der Dampfmaschine.

Arbeitsvorgang bei Betonpfahlrammung unter Verwendung einer Schlaghaube sowie unter der Annahme, daß der Pfahl in Neigung gerammt wird:

Beim Rammen in Neigung müssen die Schraubenstützen fest angezogen werden, um ein Kippen der Ramme zu verhindern. Die Gerüstfüße sind so einzustellen, daß nach jeder Seite noch genügend Spielraum vorhanden ist, um einem etwa aus der Richtung gehenden Pfahl folgen zu können.

1. Heben des Rammbären mit der an den Pratzen aufgehängten Schlaghaube und Abstecken des Bären am Gerüst.

2. Heben und Stellen des Pfahles mit der Pfahltrommel (Hebel *I*) Der Pfahl darf nur hochgezogen werden, wenn die Ramme nicht in Neigung steht.

3. Die Schlaghaube wird auf den Pfahl aufgesetzt.

4. Der Rohrleitungsträger wird vom Rammbär gelöst, die Heißdampfleitung (Gelenkrohre) zum Bären angeschlossen und der Rammbär langsam angewärmt und abgeschmiert.

5. Anfangs werden kleine Schläge ausgeführt, so lange der Pfahl gut zieht. Dies kann der Steuermann dadurch erreichen, daß er durch

---

[1])—[5]) Siehe Fußnote S. 185.

frühzeitiges Umsteuern den Hub des Bären reguliert (verkürzt). Bei Ausführung von vollhübigen Schlägen wirkt gegen Ende des Bärhebens die Umsteuerung mittels der Schiene auf den Steuerhebel und läßt den Dampf aus dem Bären austreten, worauf dieser wieder fällt.

6. Geht der Pfahl aus der Richtung, so muß bei Betonpfählen mit der Ramme durch Verschieben der Gerüstfüße gefolgt werden.

Inbetriebsetzung und Arbeitsweise des Rammbären.

Vor Inbetriebnahme sind Kolbenstange, Steuerschiene sowie die blanken Teile zu reinigen und einzufetten. Hierauf erfolgt das Anwärmen des Rammbären indem das Heißdampfventil am Kessel ein wenig geöffnet wird. Dabei muß der Steuerhebel in seiner höchsten Stellung sein und der Bär auf dem Pfahl stehen. Dann wird der lange Steuerhebel langsam nach abwärts gezogen, bis der Bär allmählig hochsteigt; hierauf zieht man den kurzen Hebel, der Bär sinkt und der Dampf pufft aus. Dies wiederholt sich solange, bis der Bär warm ist. Nun schließt man das Ventil am Kessel und der Bär wird durch die Schmiervorrichtung am Kolbenstangenkopf geschmiert.

Wenn der Pfahl anfangs stark sinkt, so muß mit kleinem Hub geschlagen werden. Dazu ist die Steuerung von Hand zu öffnen und zu schließen. Später wird der Steuerhebel nur von Hand geöffnet, während das Schließen vom Rammbären selbsttätig ausgeführt wird.

Beim Schlag mit vollem Hub ist darauf zu achten, daß das Ventil am Kessel nur soweit geöffnet ist, daß der Bär nicht hoch steigt und oben gegen den Schienenkopf schlagen kann. Während des Schlagens wird das Seil mit der Rolle vom Rammbär abgehängt.

Sicherheitsvorrichtung gegen das Brechen der Bärnase (am Bärschienenfuß).

Der Bärschienenfuß liegt mit der Nase auf dem Pfahl auf. Der Bär besitzt unten eine Aussparung von der Form der Bärnase, aber derart, daß beim Aufliegen des Bären auf dem Pfahl um die Nase herum nach allen Richtungen hin Luft ist. Dies trifft so lange zu, als der Pfahlkopf eben ist. Nützt sich jedoch derselbe bei Holzpfählen und schmalen Spundwänden um das Auflager der Bärnase herum allmählich ab, so verschwindet der Spielraum zwischen Aussparung des Bären und der oberen Fläche der Nase und der Bär schlägt auf die Nase auf. Es muß nun der Pfahlkopf mittels Stemmeisen oder Säge wieder eben gemacht werden, denn sonst würde bei weiteren Schlägen der Bär mit großer Wucht auf die Nase aufschlagen und diese abbrechen. Um dies zu vermeiden, wird, bevor der Bär auf die Nase aufschlagen kann, ein Abscheerbolzen getroffen, der bei stärkerem Schlag abgescheert wird und die Bärnase dadurch vor dem Bruch- bewahrt.

Angaben über Dampframmen (Menck u. Hambrock).

Bärgewicht	kg	1000	1200	1600	2000	2800	4000	6000
Hubhöhe	m	1,32	1,44	1,56	1,68	1,21	1,28	1,28
Zulässiges Pfahlgewicht	kg	1000	1200	1600	3600	5000	7000	12000
Totalhöhe des Gerüstes	m	15,6	17,5	20,1	22,2	20,0	24,3	30,7
Nutzhöhe	m	10,5	12,0	14,0	16,0	14,0	18,0	24,0
Spurweite	m	2,5	2,75	3,0	3,25	3,25	3,5	4,5

2. Kanal-Dampframme.
(Abb. 265, Bünger, Düsseldorf.)

Diese findet hauptsächlich Verwendung bei Kanalbauten und kleinen Baugruben. Der Dampfkessel ist von dem eigentlichen Rammgerüst getrennt und fahrbar angeordnet.

Abb. 265. Kanal-Dampframme (Bünger).

Die Ramme besitzt einen von Hand fahrbaren Unterwagen, dessen Spurweite von 3 auf 5 m zu verstellen ist, einen ebenfalls von Hand beweglichen Oberwagen, den man quer zur Fahrrichtung des Unterwagens verstellen kann; ferner ein in vollem Kreise drehbares Rammgerüst mit versenkbaren Läuferruten[1]) (Mäkler). Durch diese Anordnung ist es möglich, mit dem Rammbär jeden Teil der von dem Unterwagen überspannten Kanalgrube zu erreichen und mit der Ramme die Spunddielen zu beiden Seiten der Kanalgrube je nach Bedarf einzurammen.

Der Mäkler des Rammgerüstes ist versenkbar angeordnet, so daß der Bär bis auf 4 m Tiefe rammen kann. Die Ramme erhält nur eine Winde zum Hochziehen und Niederlassen des Bären sowie zur Betätigung des Mäklers. Ein auf der Trommelwelle sitzender Spillkopf dient zum Hochziehen und Heranholen der Spundbohlen.

Der Dampfbär ist direkt wirkend und gleitet wie die Führungsstange an dem Mäkler. Bär und Führungsstange stehen im Ruhezustand auf dem Kopf des einzu-

---

[1]) Siehe Fußnote S. 181.

rammenden Pfahles. Mit dem oberen Ende der Führungsstange ist das Dampf-
steuerorgan verbunden, das wiederum mit der hohlen Kolbenstange in Verbindung
steht.

Wird der Steuerschieber durch Zug an einem Handseil geöffnet, so strömt der
Dampf ein, der Bär wird gehoben, während die Führungsstange auf dem Pfahl ruhen
bleibt. Bei genügender Höhe des Bären wird ebenfalls durch Zug an dem vorerwähn-
ten Seil der Dampf umgesteuert, der Dampfzutritt gesperrt, der Dampfaustritt
geöffnet; der Bär fällt auf den Pfahl. Die Dampfzuleitung zum Rammbär und zur
Winde erfolgt durch Metall-Spiralschläuche. Die Rammwinde besitzt eine Zugkraft
von 1000 kg an der Trommel.

Angaben über die Kanaldampframme.

Bär-gewicht	Rollen-höhe	Nutz-höhe	Spurweite des	
			Oberwagens	Unterwagens
450 kg	9 m	5,5 m	1,36 m	3—5 m

Mäkler-versenkung	Kessel-heizfläche	Überhitzer-heizfläche	Gewicht der Ramme
4 m	5 m²	1,5 m²	7400 kg

Schlaghauben: Zum Schutze der Zersplitterung von Holzdielen
oder Zerstörung von Eisenbetonpfählen, die keine starken direkten
Schläge vertragen, verwendet man
die Schlaghauben (Abb. 266), die
ein elastisches Polster zwischen Bär und dem zu rammenden Gegenstand darstellen.

3. Krandampframme.
(Abb. 267, Ibag, Neustadt.)

Sie dient zum Rammen in
fließendem Wasser oder für Lan-
dungsbrücken und Molen. Von
den anderen Rammen unterscheiden sie sich hauptsächlich dadurch, daß man die Ausladung
beliebig verändern kann. Nach
Beseitigung der Läuferruten und

Abb. 266. Schlaghaube.

des Bären kann man sie auch als Drehkran benutzen. Es ist durch
einen fahrbaren Unterwagen, einen im Kreise drehbaren Oberwagen
und durch einen verstellbaren Ausleger ermöglicht, in verschiedenen
Entfernungen vom Standort aus nicht nur vertikal sondern auch schräg
zu rammen.

Abb. 267. Krandampframme (Ibag).

d) Spezialrammen.

1. Konuspfahlmaschine.

(System »Stern« der Mastbaugesellschaft, München, Abb. 268—271.)

Der mit dieser Maschine hergestellte Pfahl ist ein Ortpfahl, d. h. er wird im Schacht selbst erzeugt. Gerammt wird ein aus Schmiedeisen und Holz hergestellter Kern, über welchen Rohre aus dünnem Schwarzblech in Schüssen von 1—3 m Länge gezogen sind, die einander wasserdicht übergreifen und deren unterster Schuß durch eine Kappe geschlossen ist. Das Rammen des Kerns erfolgt durch die Maschine mittels Dampf oder Druckluft. Nach Erreichung der erforderlichen Tiefe wird mit Druckwasser der Kern von den Hülsen abgedrückt während die Hülsen durch Stahlbänder an die Schachtwand unverrückbar angepreßt bleiben. Hierauf kann man den Kern mit Hilfe eines Windwerkes hochziehen. Das Rammloch wird nun mit Beton gefüllt und gegebenenfalls vorher armiert.

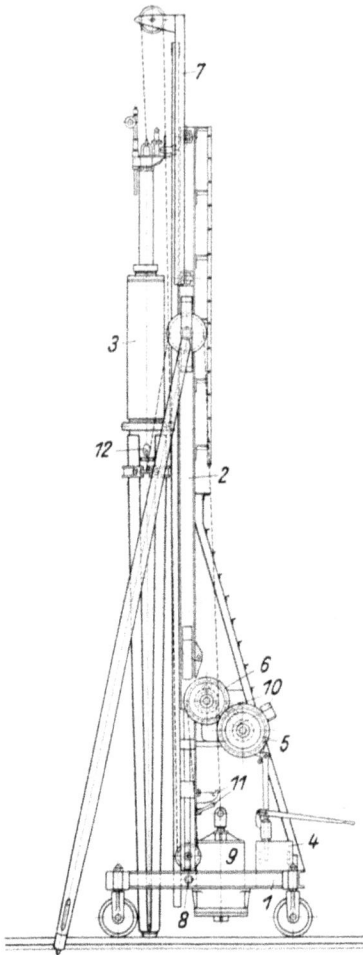

Abb. 268. Konuspfahlmaschine
(Mastbaugesellschaft, München).

1 Fahrgestell
2 Gerüst und Bärführung
3 Rammbär
4 Hydraul. Presse
5 Zentralwinde zum Ziehen
　des Kerns
6 Kranwinde zum Betrieb
　des Schwenkkrans
7 Schwenkkran
8 Luft- bzw. Dampfzulei-
　tung
9 Preßzylinder des Wind-
　werkes
10 Schaltung für Kranwinde,
　Schaltklaue und Sperr-
　klinke
11 Schaltung für Zentral-
　winde, Sperrklinke
12 Preßwasseranschluß.

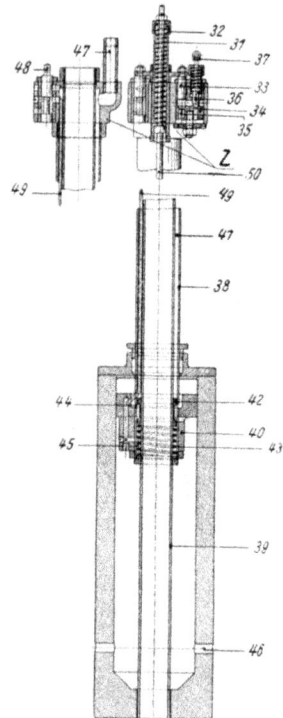

Abb. 271. Druckluftbär.

31 Steuerstangenfeder
32 Rohrhülse
33 Bremskolben
34 Rückstellbremsgehäuse
35 Saugventil für Brems-
　flüssigkeit
36 Drosselstift für Brems-
　flüssigkeit
37 Ösenschrauben f. Drossel-
　stift
38 Kolbenrohr
39 Achsrohr
40 Bärkolben
41 Dampfraum
42 Steuerschieber
43 Steuerschieberfeder
44 Zylindereinströmung
45 Steuerschieberfederraum
46 Zylinderauspuff
47 Einströmrohr
48 Steuerkolben
49 Steuerdampfrohr
50 Stoßstange
Z Steuerkopf.

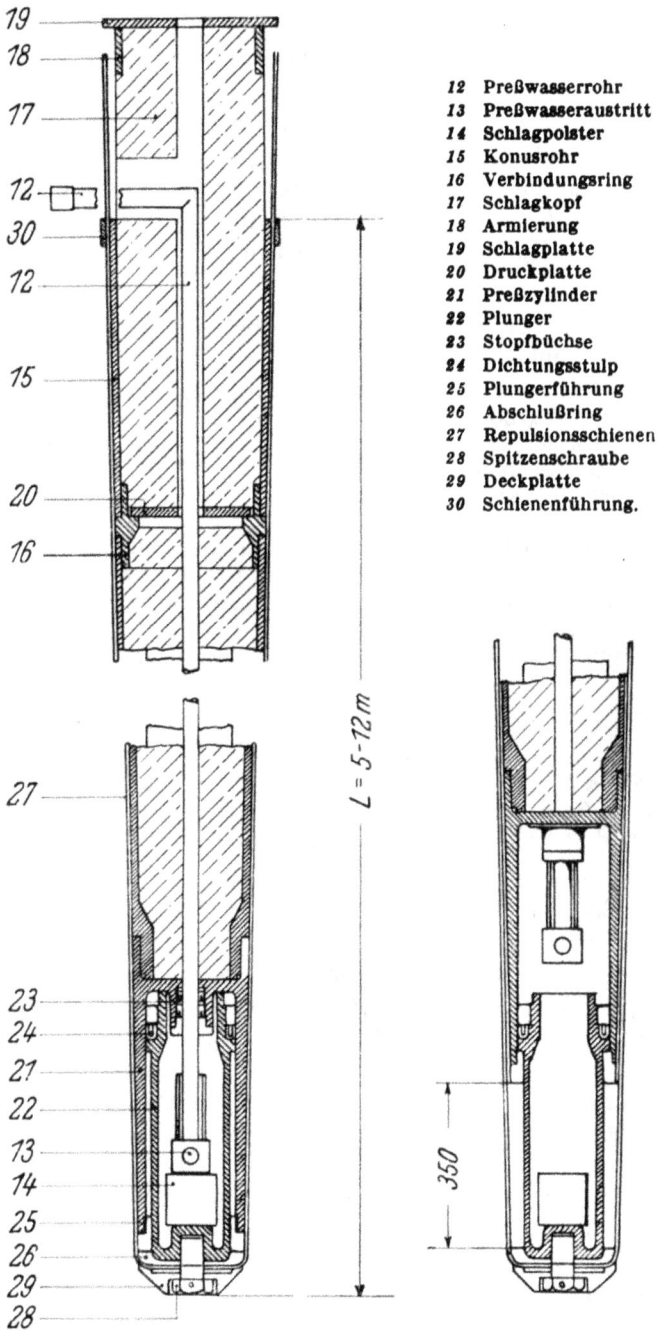

12	Preßwasserrohr
13	Preßwasseraustritt
14	Schlagpolster
15	Konusrohr
16	Verbindungsring
17	Schlagkopf
18	Armierung
19	Schlagplatte
20	Druckplatte
21	Preßzylinder
22	Plunger
23	Stopfbüchse
24	Dichtungsstulp
25	Plungerführung
26	Abschlußring
27	Repulsionsschienen
28	Spitzenschraube
29	Deckplatte
30	Schienenführung.

Während des Rammens   Nach der Repulsion

Abb. 269 und 270. Konuspfahl.

Der Konuspfahlkern (Abb. 269 und 270) aus Schmiedeisen und Hartholz besitzt einen unteren Durchmesser von 240 mm, eine Nutzlänge von 5 bis 12 m, einen Anzug je nach Länge von 1:25 bis 1:40, so daß der obere Durchmesser zwischen 450 und 550 mm liegt. Der unterste Teil ist als sog. »Repulsionsschuh« ausgebildet. Ein Plunger 22 trägt Bänder aus Federstahl, die Repulsionsschienen 27, die den ganzen Kern entlang laufen und während des Rammens auf ihm satt aufliegen. In der Achse des Kerns läuft ein Preßwasserrohr 12, das im Repulsionsschuh austritt.

Die Konuspfahlmaschine (Abb. 268), die den Kern einrammt, besteht aus folgenden Teilen:

1. Bärführung 2 und Fahrgestell 1; dieses wird mittels Wenderädern auf Schienen fortbewegt und gedreht.
2. Schlagvorrichtung, d. i. ein Bär 3, mit Dampf- oder Druckluftantrieb und selbsttätiger Steuerung.
3. Hydraulische Presse 4, die nach beendeter Rammung die Repulsion durchführt.
4. Windwerk 5, das nach erfolgter Repulsion das Hochziehen des Kernes bewirkt.
5. Aufzugsvorrichtung mit eigener Seiltrommel 6 und Schwenkkran 7.

Der Anschluß des Luft- oder Dampfzuleitungsschlauches sitzt im Führungsgestell 1 und gestattet dem Rammführer durch einfache Hebelstellungen die Betätigung des Rammbären 3, des Zylinders 9 für die Zentralwinde 5 und für den Kranzug 6 vorzunehmen. Die Steuerung des Bären kann sowohl selbsttätig als auch durch ein Seil erfolgen. Die Schalt- und Sperrklinken für den Schwenkkran sitzen neben den Lufthähnen und werden ebenfalls vom Rammführer bedient. Die Klinken 11 für die Zentralwinde stellen sich durch Federwirkung selbsttätig um. Ein Hochdruckschlauch verbindet unmittelbar die hydraulische Presse mit dem Anschlußknie 12 des Preßwasserrohres am Kern. Zum Transport auf der Straße wird die Ramme auf die Höhe von 2,5 m umgelegt und auf einem Gestell mit breiten Rädern gefahren.

Arbeitsvorgang: Nach Aufstellung des Gerüstes werden mit Hilfe des Schwenkkranes die übrigen Teile der Maschine montiert und der Kern in die Führung gebracht. Über den Kern werden mit Seilschlinge die Hülsenschüsse gezogen. Nun wird die Druckluft in die Bärleitung geführt, der Bär erreicht den genau eingestellten Hub von normal 85 cm und fällt frei, mit einer durchschnittlichen minutlichen Schlagzahl von 35 bei Druckluft und 45 bei Dampf. Nach Beendigung der Rammung wird die Luftleitung gesperrt und die hydraulische Presse betätigt, wobei Wasser von 50 bis 400 at Spannung durch das Anschlußknie 12 des Kerns in das Preßwasserrohr 12 ein- und bei 13 in den Preßzylinder austritt. Dadurch wird der Plunger 22 mit den an ihm befestigten Repulsionsschienen 27 nach unten, der Preßzylinder 21 mit dem darüber befindlichen Kern nach oben gedrückt. Die konische Form bewirkt dabei eine Entspannung des ganzen Systems und es entsteht zwischen Kern und Repulsionsschienen ein Spielraum. Nun führt man Luft in den Zylinder des Windwerks 9 und der Kolben mit Ober- und Unterluft bewegt die über die Zentralwinde 10 laufenden Hubseile. Der jetzt reibungslose Kern wird durch die vorhandene Zugkraft von 12 t leicht gehoben, während die Repulsion nach einem Weg von 350 mm selbsttätig endet, wenn der Plunger auf die Plungerführung 25 anschlägt. Durch Aufsetzen des Pfahles auf den Boden wird das im Preßwasserrohr noch vorhandene entspannte Wasser ausgedrückt und Plunger und Preßzylinder wieder zusammengeschoben. Ohne irgendwelche weitere Veränderung kann man nun die Maschine auf den nächsten Pfahlort stellen.

Die Einrichtung des **Druckluftbären** bzw. seine Arbeitsweise ist nach Abb. 271 folgende:

Der Kolben 40 ist an den beiden Rohren 38 und 39 befestigt. Der zwischen letzteren befindliche Hohlraum 41 ist luftdicht abgeschlossen und nimmt den Steuerschieber 42 und die unter ihm angeordnete Feder 43 auf. Den oberen Abschluß der beiden Rohre bildet der Steuerkopf Z mit dem Rohr 47 für den Anschluß an die Druckgasleitung. Im Steuerkopf befindet sich ferner ein Steuerkolben 48, der das zum Federraum 45 führende Rohr 49 in oberster Lage mit dem Druckgas, in unterster Lage mit der Außenluft verbindet Die Betätigung des Steuerkolbens 48 erfolgt mittels Stoßstange 50, Feder 31 und Rohrhülse 32. Letztere steht außerdem in Verbindung mit dem Bremskolben 33 des Bremsgehäuses 34. Dieses enthält noch ein Ansaugventil 35 und einen federnd gelagerten, mit Ösenschraube 37 versehenen Drosselstift 36.

Das Druckgas tritt durch das Einlaßrohr 47 in den Steuerkopf Z und Zwischenraum 41. Dadurch wird der Steuerschieber 42 unter Anspannung der Feder 43 soweit nach abwärts gedrückt, daß das Druckgas durch die Bohrungen 44 in den oberen Zylinderraum gelangen kann. Der Bärzylinder bewegt sich infolgedessen nach aufwärts, wobei sich der Kolben 40 mittels des Rohres 39 auf den Vortreibkörper abstützt. Vor der oberen Totlage des Zylinders wird der Steuerkolben 48 mittels Stoßstange 50, Feder 31 und Rohrhülse 32 angehoben und dadurch gelangt Druckgas durch das Rohr 49 in den Federraum 45. Es findet Druckausgleich statt und die Feder 43 kann den Steuerschieber 42 hochheben. Dadurch werden zuerst die Einlaßbohrungen 44 geschlossen, bei weiterem Hochgehen des Steuerschiebers wieder geöffnet und mit dem Zylinderraum unterhalb des Kolbens verbunden; das Druckgas strömt auf diese Weise aus dem Zylinderraum oberhalb des Kolbens in den Raum unterhalb desselben und durch die großen Löcher 46 ins Freie. Damit fällt der Bärzylinder.

Beim Hochgehen des Bärzylinders wird durch Stoßstange 50, Feder 31 und Rohrhülse 32 auch der Bremskolben 33 hochgehoben; derselbe saugt mittels Ventil 35 die Bremsflüssigkeit an und verhindert dadurch das sofortige Nachfallen der Steuerorgane 48, 50, 31, 32, 33. Dieselben können nur in dem Maße niederfallen, als der Drosselstift 36 die Bremsflüssigkeit entweichen läßt. Zieht man jedoch mittels der Ösenschraube 37 den federnd gelagerten Drosselstift hoch, so fallen die Steuerorgane des Steuerkopfes sofort nach, der Schieber wird so schnell umgestellt, daß das eintretende Druckgas ein Aufschlagen des Bärzylinders verhindert. Der Bärzylinder geht jedoch infolgedessen energischer hoch und macht Schläge nach aufwärts auf einen in geeigneter Höhe angebrachten Ring.

2. Rammhammer.

(Demag — Vereinigte Stahlwerke, Dortmund, Abb. 272.)

Die Maschine, die mit Preßluft von 6—7 atü oder Dampf von 7—10 atü betrieben wird, besteht in der Hauptsache aus dem feststehenden Zylinder *1* mit freibeweglichem Schlagkolben *2*. Der Zylinder ist nach unten abgeschlossen durch einen Zwischenzylinder *3* mit Zwischenkolben *4*, nach oben durch den Zylinderdeckel *6*, der mit einer Öse zum Einhängen in eine Hebevorrichtung versehen ist. Der Untersatz *7* des Rammhammers kann für alle vorkommenden Rammarbeiten ausgebildet werden. Die in der Abbildung dargestellte Konstruktion des Untersatzes eignet sich zum Rammen von **Spundwandeisen,** wobei gegen seitliches Verschieben Führungsbleche je nach Form des Profils angebracht werden. Zum Rammen von **runden Pfählen** oder Einschraubrohren verwendet man besondere Rammhauben.

Die Steuerung des Schlagkolbens erfolgt durch einen Expansionskolbenschieber *8*, der in einem besonderen Steuergehäuse *9* untergebracht ist. Der Einlaß des Betriebsmittels befindet sich oberhalb des Steuergehäuses, der Auspuff unmittelbar an demselben.

Der Rammhammer wird entweder in einem Rammgerüst geführt und durch eine Winde bedient oder mittels eines geeigneten Hebezeuges von mindestens 3500 kg Tragkraft auf den zu rammenden Pfahl gesenkt, und zwar so, daß der Rammblock an die Prellscheibe *10* zur Anlage kommt. Beim Öffnen des Treibmittel-Einlaßventils beginnt der Kolben zu schlagen, wobei die ausgeführten Schläge vom Zwischenkolben und Rammblock auf den Pfahl übertragen werden. Je nach dem Vortrieb ist der Rammhammer mit dem Hebezeug zu senken.

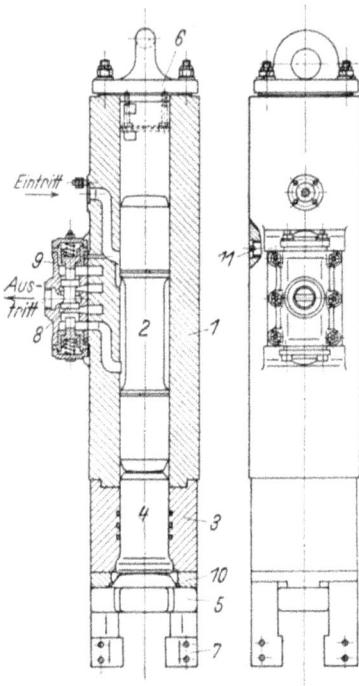

Abb. 272. Rammhammer (Demag).

Bei Betrieb mit Dampf ist der Rammhammer vorher mit Dampf anzuwärmen, bis der Apparat leicht zu schlagen beginnt; erst dann kann der Hammer in vollen Betrieb genommen werden.

Während des Betriebes ist reichlich zu schmieren, und zwar bei Dampfbetrieb mit reinem Zylinderöl und bei Preßluftbetrieb mit reinem Maschinenöl.

Für leichte Rammarbeiten kann der Schlag des Kolbens durch Drosselung des Treibmittels entsprechend herabgemindert werden. Für umfangreichere leichte Arbeiten empfiehlt es sich aus wirtschaftlichen Gründen den Rammhammer für kleineren Schlaghub direkt umzubauen. Dies geschieht in einfacher Weise durch Auswechseln von Zylinderdeckel und Zwischenkolben. Dadurch werden die Arbeitsräume des Zylinders

dem Schlaghub des Kolbens entsprechend aufgefüllt und der Dampfverbrauch nicht unwesentlich herabgemindert. Außerdem kann der Hammer mit vollem Druck in Betrieb genommen und dadurch die Leistungsfähigkeit erhöht werden. Der seitlich im Zylinder befindliche Stopfen *11*
mit durchbohrtem Zapfen ist beim Einrichten für kleinen Schlaghub
gegen einen Zapfen ohne Bohrung auszuwechseln.

Bei Nichtbenutzung des Hammers ist darauf zu achten, daß die
Ein- und Austrittsöffnungen für das Betriebsmittel gegen das Eindringen
von Fremdkörpern abgeschlossen werden.

Angaben über den Rammhammer:

Schlagkolben-Dmr. . . . . 200 mm
Schlaghub max. . . . . 400 »
Schlaghub min. . . . . 200 »
Schlagzahl/min bei max. Hub . . 240 »
Erforderliche Dampfkessel-Heiz-
    fläche . . . . 15 m²
Erforderlicher Kompressor, Ansaug-
    luft/min . . . . 12 m³
Lichte Weite des Eintrittes . . . 45 mm
Größte Baulänge . . . . 2580 »
Größte Breite . . . . 445/630 mm
Gesamtgewicht . . . . 3000 kg

3. Simplexrammen.
(Abb. 273.)

Abb. 273.
Simplex-
ramme
(aus Kör-
ting, Bau-
maschin.).

Man verwendet diese Rammen zur Befestigung eines un-
geeigneten Baugrundes (z. B. beim neuen Hauptbahnhof Stuttgart), indem man Beton im Boden selbst aufstampft. Dies
geschieht dadurch, daß man mit einer mechanischen Ramme mit rücklaufendem Seil starkwandige Eisenrohre von 15—20 mm Wandstärke
mit einer zweiteiligen Spitze in den Boden eintreibt, mit Beton aus-
stampft und das Rohr wieder herauszieht. Zum Hochziehen des Rohres
ist eine besondere Winde vorhanden. Während dieses Hochziehens läßt
man mit der Rammwinde einen Stampfer auf den Beton fallen, damit
der Betonpfahl sich festsetzt.

Hilfsmaschinen für Rammarbeiten.

1. Spülvorrichtungen.

Manche Bodenarten, insbesondere festgelagerter Fluß- und Treib-
sand, setzen dem Eindringen der Pfähle beim Rammen einen sehr großen
Widerstand entgegen. In diesen Fällen wird die Rammarbeit erleichtert,
wenn man während des Rammens Wasser einspült. Dadurch wird der
Boden gelockert und die Reibung des Pfahles vermindert.

Das Einspülen geschieht gewöhnlich in der Weise, daß man ein oder zwei Rohre, deren untere Enden gegenüber der Pfahlspitze etwas vorstehen, mit dem Pfahl einrammt und durch die Rohre Druckwasser von der Spülpumpe her einführt.

Bei Betonpfählen kann man auch ein Rohr mit einbetonieren.

Die Spülpumpe wird am Fuß der Ramme neben der Rammwinde aufgestellt; zur Aufhängung der Spülrohre sind am Gerüstkopf zwei drehbare Ausleger mit Taukloben vorgesehen.

2. Pfahlzieher.

Zum Wiederherausziehen von Rammpfählen verwendet man verschiedene Vorrichtungen. Für Holzpfähle kann man Greifzangen nach Art der Seilgreifer benutzen (Bünger, Düsseldorf). Für eiserne Spundwände eignet sich besonders der Demag-Union Pfahlzieher nach Abb. 274, 275.

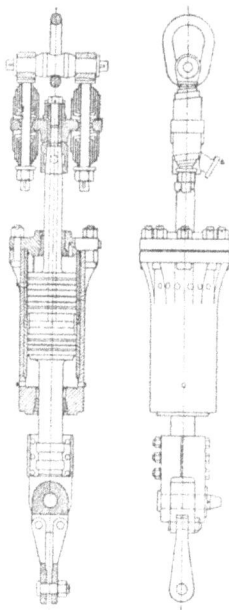

Abb. 274 und 275.
Pfahlzieher (Demag-Union).

Der Pfahlzieher wird über dem zu ziehenden Spundwandeisen mit geschlossenem Auge des Federgehänges an einem von einer Winde betätigten Flaschenzug aufgehängt, während die Greiferzange unter Benützung des Spundwandbolzens mit dem Spundwandeisen verbunden wird. Der Flaschenzug setzt die ganze Einrichtung unter straffe Spannung. Beim Öffnen des Einlaßhahnes für das Treibmittel (Dampf oder Preßluft von 5—7 at) strömt dieses durch den Schlauch in den Eintrittsstutzen und weiter durch die hohle Kolbenstange in die mittlere Kolbeneinschnürung. Von hier aus tritt ein kleiner Teil des Druckmittels durch Zylinder-Innenkanäle in den oberen Zylinderraum und öffnet die Einlaßventile im Zylinderdeckel. Dadurch kann dann der größere Teil des Treibmittels von der Kolbeneinschnürung aus durch die Hauptzylinderkanäle nach oben in den Zylinderraum gelangen. Das Druckmittel treibt nunmehr, da der Kolben feststeht, den Zylinder nach oben, und zwar solange, bis die Hauptkanäle von dem Kolben abgeschlossen werden und das Treibmittel seitlich aus den Austrittslöchern des Zylinders entweicht.

In der Bewegungsrichtung des Zylinders nach oben trifft der Boden desselben gegen die Unterseite des Kolbens und führt hierbei einen kräftigen Schlag aus, der durch die untere Kolbenstange und deren Verbindungsteile auf das Spundwandeisen übertragen wird. Sobald der Zylinder den Schlag ausgeführt hat, fällt er durch sein Eigengewicht wieder herunter. Je nach Art und Spannung des Druckmittels wiederholt sich das Spiel in der Minute etwa 170- bis 180 mal.

Zum Ziehen ist eine Dampfwinde und ein Flaschenzug erforderlich. Die Dampfwinde soll mindestens 3000 kg Last am einfachen Seil, d. h. ohne Flasche ziehen können. Der Flaschenzug von 15000 bis 20000 kg Tragfähigkeit muß mindestens dreifach eingescheert und sein

Lasthaken aus Sicherheitsgründen geschlossen sein. Abb. 276 zeigt die ganze Anordnung der Ziehvorrichtung.

3. Kreissägen zum Abschneiden von Pfählen unter Wasser.

(Abb. 277.) An Stelle des Rammbären wird die Säge-vorrichtung an den Laufruten einer Ramme befestigt. Der Sägebalken mit der Sägevorrichtung führt sich an den Laufruten ähnlich wie der Bär; er kann durch die Winde

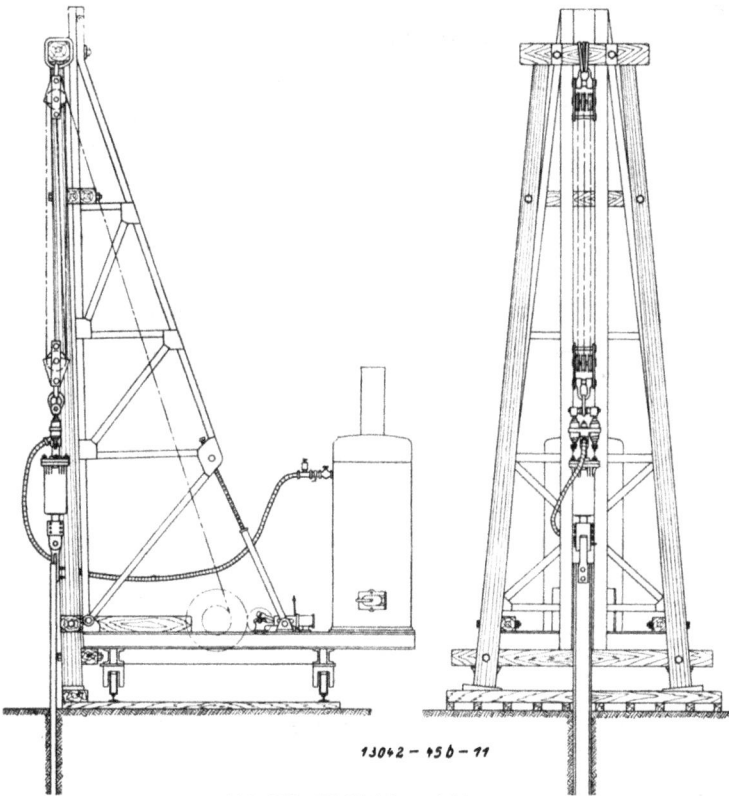

13042 – 15 b – 11

Abb. 276. Pfahlziehvorrichtung.

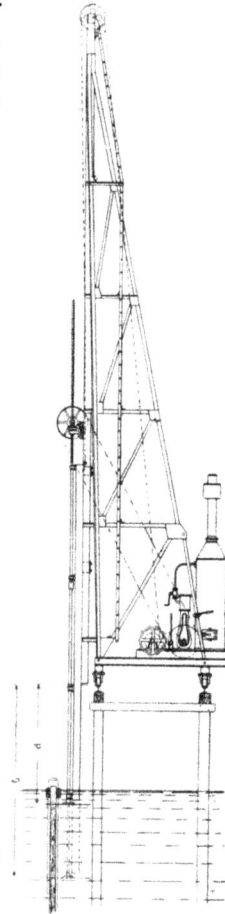

Abb. 277. Kreissäge zum Pfahlabschneiden.

gehoben und gesenkt werden. Beim Sägen wird der Balken durch Schrauben an den Laufruten festgeklemmt. Der Antrieb erfolgt vom Schwung-rad der Rammwinde mittels Riemen und Kegelräder auf die vertikale Sägewelle.

{G. Gesteinsbohrmaschinen.

Sie dienen bei Bauteilen sowie in Steinbrüchen und Bergwerken zur Herstellung von Bohrlöchern oder größeren Hohlräumen zur Aufnahme

von Sprengstoffen, die mittels Zündung und Explosion die Gesteins-
lösung bewirken.

Die Grundlagen, nach denen die verschiedenen Maschinen arbeiten,
sind dem Handbohren entnommen, bei dem man zwei Verfahren unterscheidet:

1. Stoßbohren oder Wurfbohren.

    a) Der Bohrer wird mittels eines Fäustels oder Schlägels gegen
       das Gestein getrieben.

    b) Der Bohrer wird ohne Vermittlung einer stoßenden Masse,
       z. B. von Hand, gegen das Gestein geworfen.

2. Drehbohren. Der Bohrer macht eine Drehbewegung.

Demgemäß kann man die Maschinen einteilen:

Maschinenart	Wirkung der Maschine	Arbeitsmittel	Ausführende Firmen
1. a) **Schlagbohr- maschinen** oder **Bohrhämmer**	stoßend	Druckluft von 5 bis 7 at	Rud. Meyer, Mühl- hausen a/R., Demag. Flottmann.
b) **Stoßbohr- maschinen**		Druckluft elektrisch	Westfalia, Siemens- Schuckertwerke
2. **Drehbohr- maschinen**	schabend schneidend	Druckluft 5 bis 7 at, Preßwasser von 50 bis 150 at	Demag, Brandt

Von diesen Maschinen seien einige Typen näher beschrieben.

1. Bohrhammer von Flottmann & Co., Herne.

Der in Abb. 278 dargestellte Bohrhammer mit Wasserspülung (Nor-
malmodell) hat bei 55 mm Zylinderdurchmesser ein Gewicht von 18,6 kg;
das Leichtmodell von gleichem Durchmesser ohne Spülung wiegt nur
15,1 kg.

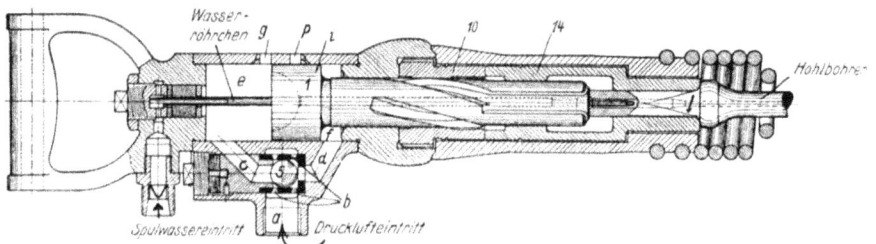

Abb. 278. Bohrhammer (Flottmann).

Arbeitsweise: Die Luft gelangt in der gezeichneten Stellung des Kugelventils 5
durch Stutzen a, Löcher b und Kanal d in den vorderen Zylinderraum f und treibt
den Schlagkolben 1 durch den Druck auf die vom Kolbenkopf und Kolbenschaft
gebildete Kreisringfläche nach links (hinten) in Richtung auf den Zylinderdeckel.
Bei der Linksbewegung öffnet die vordere Kante i des Kolbenkopfes die vordere

Reihe der Auspufflöcher *p*. Durch den so auf der rechten Seite der Kugel erfolgen-
den Druckabfall wird diese nach rechts bewegt, sie öffnet Kanal *c* und schließt
Kanal *d*. Nun nimmt die Luft durch *c* ihren Weg in den hinteren Zylinderraum *e* und
treibt den Kolben nach rechts (vorne) in Richtung auf den Bohrer. Sobald der vor-
wärtseilende Kolben die hintere Reihe *g* der Auspufföffnungen erreicht, erfolgt im
Raume *e* ein Druckabfall, der die Kugel umsteuert und wieder in die gezeichnete Stellung bringt. Auf diese Weise wird der Schlagkolben hin- und hergetrieben, und
zwar etwa 1800- bis 2200 mal in der Minute je nach der Höhe des Betriebsdruckes.

Die Drehung oder Umsetzung des Bohrers geschieht durch die in den Kolbenschaft eingeschnittenen, schraubenwindungsförmig verlaufenden Drallnuten in
Verbindung mit einem Sperrad *10*. Beim Schlaghube (Vorwärtsgang) drehen die
Drallnuten des rein geradlinig bewegten Kolbens das Sperrad, unter den Sperrklinken
weg, im Uhrzeigersinne (in Richtung auf den Bohrer gesehen). Beim Rückhub (Rückgang) versucht der Kolben das Sperrad wieder zurückzudrehen. Da aber die Sperrklinken durch die unter dem Druck der Klinkenfedern stehenden Bolzen in die
Zähne des Sperrades gedrückt werden, wird das Rad an einer Drehung verhindert
und bleibt stehen. Der rückwärts fliegende Kolben muß sich nun durch das Sperrad
hindurch drehen. Dabei nimmt er mit seinen gerade verlaufenden, vorne auf dem
Kolbenschaft befindlichen Führungsleisten die Bohrhülse *14* mit und diese wiederum
in ihrem Vierkantloch den Bohrer. Die Bohrhülse dreht somit auch beim Kolben-
rückhube den Bohrer.

Die Bohrhämmer werden ausgeführt:

a) mit massivem, ungebohrtem Schlagkolben ohne Spülung
   mit Schlangenbohrern für horizontale und wenig geneigte
   Bohrlöcher;

b) mit gebohrtem Schlagkolben für Druckluftspülung und
   mit Hohlbohrern für vertikale Löcher;

c) mit gebohrtem Schlagkolben für Wasserspülung und mit
   Hohlbohrern für horizontale und vertikal nach unten gerichtete Löcher.

2. **Elektropneumatische Stoßbohrmaschine** von Demag A.-G., Duisburg. (Abb. 279 u. 280.)

Die Bohranlage besteht aus dem durch einen Elektromotor angetriebenen Wechseldruckerzeuger, der Stoßbohrmaschine und den Verbindungsschläuchen.

Die Anlage arbeitet in der Weise, daß der Stoßkolben der Bohrmaschine durch zwei hin- und herschwingende, abwechselnd in den vorderen und hinteren Zylinderraum stoßende Luftsäulen hin- und herbewegt wird. Hierdurch übt der Bohrstahl, der durch einen Bohrschuh
mit dem Stoßkolben starr verbunden ist, auf das zu bohrende Gestein
einen sehr kräftigen Schlag aus. Die Anzahl der Schläge beträgt über
400 in der Minute. Die Luftsäulen werden durch Verbindung der beiden
oben erwähnten Schläuche mit den Zylinderräumen der Bohrmaschine
und je einem der beiden einseitig wirkenden Zylinder des Wechseldruckerzeugers gebildet. Der geringe Kraftbedarf der Bohranlage von etwa
30% einer reinen Preßluftbohrmaschine gleicher Leistung rührt davon

her, daß ein Auspuffen der Luft in die Atmosphäre vermieden und dieselbe Luft immer wieder verwendet wird.

Wechseldruckerzeuger. Dieser besteht aus 2 Zylindern mit
einfachwirkenden Tauchkolben, die von einem Elektromotor mittels

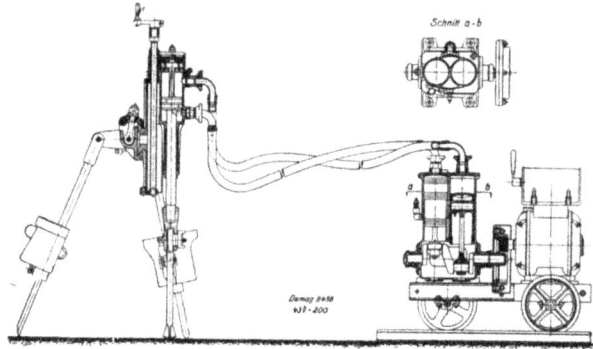

Abb. 279. Stoßbohrmaschinenanlage (Demag).

Zahnradvorgelege, gekröpfter Kurbelwelle und Pleuelstangen bewegt
werden. Die Hilfsluftpumpe, die durch Ausführung des einen Tauch-
kolbens als Stufenkolben mit dem zugehörigen Zylinder gebildet wird,
saugt atmosphärische Luft durch ein Saugventil an, verdichtet sie auf
$2\frac{1}{2}$ bis 3 at und drückt sie durch das Druckventil in den Windkessel.
Aus diesem tritt die Luft durch zwei in den Zylinderwandungen befindliche Kanäle in die Zylinderräume des Wechseldruckerzeugers, wird dort
höher verdichtet, und gelangt von da durch die Schläuche zur Bohr-

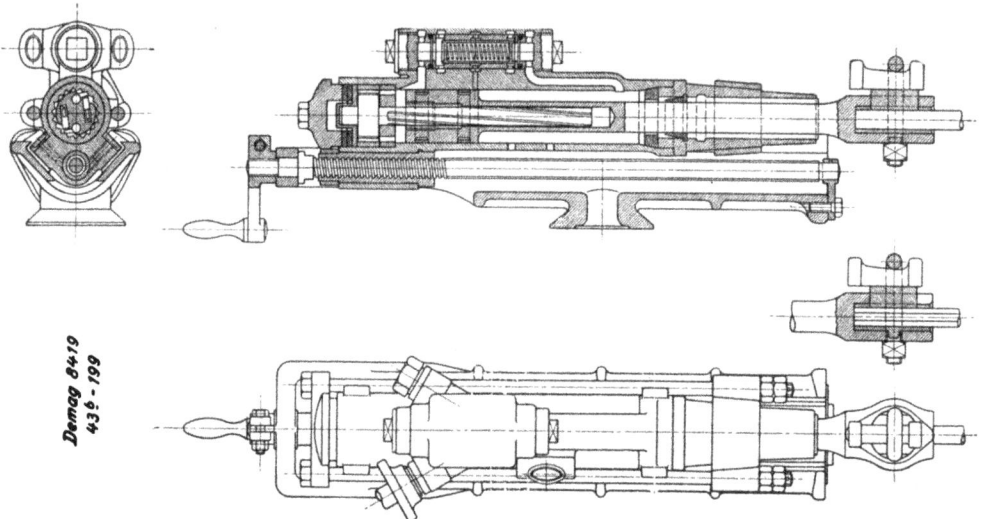

Abb. 280. Bohrmaschine (Demag).

maschine. Nachdem die Luft dort Arbeit geleistet hat und etwa auf den oben erwähnten Druck expandiert ist, kommt sie zum Wechseldruckerzeuger zurück, um abermals höher verdichtet zu werden und macht den ständigen Kreislauf.

Die Bohrmaschine nach Abb. 280, die keinerlei Steuerungsorgane hat, besteht aus einem Zylinder, der in einem Schiffchen durch eine Vorschubspindel in seiner Längsrichtung verschoben werden kann und in dem ein Stoßkolben infolge der abwechselnd von beiden Seiten auftretenden Drücke hin- und herbewegt wird. Eine Drallspindel und Drallmutter sowie eine Sperrklinkenvorrichtung bewirken das regelmäßige Umsetzen des Bohrers. Am hinteren Zylinderende, d. h. auf der Schlagseite, befindet sich eine Druckablaßeinrichtung, die bei im Bohrloch auftretenden Klemmungen des Bohrstahles zur Regelung des Stoßkolbenhubes dient. Die Steuerung erfolgt durch einen entlasteten Kolbenschieber.

Die Maschine wird in drei Normalausführungen hergestellt mit folgenden Angaben:

Zylinderdurchmesser . . . . mm	65	70	75
normale Hublänge des Stoßkolbens mm	120—140	140—175	130—150
größter Vorschub der Maschine . mm	500	600	560
größte Länge der Maschine . . . mm	965	1100	1060
Gewicht der Maschine ohne Bohrer kg	62	82	80
Anzahl der Schläge/min bei 5 at Druck	420—440	375—400	400—420
Luftverbrauch bei 5 at Druck . m³/min	1,8	2,2	2,5

3. **Elektrische Kurbelstoßbohrmaschine** von den Siemens-Schuckertwerken, Abb. 281.

Vom Motor wird mittels eines Stirnrädervorgeleges die mit Schwungrad versehene Kurbelwelle angetrieben, die ihrerseits wieder durch eine Kurbelstange einen Schlitten hin- und herbewegt. In diesem Schlitten sind die beiden sog. Arbeits-

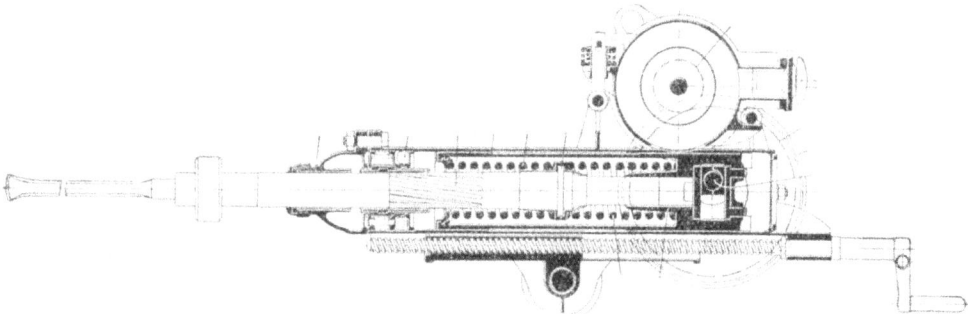

Abb. 281. Elektrische Kurbelstoßbohrmaschine.

federn eingespannt, welche den Stoßkolben umgeben und die mit Flansch versehene Stoßbuchse zwischen sich festhalten; letztere ist auf dem Kolben drehbar, aber nicht längsverschiebbar angebracht.

Bei langsamer Bewegung des Schlittens wird der Stoßkolben durch die Federn und die Stoßbuchse genau so mitgenommen, als wenn er mit dem Schlitten starr verbunden wäre. Erfolgt aber bei etwa 2850 minutlichen Umdrehungen des Motors bzw. 520 Umdrehungen der Kurbelwelle die Hin- und Herbewegung des Schlittens etwa 8,6 mal in der Sekunde, so schlägt der Kolben unter seiner eigenen und des Meißels lebendiger Kraft nach vorn und hinten durch, so daß bei Leerlauf der Maschine der Ausschlag des Kolbens ungefähr doppelt so groß ist als der 4 cm betragende Hub des Schlittens. Die normale Rückzugskraft der Federn beträgt 400—500 kg.

Das Drehen des Bohrers erfolgt selbsttätig durch ein Drehwerk bei jedem Rückgang um einen solchen Winkel, daß auf 7—12 Stöße eine vollständige Umdrehung des Bohrers kommt.

Der Vorschub wird von Hand betätigt.

4. **Drehbohrmaschine** von Demag, Duisburg mit Druckluft-Rotationsmotor (Abb. 282 und 283).

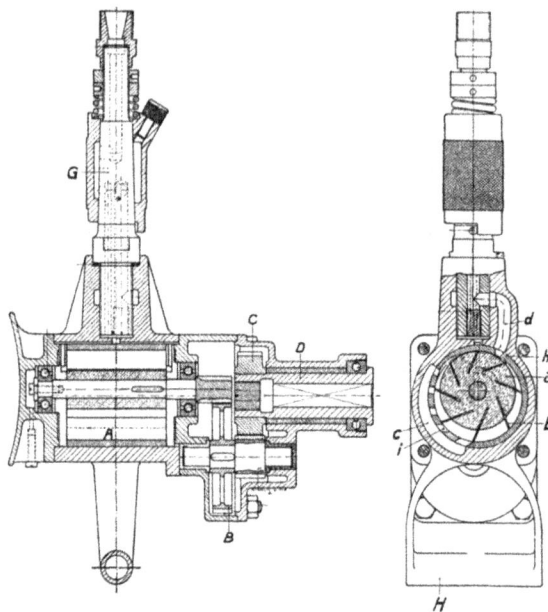

Abb. 282 und 283. Drehbohrmaschine mit Preßluft-
Rotationsmotor (Demag).

Sie wird hauptsächlich zum Bohren in weichem Gestein sowie auch für tiefe Bohrungen in Holz verwendet.

Die Maschine besteht aus dem Antriebsmotor A mit Stirnradvorgelegen B und C, Bohrerhalter D sowie aus zwei Handgriffen, von denen der eine als Dreheinlaßventil G mit selbsttätiger Schmiervorrichtung und der andere zur leichten und sicheren Handhabung als Bügelgriff H ausgebildet ist. Die Läufer der Antriebsmaschine und der Bohrerhalter laufen in Kugellagern.

Die Hauptteile des Antriebsmotors sind: der Läufer a, die Stahlschieber b, der Drucklufteinlaß d und der Auslaß c. Die Arbeitsdruckluft gelangt durch Öffnung h zunächst in die kleinste Kammer des Arbeitsraumes, drückt auf den Stahlschieber und bewirkt eine Weiterdrehung des Läufers, die Kammern werden immer größer, die Druckluft dehnt sich aus, gibt die hierbei frei werdende Arbeit an die Schieber ab, verläßt die Kammer mit einem etwas über Außenluftdruck liegenden Druck und strömt durch die Öffnungen i und Auslaßkanäle c ins Freie.

H. Preßluftapparate.

Man verwendet sie als Motore zum Betriebe von Schüttelrutschen (s. S. 136), als Niet- und Meißelhämmer bei Brückenbauten zum Nieten und Verstemmen von Nietköpfen und Blechen sowie zum Ausmeißeln von Rillen, ferner als Keillochhämmer zum Spalten von Steinen, und als Betonbrecher bei Abbrucharbeiten.

1. Rutschenmotor (Abb. 284—287), Flottmann & Co., Herne. Der Motor arbeitet folgendermaßen:

In dem abgesetzten Zylinder bewegt sich ein Differentialkolben a, b. Am Schluß der Hinbewegung schlägt der Kolben a gegen den Hilfssteuerschieber i. Dabei tritt durch Kanal l Druckluft auf die linke Seite des Hauptsteuerschiebers c, der infolgedessen plötzlich und stets ganz umsteuert, d. h. die Lufteintrittsöffnung d wird freigegeben, und die Rutsche kräftig zurückgestoßen (Rückwärtsbewegung). Der Hilfsschieber i, auf den beständig Druckluft vom Kanal m her wirkt, wird ohne weiteres in seine Ruhelage (nach rechts) gedrückt. Längs des Zylinders sind mehrere Bohrungen n_1, n_2, n_3 angebracht, die durch einen gemeinsamen Steuerkanal mit der rechten Seite des Hauptsteuerschiebers c verbunden sind und die durch Schrauben einzeln abgesperrt oder geöffnet werden können. Die jeweils offen gestellte Bohrung (n_2) gibt die Hubbegrenzung des Motors an. Überläuft der große Arbeitskolben das offen gestellte Loch n_2, so tritt in demselben Augenblick Druckluft auf die rechte Seite des Schiebers c, derselbe fliegt nach links, das Triebmittel entweicht auf dieser Kolbenseite und durch Kanal g erhält nun der kleine Kolben b auf seiner rechten Seite Druckluft für den Hingang der Rutsche. Durch die vor dem Steuerschieber c angeordnete hahnartige Drosseleinrichtung h kann die Druckluft zum kleinen Kolben, d. h. für die Hinbewegung der Rutsche, genau eingestellt werden, ohne daß der Luftaustritt von dieser Kolbenseite beengt wird.

2. Niet- und Meißelhammer (Abb. 288), Rheinwerk A.-G., Barmen-Langerfeld. Der Hammer arbeitet nach dem Gleichstromprinzip, so daß das Durchströmen der Luft im Zylinder immer nur in derselben Richtung stattfindet. Das Steuerungsorgan ist ein Hohlventil. Döpper und Meißel werden in einer gehärteten Stahlbüchse geführt. Durch die beim Rückgang des Kolbens sich bildende Kompression der Luft wird der sonst vielfach unangenehm sich geltend machende starke Rückschlag nach Möglichkeit vermieden. Der Griff ist durch einen Sicherungsstift 12 festgestellt, so daß eine Lockerung während des Betriebes ausgeschlossen ist. Die Auspufflöcher sind durch eine Kappe geschützt, um zu verhindern, daß Schmutz in das Innere des Hammers dringen kann.

3. Keillochhämmer (Abb. 289), Demag, sie dienen zum Spalten von Steinblöcken in Steinbrüchen. Die durch Handarbeit hergestellten

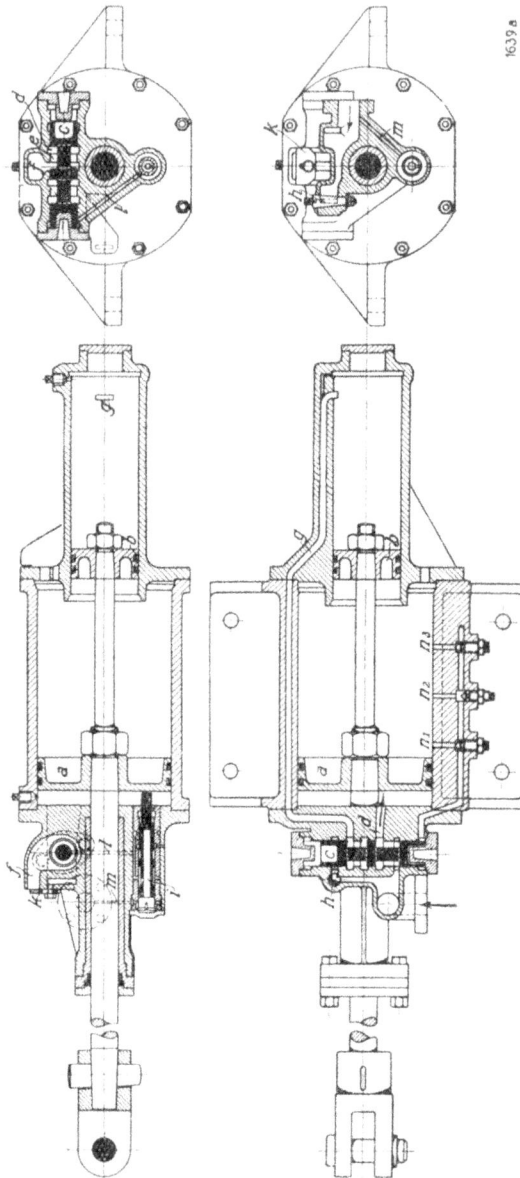

Abb. 284—287. Rutschenmotor (Flottmann).

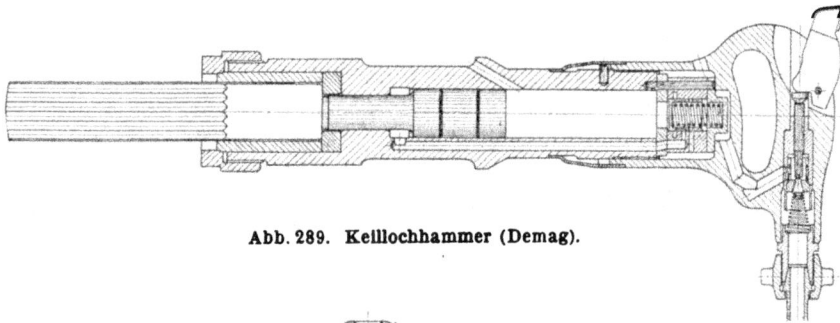

Abb. 289. Keillochhammer (Demag).

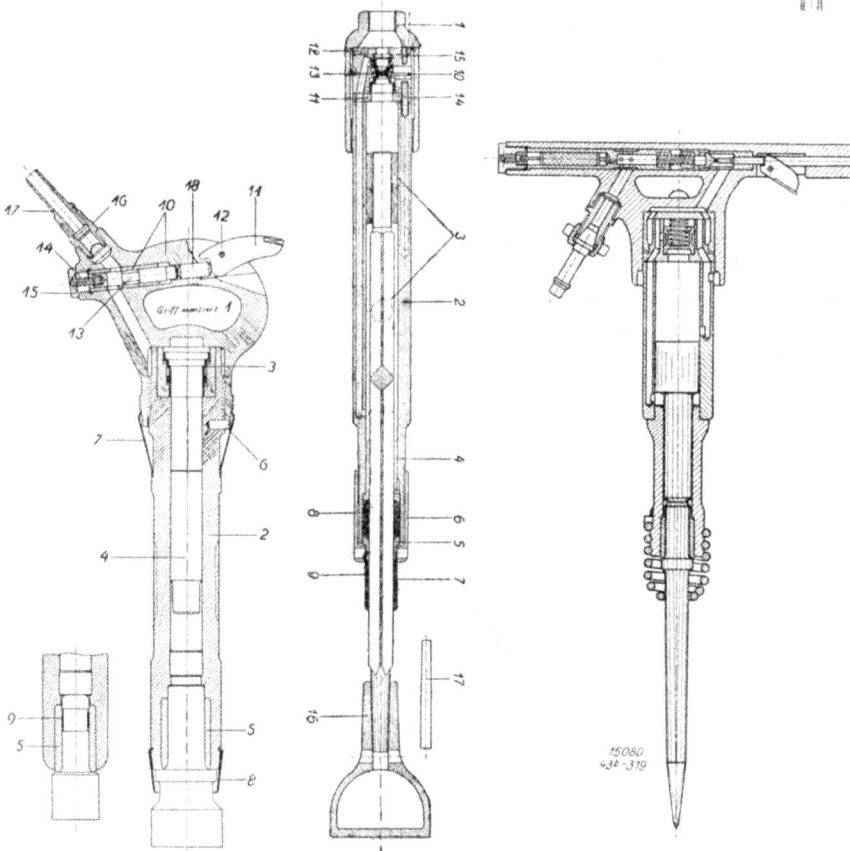

Abb. 288. Niet- und Meißelhammer (RheinwerkA.-G.,
Barmen).

Abb. 290.
Preßluftstampfer
(Rheinwerk).

Abb. 291. Betonbrecher (Demag).

Keillöcher haben vielfach eine ungleichmäßige Rißlinie des Steinblockes zur Folge. Dadurch erhöht sich die auf die Nacharbeit des Blockes zu verwendende Arbeitsleistung wesentlich gegenüber solchen Bruchflächen, die durch glatte, sauber ausgeführte Keillöcher hervorgerufen worden sind. Die mit einem Keillochhammer hergestellten Löcher sind scharfkantig und gleichmäßig konisch. Das Ausspülen des Keilloches während der Arbeit erfolgt durch die verbrauchte Unterluft des Hammers, die auspuffende Oberluft schlägt den aufgewirbelten Staub nieder. Der Luftverbrauch beträgt bei 5 at Überdruck 0,65 m³, das Gewicht des Hammers 13 kg.

Angaben über Niethämmer (Demag, Duisburg).

Nietdurchmesser mm	36	32	28	24	22	20	16
Länge des Hammers . . . . mm	530	475	425	375	450	400	340
Gewicht des Hammers . . . kg	11,5	10,5	9,5	8,5	8	6,5	6
Luftverbrauch . . . . . . m³/min	1,0	0,95	0,85	0,80	0,62	0,60	0,58
Schlagzahl des Hammers/min . .	875	1100	1250	1350	750	950	1200

4. **Preßluftstampfer** (Abb. 290), Rheinwerk. Man benütze sie zu Betonierungsarbeiten, zur Herstellung von Kunststeinen und Zementrohren. Ihre Anwendung bedeutet gegenüber der Handarbeit eine erhebliche Ersparnis an Zeit und sie erzielen auch eine gleichmäßigere Beschaffenheit der festgestampften Mischung.

Der Stampfer hat eine Stufen-Vollventilsteuerung, die in der gleichen Weise wie die Steuerung der Preßluftniet- und Meißelhämmer arbeitet, doch mit dem Vorteil, daß der Kolben zwischen zwei reichlich bemessenen Luftkissen spielt, wodurch Prellschläge vermieden werden. Die Kolbenstange läuft in einer Stopfbüchse, deren Füllung aus in heißem Talg getränkten, fetten Lederringen besteht. Außerdem besitzen die Stampfer noch eine zweite Dichtung, die verhindert, daß Sandteilchen in die eigentliche Büchse eindringen.

Es werden zwei Arten von Einlaßorganen ausgeführt:

    a) für kurze häufig unterbrochene Stampfarbeiten ist der Druckhebeleinlaß (in Formereien),

    b) für Dauerstampfarbeiten der Konushahn vorzuziehen.

Vor dem Öffnen des Ventiles muß der Stampfer festgesetzt werden; während des Arbeitens ist das Ventil mit der rechten Hand geöffnet zu halten und mit der linken Hand am Zylinder leicht zu führen.

5. **Betonbrecher** oder Abbauhämmer (Abb. 291), von Demag, Duisburg. Sie werden in verschiedenen Größen mit einem Gewicht von 10 bis 13 kg hergestellt und leisten beim Abbrechen von Betonmauern, Fundamenten wertvolle Dienste. Durch schnell aufeinanderfolgende Schläge des Kolbens wird ein Meißel in das abzubauende Material getrieben, der in kurzer Zeit größere Stücke absprengt. Da der Meißel durch eine Federkappe mit dem Hammer beweglich verbunden ist, kann der Meißel durch Zurückziehen des Hammers jederzeit leicht aus den abgesprengten Trümmern entfernt werden.

6. **Preßluftgegenhalter** (Abb. 292), Rheinwerk, Barmen. Diese sind in ihrer Anwendung zweckmäßiger als Schraubstöcke. Es genügt das Drehen des Konushahnes, um den Gegenhalter zu betätigen. Am Boden haben sie ein Innengewinde zum Anschluß eines Verlängerungsrohres.

Der Federgegenhalter empfiehlt sich, wenn keine Gelegenheit zur Abstützung der Gegenhalter vorhanden oder zu beschaffen ist oder wenn die Preßluft sehr knapp ist.

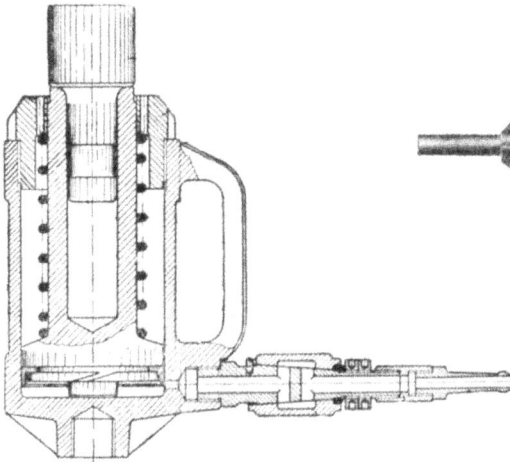

Abb. 292. Preßluftgegenhalter (Rheinwerk, Barmen).

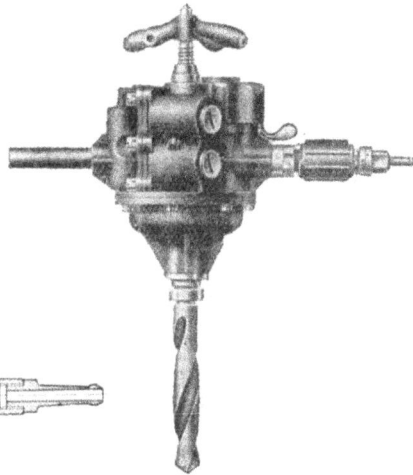

Abb. 293. Preßluftbohrmaschine.

Dieser wird so kräftig gegen die Nieten gedrückt, daß der seitliche Anschlagstift im Schlitz spielt und die Schläge des Hammers von der Feder aufgenommen werden. Die Feder ist für einen Druck von 60 kg bemessen, kann aber leicht für jeden beliebigen anderen Druck umgeändert werden. Durch Drehen des Konushahnes wird der Lufteinlaß geöffnet und der rotierende Konus preßt das Niet fest an. Durch Rückdrehen des Konus wird zunächst der Lufteinlaß abgesperrt und dann das Zylinderinnere mit der Außenluft in Verbindung gebracht, so daß die eingeschlossene Preßluft entweichen kann. Eine Feder hebt den Kolben selbsttätig von dem Niet ab und bringt ihn in seine Anfangsstellung zurück.

7. **Preßluftbohrmaschine** (Abb. 293). Man verwendet sie häufig bei Brückenbauten.

8. **Preßluftmesser** (Abb. 294 und 295), Demag, Duisburg. Dieser gestattet die in der Minute verbrauchte Luftmenge von atmosphärischer Spannung in m³ abzulesen. Das ist insofern günstig, als alle Luftverbrauchszahlen in m³ Ansaugluft in der Minute angegeben sind. Die meisten Meßgeräte dagegen messen die Menge der sie durchströmenden Preßluft, so daß bei ihrem Gebrauch die Versuchsdauer genau bestimmt und dann Umrechnungen vorgenommen werden müssen.

Der Demag-Messer ist für einen Betriebsdruck von 6 at geeicht und zeigt die minutlich durchfließende Menge in m³ an, umgerechnet auf m³ Ansaugluft von atmosphärischer Spannung. Der Messer kann auch für Drucke von 3—8 at benutzt werden; in diesem Falle ist die am Luftmesser abgelesene Zahl mit einem durch die Druckkurve ermittelten Faktor zu multiplizieren.

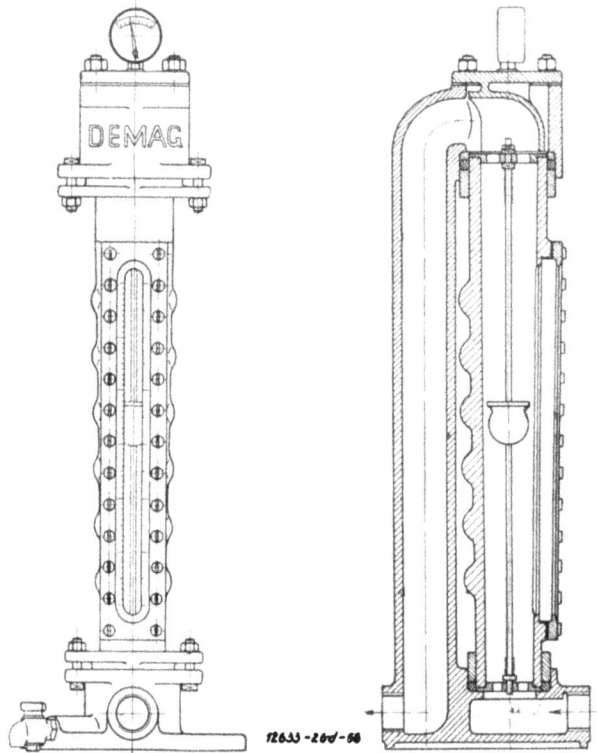

Abb. 294 und 295. Preßluftmesser (Demag).

J. Tiefbohrung.

Die Tiefbohrung wird im Bauwesen verwendet zur Untersuchung von Erdschichten in geringerer Tiefe auf Eignung für Fundierungen sowie auch zur Herstellung von Löchern für die Betonpfahlgründung (Straußpfähle).

Je nach den zu bohrenden Erdschichten kann man auch bei Tiefbohrungen unterscheiden zwischen

1. Stoßbohren für schweres, steiniges Gebirge mittels Meißel und
2. Drehbohren für leichtes, mildes Gebirge mittels der verschiedensten Werkzeuge.

Für die oben erwähnten Zwecke genügen meist Bohrlöcher von 8, 10 und 12 Zoll (203, 254, 305 mm) Durchmesser und bis etwa 15—20 m Tiefe, die nach dem Trocken-, Dreh- und Stoßbohrverfahren von Hand hergestellt werden.

Für die **Straußpfahlgründung** ist im folgenden das Verfahren näher ausgeführt.

Die zugehörige Vorrichtung der Firma Heinrich Mayer, Nürnberg-Doos, besteht nach Abb. 296:

1. Aus der eigentlichen Bohreinrichtung; diese umfaßt den Balancierbock *a*, den Wirbel mit Innengewinde *b*, das Dreheisen *c*, das Gestänge *d*, das Wechselstück *e*, die Schwerstange *f* und den Bohrer oder Meißel.

2. Aus dem Bohrgerüst mit Windwerk zum Ausheben und Ablassen des Bohrgestänges und der verschiedenen Werkzeuge. Der Dreibock soll so hoch sein, daß die einzelnen Teile des Bohrgestänges von 3—5 m Länge in das Bohrloch eingeführt bzw. auch wieder nacheinander von dem Gestänge abgenommen werden können.

Die Vorrichtung arbeitet gewöhnlich mit steifem Gestänge.

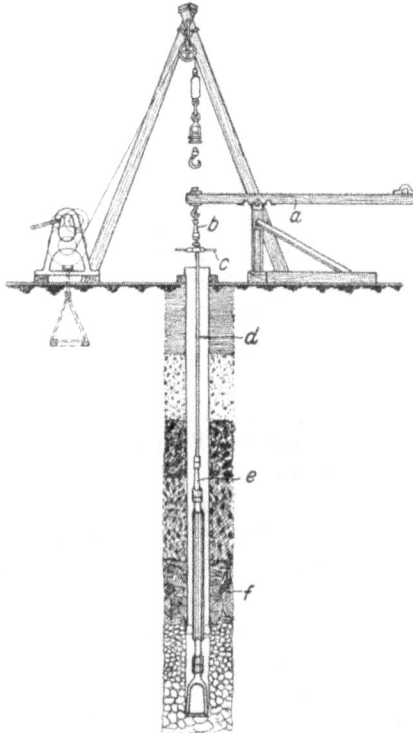

Abb. 296. Tiefbohranlage (Mayer, Nürnberg-Doos).

Arbeitsweise:

1. Arbeiten ohne Balancier. — Bei leichteren Erdschichten, wie Sand, Kies, Ton wird mit dem Dreheisen eine fortgesetzte Drehbewegung ausgeführt. Der Bohrer gräbt sich ein und lockert die Schichten. Nach einiger Zeit wird das trockene Bohrgut oder das mit Wasser vermischte Gut (der sog. Bohrschmand) herausgeholt und dann wieder weitergebohrt.

2. Arbeiten mit Balancier. — Bei schweren, steinigen Schichten wird mittels des Balanciers eine Hub- und Senkbewegung ausgeführt und nach jedesmaligem Heben erfolgt eine Umsetzbewegung um je 45° mittels des Dreheisens.

Um das teilweise vorgetriebene Bohrloch vor nachfallendem Erdreich zu schützen, werden Schutzrohre eingesetzt. Die einfachste Aus-

14*

führung ist die mit einerseits aufgeweiteter Muffe, die zusammengeschraubt eine glatte Innenfläche gibt.

Bohrwerkzeuge.

Nach der Bodenbeschaffenheit benutzt man die verschiedensten Bohrer, die in den Abb. 297—307 zusammengestellt sind.

Sackbohrer, Abb. 297, mit einseitigem Bügel und einem Sack; er ist besonders für schwimmendes Gebirge geeignet.

Kastenbohrer, Abb. 298, für weiche Bodenarten, Kies, Sand und mit Steinen gemischtem Lehm.

Neptunbohrer, Abb. 299, für leichtes Gebirge; er besitzt eine nach unten abnehmbare Büchse, mit der gleichzeitig der Bohrschmand heraufgeholt wird.

Krätzer, Abb. 300, zum Auflockern festliegender Erdschichten und zum Fördern einzelner Steine.

Tellerbohrer, Abb. 301, zum Anfangsbohren für leichten Sand und Ton sowie zu Sondierbohrungen und Abessinierbrunnen.

Spiralbohrer, Abb. 302, für festen und feuchten Ton, Lehm, Letten und leichten Schiefer.

Federschneider, Abb. 303, d. i. kein selbständiger Bohrer, sondern ein Nachschneidewerkzeug zum Ausrunden des Bohrloches.

Schappe, Abb. 304, für feste, fette Letten und Tone.

Rohrschappe, Abb. 305, für lockere, sandige Lehm- und Tonarten.

Schappen eignen sich für jede Art von Bohrung. Sie werden unmittelbar an das massive bezw. hohle Bohrgestänge angeschraubt und sind sehr einfach mittels Drehen zu handhaben und überall da anwendbar, wo sich das Gebirge nicht aus Stein, Geröll oder schwimmenden Schichten zusammensetzt. Die Schappen bestehen aus Eisenzylindern, die mehr oder weniger offen oder auch vollständig geschlossen sind. Die Schneiden sind durchaus Stahl.

Z-Meißel, Abb. 306, zum Zerstoßen der vorhandenen Gesteine im Bohrloch.

Kreuzmeißel, Abb. 307, zum Zerstoßen der Gesteine im zerklüfteten Gebirge.

Hilfswerkzeuge.

Kolbenbüchse, Abb. 308, zum Heraufholen des erbohrten Schmandes, von Kies und Geröll. Sie besteht aus einem Zylinder mit Ventil und Kolben und kommt stauchend zur Anwendung. Der Kolben kann zur raschen Entleerung der Büchse durch den Bajonettverschluß bequem ausgezogen werden.

Arbeitsweise: Es wird entweder die ganze Büchse oder nur der Kolben mit mäßigem Ruck auf- und abbewegt. Das mit Wasser vermengte Erdreich ist dadurch gezwungen, in den Rohrzylinder

Abb. 306. Z-Meißel.

Abb. 307. Kreuzmeißel.

Abb. 314. Seilkloben.

Abb. 305. Rohrschappe.

Abb. 313. Hebewinde.

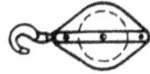

Abb. 304. Schappe.

Abb. 312. Betonstampfer.

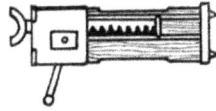

Abb. 303. Federschneider.

Abb. 311. Betoniereimer.

Abb. 302. Spiralbohrer.

Abb. 310. Wasserbüchse.

Abb. 300. Krätzer.

Abb. 301. Tellerbohrer.

Abb. 309. Schlammbüchse.

Abb. 299. Neptunbohrer.

Abb. 297. Sackbohrer.

Abb. 298. Kastenbohrer.

Abb. 308. Kolbenbüchse.

einzudringen und wird nach Schluß der Ventilklappe beim Aufziehen der Büchse mit zutage gefördert.

Schlammbüchse, Abb. 309, dient demselben Zweck wie die Kolbenbüchse. Sie besteht aus einem Zylinder mit Ventil ohne Kolben.

Wasserbüchse, Abb. 310, zum Einführen des Wassers für das Betonieren.

Betoniereimer, Abb. 311, zum Einlassen des Betons. Durch Ziehen
an einer Leine werden Klappen geöffnet und der Zylinder entleert
sich.

Betonstampfer, Abb. 312, zum Einstampfen des Betons.

Sonstige Hilfswerkzeuge (Abb. 313—318) Hebewinde, Seilkloben,
Rohreisen, Rohreinhängbügel, Wirbel mit Innengewinde, Schlüssel für
Gestänge. Diese werden hauptsächlich zum Heben der Bohrgestänge
und Schutzrohre verwendet.

Abb. 315. Rohreisen. | Abb. 316. Rohreinhängbügel. | Abb. 317. Wirbel mit Innengewinde. | Abb. 318. Schlüssel für Gestänge. | Abb. 319. Abfangschere.

Nach Fertigstellen des Bohrloches wird die Bohreinrichtung in
folgender Weise auseinandergenommen: Mit der Winde hebt man das
Ganze so weit, daß die erste Stangenverbindung über das obere Ende
der Schutzrohre (Kreuzhölzer) herausragt, worauf man die Abfang-
schere, Abb. 319, unter die Stangenverbindung schiebt. Dadurch wird
das darunter befindliche Gestänge gehalten und die oben herausragende
Stange abgeschraubt. Hierauf faßt man wieder mittels der Hebevorrichtung das übrigbleibende Bohrgestänge und entfernt nacheinander Stange
für Stange, die Schwerstange und zuletzt den Bohrer.

Betonieren: Nun beginnt das Betonieren mit Hilfe der drei
oben erwähnten Geräte (Wasserbüchse, Betoneimer und Stampfer).
Ist ein Teil betoniert, so wird immer das Schutzrohr etwas hochgezogen.

Störungen im Bohrbetrieb.

Als Fangarbeit bezeichnet man die Tätigkeit des Heraufholens von
Gegenständen, die in das Bohrloch gefallen sind oder von gebrochenen Teilen des Bohrgestänges. Man hat dazu folgende Fang-
instrumente:

Wachsbüchse, Abb. 320, eine mit einer weichen Wachsmasse gefüllte
Büchse, an der leichte Gegenstände wie Schraubenmuttern, Schlüssel,
hängen bleiben.

Stangenhaken, Abb. 321 (Glückshaken), zum Herausholen größerer
    Teile.
Federfangsbüchsen, Abb. 322, zum Unterfangen des Gestänges
    und der Bohrstücke. Die Federn greifen unter den Bund und halten
    das Gestänge fest.
Abfangschelle, Abb. 323, zum Heraufheben von Bohrgestänge.

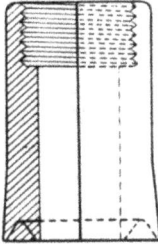

Abb, 320.
Wachsbüchse.

Abb. 321.
Stangen-
haken.

Abb. 323.
Abfang-
schelle.

Abb. 322. Federfangbüchse.

Über die Behandlung der Bohrmeißel gibt die Firma H. Mayer,
Nürnberg-Doos, an:

»Die Bohrmeißel dürfen nicht über Hell- oder Kirschrot erwärmt werden.
Meist genügt ein Erwärmen auf Handbreite bis Dunkelrot. Hierbei ist zu sorgen,
daß sich die Temperatur gleichmäßig über die ganze Meißelbreite verteilt und namentlich die Ecken nicht zu scharfes Feuer bekommen. Das Abkühlen erfolgt in etwas
abgeschrecktem, also nicht eiskaltem Wasser, am besten in Regenwasser, wobei der
Meißel etwa vier Finger tief mit der Schneide eintauchend aufgehängt wird. Der
Härtegrad hat sich zweckmäßig nach dem jeweilig zu bohrenden Gestein zu richten
und wird erzielt durch Nachlassen in den Grenzen von Hafergelb bis Kirschrot.
Ist der Meißel richtig angelaufen, dann darf er erst vollständig abgekühlt und keines-
falls vor gänzlichem Erkalten aus dem Wasser genommen werden. Sollte ein
Bohrmeißel aus Versehen überhitzt, d. h. verbrannt werden, so muß das Schadhafte
von der Schneide abgehauen werden.«

K. Zerkleinerungs-, Sortier- und Waschmaschinen.

Diese Gruppe von Maschinen hat die Aufgabe, das für die Beton-
herstellung nötige Steinmaterial zu zerkleinern, zu brechen und das zerkleinerte Material zu sortieren, zu sieben und gegebenenfalls zu waschen.
Zu diesen Maschinen gehören:

    1. Die Steinbrecher,
    2. die Sortiermaschinen,
    3. die Waschmaschinen,
    4. die Walzwerke.

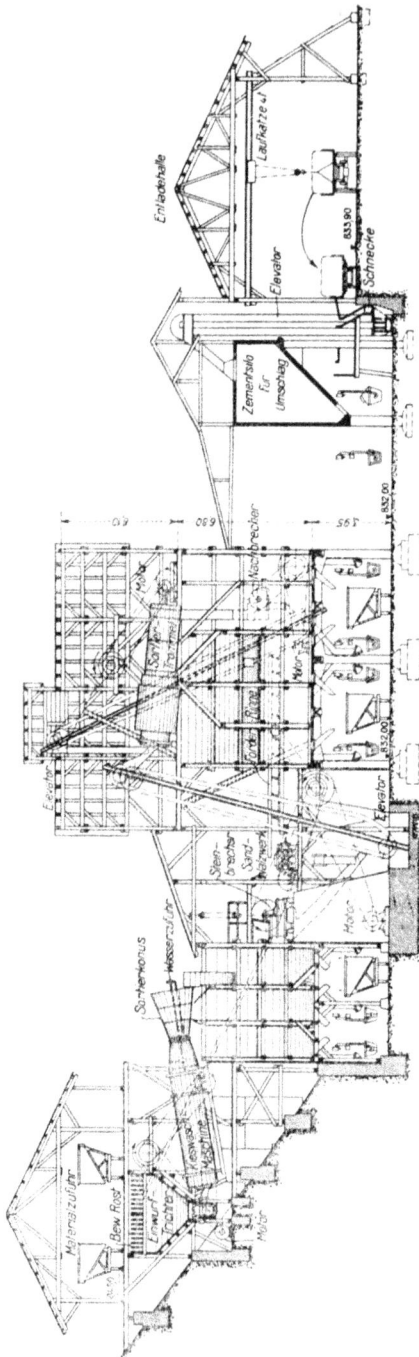

Abb. 324. Schnitt durch die Kies- und Sandaufbereitungsanlage und Zementumschlag für die Wäggitalsperre, Schweiz.

Alle diese Maschinen neben verschiedenen Hilfsvorrichtungen, wie Beschickungsrosten, Elevatoren, Schüttelrinnen, waren bei der **Hauptaufbereitungsanlage** für die Staumauer Wäggital, Abb. 324, von Ibag, Neustadt a. H., vertreten.

Arbeitsweise: Das vom Steinbruch durch Selbstentlader angefahrene Rohmaterial wird zunächst auf zwei Sortier- und Transportroste abgelassen, wobei die Stücke $0 \div 160$ mm Korngröße durch die Roste hindurchfallen und in Zwischensilos gelangen. Aus den letzteren wird dieses Material dann durch Beschickungsapparate in zwei Kieswaschmaschinen gefördert, in diesen gewaschen und in dem angebauten Sortierkonus in drei Körnungen abgesiebt. Das abgesiebte Material fällt in besonders vorgesehene Silos und kann unten an die Verwendungsstelle abgefahren werden. Der Überlauf von dem Sortierkonus der Waschmaschinen kommt mit dem auf den Sortierrosten abgeschiedenen Material von über 150 mm Korngröße seitlich auf Rutschen zusammen und gelangt zu zwei Vorbrechern zur Zerkleinerung. Von hier aus wird das gebrochene Material durch zwei Elevatoren auf zwei Sortiertrommeln hochgehoben, dort werden die einzelnen gewünschten Körnungen getrennt und in die Silos verteilt. Den Überlauf der Sortiertrommeln führt man zwei Feinsteinbrechern zur nochmaligen Zerkleinerung zu und hebt dann das feinzerkleinerte Gut durch einen gemeinsamen Elevator wieder auf die beiden Sortiertrommeln zur abermaligen Sortierung.

Seitlich an den Silos sind Auslaufkästen angeordnet, die gestatten, die einzelnen Körnungen auf zwei Schüttelrinnen und von diesen auf vier Glattwalzwerke zu bringen, um die nötige Menge Sand herzustellen. Das Erzeugnis der Walzwerke gelangt wieder in die beiden oben erwähnten Elevatoren, um mit dem anderen Material zusammen auf die Sortiertrommel hochgehoben zu werden.

Die Entnahme des Materials aus den Silos geschieht durch besondere Siloklappenverschlüsse, und zwar ist die Möglichkeit vorgesehen, entweder mit Selbstentladern oder mit der Seilbahn abzufahren.

Zum schnellen Auswechseln von Ersatzteilen sind über den hauptsächlichsten Maschinen Laufkrane mit Handbetrieb angeordnet.

Der Antrieb der verschiedenen Maschinen erfolgt gruppenweise durch Elektromotoren.

1. Steinbrecher.

In Abb. 325 sind die zwei typischen Ausführungen von Steinbrechern mit Brechplatten von Ibag mit den zugehörigen Schwingdiagrammen zu sehen.

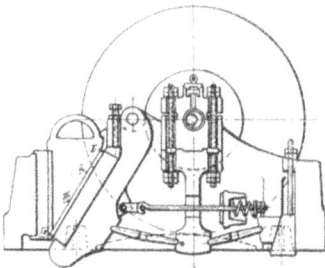 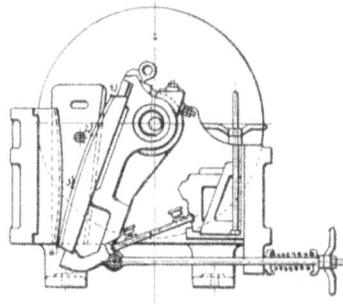

Abb. 325. **Steinbrecher. Fig. 1.** Doppelkniehebelbrecher. **Fig. 2.** Einschwingenbrecher.

Beim älteren Doppelkniehebelbrecher, Fig. 1, besitzt die Brecherschwinge oben einen festen Drehpunkt und wird durch Schubstange und Kniehebel in schwingende Bewegung versetzt, so daß die einzelnen Punkte der Schwinge Kreisbogen nach Fig. 1a beschreiben.

Bei der neueren Ausführung der Einschwingenbrecher Fig. 2 wird die Brecherschwinge unmittelbar von der Antriebswelle durch eine Exzenterscheibe angetrieben und die einzelnen Punkte der schwingenden Brechplatte machen die in Fig. 2a angedeuteten Bewegungen. Der untere Teil der Brecherschwinge stützt sich gegen die Grob- und Feinbruchstütze. Damit dieser untere Teil bei der Rückwärtsbewegung zurückgeht, ist eine Rückzugfeder angeordnet.

Je nach der Größe des Brechgutes wird die Spaltweite zwischen den unteren Brechbackenspitzen eingestellt. Wenn die Spaltweite größer als 20 mm ist, wird eine Grobbruchstütze eingebaut, bei Spaltweiten unter 20 mm eine Feinbruchstütze. Der Brecher muß immer mit einer bestimmten günstigen Drehzahl von etwa 300 i. d. Min. laufen.

Angaben über Steinbrecher (Ibag, Neustadt).

	Breite und Weite des Brechmauls mm	Umdrehung der Riemenscheibe i. d. Min.	Kraftbedarf PS	Stundenleistung bei 50 mm Spaltweite m³
stationäre	250×190	210	4—6	1—1,5
	300×200	210	8—10	2,0—2,5
	500×300	200	25—30	8—12
	1300×900	150	100—150	60—70
fahrbare	250×190		8[1]	1—1,5
	300×200		12	2,5—3,5
	400×250		20—24	5—6

Ein fahrbarer Steinbrecher des Hüttenwerkes Sonthofen ist in Abb. 326 dargestellt. Der Antrieb des Steinbrechers mit Sortiertrommel sowie der des Rädergetriebes für die Fahrbewegung des Wagens erfolgt von einem auf der Vorderachse stehenden Verbrennungsmotor.

Ein Querschnitt durch einen Sonthofener Einschwingen-Steinbrecher ist in Abb. 327 angegeben.

2. Walzwerke.

Sie dienen zur Herstellung von Mauer- und Betonsand aus Grobmaterial, das von etwa Wallnußgröße auf Sandfeinheit zerkleinert wird.

Abb. 328 zeigt ein Glattwalzwerk von Dr. Gaspary & Co. mit Rüttelaufgabevorrichtung für härteste Materialien. Die beiden Walzen werden entweder unmittelbar durch Riemen oder bei größeren Walzwerken durch ein dazwischengeschaltetes Zahnrädervorgelege ange-

[1] Beim Kraftbedarf der fahrbaren Steinbrecher ist der Kraftbedarf der angebauten Sortiertrommel inbegriffen.

trieben. Die Walzenachsen liegen in geteilten Lagern, von denen das eine fest und das andere beweglich angeordnet ist. Dadurch kann die Spaltweite zwischen den Walzen in gewissen Grenzen verstellt werden.

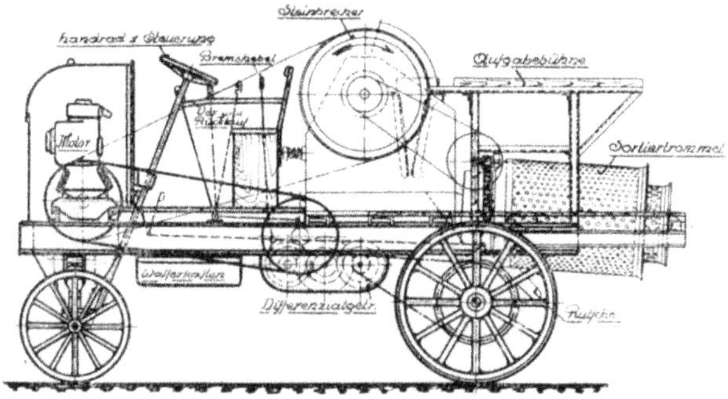

Abb. 326. Fahrbarer Steinbrecher (Sonthofen).

Die bewegliche Walze wird gegen die feststehende mittels Stahldruckspindeln angedrückt. Um einen Bruch zu vermeiden wird die Druckkraft durch dazwischengeschaltete Pufferfedern eingestellt, die bei zu harten Materialien oder Eisenstücken nachgeben.

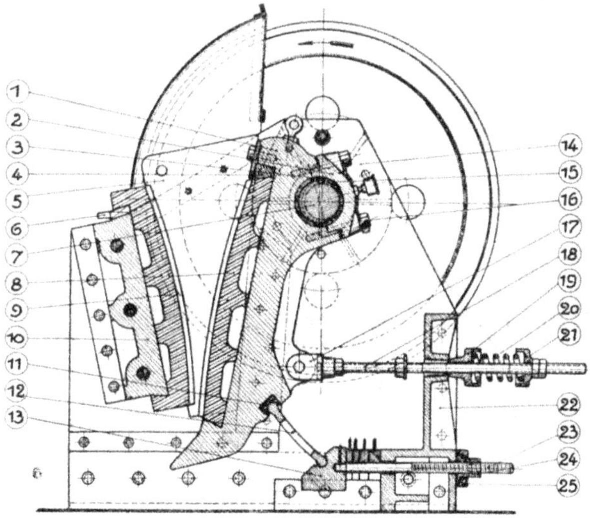

1 Brecherschwinge
2 Brecherschwingenlagerdeckel
3 Brecherschwingenlagerschalen
4 Befestigungskeil, Schwingbacke
5 Seitenkeil
6 Befestigungskeil Festbacke
7 Exzenterwelle
8 Schwingende Brechbacke
9 Feststehende Brechbacke
10 Vorderer Querträger
11 Pfannenlager zur Schwinge
12 Grob- und Feinbruchstütze
13 Stützlager, verstellbar
14 Hauptlagerkörper
15 Hauptlagerbüchse
16 Schwingenlagerschrauben
17 Federstangenscharnier
18 Federstange
19 Hinterer Federsteller
20 Rückzugfeder
21 Vorderer Federsteller
22 Hinterer Querträger
23 Stellmutter
24 Stellspindel
25 Stellmutterflansche
26 Einlagen, auswechselbar.

Abb. 327. Steinbrecher (Sonthofen).

Ist das Grobmaterial größer als etwa Wallnußgröße, so müssen entsprechende Steinbrecher vorgeschaltet werden. In Abb. 329 ist ein Glattwalzwerk in unmittelbarer Verbindung mit einem Steinbrecher dargestellt.

Angaben über Glattwalzwerke (Dr. Gaspary & Co.).

Bezeichnung	1	2	4	5	6
Durchmesser der Walzen . . . . mm	200	260	400	550	700
Breite der Walzen . . . . mm	200	260	260	280	300
Kraftbedarf. . . . . ca. PS	0,75	2	4	7,5	10
Leistung i. d. Stunde bei 5 mm Spaltweite ca. m³	0,3	0,7	1,8	2,7	3,5
Größte Aufgabestücke bei 5 mm Spaltweite mm	14	17	23	30	40

3. Kieswaschmaschinen.

Waschmaschinen haben die Aufgabe, die Zuschlagstoffe (Kies, Sand) von den verunreinigenden Beimengungen (Lehm, Ton) zu trennen. Dabei ist zu beachten, daß der oft wertvolle Sand beim Waschprozeß nicht mit dem Waschwasser weggeschwemmt wird.

Abb. 328. Glattwalzwerk (Dr. Gaspari).

Eine Waschmaschine, die diese Forderung im weitgehendsten Maße erfüllt, ist die der Excelsior-Maschinenbau-Gesellschaft Stuttgart, Abb. 330. Die 2 Hauptteile der Maschine, der Schwertauflöser und der Stufenwäscher, die sich nebeneinander in 2 Trögen befinden, sind in den Abb. 331 und 332 im Schema dargestellt. Im Schwertauflöser bewegt sich in einer Art Sandbad ein Rührwerk mit Armen (Schwertern), die auf Stahlgußnaben aufgesetzt sind. Dabei werden die im Waschgut enthaltenen Feinteile benutzt, um die Lehm- und Tonknollen oder den Materialüberzug durch Scheuern zu zerreiben und dadurch aufzuschlämmen. Wasser und Material bewegen sich im Gleichstrom.

Der Stufenwäscher hat mehrere auf einer gemeinsamen Welle befestigte Becherräder, von denen jedes Rad in eine andere Abteilung des Troges eintaucht. Die Zwischenwände sind nach der Wassereintrittsseite zu immer höher gebaut, so daß sie gleichzeitig als Überfall für das Waschwasser dienen und verhindern, daß schmutziges Wasser rückwärts fließt. Das aufgegebene Rohmaterial und das Waschwasser laufen hier im Gegenstrom. Auf 1 m³ schmutziges Rohmaterial sind etwa 1÷2 m³ Wasser zu rechnen.

Abb. 329. Glattwalzwerk mit Steinbrecher
(Dr. Gaspari).

Abb. 330. Kieswaschmaschine (Excelsior, Stuttgart).

Der Antrieb der Maschine erfolgt in der Regel durch Elektromotoren. Diese treiben durch ein Vorgelege ein Kettenrad des Schwertauflösers an, und letzterer bringt durch einen weiteren Kettentrieb den Stufenwäscher in Bewegung.

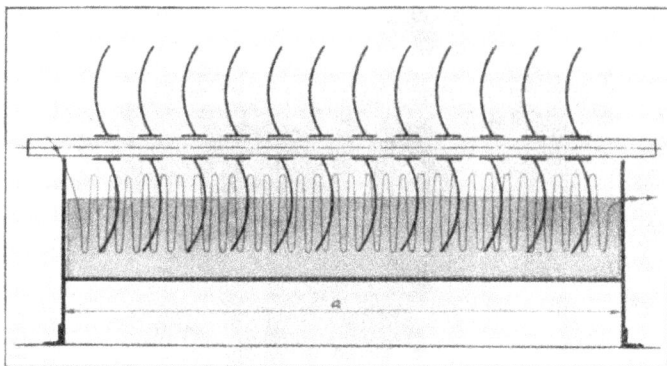

Abb. 331. Schwertauflöser.

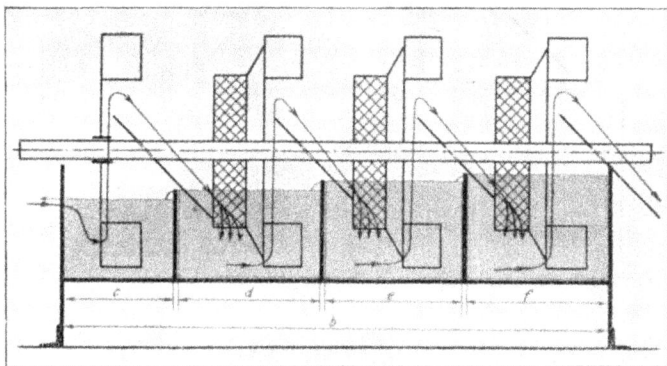

Abb. 332. Stufenwäscher.

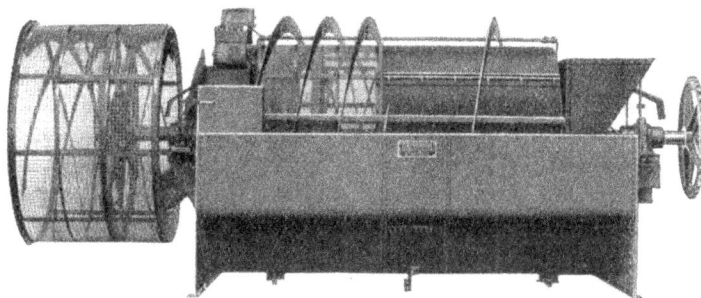

Abb. 333. Unterwassersiebmaschine (Excelsior, Stuttgart).

Angaben über Waschmaschinen (Excelsior-Maschinenbau-Gesellschaft)

Leistung in d. Std. m³	Tagesleistung in 8 Std. m³	Länge × Breite × Höhe	Gewicht kg	Betriebs- gewicht t	Kraft- bedarf PS
½	4	1,7 × 1,8 × 1,10	900	2,6	½
1	8	2,30 × 2,15 × 1,30	1 700	4,2	1
2	16	2,70 × 2,50 × 1,50	2 500	6,0	2
4	32	2,90 × 2,90 × 1,80	3 300	7,6	3
5—6	40—48	2,9 × 3,20 × 1,85	4 200	8,5	5
8—10	64—80	3,30 × 3,60 × 1,95	5 100	11,0	6
10—12	80—100	4,20 × 4,10 × 2,20	10 000	16,0	10
12—15	100—120	4,50 × 4,70 × 2.50	16 000	28,0	12

Eine andere Maschine derselben Firma, die sog. Unterwassersiebmaschine (Abb. 333), dient zum Waschen von Kies, Sand und Splitt,
die mit erdigen, schlammigen oder geringen lehmigen Beimengungen ver-
unreinigt sind. Sie werden in Größen von 1 bis 30 m³ Stundenleistung
ausgeführt. Bei dieser Maschine dreht sich eine Sieb- oder Wasch-
trommel mit innerem und äußerem Schneckengang. Das Rohmaterial
bewegt sich im Gegenstrom zum Wasser. Der Sand fällt dabei durch das
Sieb und wird durch den äußeren Gang vorwärts geschoben bis zur Aus-
tragvorrichtung. Der Kies dagegen wird durch den inneren Schneckengang in derselben Richtung bewegt und abgegeben.

Durch eine weitere außen fliegend angeordnete Siebtrommel kann
noch Betonkies und Grobkies getrennt werden.

4. Sortiermaschinen.

Bei diesen erhalten die kleineren Trommeln durchgehende Welle,
Abb. 334, die größeren dagegen sind wellenlos und laufen auf

Abb. 334. Bild einer Sortiermaschine.

Rollen. Die Anbringung eines oder mehrerer Übersiebe gestattet für
den inneren Trommelmantel entsprechend stärkere Bleche mit größerer
Lochung. Der Antrieb er-
folgt durch Riemenscheibe
und Kegelräder. Die längeren Trommeln erhalten in
der Mitte eine Stützrollen-
lagerung, bei der gleichzeitig
die Trommel angetrieben
wird.

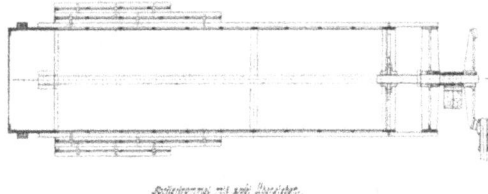

Abb. 335. Sortiertrommel mit Übersieben (Ibag).

Abb. 335 zeigt den Schnitt durch eine Sortiertrommel mit Übersieben von Ibag.

Angaben über Sortiertrommeln (Ibag Neustadt).

Nr.	Trommel-Durchmesser mm	Gesamt-länge mm	Drehzahl der Riemen-scheibe i. d. Min.	Drehzahl der Trommel i. d. Min.	Kraft-bedarf PS	Stunden-leistung m³	Dazu passender Stein-brecher
mit durch- ⌈ 1	600	2100	70	14	0,5	2—2,5	250×190
gehender ⟨ 3	600	3350	70	14	1,0	3—3,5	300×200
Welle ⌊ 9	800	5425	60	12	2,5	7—7,5	500×300
3	1000	5750	240	10	4	11—12	500×300
7	1300	7500	160	8	7	22—25	750×400
12	1500	11300	192	8	12	45—50	1000×500

L. Betonmischmaschinen.

Zu den Mischmaschinen gehören:

1. Die Mörtelmischer, die gelöschten Kalk unter Zusatz von
Wasser mit Sand zu einem Brei vermengen.

2. Die Betonmischer, in denen Zement mit Kies und teils
Steinstücke, teils sandige Teile enthaltenden Stoffen unter gleichzeitigem
oder nachträglichem Zusatz von Wasser gemischt wird.

I. Mörtelmischer.

Von diesen sind hauptsächlich zwei Typen in Gebrauch.

1. Die Maschinen mit wagrecht oder geneigt gelegten offenen
Trögen oder Mulden.

Abb. 336. Trog-Mörtelmischer (Gauhe, Gockel).

Abb. 336 zeigt eine solche Maschine von Gauhe, Gockel, Oberlahnstein. Sie kann entweder von Hand oder maschinell betrieben werden.

Das Rührwerk besitzt zweierlei Arten von Rührflügeln. Die einen dienen zum Kneten, die anderen, verstellbaren, fördern das Mischgut längs des Troges. Diese Maschinen eignen sich besonders für feucht-bröckeligen Kalk und bei Verwendung schweren Sandes in Kalkmörtel.

Leistung: bis 6 m³ stündlich bei 2 m Troglänge, Kraftbedarf etwa 2 PS.

2. Trichterförmige Mischer für Hand- und Maschinenbetrieb sind besonders geeignet für Grubenkalk.

In Abb. 337 ist eine solche Maschine mit Riemenantrieb und Räder übersetzung von Peschke, Zweibrücken, dargestellt. Die Rührarme tragen auf der einen Seite bewegliche Schaufeln, die schabend an der Wand wirken, und auf der anderen Seite feste, schräggestellte Arme, die das Material schneiden und gleichzeitig nach unten drükken. Zwischen je zwei Schaufeln befindet sich ein Hochkantflacheisen zur Begünstigung der Mischung.

Abb. 337. Trichter-Mörtelmischer (Peschke).

Leistung bei Handbetrieb ca. 3 m³ stündlich, bei Kraftbetrieb ca. 6 m³ stündlich bei 2—3 PS Kraftbedarf..

II. Betonmischer.

Für die Betonmischmaschinen sind die Baugrundsätze in den Deutschen Industrienormen DIN 459 niedergelegt. Danach ist für

Größe	1	2	3	4	5	6	7
Fassungsvermögen in l	75	150	250	375	500	750	1000

Die von den zahlreichen Firmen gebauten Betonmischer kann man nach verschiedenen Gesichtspunkten einteilen:

A. Nach der Aufstellungsart in:
1. stationäre Mischer.
2. fahrbare Mischer.
   a) kleine Ausführung für Hand- und Kraftbetrieb für kleinere Baustellen;
   b) große Ausführung mit Kraftbetrieb der Mischtrommel mit Beschickungsaufzug für die Trommel sowie Bauaufzug für den gemischten Beton.
B. Nach Art des Mischgefäßes in:
1. Zwangmischer — d. s. Mischer mit feststehendem Mischtrog und Rührwerk (Sonthofen) oder mit drehbarem Mischtrog und Rührwerk (Eirich).

2. Freifallmischer — d. s. Mischer mit umlaufender Mischtrommel; diese bilden die Regel.

C. Nach dem Mischvorgang:

1. Periodenmischer, die nur einzelne Füllungen (Chargen) verarbeiten.

Vorteile: Gleichmäßige, innige Mischung gesichert, weil für jede Füllung die genauen Mengen im richtigen Verhältnis eingeschaufelt werden müssen. Schnelle, gute Mischung.

Nachteile: Starker Verschleiß der Gefäße und Rührwerke, etwas größerer Kraftbedarf.

2. Durchlaufmischer mit stetigem Durchgang des Mischgutes.

Vorteile: Einfachheit, geringer Verschleiß und Kraftbedarf.

Nachteile: Längere Mischzeit, weniger gleichmäßige Mischung, wenn das Mischgut nicht vorher schon gleichmäßig zusammengeworfen ist.

Die meisten größeren Durchlaufmischer sind auch für periodische Mischung eingerichtet.

Im folgenden werden einige Betonmischer nach der Art des Mischvorganges aufgeführt unter Angabe der wichtigsten Merkmale.

a) Periodentrogmischer.

1. Hüttenwerk Sonthofen, Abb. 338.

Merkmal: Feststehender Mischtrog, Rührwerk mit Mischschaufeln, die in einem Bolzen drehbar am Mischarm angebracht sind. Die Schaufeln

Abb. 338. Betonmischer (Sonthofen).

sind mittels zweier Stellschrauben derart nachstellbar, daß sich deren vordere Kanten in einem Abstand von 1—2 mm von dem Mantelblech befinden, um ein Festklemmen von Steinen zu vermeiden.

Das Einfüllen des Mischmaterials erfolgt durch Beschickungsaufzug, das Entleeren durch eine mit Hebel betätigte Bodenklappe.

2. Eirich Hardheim, Baden, Abb. 339.

Merkmal: Ein zylindrischer, nach oben offener Mischteller liegt auf Tragrollen und dreht sich um seine Achse. In entgegengesetzter Dreh-

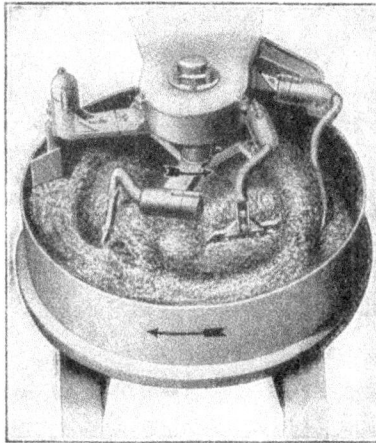

Abb. 339. Betonmischer (Eirich).

richtung und exzentrisch zur Tellermitte durchpflügen elastisch gelagerte Hartstahlflügel das 10—15 cm hoch liegende Mischgut und beschreiben infolge der zwei Gegenbewegungen Schleifenbahnen, die sich andauernd überschneiden und den Tellerinhalt in lebhafte Zirkulation versetzen.

Einfüllung mittels Schrägaufzug in den offenen Teller; Entleerung durch eine mit Handkurbel betätigte Platte in der Mitte des Tellerbodens.

Einfachwirkende Bauart bis 250 l Nutzraum. Abb. 340 hat ein Rührwerk.

Doppeltwirkende Bauart mit 500 l Nutzraum. Abb. 341 hat zwei Rührwerke.

3. Gauhe, Gockel & Cie., Oberlahnstein. Kipptrogmischer: Abb. 342.

Merkmal: In einem doppelmuldenförmigen Troge bewegen sich zwei mit Mischarmen versehene Wellen in entgegengesetzter Richtung derart, daß das Mischgut von der Außenwand zur Trogmitte bewegt wird. Die eigenartige Form der Mischarme bewirkt eine vertikale und horizontale Durcharbeitung des Mischgutes.

Das Einfüllen erfolgt mittels Kippkasten-Schrägaufzug unmittelbar in den Mischtrog, das Entleeren in Kippwagen durch eine Kipp-

15*

bewegung des Mischtroges. Diese Bewegung geschieht maschinell, die Rückbewegung in die Beschickungs- und Arbeitsstellung durch ein Handrad.

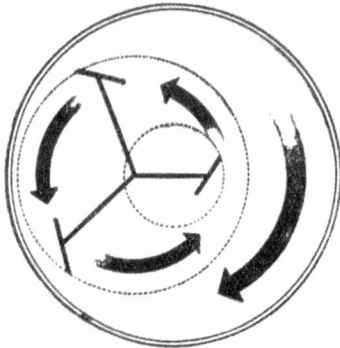

Abb. 340. Eirichmischer mit 1 Rührwerk.

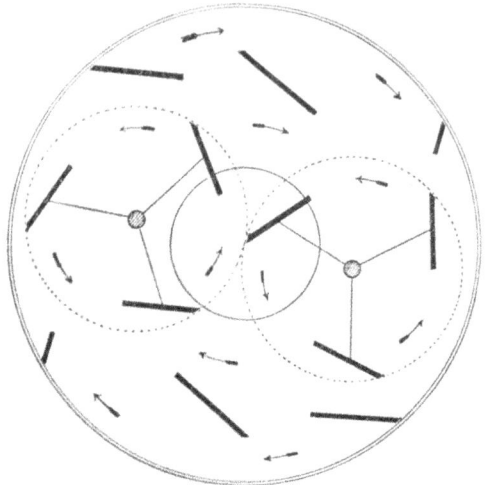

Abb. 341. Eirichmischer mit 2 Rührwerken.

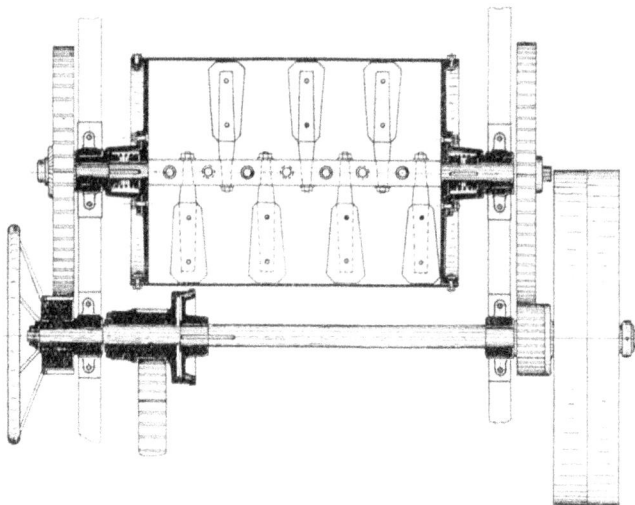

Abb. 342. Kipptrogmischer (Gauhe, Gockel).

b) Periodentrommelmischer.

1. Gauhe, Gockel & Co., Oberlahnstein a. Rh. Trommel-mischer, Abb. 343.

Merkmal: Zylindrische Trommel, aber nicht auf Rollen laufend, sondern um eine Mittelachse drehbar. Auf der Achse befinden sich eine

Anzahl Arme mit schaufelartigen Enden zum Herumwerfen des Mischgutes. Ein auf der Achse lose sitzender Flacheisenrahmen besorgt das

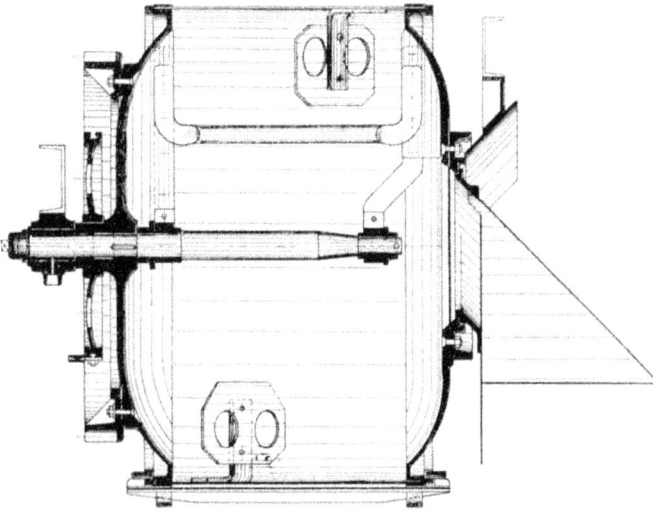

Abb. 343. Trommelmischer (Gauhe, Gockel, Oberlahnstein).

Abstreifen des Mischgutes von der Trommelwand   Einfüllen: durch
seitliche Öffnung. Entleeren: durch Klappe in der Trommelwand.

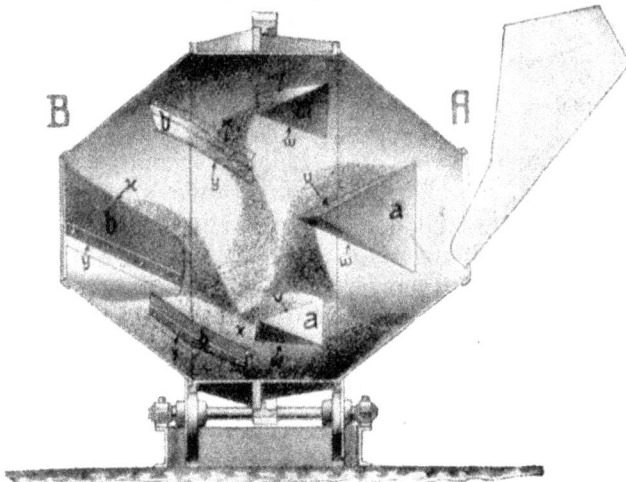

Abb. 344. Trommelmischer (Kaiser, St. Ingbert).

Stündl. Leistung:	3	4	6	10	15	20	30	40 m³
Trommelfüllung:	75	100	150	250	375	500	750	1000 l
Kraftbedarf:	4	5	7	10	15	20		PS

2. Kaiser, St. Ingbert, Abb. 344.

Merkmal: Umlaufende zylindrische Mischtrommel mit abgestumpftem Boden (ohne Rührwerk), die Trommel kann abwechselnde Drehrichtung erhalten. Die Drehrichtung während der Mischung ist so,
daß die Mischschaufeln das Mischgut stets nach innen werfen. Bei der
entgegengesetzten Drehrichtung befördern die Schaufeln das Material
heraus. Einfüllen: auf der rechten Bodenöffnung. Entleeren: auf der
entgegengesetzten Seite.

3. Allgemeine Baumaschinen-Ges., Leipzig, Abb. 345.

Merkmal: Umlaufende zweiteilige kugelförmige Mischtrommel ohne
Rührwerk, die Trommel läuft auf der Einfüllseite auf Rollen. Durch die
an der Innenwand befindlichen Schaufeln oder Prellbleche wird das

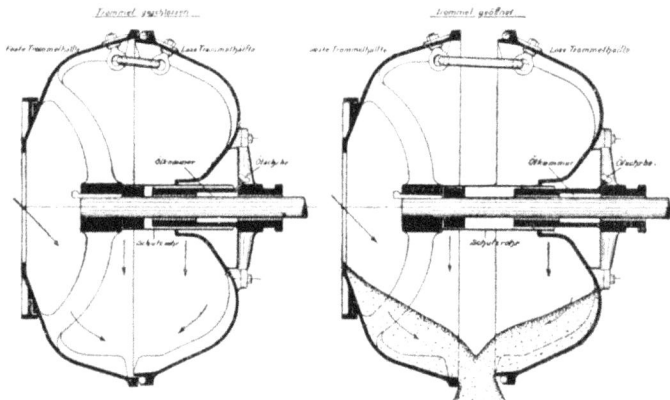

Abb. 345. Trommelmischer (Allg. Baumaschinen-Ges., Leipzig).

Material durcheinandergemischt. Füllen: erfolgt allmählich in die
drehende Trommel. Der Vorfüllkasten ist mit einer Klappe versehen,
die den Materialstrom reguliert. Entleeren: durch Verschieben der einen
Trommelhälfte nach links mit der rechtsgängigen Schraube und dem
rechten Riegel; Schließen der Trommel mit der linsgängigen Schraube
und dem linken Riegel. Die eine Hälfte ist fest auf der Welle aufgekeilt,
die andere auf der Welle verschiebbar.

Stundenleistung: 7   10   14   20 m³
bei 150 250 330 500 l Trommelfüllung.

4. Jaegermischer von Vögele, Mannheim, Abb. 346.

Merkmal: Birnenförmige Trommel, die dauernd umläuft, angetrieben durch Kegelrad und Zahnkranz am Umfang der Trommel. Am
Boden der Trommel sind zwei abgeflachte Stellen angebracht, die das
Mischgut gleichsam zusammenfalten und auf die Flügel werfen, die es
wiederum nach der Innenseite zurückwerfen. Einfüllen: in der Schräg-

lage der Trommel. Entleeren: bei Neigung der Trommel nach unten mittels des Handrades. Die Trommel dreht sich dauernd, auch während des Einfüllens und Entleerens.

Abb. 346.
Jägermischer (Vögele, Mannheim).

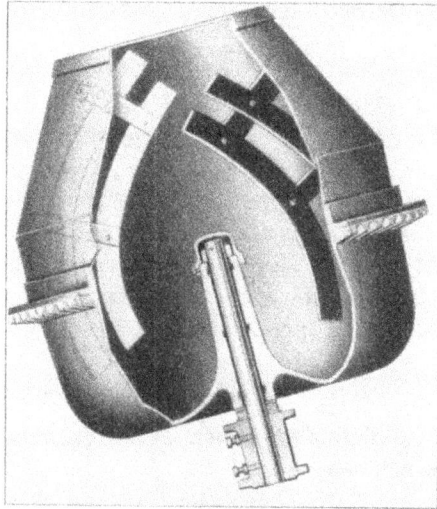

Abb. 347.
Trommelmischer (Peschke, Zweibrücken).

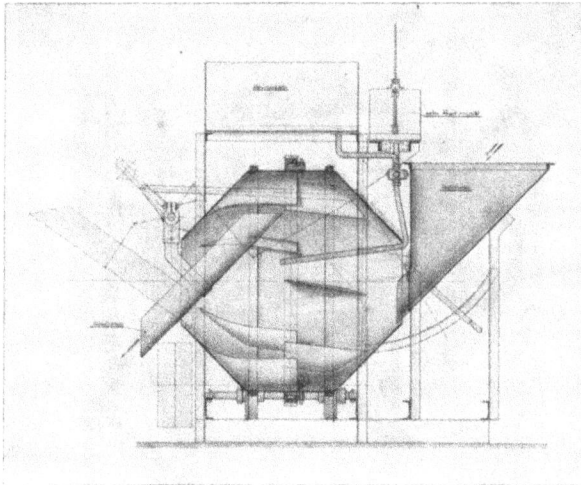

Abb. 348. Durchlaufmischer (Ibag, Neustadt).

5. Peschke, Zweibrücken, System Halm, Abb. 347.

Merkmal: Birnenförmige Trommel, die dauernd, auch während des Einfüllens und Entleerens umläuft, angetrieben durch Kegelrad und um die Trommel herumführenden Zahnkranz. Am Boden der Trommel gegenüber der Einfüllöffnung ist eine dachförmige Schaufel befestigt, die bei der Drehung der Trommel in der Schräglage alle möglichen Stellungen einnimmt. Einfüllen: in der Schräglage der Trommel. Entleeren: bei Neigung der Trommel mit der Öffnung nach unten.

c) Durchlauf- oder Periodenmischer.

Ibag, Neustadt a. Haardt, Abb. 348.

Merkmal: Umlaufende Doppelkonustrommel mit kurzem zylindrischen Teil, mit dem die Trommel auf Rollen läuft. An der Innenwand befestigte, gebogene Schaufeln. Einfüllen: auf der einen Seite. Entleeren: auf der anderen Seite, indem das Mischgut nach Maßgabe der Zufuhr durch die Schaufeln im Innern hochgehoben wird und abläuft. Dreht man die Schütte in die gestrichelte Stellung, so arbeitet die Maschine periodisch.

Ausführungen von Betonmischern.

Von den vielen Ausführungen seien nur einige etwas näher beschrieben.

Abb. 349.
Stationärer Periodenmischer (Gauhe, Gockel, Oberlahnstein).

1. Stationärer Periodenmischer für Handbetrieb von Gauhe, Gockel, Oberlahnstein, Abb. 349 (Zwangsmischer).

Sie werden für kleinere, mehr untergeordnete Arbeiten verwendet, erzeugen aber bei entsprechender Mischdauer eine gute Mischung.

Die Maschine besteht aus einem runden, oben offenen und wagrecht gelagerten Mischbehälter, in dem sich die Mischwelle dreht. Während der Mischung wird der Behälter durch eine Hemmung gelöst; er nimmt

Abb. 350. Stationärer Durchlaufmischer (Ibag, Neustadt).

dann infolge der Reibung des Materials an der Drehung der Mischwelle so lange teil, bis seine Öffnung unten steht und das Mischgut ausstürzen kann. Alsdann wird er zur Aufnahme der nächsten Füllung wieder nach oben gedreht.

2. **Stationärer Durchlauf- und Periodenmischer** von Ibag, Neustadt a. Haardt, Abb. 350.

Die Hauptmerkmale sind bereits oben erwähnt. Der Antrieb der Trommel erfolgt vom Vorgelege aus durch ein Reibräderpaar und ein kleines Stirnrad auf den Zahnkranz der Trommel. Die Bedienung der Hebel für den Riemenausrücker, das Einfüllen und Entleeren geschieht von der über der Trommel angebrachten Bühne aus.

Für periodische Mischung wird die Entleerungsschütte durch den Hebel umgelegt.

3. **Fahrbarer Periodenmischer** vom Hüttenwerk Sonthofen, Abb. 351 (Zwangsmischer).

Auf dem Fahrgestell sind angebracht:

a) das eigentliche Mischgefäß mit Rührwerk,
b) ein Materialaufzug für die Beschickung des Mischtroges,
c) eine Aufzugswinde für den gemischten Beton,
d) eine Kolbenwasserpumpe.

a) Betonmischer. Seine Arbeitsweise ist bereits oben unter Periodenmischer beschrieben. Der Antrieb erfolgt gewöhnlich mittels Riemen und Zahnradübersetzung von einem Elektromotor oder einem Verbrennungsmotor. Soll für längere Zeit nur der Mischer benutzt werden ohne die Aufzugswinde, so wird an dem an der Haupttransmissionswelle links sitzenden Ritzel die Stellschraube gelöst, das Ritzel verschoben, außer Eingriff gebracht und wieder festgestellt. Von der Mischerwelle aus geht ein Kettentrieb nach der oberen Welle mit Reibungskupplung und Sperrradgetriebe für den Materialaufzug. Der Mischtrog ist nach Beendigung der Tagesarbeit jedesmal zu reinigen.

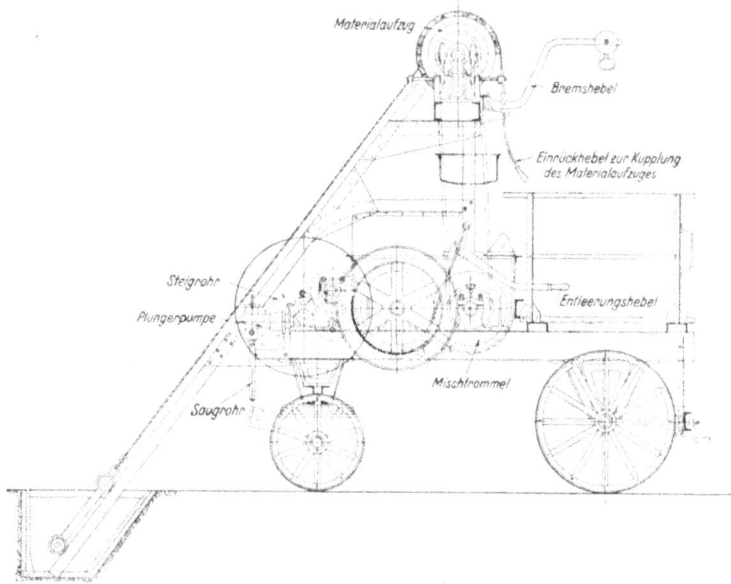

Abb. 351. Fahrbarer Periodenmischer (Sonthofen).

b) Materialaufzug. Er wird durch eine Gallsche Kette angetrieben und in einfacher Weise mittels einer Simplexkupplung bedient. Er kann auch als Ausschachter zum Ausheben von Baugruben verwendet werden. Dazu werden die Laufschienen nach Bedarf verlängert und das Material wie sonst mit dem Aufzug hochgezogen. Ist das Material nicht grobstückig, so braucht man nur die Klappen des Mischtroges ständig geöffnet zu halten; das mitlaufende Rührwerk räumt dann das Material in daruntergestellte Wagen. Bei grobstückigem Material sind die Mischarme ganz herauszuschrauben und die Klappen auszubauen.

c) Aufzugswinde: Diese wird von der Vorgelegewelle mit Stirnrädern betrieben. Zur Bedienung sind nur zwei Hebel erforderlich, einer, der mittels Doppelkonuskupplung das Räderwerk mit der Seiltrommel verbindet, und ein anderer zum Lüften der Senkbremse. Soll der Mischer längere Zeit nur als Aufzugswinde benützt werden, so empfiehlt es sich, den Mischapparat abzustellen. Es wird nur das auf der Antriebswelle rechts sitzende Mischwellen-Antriebsritzel mit der Stellschraube gelöst, nach rechts verschoben und wieder festgestellt.

d) Pumpe: Sie läßt sich nicht nur zur Förderung von Misch- und Kühlwasser, sondern auch zum Hochfördern von Wasser für andere Zwecke verwenden.

Arbeitsweise: Das Rohmaterial wird in der Mulde durch eine Winde hochgezogen und in die Mischtrommel eingestürzt; hierauf trocken, dann naß gemischt, unter Zugabe von Wasser aus Behälter. Die Bodenklappe an der Mischtrommel ist mittels des Entleerungshebels zu öffnen und das Mischgut fällt in Muldenkipper. Die Mulde wird mit Bremse durch Lüften des Bremshebels abgelassen.

Angaben über Sonthofener Mischer.

Bauart		Einfachtrog		Doppeltrogform					
Füllung	l	100	150	250	375	500	750	1000	1250
Stundenleistung . . .	m³	6	9	14	20	28	38	50	62
Kraftbedarf	PS	2,5	3,5	4,5	6	8,5	11,5	15	20
Minutl. Drehzahl der Antriebsscheibe . .		320	320	300	280	280	260	260	260

Abb. 352. Fahrbarer Periodenmischer (Freifallmischer) (Allg. Baumaschinenges., Leipzig).

Fahrbarer Periodenmischer der Allgemeinen Baumaschinen-Gesellschaft, Leipzig.

In Abb. 352 ist die Maschine in Ansicht dargestellt, Abb. 353 zeigt einen Schnitt durch Trommel, Trichter und Vorfüllkasten und Abb. 354 gibt eine Draufsicht auf den maschinellen Teil.

Die Maschine besteht in der Hauptsache aus folgenden Teilen:

1. eigentliche Mischtrommel mit ihrem Antrieb und der Vorrichtung zum Öffnen und Schließen der Trommel;
2. Rohmaterialaufzug für die Beschickung der Trommel;
3. Wasserzulaufregulierung;
4. Hebewerk für den Betonaufzug.

Die Mischtrommel mit ihrer Einrichtung ist bereits oben unter Periodenmischer beschrieben. Die linke Trommelhälfte sitzt fest auf der Welle aufgekeilt und ist außen auf einer Rolle gelagert, während die andere durch einen Hebel verschiebbare Hälfte auf der Welle gelagert ist.

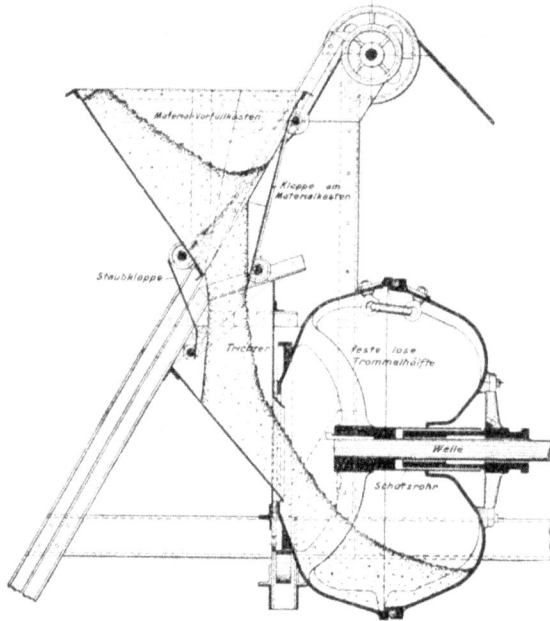

Abb. 353. Schnitt durch Mischtrommel.

Abb. 354. Draufsicht auf die Antriebsvorrichtung.

Der Antrieb der Mischtrommelwelle erfolgt in der Regel von einer Riemenscheibe aus unter Zwischenschaltung von zwei Stirnradübersetzungen. Die Antriebsmaschine — ein Elektro- oder Verbrennungsmotor — kann auch auf das Fahrgestell neben das Rädertriebwerk gesetzt werden.

Die Windentrommel zu dem Rohmaterialaufzug sitzt auf der ersten Vorgelegewelle; sie wird mittels eines Schalthebels eingerückt und rückt selbsttätig aus, wenn der Vorfüllkasten seine Höchststellung erreicht hat. Der Kasten kippt nicht um, sondern seine rechte Seitenwand besitzt eine Klappe, die an einer bestimmten Stelle (Knickpunkt der Förderschiene) sich langsam öffnet und das Material durch den Trichter in die Trommel fließen läßt. Das Senken des Vorfüllkastens geschieht durch eine Senkbremse.

Der Wasserkasten ist mit einem einstellbaren Schwimmer ausgerüstet, so daß die benötigte Wassermenge selbsttätig abgemessen wird. Den Wasserstand erkennt man am Wasserstandsglas.

Die Hebewerks-Windentrommel für das Mischgut ist auf der Mischtrommelwelle gelagert und kann durch eine Federbandkupplung eingerückt werden. Das Senken geschieht durch eine Senkbremse.

Wassermeßapparat für Betonmischmaschinen.

Für die Güte des Betons ist neben der guten Beschaffenheit des Zementes sowie der Kornzusammensetzung der Zuschlagstoffe die richtige Bemessung des Wasserzusatzes von großer Wichtigkeit, was bei verschiedenen Mischmaschinen nicht in genügender Weise berücksichtigt wird. Durch den neuen Apparat, System »Voglsamer«, der Firma Tomaschek & Co., München, Abb. 355, ist eine genaue Bemessung des Wasserzusatzes gewährleistet ($\frac{1}{2}$% Genauigkeit).

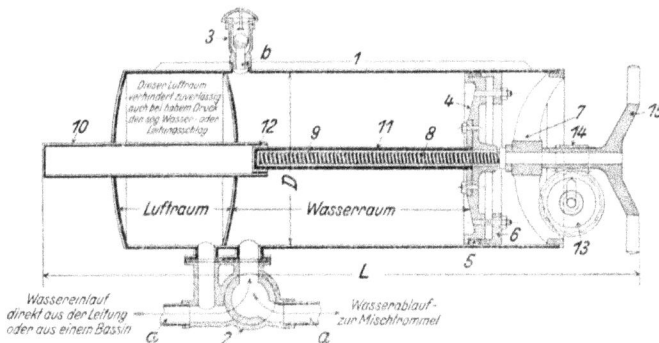

Abb. 355. Wassermeßapparat (System Voglsamer).

Der Apparat besteht aus einem zylindrischen Gefäß *1*, in dem das für die jeweilige Betonmischung erforderliche Wasser durch einen mittels Spindel *8* und Regulierhebel *15* genau einstellbaren Kolben *4* abgemessen wird. Ein Meßrad *13*, das von der Spindel mit Hilfe einer Schnecke angetrieben wird, gestattet die Ablesung des jeweils zur Verfügung stehenden Zylinderinhaltes. Den Zu- und Ablauf des Mischwassers bewirkt ein Dreiweghahn. An der höchsten Stelle des Apparates ist ein Be- und Entlüftungsventil angebracht. Der zulässige Innendruck des Gefäßes kann bis zu 5 at betragen.

Um für eine Anzahl von Mischmaschinen verschiedenen Inhaltes ein und denselben Meßapparat verwenden zu können, werden diese in folgenden Größen ausgeführt.

Inhalt des Beton- mischers l	100—250	275—400	425—550	600—700	750—850	900—1000
Inhalt des Meßappa- rates min. . . . l	2	14	21	30	37	45
Inhalt des Meßappa- rates max. . . . l	35	60	82	105	125	150
Durchmesser der An- schlußleitung "engl.	$1^1/_2$	$1^1/_2$	2	2	2	2

M. Betonierungseinrichtungen.

Je nach der Art und Ausdehnung des Bauobjektes können die Fördereinrichtungen für den in den Mischmaschinen erzeugten Beton sehr verschieden sein. Im Verlaufe von wenigen Jahren haben sich im Hoch- und Tiefbauwesen folgende ganz typische Verfahren herausgebildet:

1. Gußbetonverteilung nach dem **Gießrinnenverfahren** mit einem oder mehreren feststehenden oder fahrbaren Gießtürmen — für Hochbauten, Brücken- und Schleusenbauten, Wehr- und Hafenbauten.

2. Gußbetonverteilung nach dem **Kabelkranverfahren** mit einem festen und einem drehbaren Turm oder mit zwei fahrbaren Türmen — für größere Brücken-, Talsperren- und Schleusenbauten.

3. **Bandförderer** mit mechanischer Fahrbewegung oder von Hand fahrbar — für Schleusen-, Hafenbauten und Hochbauten.

4. **Böschungsbetoniereinrichtung** mit mechanischer Fahrbewegung — zum Betonieren von Kanalböschungen.

5. **Torkretverfahren** — ein Betonspritzverfahren — für Wiederherstellung und Verstärkung beschädigter Bauten, Abdichten von Wasserdruckrohrleitungen und Stollen, Herstellung dünnwandiger Bauteile.

Die Frage nach der Eignung des Gußbetons[1]) soll hier nicht erörtert werden. Darüber ist eine ausführliche Literatur vorhanden. Seine Vorteile bestehen hauptsächlich in der schnellen und gleichmäßigen Herstellungsweise, in dem guten Umhüllen der Bewehrungs-

---

[1]) Dr. David, Praktischer Eisenbetonbau, Kap. 44.

eisen, in der Wasserdichtigkeit sowie auch in der Wirtschaftlichkeit. Außerdem steht fest, daß sachgemäß hergestellter Gußbeton in Bezug auf Festigkeit allen Anforderungen der amtlichen Vorschriften genügt.

1. Gußbetonverteilung nach dem Gießrinnenverfahren.

a) Betoniereinrichtung von Ibag, Neustadt a. H., Abb. 356. Für eine Schleusenbaustelle, Aufzugskasteninhalt 1000 l, Gesamtturmhöhe 52 m, Betonierhöhe 25 m, Arbeitsradius 42 m.

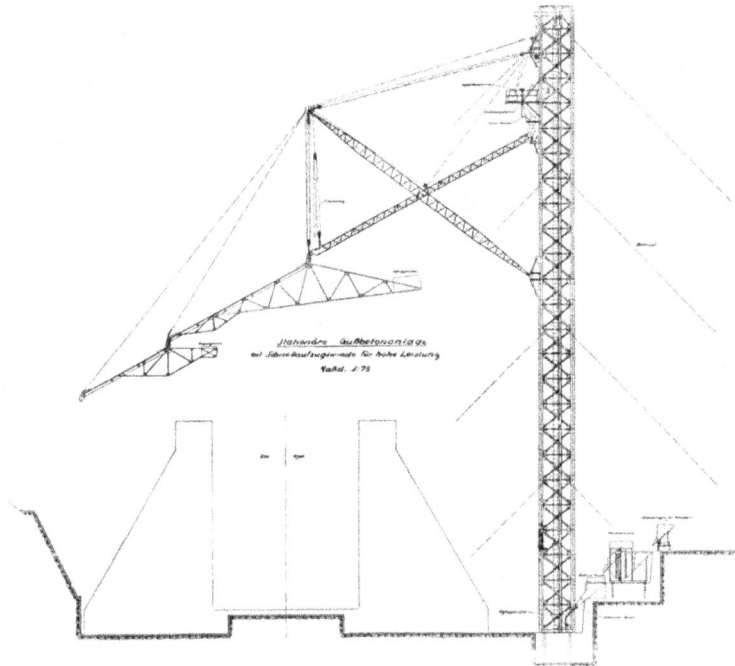

Abb. 356. Gußbetonanlage (Ibag, Neustadt).

Die Hauptteile einer solchen Anlage sind:

Gießturm: Er ist in Eisenkonstruktion ausgeführt mit oberen und unteren Ablenkrollen sowie Führungsschienen für den Aufzugskasten; letzterer wird bei größeren Anlagen (Abb. 356) im Innern des Turmes hochgezogen, bei kleineren Anlagen außerhalb eines Gittermastes, wie Abb. 357.

Aufzugskasten: Dieser ist als Kippkasten ausgebildet und wälzt sich bei Entleerung selbsttätig mittels Zahnradbogen auf einer Zahnstange ab. In der tiefsten Stellung läuft der Beton unmittelbar von der Mischmaschine oder aus einem Vorsilo in den Kasten ein.

Schlitten: Er besteht aus folgenden Teilen: Derrickausleger in Gitterkonstruktion, der den Hauptträger des Rinnensystems bildet;

Bedienungsbühne, die auch als Widerlager für den Derrickausleger und **Festpunkt** für die Verhängung des Rinnensystems dient; ferner **Vorsilo**, konischer **Einlauftrichter**, der die Verbindung zwischen Vorsilo und Rinnen herstellt; außerdem zwei **Rinnenträger** mit **Gegengewicht** (Mittelflieger und Endflieger), zwei **Kniegelenkstücke** mit **Kugellagerung**, verschiedene **Rinnen** mit auswechselbaren Schleißblechen, sowie ein **Verteilungstrichter** und ein **Rüssel**.

Schnellaufzugswinde: Sie hat eine Zugkraft von 2500 kg an der Trommel und eine Seilgeschwindigkeit von 1,0—2,5 m/s. Zum Hochziehen des Aufzugskasten ist eine Bremsbandkupplung, zum Ablassen des leeren Kastens eine Bremse mit Handhebel vorhanden.

Für kleinere Anlagen dienen zum Hochziehen des Kastens Reibradwinden mit etwa 0,5 m/s Hubgeschwindigkeit.

Für ausgedehnte, langgestreckte Bauwerke (Schleusen) sind die Gießtürme fahrbar gebaut.

b) **Verteilungsanlage der Tiefbau- und Eisenbeton-Gesellschaft (T.E.G.) München,** System Seytter (siehe Abb. 6, S. 6). Die Einrichtung besteht in der Hauptsache aus:

Gitterturm: Er ist in Eisenkonstruktion von etwa 50 m Höhe hergestellt. Im Turm kann mit Hilfe eines Windwerkes ein Fahrstuhl für 3 t Höchstbelastung auf- und abbewegt werden. Die Fahrstuhlhubrolle ist an leicht montierbaren, an den Knotenpunkten des Turmes auflagernden Profileisenträgern befestigt und wird mit Fortschreiten des Baues höher gerückt.

Betonsilo: (1500 l Inhalt). Zur Verteilung des Gußbetons in das Rinnensystem ist er wegen der notwendigen Rinnenneigung immer um ein bestimmtes Maß über der höchsten Stelle des Fahrstuhles angebracht. Der Silo wird mit Hilfe eines Flaschenzuges hochgezogen.

Aufzugskasten: Sie sind an der Außenseite des Gießmastes zwischen Gleitschienen angeordnet; haben einen

Abb. 357. Gießmast (Ibag, Neustadt).

Inhalt von je ¾ m³ und werden von einem Doppelwindwerk abwechslungsweise auf- und abbewegt. Es besteht die Möglichkeit, an der gegenüberliegenden Seite des Turmes ebenfalls zwei Betonkübel mit Gleitschienen anzubringen, so daß bei Großbaustellen der Beton mit 4 Aufzugskasten gefördert werden kann.

Bei der oben erwähnten Baustelle, bei der etwa 2500 m³ Beton zu bewältigen waren, erforderte die Montage der Gießanlage rd. 2000 h, so daß auf 1 m³ Beton 0,8 h entfallen.

Die Höhe des Gießturmes[1]) berechnet sich für eine gegebene Höhe h und Breite b eines Bauwerkes zu

$$H = h + \frac{b}{2} \text{ bis } \frac{b}{3} + 6 \text{ m.}$$

Der Ausdruck $\frac{b}{2}$ bis $\frac{b}{3}$ hängt mit der Neigung des Rinnensystems zusammen, die etwa zwischen 20 und 30° schwankt (tg $\alpha = \frac{1}{2}$ bis $\frac{1}{3}$). Mit Hilfe dieser Beziehung und der Breite b rechnet sich leicht die Rinnenlänge im gestreckten Zustande. Das Maß von rund 6 m vom unteren Schlittenpunkt bis zur Turmspitze ist für die Aufhängung des Rinnensystems erforderlich.

Angaben über Gußbetonverteilungsanlagen (Ibag, Neustadt).

Art der Anlage	stationäre							fahrbare					
	Gießmaste, Kasten außen			Gießtürme, Kasten innen fahrend				Gießmaste, Kasten außen		Gießtürme, Kasten innen			
Aufzugskasteninhalt . l	250	450	600	500	750	1000	1000	450	600	750	1000	1000	1200
Turmhöhe . . . . . . m	40	40	40	40	42	42	42	22	22	43	43	50	20
Arbeitsradius . . . . m	14	14	20	28	30	30	42	14	20	40	40	42	26
Betonierhöhe . . . . m	27	27	23	19	19	19	14	10	10	16	16	25	0
Leistung i. d. Std. . . m³	6,5	12	15,5	21,5	32	43	43	19	27	31	40	40	60
Kraftbedarf . . . . PS	7,5	12	17,5	28	40	54	54	12	17,5	40	54	54	30

Die Leistungen der Gießmaste und des 1200er Gießturmes beziehen sich auf 0,5 m/s Aufzugskastengeschwindigkeit, die übrigen Leistungen auf 1 m/s.

2. Gußbetonverteilung nach dem Kabelkran-Verfahren.

Für sehr große Bauwerke, z. B. Talsperren und Wehrbauten, ist das Rinnensystem nach Abb. 356 weniger geeignet, da die Gießtürme sehr hoch gebaut werden müßten, was einen zu großen Kraftaufwand zum Heben der Betonmengen erfordern würde. Will man aber trotzdem nach dem Gießverfahren arbeiten, so kann man den Turm umgehen und das Rinnensystem an einem starken Halteseil, das an zwei Türmen befestigt ist, an verschiedenen Stellen aufhängen. Es ergibt sich aber bei umfangreichen Bauwerken eine bedeutende Ausdehnung des Rinnen-

---

[1]) Dr. David, Praktischer Eisenbetonbau.

systems. Außerdem ist es nicht möglich, mit einem einzigen Rinnensystem die äußersten Ecken der Mauer zu erreichen. Dazu ist die Aufstellung eines zweiten Systems nötig, was die ganze Anlage sehr verteuert. In solchen Fällen ist das **Kabelkranverfahren** vorzuziehen.

Die Firma B l e i c h e r t & Co., L e i p z i g, hat dafür im Verein mit bedeutenden Baufirmen drei Verfahren ausgearbeitet:

1. Das B e t o n g i e ß v e r f a h r e n   n a c h   B l e i c h e r t - G r ü n & B i l f i n g e r, Abb. 358. Die Einrichtung besteht aus einem Kabelkran mit zusätzlichem Trag- und Fahrseil für die Gießvorrichtung, deren einzelne Teile, Trichter, Rinnen und Flieger (schwenkbares Verteilungsrohr), auch getrennt aufgehängt werden können. Die verschiedenen Bewegungen werden meist von einer gemeinsamen Winde ausgeführt. Der flüssige Beton wird an den Mischmaschinen vom Kran in besonderen Kübeln aufgenommen und über den Einlauftrichter der Verteilungsröhren gebracht.

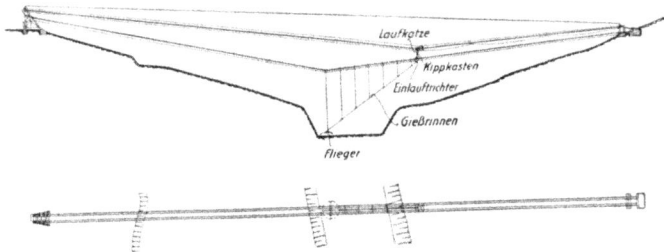

Abb. 358. Kabelkran mit fahrbarem Rinnensystem.

2. Das B e t o n g i e ß v e r f a h r e n   n a c h   B l e i c h e r t - S i e m e n s - B a u u n i o n, Abb. 359. Dieses hat gegenüber dem vorhergehenden Verfahren den Vorteil einer heb- und senkbaren Gießvorrichtung, die sich im Betriebe stets in der durch das schwenkbare Verteilungsrohr vorgeschriebenen Höhe über dem Bauwerk befindet. Der Beton wird wie oben durch einen Kübel zugebracht und unmittelbar über dem Verteilungstrichter ausgekippt. Höchstbelastung des Kranes ist: Gießvorrichtung + Betonfüllung + Kippkasten + Füllung.

3. Das B e t o n g i e ß v e r f a h r e n   n a c h   B l e i c h e r t - S i e m e n s - B a u u n i o n, Abb. 360. Die Gießvorrichtung, die hier aus einem Standtrichter mit Abflußröhren nach verschiedenen Seiten besteht, wird vom Kabelkran jeweils an die erforderliche Stelle gebracht und dort abgesetzt. Da vom Kran abwechslungsweise entweder nur die leere Gießvorrichtung oder der gefüllte Kippkasten (Betonkübel) gefördert werden muß, genügt eine leichtere und einfachere Konstruktion mit je einem Trag-, Hub- und Fahrseil.

Bei der Wäggitalsperre wurde nach Abb. 2 (Tafel) im Jahre 1923 mit einem an einem T r a g k a b e l aufgehängten Rinnensystem gearbeitet. Im letzten Stadium der starken Verbreiterung der Mauer, im Jahre 1924, mußte man das **Kabelkranverfahren** System 3 mit absetzbarem Kippkasten von 3 m³ Inhalt anwenden, da für das erste Ver-

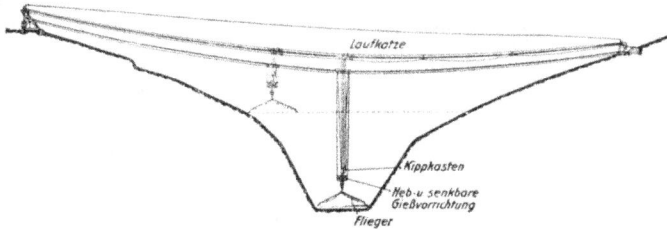

Abb. 359. Kabelkran mit heb- und senkbarer Gießvorrichtung.

fahren die Aufzugtürme, die gleichzeitig als Stützpunkte für die Rinnentragkabel dienten, eine Höhe von etwa 100 m hätten erhalten müssen. Der Kabelkran wurde schon im Herbst 1923 in Betrieb genommen, da er für das Betonieren des wasserseitigen Mauerteiles, sowie für das Versetzen der dort verwendeten eisernen Schalung und für Materialförderung überhaupt geeignet war.

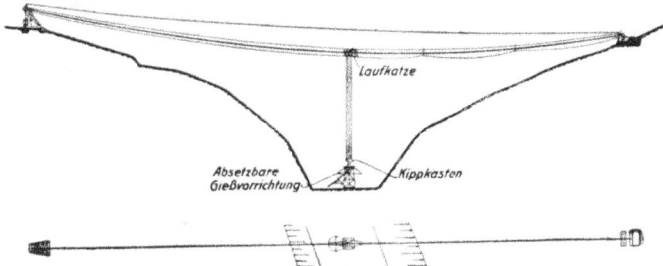

Abb. 360. Kabelkran mit absetzbarer Gießvorrichtung.

3. Fahrbare Bandförder-Betonieranlage von Fredenhagen, Offenbach a. M.

Die in Abb. 361 dargestellte Betonieranlage diente zum Betonieren einer Schleuse für die Rhein-Main-Donau-A.-G. bei Aschaffenburg. Ihre Arbeitsweise ist folgende:

Von der Betonmischmaschine wird mittels der üblichen Kübelaufzüge der Beton in einen an der Brücke befindlichen Trichter gekippt. Aus diesem fließt der Beton nach Öffnung des Drehschiebers einer sich drehenden Trommel zu. Diese kann in ihrer Neigung durch eine Handkurbel, die durch Kette und Kegelräder auf zwei Schraubenspindeln wirkt, verändert werden. Die Trommel wird von dem Antrieb des in der Brücke fest eingebauten Bandes in Drehung versetzt. Auf diese Weise fließt der

Beton reguliert dem in der Brücke eingebauten Bande zu. Die Leistungs-
veränderung geschieht durch Änderung der Neigung der Trommel und
kann den jeweiligen Flüssigkeitsgraden des Betons angepaßt werden.
Unterhalb der Brücke bewegt sich ein fahrbares Band, das durch einen
Motor gesondert angetrieben wird. Dieses Band ist reversierbar, so
daß der Abwurf des Betons an beiden Kopftrommeln erfolgen kann.
Hier sind Schurren vorgesehen, in die sich weitere Schurrenschüsse zur

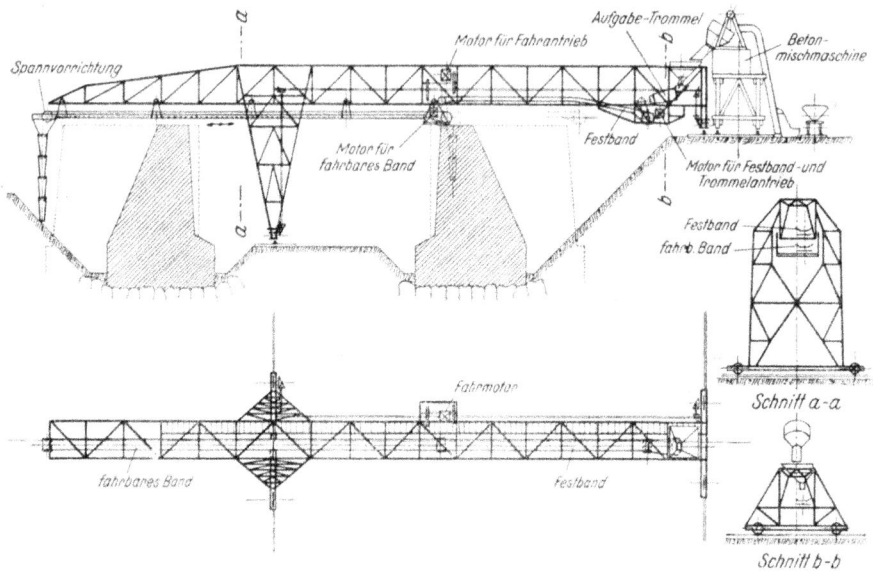

Abb. 361. Fahrbare Bandförder-Betonieranlage (Fredenhagen, Offenbach a. M.).

Verlängerung einhängen lassen. Die Schurren selbst sind um Zapfen drehbar, so daß der Beton durch diese nochmals in gewissen Grenzen seitlich geführt werden kann.

Zum Fahren der ganzen Einrichtung ist ein besonderer Fahrmotor
vorgesehen, der mittels Stirn- und Kegelrädertrieben auf die Laufräder
des Gerüstes treibt.

4. Böschungsbetoniereinrichtung.
(System Koppenhofer.)

Diese wurde bei der Mittleren Isar zum Betonieren von Kanalböschungen verwendet, wobei drei Anordnungen in Betracht kommen:

I. Betonbeifuhr in Kippwagen auf der Dammkrone.

II. Betonbeifuhr in Kippwagen auf der Kanalsohle.

III. Betonmischmaschine mit dem Apparat zusammengebaut, von
der Kanalsohle aus arbeitend.

Die I. Anordnung der Einrichtung ist in der Abb. 362 veranschaulicht.

Beschreibung: Die Anlage besteht in der Hauptsache aus:

a) Einem Maschinenwagen, der sich auf der Dammkrone parallel der Böschungskante auf zwei Gleisen verschiebt, und zwar auf einem durchgehenden Gleis, das gleichzeitig auch für die Beifuhr der Kippwagen dient und einem kurzen Gleis, das jeweils vorgestreckt wird.

b) Einem Böschungswagen, der auf einer Bewegung senkrecht zur Böschungskante die Böschungsfläche in einer Feldbreite von etwa 3 m bestreicht und dabei das Schüttmaterial aufbringt, planiert und einwalzt.

Abb. 362. Böschungsbetonieranlage (System Koppenhofer).

Der Böschungswagen, der mittels Rollen auf zwei Schienen läuft, besteht aus einem über die ganze Breite des Wagens sich erstreckenden Schütttrichter, dessen Rückwand so drehbar ist, daß man am Boden einen etwa 20 cm breiten Spalt öffnen kann, aus dem der Beton, gleichmäßig verteilt, austritt. Unmittelbar dahinter befindet sich ein verstellbarer Planierhobel, der den Beton vor sich herschiebt und glättend niederstreift, und weiter dahinter eine Walze, die den Beton einwalzt. Auch die Walze ist der Höhe nach verstellbar.

Arbeitsweise: Der Böschungswagen wird zum Maschinenwagen hochgezogen und mit Beton aus den Kippwagen gefüllt. Diese gelangen auf dem durchgehenden Gleis durch eine vorgelegte, am Maschinenwagen hochklappbare Gleiszunge auf den Gleisstoß auf der Plattform des Maschinenwagens. Der gefüllte Böschungswagen geht alsdann nieder, setzt an der Oberkante des zuletzt eingewalzten Betons

mit dem Trichter an, öffnet den Schnittspalt und wird wieder hochgezogen, indem er den aufgeworfenen Beton planiert und walzt.

Antrieb: Eine auf dem Maschinenwagen aufgestellte Kraftmaschine
treibt zwei Kabelwinden an, mit deren Hilfe die verschiedenen Bewegungen ausgeführt werden:

a) Auf- und Abwärtsbewegung des Böschungswagens.
Sie wird durch das Windwerk mittels eines Seiles bewirkt, dessen eines
Ende an einer Stelle fest verankert ist, während das andere über ver-
schiedene Rollen zur Windentrommel führt.

b) Fahrbewegung des Maschinenwagens. Vor Ausführung
dieser Bewegung wird zunächst am Maschinenwagen die Gleiszunge
hochgezogen, dann mit Hilfe des zweiten Windwerkes, mit verschiedenen Trommeldurchmessern, durch ein Seilpaar die Schienen des Böschungswagens, die oben an zwei Zapfen drehbar befestigt sind, gehoben
und schließlich durch ein weiteres Seil der Böschungswagen selbst.

Nach der Fahrbewegung zum nächsten Arbeitsfeld wird die Gleiszunge neu angesetzt, die Böschungsschienen und der Böschungswagen auf
die vorgelegten Lehrhölzer niedergelassen und hierauf der Böschungswagen zu neuer Arbeit gefüllt.

Die III. Anordnung der Böschungsbetoniereinrichtungen ist die
zweckmäßigste, weil sich die ganze Maschinenanlage, bestehend aus
Betonmischmaschine, heb- und senkbarem Ausleger mit Betonierungswagen, auf der Kanalsohle bewegt. Diese Maschine in ihrer neuesten
Ausführung ist die

5. Böschungsbetoniermaschine von Dingler, Zweibrücken.[1] (Abb. 363.)

Sie ist für Vorwärts- und Rückwärtsfahrt eingerichtet für eine
Geschwindigkeit von $2\frac{1}{4}$—$2\frac{1}{2}$ m/min. Der Betrieb sämtlicher Einrich-
tungen benötigt etwa 45—50 PS, so daß als Betriebskraft ein 2 Zylinder-
Zweitakt-Dieselmotor von 50 PS Normalleistung am besten geeignet ist.

Die Maschine besteht im wesentlichen aus vier Hauptteilen:

1. Betonmischer *10*, ein Freifallmischer mit einer Trommelfüllung
von 1000 l; Stundenleistung bis 40 m³, Tagesleistung bei 8 Stunden etwa
300 m³.

2. Ausleger *28*. Er ist als Fachwerkträger von 18,5 m Länge ausgeführt.

3. Betonzubringerwagen *35* mit mindestens 100 l Inhalt zur
Aufnahme einer Mischung. Er besitzt eine Vorlaufgeschwindigkeit von
25 m/min; der Rücklauf kann durch eine Bremse reguliert werden.

---

[1] Nach „Die mechanische Kanalbetonierung" von Oberingenieur Albert Jakok,
Zweibrücken. (Sonderabdruck aus der Zeitschrift »Der Bauingenieur« 1928.)

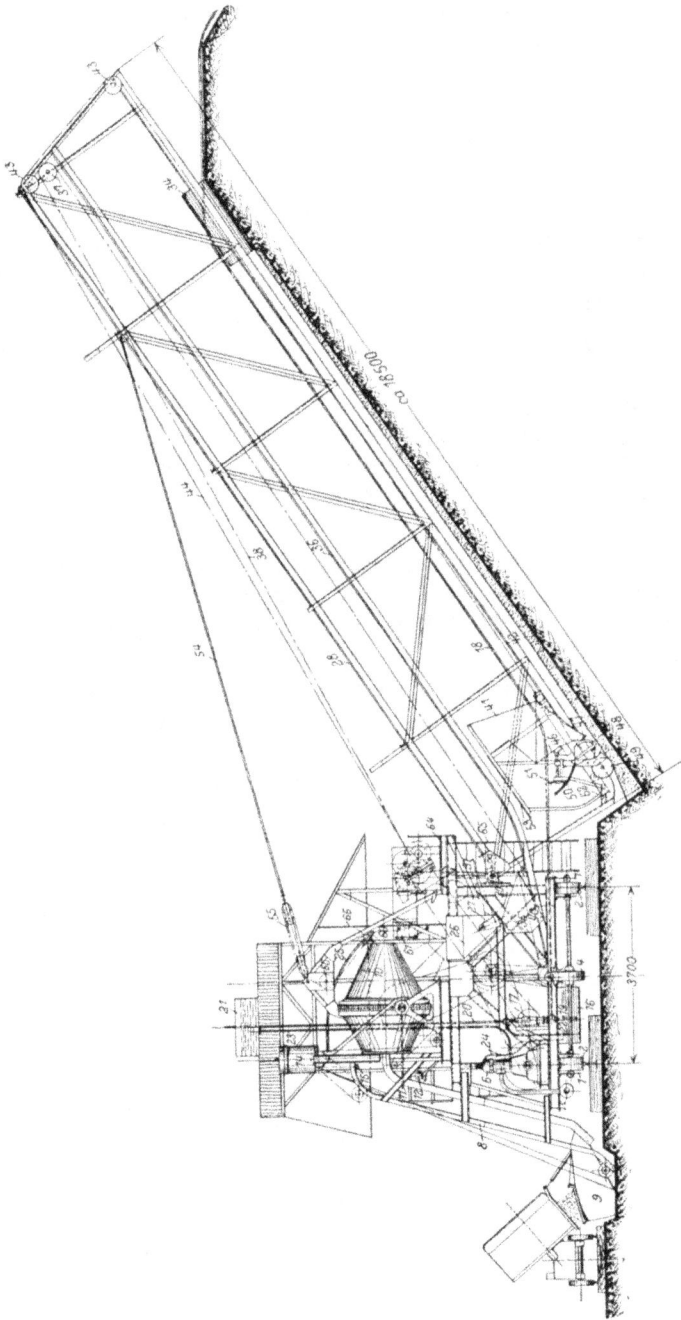

Abb. 363. Böschungsbetoniermaschine (Dingler, Zweibrücken).

4. Betonierungswagen *41* mit ebenfalls 1000 l Inhalt, mit einer Vorlaufgeschwindigkeit von 6—6,5 m/min, Rücklauf durch Bremse regulierbar.

Arbeitsweise: Die Maschine bewegt sich mit vier Achsen von 3700 mm Spurweite. Der Antriebsdieselmotor treibt auf eine Transmission *7*, von wo aus die übrigen Antriebe abgeleitet werden.

Die Fahrbewegung für Vor- und Rückwärtsfahrt wird von der Transmission aus durch offenen und gekreuzten Riemenantrieb auf das Schneckengetriebe *4* und auf die Treibachse *5* übertragen. Die Ausrückung des Antriebes ist vom Fußboden aus erreichbar.

Der Antrieb des Betonmischers *10* erfolgt von der Transmission *7* aus. Der Zughebel *11* betätigt den Schrägaufzug für die Zuschlag- bzw. Bindemittel und reguliert mit Hilfe der Bremsvorrichtung *12* seine Rücklaufgeschwindigkeit. Handrad *13* bewirkt die Kippung der Mischtrommel in die punktierte Stellung. Die Zuführung des Mischwassers aus dem selbsttätig abmessenden Gefäß *14* wird durch Hebelzug *15* ausgelöst.

Eine ebenfalls von Transmission *7* angetriebene Wasserpumpe *17* fördert angesaugtes Wasser in den Hochbehälter *21*, von wo aus das Zubringergefäß *14* gespeist bzw. der Dieselmotor gekühlt wird. Das vom Motor ablaufende Warmwasser geht in den unten liegenden Vorratsbehälter *16*. Ist kein Quellwasser in der Nähe der Baustelle, so füllt man den Vorratsbehälter auf irgendeine Weise, und die Pumpe fördert das Wasser aus diesem in den Hochbehälter.

Der Ausleger *28* ist am Fahrgestell befestigt und in Punkt *29* drehbar. Mit Hilfe der beiden Schlitten *30* und *31* kann der Punkt *29* durch Handräder *33* gehoben und gesenkt werden. Am oberen Ende des Auslegers befinden sich die Stützrollen *34*, die sich am Untergurt desselben in der Längsachse verschieben. Diese Rollen laufen je nach der Beschaffenheit der Böschung auf dem Erdreich oder auf einer Unterlage von Brettern oder auf einem Schmalspurgleis. Der Ausleger kann außer durch die Stützrolle *34* auch durch die Zugstangen *54* mit Hilfe eines Flaschenzuges *55* festgehalten werden.

Aus dem Vorratsbehälter *26* gelangt die fertige Mischung in den Zubringerwagen *35*, der sich mit Laufrollen auf der Fahrbahn *36* bewegt. Die Vorwärtsbewegung dieses Wagens erfolgt durch Winde *39* mittels Kabel *38* über Umlenkrolle *37*, die Rückwärtsbewegung wird durch Bremse reguliert. An dem Zubringerwagen *35* sind am Boden zwei Längsschieber angebracht, mit denen er seine Füllung in den Betonierungswagen *41* bzw. dessen Materialbehälter *46* an jeder beliebigen Stelle innerhalb der Fahrlänge abgeben kann.

Der Betonierungswagen *41* bewegt sich mit Laufrollen auf dem Untergurt des Auslegers *28* mittels der auswechselbaren Schiene *42*. Die

Vorwärtsbewegung geschieht durch Winde *45* mit Hilfe des Kabels *44* und Umlenkrolle *43*. Die Rücklaufbewegung reguliert eine Bremse.

Der Behälter *46* im Betonierungswagen gibt seinen Inhalt durch einen regulierbaren Schieberverschluß *47* auf die Böschung. Beim Vorlauf des Wagens wird der Beton durch die verstellbare Abgleichsvorrichtung *48* abgeglichen, und durch die nachfolgende Walze *49* erfolgt die Verdichtung des Betons. Die Regulierung der Abgleichvorrichtung und der Walze *49* besorgt der Mechanismus *50* und *51*.

Die Stärke der Betonierung beträgt im Durchschnitt unten 20 cm und oben 10 cm. Mischungsverhältnis 135 kg Zement auf 1 m³ fertigen Beton. Korngröße 0—35 mm. Die periodisch aufgegebenen Mengen Zuschlagstoffe betragen je Füllung 1150 l Kies und Sand bei einer Wasserbeimengung von 70—80 l.

Für die Bedienung der eigentlichen Maschine sind nur drei Mann erforderlich:

    1 Mann für den Betonmischer mit Schrägaufzug (auf Brücke *62*),

    1 Mann für die Bedienung sämtlicher Winden bzw. der senkrechten Verschiebung des Drehpunktes *29* (auf Brücke *64*),

    1 Maschinist für die Bedienung des Motors, der Pumpen und der verschiedenen Schmierstellen.

6. Torkret-Verfahren (Betonspritzverfahren), Torkret-G. m. b. H., Berlin.

(Der Name Torkret ist gebildet aus Tec*tor*ium (Haut) und con*cret*um (Beton), bedeutet also Betonhaut.)

Das Verfahren beruht darauf, ein trocken gemischtes Betongemenge (Sand, Kies von natürlicher Feuchtigkeit und Zement) mittels Druckluft durch Schläuche zu fördern und durch einen Düsenapparat, in dem erst das Wasser zugesetzt wird, gegen Schalungen oder bestehende Bauteile zu spritzen.

Bei Herstellung neuer Bauteile genügt eine einseitige leichte Schalung, die wegen des raschen Abbindens des Betons bald abgenommen und wieder verwendet werden kann. Beim Ausbessern von alten Bauteilen erfolgt das Anschleudern des Betons unmittelbar auf das vorhandene Mauerwerk, nachdem dieses gründlich durch Preßluft und Wasser oder Sandstrahlgebläse gereinigt worden ist.

Das Material wird in der Weise aufgetragen, daß es nach dem Durchgang durch die Schläuche und die Spritzdüse mit großer Gewalt gegen die Auftragsfläche geschleudert wird. Beim ersten Anprall werden zunächst die gröberen Massenteilchen zurückfliegen und nur die feineren Sandteilchen hängen bleiben bis sich allmählich eine so starke Betonhaut bildet, daß auch die gröberen Teile hängen bleiben und diese später durch noch weiteres Spritzen fest eingedrückt werden. Das anfangs

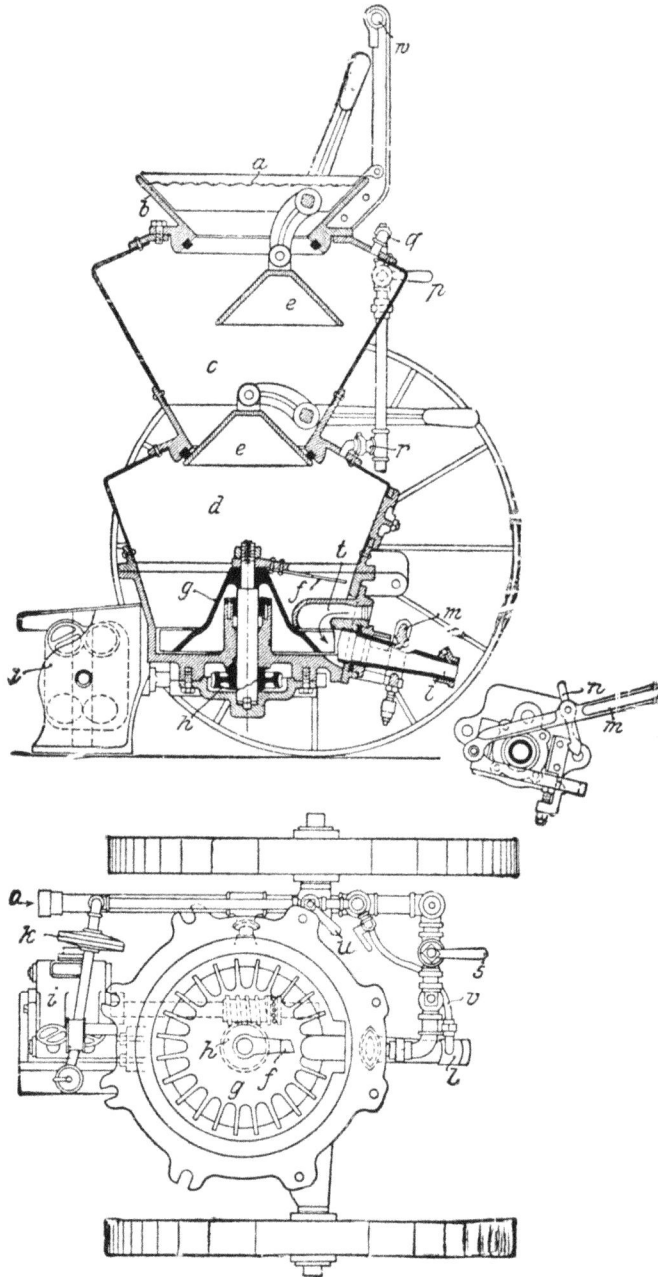

Abb. 364. Zementkanone.

zurückprallende Material, das wenig Bindemittel enthält, kann man wiederum der trockenen Mischung beigeben.

Betoniereinrichtung: Die maschinelle Einrichtung besteht aus

1. einer **Betonmischmaschine** für den trockenen Beton;
2. einem **Luftkompressor** zur Erzeugung der Preßluft;
3. der **Zementkanone**, ein Apparat, um das Betongemisch in den Preßluftstrom einzuschleusen, und
4. der **Spritzdüse**.

In Abb. 364 ist die Zementkanone zu sehen, die die Aufgabe hat, das trockene Betongemisch im ununterbrochenen Arbeitsgang in den Preßluftstrom einzuführen. Zu diesem Zwecke sind an der Maschine zwei Kammern vorgesehen, eine obere Arbeitskammer c und eine untere Materialschleuse d, die durch zwei Glockenventile e mittels Handhebel geschlossen werden können. Das Einschleusen des Materials geschieht durch abwechselndes Öffnen und Schließen der beiden Kammerventile, wodurch die obere Kammer zeitweise entlüftet und zur Aufnahme des Materials frei wird (gezeichnete Stellung). Auf dem Boden der unteren Kammer ist ein Taschenrad g angeordnet, das ein kleiner Preßluftmotor i antreibt. Der durch den sog. Gänsehals t eintretende Luftstrom bläst den Inhalt der vorbeiziehenden Taschen durch den Ausblasestutzen l in die angeschlossene Schlauchleitung. Die Materialschläuche sind aus Paragummi mit mehrfachen Gewebeeinlagen. Die Zuführung der Luft vom Kompressor zur Zementkanone erfolgt in Spezialluftschläuchen.

Die Spritzdüse, Abb. 365, besteht aus einem Düsenmischkörper mit Wasserring und Einsatzspitzen verschiedener Größe, die mit Gummieinlagen versehen sind, und die je nach der auszuführenden Arbeit in den Mischkörper eingeschraubt werden können. Das Wasser, das durch besondere Wasserschläuche zur Düse geführt wird, muß mit etwas größerem Druck eintreten, als ihn die Luft in der Düse besitzt, um ein gutes Eindringen der Wasserstrahlen in den Materialstrom zu ermöglichen.

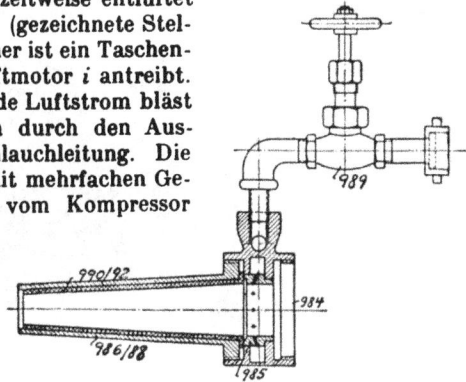

Abb. 365. Spritzdüse.

Die Zementkanone wird in vier verschiedenen Größen ausgeführt, die je nach der Leistung und Korngröße des Materials mit einer engeren oder weiteren Schlauchausrüstung ausgestattet sind.

Angaben über Torkretanlagen.

Typ	B		N		N		G	
Nr.	00	0	1	2	3	4	5	6
Schlauchdurchmesser mm	19	25	32	35	57	63	76	102
Luftbedarf . . . m³/min	1,7	3,5	5	6,5	12	14	22	33
Luftdruck . . . . . at	$2^1/_2$—$3^1/_2$		$2^1/_2$—$3^1/_2$		$1^1/_2$—$2^1/_2$		1—2	
Kraftbedarf d. Kompress. PS	12	25	35	45	60	70	je nach Förderweite von 20—200 m von 70—120 PS	
Leistung f. lose Masse m³/h	0,5	1,0	1,5	2,0	4,0	5,0	6,5	10
Korngröße . . . . . mm	3	5	8	10	20	25	30	40

Zement-Injektor der Torkret-Gesellschaft, Abb. 366.

Er wird verwendet, um gerissene Bauwerke, Tunnelbauten, Schachtauskleidungen, Stollenausmauerungen dadurch wieder instandzusetzen, daß man in die Rißfugen Zementmörtel mit hohem Druck einpreßt.

Abb. 366. Zement-Injektor.

Der Injektor besteht meist aus einem fahrbaren Gefäß, das unten durch einen Dreiweghahn abgeschlossen ist und oben mittels eines Glockenventils mit Zementmörtel gefüllt und abgesperrt werden kann. Unten ist ein Schlauch angeschlossen, der das Material zu dem Injektionsrohr leitet, das in die Mauerrisse oder Bohrlöcher führt. Das Gefäß wird mittels der angeschlossenen Rohrleitungen durch Druckluft aus einem Behälter unter Druck gesetzt. Die Luftumführungsleitung zum Dreiweghahn dient zum Aufrühren des Füllmaterials vor dem Pressen.

N. Straßenbaumaschinen.

Zu diesen Maschinen kann man rechnen:

1. Die Straßenaufreißer zum Aufreißen der alten Straßendecke.

2. Die Straßenwalzen zum Walzen und Verdichten der Schotterung und Fahrbahndecke.
3. Die Straßenbetoniermaschinén zur mechanischen Verteilung des Betons über die ganze Straßenfläche.
4. Die Straßenasphaltiermaschinen.

1. Straßenaufreißer.

Diese werden vielfach als selbständige Maschinenaggregate für sich gebaut und für den Betrieb an eine Straßenwalze durch eine Zugvorrichtung angehängt und als ein-, zweiachsige und angebaute Aufreißer ausgeführt.

a) Eine **einachsige Maschine,** die starr mit der Straßenwalze verbunden ist, zeigt Abb. 367 von I b a g , N e u s t a d t .

Abb. 367. Einachsiger Straßenaufreißer (Ibag, Neustadt).

Die drei Reißstähle werden durch eine einfache, selbsttätig wirkende Vorrichtung in bzw. außer Betrieb gesetzt. Beim Rückwärtsfahren hebt diese Vorrichtung die Reißstähle aus dem Boden heraus. Sobald die Straßenwalze wieder vorwärts fährt, werden die Reißstähle selbsttätig zum Aufreißen eingestellt. Um den Aufreißer von der Zugmaschine abzuhängen, sind nur zwei Bolzen zu lösen.

b) Eine **zweiachsige Maschine** von H e n s c h e l & S o h n , K a s s e l , veranschaulicht Abb. 368. Sie wird von der Straßenwalze aus durch eine etwa 7 m lange Kette gezogen. Die vordere Achse ist durch Handrad mittels eines Schneckengetriebes steuerbar. Die Aufreißtiefe regelt ein anderes Handrad mit Schraubenspindel.

c) Einen unmittelbar an die Straßenwalze **angebauten Aufreißer** von R u t h e m e y e r , S o e s t zeigt Abb. 369. Der Aufreißer ist durch Profileisen mit der Hinterachse und durch Gelenkbolzen mit der an der Rückwand des Tenders angebrachten Traverse verbunden. Die Reißstähle sind in einem Halter aus Stahlformguß durch Keile verstellbar befestigt. Die Aufreißtiefe wird ebenfalls durch Spindel und Handrad geregelt.

2. Straßenwalzen.

Diese kann man einteilen in:

a) **Dreiwalzenmaschinen:** Das sind die normalen Walzen mit einer breiten Lenkwalze und zwei schmalen Triebwalzen. Ihr Antrieb kann je nach Größe erfolgen mit Hilfe einer Ein- oder Zweizylinder-Dampfmaschine mit liegendem Feuerbüchskessel von hinten gesteuert oder mit stehendem Kessel von der Seite gesteuert (Dampfwalzen). Neuerdings werden diese Walzen vielfach von Verbrennungsmotoren betrieben (Motorwalzen).

Abb. 368. Zweiachsiger Straßenaufreißer (Henschel & Sohn).

b) **Zweiwalzenmaschinen:** (Tandemwalzen). Sie besitzen zwei gleich breite und auch meist im Durchmesser gleiche Walzen. Ihr Betrieb ist sowohl mit Dampf als auch mit Verbrennungsmotoren möglich.

c) **Einwalzenmaschinen:** Diese mit nur einer einzigen Walze von entsprechend großem Durchmesser versehenen Maschinen haben nur Verbrennungsmotoren-Antrieb.

Ausführungen von Straßenwalzen.

a) **Dreiwalzenmaschinen.** Abb. 369 von B. Ruthemeyer in Soest.

Die Maschine besteht in der Hauptsache aus einem liegenden Dampfkessel, einer Zweizylinder-Verbundmaschine, zwei hinteren Walzenrädern und einer lenkbaren Vorderwalze.

Die Maschine führt zwei Hauptbewegungen aus:

1. Die **Fahrbewegung**, die von der Kurbelwelle der Dampfmaschine aus unter Zwischenschaltung eines Zahnrädergetriebes mit zwei Geschwindigkeiten auf die Hauptachse der Hinterwalzen übertragen wird.

2. Die **Lenkbewegung** der Vorderwalze, die ein Handrad vom Führerstand aus durch Schnecke und Schneckenrad und Ketten bewirkt.

Der Dampfkessel ist ein liegender Feuerbüchskessel von 12 at Überdruck mit der üblichen Ausrüstung, nämlich zwei federbelastete Sicherheitsventile, ein Manometer, ein Wasserstandszeiger, zwei Probierhähne, ein Ablaßhahn und zwei Speisevorrichtungen (Pumpe und Injektor). Zur Reinigung des Kessels sind entsprechende Lucken und Mannlöcher vorgesehen. Die äußeren Seitenwände der Feuerbüchse sind nach oben und hinten verlängert und dienen zur Aufnahme der Lager für die Kurbelwelle, Zwischenwelle sowie Hauptachse der Hinterwalzen. An der Rauchkammer befindet sich ein Sattel durch den der Kessel auf der lenkbaren Vorderwalze ruht. Der Tender hat einen Wasserraum, der für einen fünfstündigen Betrieb ausreicht. Ein Wasserheber mit Gummischlauch gestattet unterwegs mittels Dampfstrahl den Tender mit Wasser zu füllen.

Die Dampfmaschine hat Hoch- und Niederdruckzylinder, die aus einem Stück bestehen und schräg übereinander angeordnet sind, ferner Schiebersteuerung, gemeinsamen Kreuzkopf und eine Pleuelstange. Die Maschine treibt von der Kurbelwelle aus auf eine Zwischen-

Abb. 369. Dreiwalzenmaschine (Ruthemeyer, Soest).

welle und von da auf das Hauptzahnrad der Hauptachse. Auf dieser befinden sich außerdem zwei Mitnehmerscheiben mit je sechs Löchern, in welche die zum Antrieb der Walzen erforderlichen Bolzen eingeführt werden. Durch Umschalten zweier auf der Kurbelwelle angebrachter, verschieden großer Räder, die in einen auf der Zwischenwelle befindlichen doppelten Zahnkranz greifen, erreicht man zwei verschieden große Geschwindigkeiten, wodurch die Fahrbewegung der Walze schneller oder langsamer eingestellt werden kann. Auch lassen sich die Zahnräder vollständig ausschalten und die Maschine arbeitet vom Schwungrad aus als Betriebsmotor.

Die Vorderwalze wird durch eine Gabel fortbewegt, deren oberer Zapfen in dem an der Rauchkammer befestigten Sattel steckt. Die Steuerung auf der Vorderwalze geschieht vom Heizerstand aus mittels Handrad und Schnecke, die ein auf der Steuerwelle befindliches Schneckenrad antreibt. Die Steuerwelle ist mit einer spiralförmig laufenden Vertiefung zur Aufnahme der Steuerkette versehen. Um die Vorderwalzen sind Halbmonde in Winkelform angebracht, die zur Führung der Kette und zur Aufnahme der Abschlammvorrichtung für die Vorderwalze dienen.

An der Straßenwalze kann man auf einer oder auf beiden Seiten unabhängig voneinander arbeitende Straßenaufreißer anbringen. Diese bestehen aus zwei aus Stahlformguß hergestellten Zinkenhaltern für je drei Zinken, die mittels auf- und abschraubbaren Knaggen festgehalten und nachgestellt werden können. Die Zinkenhalter werden an starken Schienen von einer Verlängerung der Hauptachse der Walze ausgezogen. Das Heben bzw. Senken der Zinken zum Eingreifen in den Boden erfolgt durch Handrad, Schnecke, Schneckenrad, Büchse und Spindel.

b) **Zweiwalzenmaschinen**, Tandemdampfwalzen (Abb. 370 und 370a von J. A. Maffei, München).

Diese eignen sich besonders zur Herstellung von Straßenüberzügen mit Asphalt, da sie wegen ihres geringeren Achsenabstandes leicht von Lang- zum Querfahren übergehen und die Straßenoberfläche in beiden Richtungen walzen können.

Die Fahrbewegung wird durch eine umsteuerbare Zweizylinder-Dampfmaschine ausgeführt, deren Drehzahl beliebig bis 450 Umdrehungen in der Minute veränderlich ist. Die Fahrgeschwindigkeit der Walze kann dadurch zwischen 0 und 12 km/h verändert werden. Den Wechsel in der Fahrtrichtung vorwärts und rückwärts sowie die Änderung der Fahrgeschwindigkeit, lediglich durch Verstellung des Füllungsgrades der Fahrmaschine, besorgt der Hebel mit der Feststellvorrichtung in der mittleren Platte (Abb. 370a).

Die Dampfmaschine erhält den Dampf von einem hinter dem Führersitz angeordneten, quer zur Walze liegenden Dampfkessel. Dieser ist sowohl vom Führerstand als auch von der Straße aus durch je eine Feuertüre heizbar. Aus der geräumigen Feuerbüchse werden die Flammengase zweimal durch den Kessel hindurchbewegt.

Die Lenkung erfolgt durch die in Abb. 370a sichtbare kleine Dreizylinder-Steuermaschine mittels Kettenantrieb, Schnecke und Zahnsegment. Die Lenkwalze schlägt nach links oder rechts aus, je nachdem man die obere horizontale Lenkstange nach links oder rechts drückt.

Abb. 370. Tandemdampfwalze (Maffei, München).

Aus der Abb. 370a ist noch folgendes ersichtlich: Links unten ein Teil der Fahrmaschine, links oben eine Scheibe, die nach Einführung eines vorhandenen Griffes als Notsteuerung benutzt werden kann. Rechts am oberen Rand des Hornes befindet sich ein Handrad zur Betätigung der Bandbremse; die zwei kleinen Handräder am Horn bedienen die Injektoren, der Handgriff links geht zu den Kondensventilen.

Die Gewichtsverteilung ist so, daß die Lenkwalze wesentlich weniger Druck ausübt als die Triebwalze, wodurch ein Schieben der nicht angetriebenen Lenkwalze

Abb. 370a. Führerstand, nach Wegnahme des Kessels und Podiums, von hinten gesehen.

nicht eintritt und eine wellenfreie profilgerechte Decke erreicht wird.

Neuerdings werden die Tandemwalzen sowie auch die Dreiwalzenmaschinen mit Dieselmotoren angetrieben.

c) **Einwalzenmaschinen**: U. Amann A.-G., Langenthal, Schweiz (Abb. 371). Diese Maschinen, für die nur Motorantrieb in Betracht kommt, verwendet man für präparierten Straßenschotter, wie Teer-Makadam oder Asphalt-Beton, hauptsächlich aber für die feineren Asphalt-teppichbeläge und für Einwalzungen von Splitt oder Sand nach Ober-flächenteerungen und Bituminierung. Hier fällt das ganze Gewicht auf die eine Walze, so daß der auf die Bodenfläche ausgeübte Druck im Ver-hältnis ein viel größerer ist als bei Zwei- und Dreiwalzenmaschinen. Bei dieser Ausführung kann auch der Walzendurchmesser größer gehalten werden, wodurch Verschiebungen des einzuwalzenden Schotters nicht stattfinden können. Einwalzige Maschinen sind sehr leicht wendig und gestatten den Bodenbelag bis ganz nahe an Randsteine oder andere Hindernisse zu befahren.

Abb. 371. Einwalzenmaschine (Amann, Langenthal, Schweiz).

Der Antrieb erfolgt durch einen im Innern der Walze befindlichen Verbrennungsmotor der mittels Kettentrieb auf eine Vorgelegewelle mit Kegelrad-Wendegetriebe für Vorwärts- und Rückwärtsfahrt arbeitet. Vom Wendegetriebe aus geht dann die Bewegung durch eine Längswelle mit Schnecke auf ein Schneckenrad und auf die Walze. Die Schaltung der Wendegetriebekupplungen geschieht durch Handhebel, die Lenkung durch ein Handrad und ein kleineres Schneckengetriebe.

Außerdem ist noch durch eine Handkurbel eine Bremse zn be-tätigen.

Amann führt diese Maschinen in fünf verschiedenen Größen aus.

Nr.	Dienst-gewicht t	Walzen-		Motor-stärke PS
		Durchm. mm	Breite mm	
1	1	900	800	3—5
1 a	1^1/$_2$	900	800	3—5
5	2^1/$_2$	1340	800	4—7
6	5	1600	1000	9—14
8	8	1800	1200	18—22

3. Straßenbetoniermaschinen.

Diese sind auf Rädern oder Raupenbändern fahrende Maschinen zur Herstellung von Betondecken auf Straßen und stellen eine Verbindung eines Betonmischers mit mechanischer Betonverteilung dar.

a) Abb. 372 zeigt eine **Betoniermaschine** für 500 l Mischtrommel- bzw. Verteilerinhalt von **Kaiser,** St. Ingbert. Sie besteht in der Hauptsache aus:

Dem Fahrwerk, dem Beschickungsaufzug mit Schwenkkran, dem Betonmischer und dem um 180° drehbaren 6 m langen Ausleger mit darauf verschiebbarem Verteilerkasten.

Zum Betrieb der ganzen Maschine dient ein dreizylindriger 24 PS kompressorloser Dieselmotor.

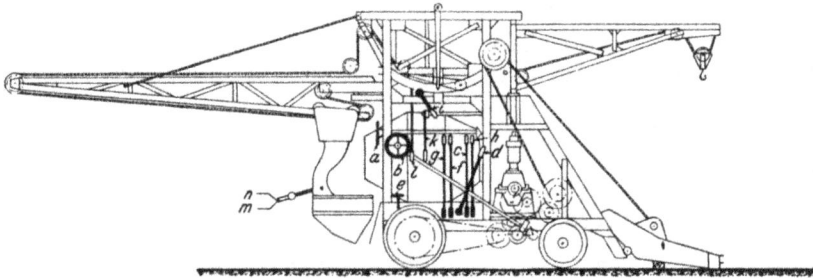

Abb. 372. Straßenbetoniermaschine (Kaiser, St. Ingbert).

1. **Fahrwerk:** Die Fahrbewegung wird vom Motor mittels einer Kupplung (Handrad a) und Rädergetrieben (zwei Vorwärtsgänge und ein Rückwärtsgang) sowie einem Kettentrieb auf die Hinterräder übertragen. Hebel c schaltet die Getriebegänge und das Links- oder Rechtsdrehen des Handrades a bewirkt die Vorwärts- oder Rückwärtsfahrt. Durch Handrad b wird die Maschine gelenkt. Die Fahrgeschwindigkeiten betragen 1,5 bzw. 2,5 km/h. In den beiden Hinterrädern ist je eine Innenbackenbremse eingebaut, die mit dem Hebel d betätigt werden. Den Hebel d kann man in jeder beliebigen Bremsstellung mit Fußraste und federnder Sperrvorrichtung halten. Außerdem ist noch eine Fußbremse e vorgesehen.

2. **Beschickung:** Diese besorgt ein Rohmaterialaufzug, den ein Windwerk hebt und senkt. Das Einfüllen des Rohmaterials in den Aufzugkasten geschieht entweder unmittelbar durch Lastwagen mit Rückentlader oder bei Feldbahnbetrieb dadurch, daß mit dem Schwenkkran die Kippkasten oder Mulden hin- und hergeschwenkt werden.

Durch Rückwärtsziehen des Hebels f wird der Aufzugskasten hochgezogen. In der obersten Stellung schaltet das Windwerk selbsttätig aus und der Kasten kippt in die Mischtrommel. Durch Vorwärtsdrücken des Hebels f wird der Aufzugskasten abgebremst. Hebel g betätigt den Schwenkkran.

3. **Betonmischer.** Das Mischen geht in einem normalen Kaisermischer vor sich. Zuerst stellt man mit Hebel c das Fahrwerk auf Leerlauf und mit Hebel h das Getriebe für die Mischtrommel ein. Hierauf führt durch Rechtsdrehung des Handrades a die Trommel die Mischbewegung aus, bei Linksdrehen entleert sie sich. Das Betonierwasser wird durch eine Pumpe einem Behälter mit Schwimmer zugeführt und von hier aus in die Trommel geleitet. Mit dem Hebel i wird der Wasserhahn geöffnet und geschlossen.

4. **Betonverteilung.** Die Mischtrommel entleert das fertige Material in den gleichgroßen Verteilungskasten, der am schwenkbaren Ausleger hin- und herläuft.

Durch Rückwärtsziehen des Hebels k bewegt sich der Verteilungskasten nach vorn, durch Vorwärtsdrücken zurück. Vor- und Rückwärtsbewegung ist durch einen selbsttätigen Endausschalter begrenzt. Das Schwenken des Auslegers besorgt Hebel l. Das Öffnen und Schließen des Verteilerkastens erfolgt vom Führerstand aus von Hand durch die Hebel m und n.

c) Straßenfertiger von Dingler, Zweibrücken.

Von den Straßenfertigern, die in Amerika schon seit längerer Zeit in Gebrauch sind, haben sich zwei Haupttypen herausgebildet:

1. Der **Ord-Finisher** arbeitet gemäß Abb. 373, wobei die zwei Rahmenbohlen eine hin- und hergehende Bewegung ausführen und ein Kneten der Betonmassen durch Druck- und Treibwirkung entsteht. Diese Ausführung eignet sich vor allem für nassen Beton, wie er in Amerika vielfach verarbeitet wird.

Abb. 373. Arbeitsweise des
Ord-Finisher.

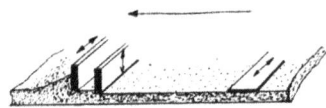

Abb. 374. Arbeitsweise des
stampfenden Straßenfertigers.

2. Der **stampfende Straßenfertiger** nach Abb. 374 hat sich in Deutschland eingebürgert, wo man mehr den trockenen, erdfeuchten Beton verwendet.

Die Ausführung des Dingler-Straßenfertigers nach diesem Prinzip zeigt Abb. 375. Die ganze Maschine wird zum Transport zur Baustelle auf einem Radgestell aufmontiert und an einen Lastwagen angehängt. Auf der Baustelle wird durch Unterklotzen des Rahmengestelles das Radgestell entfernt und der Straßenfertiger auf die bereits verlegte

Einfassung (besondere Profileisen) herabgelassen, so daß er sich mit den vier kleinen Laufrädern bewegen kann. Durch Umwechseln der Laufräder kann er auch unmittelbar auf den Randsteinen der Bürgersteige laufen. Die Maschinen werden für normale Betonierungsarbeiten von 5 bzw. 6 m hergestellt und verstellbar eingerichtet. Durch Verwendung verschiedener Umbauteile ist die Arbeitsbreite innerhalb 8 Stunden zwischen 2,5 m und 9 m veränderbar.

Abb. 375. Bild eines Straßenfertigers (Dingler, Zweibrücken).

Der Straßenfertiger macht in einem Arbeitsgang drei Bewegungen: vorwärts, rückwärts und nochmals vorwärts.

1. Vorwärtsbewegung: Die Maschine arbeitet mit Verteiler- und Stampferbohle meistens von einer Querdehnungsfuge zur anderen (12—15 m Abstand).

Die vordere Verteiler- oder Abgleichbohle macht horizontal schwingende Bewegungen, durch die die Profilbildung sowie der Vorschub des Betons erfolgt. Die Höhenlage dieser Bohle ist je nach der vorgeschriebenen Einstampfung der Straßendecke genau regulierbar. Die dahinterliegende Stampferbohle, die in Plattfedern aufgehängt ist, führt einen senkrecht federnden Hub aus, der durch ein Kurbelgewicht verstärkt wird. Hub- und Schlagkraft dieser Bohle sind verstellbar.

2. Rückwärtsbewegung: Hierbei tritt die Stampferbohle in Tätigkeit.

3. Vorwärtsbewegung: Die Maschine arbeitet mit Stampferbohle und Glätter. Letzerer, bestehend aus einem Gummiband, bewegt sich am Ende der Maschine und glättet im heruntergeklappten Zustande den Boden. Bei Umkehr der Maschinenbewegung wird der Glätter selbsttätig in die senkrechte Lage geklappt und ausgeschaltet.

Die Vorlaufgeschwindigkeit der Maschine beträgt 2,25 m/min, der Rücklauf 9 m/min.

Der Kraftbedarf der Maschine ist etwa 8 PS; als Antrieb kann daher ein Kleindieselmotor verwendet werden.

4. Maschinen für Teer- und Bitumenstraßen.

Sie dienen zur Oberflächenbehandlung sowohl von Schotterstraßen als auch Betonstraßen. Man kann zu diesen Maschinen die Teer- und

Abb. 376. Teer- und Bitumensprengwagen (Henschel & Sohn).

Bitumensprengwagen mit Vorwärmekesseln, die Sandstreumaschinen, Straßenaufwärmeapparate und Makadammaschinen rechnen.

a) **Teer- und Bitumensprengwagen:** Abb. 376 von Henschel & Sohn, Kassel. Er besteht aus einem fahrbaren Kessel, geheizter

Abb. 377. Asphaltmaschine (Amann, Langenthal).

Sprengpumpe, Aufzugsvorrichtung und der Spritzgarnitur; größere Wagen haben auch ein Rührwerk. Die Heizvorrichtung hat nur den Zweck, die Pumpe warm zu halten. Das Füllen der Wagen erfolgt in der Weise, daß die Fässer mit Hilfe einer kleinen Winde auf einer Rutsche aufgezogen und entleert werden. Das Aussprengen geschieht entweder mit Sprengschnauze oder bei heißem Material mittels Stahlschläuchen.

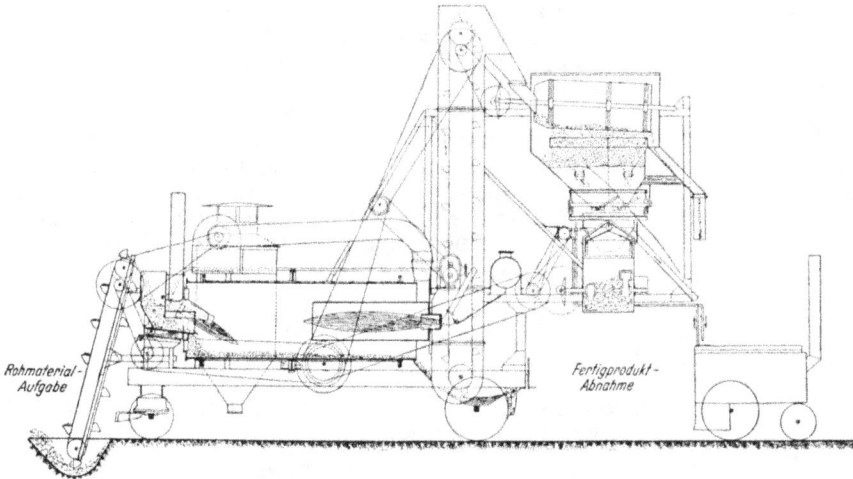

Abb. 378. Schema einer Walzasphaltmaschine (Amann, Langenthal).

Walz-Asphaltmaschine U. Amann, Langenthal, Schweiz. Das Bild der Maschine zeigt Abb. 377 und das Schema dazu Abb. 378. Diese Maschine neuester Ausführung leistet 8—10 t Asphaltbeton bei einem Feuchtigkeitsgehalt von nicht über 5 %.

Sie hat folgende Teile:

1. Fahrgestell,
2. Aufgabe-Elevator,
3. Beschickungsapparat,
4. Trockentrommel,
5. Feuerungsanlage,
6. Ventilator,
7. Heißelevator,
8. Sortierzylinder,
9. Vorratssilo,
10. Materialwaage,
11. Mischer,
12. Bitumenpumpenanlage,
13. Füllelevator,
14. Bitumenvorwärmewagen.

Arbeitsweise: Als Rohmaterialaufzug dient ein Becherwerk mit Bechern aus schmiedbarem Eisen, die auf einer endlosen kalibrierten Schiffskette befestigt sind. Zwischen dem Elevator und der Trockentrommel ist ein regulierbarer, selbsttätig wirkender Beschickungsapparat eingebaut den man entsprechend der verlangten Leistung einstellen kann. Die Trockentrommel läuft auf Rollen und wird durch Stirnrad und Zahnkranz in der Mitte der Trommel angetrieben. Die Trommel besitzt einen inneren Heizzylinder, so daß die Flamme nicht unmittelbar mit dem Material in Berührung kommt. Bei der neuesten Ausführung der Maschine ist eine Ölfeuerung vorgesehen mit zwei Ölbrennern; der Hauptbrenner ist auf der Auslaufseite und der Zusatzbrenner auf der entgegengesetzten Seite angebracht. Der Brennstoff wird mit Handpumpe nachgefüllt, die Verbrennungsluft für die Feuerung liefert ein Hochdruckgebläse. Für die Entstaubung der Trommel und die Absaugung der Heizgase ist ein mittels Riemen betriebener Ventilator über der Trockentrommel vorhanden. Der Staub wird in einem neben der Maschine aufgestellten Zyklon abgeschieden und als Zusatzfüllungsmaterial verwendet. Das aus der Trockentrommel kommende erhitzte Sand- und Schottermaterial fördert ein geschlossener Heißelevator zu den Sortiertrommeln. Dieser Elevator besitzt ebenfalls Becher an endloser kalibrierter Kette mit einer Streckvorrichtung. In dem Sortierzylinder wird das Material in zwei Körnungen geschieden und fällt unmittelbar in ein zweiteiliges Vorratssilo; aus diesem gelangt es durch Bodenklappen in die Waagen, wo das Binde- und Zusatzmaterial mittels einer Pumpe aus der Vorwärmeranlage beigegeben wird, und von da aus in die Mischer. Jede Waage hat zwei Balken zum Feststellen des Gewichtes des Zusatzmaterials und des Gesamtgewichtes. Der Mischer besteht aus einem Trog mit einem kräftigen Rührwerk, das zwei Geschwindigkeiten für gröberes und feineres Material besitzt. Für das Füllermaterial ist ein besonderer Elevator seitlich von der Trockentrommel aufgestellt, der das Material in ein kleines Silo fördert und von da über eine kippbare Meßschale dem Mischer zuführt.

Angaben über die Maschine:

Achsenabstand	5100 mm
Trommellänge	4000 »
Trommeldurchmesser	1250 »
Drehzahl der Trommel i. d. Minute . . .	9—10
Länge der Sortiertrommel	1430 mm beide Siebe zusammen.
Drehzahl der Sortiertrommel i. d. Minute .	24
Mischerinhalt	500 kg
Vorwärmerinhalt . . . . . 2000 l bzw.	4000 l
Kraftbedarf der Maschine	20—25 PS
Höhe der Maschine	6300 mm
Länge der Maschine	10000 »
Gewicht der Maschine	rd. 16000 kg

c) **Asphalt- und Teer-Straßenbaumaschine:** Abb. 379. Gauhe, Gockel in Oberlahnstein.

Die Maschine hat eine Stundenleistung von etwa 10 t und besteht aus der Trockentrommel, dem Schüttelsieb, den Sammelbunkern für das getrocknete und erhitzte Material, der Abwiegevorrichtung und der Mischmaschine.

Arbeitsweise: Das kalte Material wird durch einen Elevator und durch einen Vorfülltrichter der Trockentrommel ununterbrochen zugeführt. Das Material verläßt die Trommel am anderen Ende und gelangt über ein Schüttelsieb mit auswechselbaren Siebeinlagen, in zwei Korngrößen getrennt, in zwei Bunker und von da aus in den Aufzugskasten der Mischmaschine. Die Bunker haben Verschlußklappen, die von der Bedienungsbühne aus geöffnet und geschlossen werden. Eine Wiegeeinrichtung gestattet die genaue Bemessung der verschiedenen Steinmaterialien. Nach erfolgter Füllung wird der Kippkasten von 300 l durch ein besonderes Windwerk hochgezogen und in die Mischmaschine — ein 300 l Kreislauf-Doppeltrogmischer — zum Entleeren gebracht. Bei dem Mischer ist ein Auswechseln der Wellen bzw. Flügel für Grob- und Feinmischung nicht erforderlich. Das Entleeren des Mischers geschieht durch Öffnen eines im Boden des Troges befindlichen

Schiebers mittels Handhebel. Für die Abmessung des Bitumens ist ein
Gefäß zum Kippen vorhanden, das seinen Inhalt unmittelbar in den
Mischtrog der Maschine entleert.

Für die Beheizung der Trockentrommel ist eine Ölfeuerung vorgesehen. Die Feuerkammer ist mit feuerfestem Material ausgemauert
und der Ölbrenner in weiten Grenzen regulierbar. Der Trocknungs-
prozeß erfolgt nach dem Gegenstromprinzip, d. h. das zu trocknende
Material durchwandert die Trockentrommel in entgegengesetzter Richtung wie die Heizluft. Zur Unterstützung des Trocknungsprozesses und
zur Absaugung der Wasserdämpfe dient ein besonderer Exhaustor.
Um ein vorzeitiges Erkalten des getrockneten und erhitzten Materials
zu verhindern, werden auch die Sammelbunker von der Heizluft um-
strichen. Die Trockentrommel ist zur Verminderung der Wärmeverluste

Abb. 379. Asphaltmaschine (Gauhe, Gockel).

mit einer Asbestisolierung umgeben. Zur Aufnahme des Brennöles ist
auf der Mischmaschine ein Brennstoffbehälter mit Filtervorrichtung vorgesehen; eine maschinell angetriebene Pumpe fördert das Öl vom Faß
zum Behälter.

Die Trockentrommel aus starkem Eisenblech ist auf Längsträgern
und Laufrollen gelagert. Sie erhält ihren Antrieb von einer gemeinsamen
Antriebswelle aus, von der auch die Mischmaschine, der Exhaustor und
der Ventilator der Ölfeuerung betrieben werden. Als Antriebsmaschine
kann man irgend eine Kraftmaschine wählen. Diese treibt auf eine
Riemenscheibe von 1000 mm Dmr. und 160 mm Breite bei einer Drehzahl von etwa 270 i. d. min.

Der Kraftbedarf der Gesamtanlage beträgt etwa 25—27 PS. Die Maschine besitzt eine Zugvorrichtung zum Anhängen an eine Zugmaschine.
Die Fahrgeschwindigkeit soll 5—7 km/h nicht überschreiten. Zur Bedienung der Gesamtanlage sind zwei Arbeiter erforderlich, ein Mann

zur Beschickung des Elevators und ein Mann zum Füllen und Ab-
messen des Kippkastens sowie zur Wartung der Mischmaschine.

Die Anlage ist imstande, bei normalem Betrieb in der Stunde etwa
10 t auf 200⁰ C zu erhitzen und zu mischen.

O. Werkstatteinrichtungen.

Zur Ausführung der verschiedensten Arbeiten und Reparaturen
sind eine große Anzahl von Werkzeugmaschinen, Werkzeugen und Hilfs-
apparaten erforderlich.

Eine Reparaturwerkstätte für größere Baustellen umfaßt etwa:

1 vollständiges Werkstatt-Schmiedefeuer,
1 schweren Amboß,
4—5 Schraubstöcke (mit Werkbank),
1 Parallelschraubstock,
1 Drehbank,
1 Hobelmaschine (Shapingmaschine),
1 große Bohrmaschine,
1 elektrische Handbohrmaschine (oder mit Druckluft),
1 Kaltsäge,
1 Schleifstein,
1 Werkzeugschleifmaschine,
einige Schneidkluppen,
verschiedenes Handwerkszeug.

Dazu können je nach Größe und Art der Baustelle noch kommen:

1 mechanischer Schmiedehammer, z. B. mit elektrischem Antrieb,
1 autogener Schweiß- und Schneidapparat,
1 Betoneisenschere,
1 Betoneisenbiegemaschine,
1 Siederohr-Dichtmaschine,
1 Ventileinschleifmaschine,
1 Ventilator,
1 Bandsäge,
1 Kreissäge.

Bohrmaschine: Abb. 380, für Handbetrieb. Die Maschine hat
verstellbaren Tisch, Parallelschraubstock, Selbstvorschub des Bohrers
und zwei Geschwindigkeiten, die durch Verschieben der zwei Stirnräder
auf der Spindelachse erreicht werden; sie ist für Löcher bis 30 mm
Durchmesser und für 145 mm Bohrtiefe verwendbar.

Holzkreissäge: Abb. 381. Mit Rollentisch zum Quer- und Lang-
holzschneiden.

Sägblattdurchmesser mm . .	500/550	600	650	700	800
Wellenstärke mm	30	33	33	35	40
Kraftbedarf PS	2,5	3	3,5	4	5

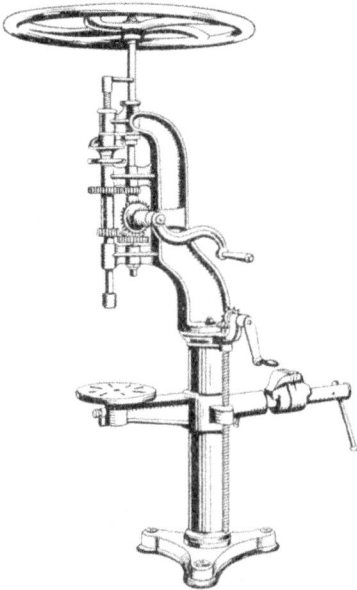

Abb. 380. Bohrmaschine.

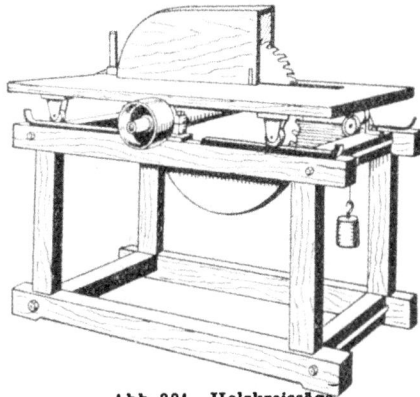

Abb. 381. Holzkreissäge.

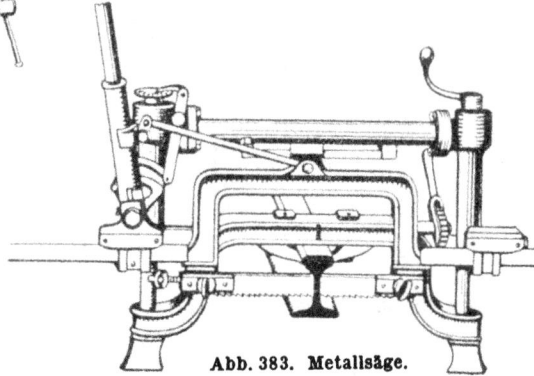

Abb. 383. Metallsäge.

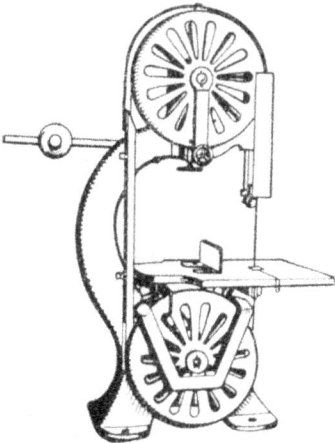

Abb. 382. Holzbandsäge.

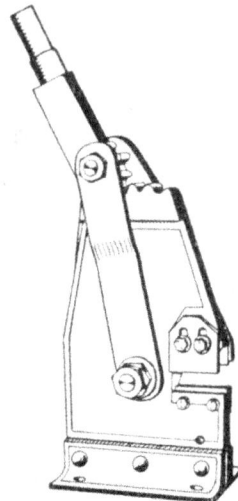

Abb. 384. Betoneisenschere.

Abb. 380—385 von Firma Leo Ross, Berlin W 9.

Holzbandsäge: Abb. 382. Welle in Kugellager laufend.

Rollendurchmesser mm . . . 700   800 900
Schnitthöhe mm 465   560 700
Kraftbedarf PS . . . . . . 1,5÷2 2÷2,5 2,5÷3

Metallsäge: Abb. 383. Sie dient zum Abschneiden von Eisen-schienen und Trägern; die Säge hat zwangsläufige Führung. Der Säge-bügel läuft auf wandernden Rollen mit gehärteten Einlagen und hat dadurch einen leichten Gang. Das Nachstellen der Säge erfolgt durch das am Hebel befindliche Schaltwerk selbsttätig.

Betoneisenschere: Abb. 384; sie schneidet:

Rundeisen bis mm   32   40
Quadrateisen bis mm. . . .   28   35
Flacheisen bis mm . . . . . 16 × 120 20 × 140

Betoneisenbieger: Abb. 385. Man benutzt ihn zum Biegen von Rund- und Quadrateisen bis 180⁰ im kalten Zustande.

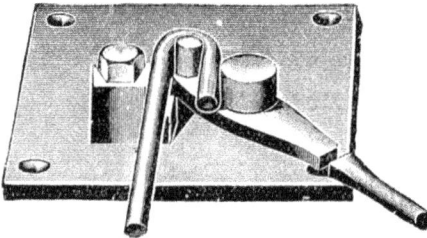

Abb. 385. Betoneisenbieger.

Betoneisen-Biegemaschine mit elektrischem Antrieb: Abb. 386, von **Futura, Elberfeld**.

Hauptteile: 1. Fahrbares Gestell mit Motor und Rädergetriebe.

2. Biegeplatte mit Löchern und An-schlagleiste.

3. Festhalter E für die Eisen, der je nach der Biegungsrichtung in die Löcher der Biegungsplatte, links oder rechts, ober-halb oder unterhalb der Biegungsachse A eingesetzt wird.

4. Drehbarer Biegeflügel G, (4 U/min); man setzt ihn mit einem seiner Löcher auf die Biegeachse A auf, und zwar mit Hilfe eines Bolzens oder einer Rolle B. Dem zu biegenden Eisenquerschnitt entsprechend wird der große Biegebolzen C mit dem dazu passenden Exzenter D in dem richtig zu bemessenden Abstande von der Zentrierrolle B eingesetzt.

Die Drehung des Biegeflügels G bewirkt ein Elektromotor mit Hilfe von zwei Stirnräderpaaren am Motor, ein Kegelräder-Wendegetriebe (für die Umkehr der Bewegung), ein Stirnräderpaar unter der Biegeplatte und eine Federbandreibungs-kupplung K. Diese wird durch den Fußtritthebel J eingerückt und nach Loslassen des Hebels mit Federdruck ausgerückt, wodurch der Biegeflügel augenblicklich stillgesetzt wird. Vor dem jeweiligen Betätigen des Hebels J bzw. der Kupplung ist durch den Hebel H das Wendegetriebe richtig zu schalten.

Biegungsvorgang: Beim Hakenbiegen, Abb. 387 bezw. 386, legt man das Eisen mit einem Ende zwischen Zentrierrolle B und Exzenter D und klemmt es durch Drehen des Exzenters von Hand fest. Die Biegung erfolgt jetzt durch leichtes Umlegen des Steuerhebels H und durch Be-tätigung des Fußtritthebels J (Biegeflügelbewegung). Bei Erreichung der gewünschten Biegung wird Biegeflügel G durch Abheben des Fußes vom Hebel J stillgesetzt. Nach Zurücklegen des Steuerhebels H um 180⁰

und Wiedereinrücken des Fußhebels fährt der Biegearm in seine Anfangsstellung zurück. Bei senkrecht stehendem Steuerhebel, wobei das
Wendegetriebe ausgerückt ist, kann man den Biegearm von Hand
zurückziehen.

Nach Abb. 388 können auch zwei Abbiegungen auf einmal vorgenommen werden.

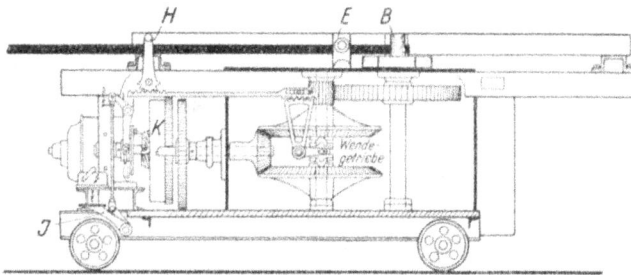

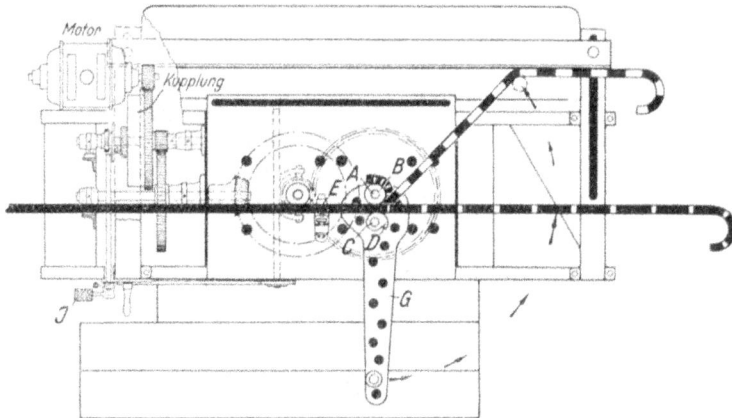

Abb. 386. Betoneisenbiegemaschine (Futura, Elberfeld).

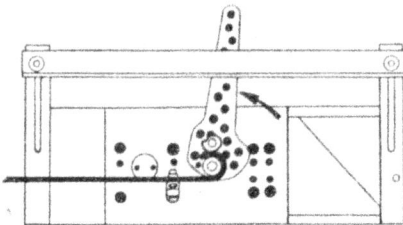

Abb. 387. Hakenbieger.

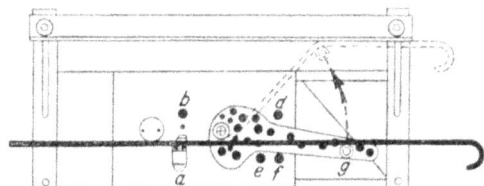

Abb. 388. 2 Biegungen gleichzeitig.

Sandstrahlgebläse.

Sie dienen hauptsächlich zum Reinigen von Eisenkonstruktionen.

Das in Abb. 389 dargestellte Gebläse von Alfred Gutmann A.-G., Ottensen bei Hamburg, besteht aus einem zylindrischen Behälter, der Sandkammer C, die oben durch einen mit Sieb abgedeckten Füllkorb mit Fußventil gefüllt wird. Die bei A von einem Druckluftbehälter kommende Luft reißt beim Durchgang durch die Düse B den aus der Kammer kommenden Sand mit.

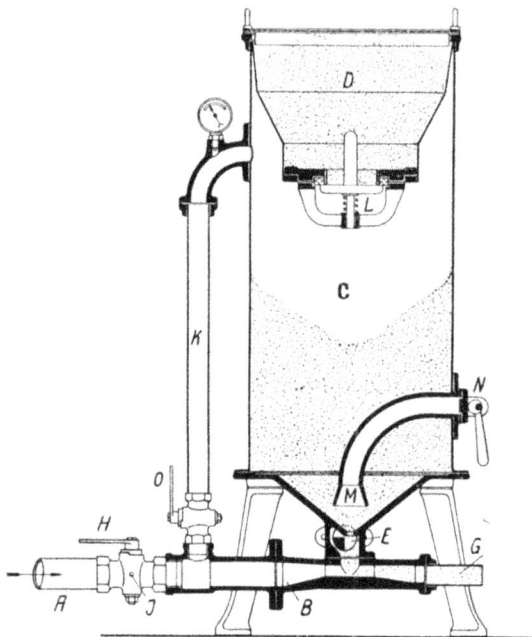

Abb. 389. Sandstrahlgebläse (Gutmann A.-G., Ottensen).

Bei etwaigen Verstopfungen im Trichterboden der Kammer oder im Sanddurchlaß kann eine Reinigung dadurch vorgenommen werden, daß man den Momentverschluß N des Bogenrohres M öffnet.

Die Gebläse werden gewöhnlich für 1—2 at Druck gebaut, für besondere Zwecke auch für 4 at als Hochdruckgebläse ausgeführt.

Den Hauptteil des Messers bildet ein konisches, sich nach oben erweiterndes Metallrohr mit Schauglas, in dem sich ein Aluminiumschwimmer auf- und abbewegt. Je nach der Menge der den Messer durchströmenden Luft bleibt der Schwimmer in einer bestimmten Höhenlage stehen. Die an dem Metallrohr angebrachte Teilung gestattet dann, die der durchströmenden Preßluftmenge entsprechende, angesaugte Luftmenge von atmosphärischer Spannung in cbm/min unmittelbar abzulesen.

P. Schweißen und Schneiden.

Das Schweißen findet Anwendung zum unmittelbaren Verbinden von Trägern, Schienen, Betoneisen, Blechen bei Eisenkonstruktionen, ferner zum Einsetzen von Rohrstutzen usw.

Die verschiedenen Schweißverfahren kann man in zwei Hauptgruppen einteilen:

1. **Preßschweißung** — die Vereinigung der beiden Teile erfolgt unter Aufwand von Druck im teigigen Zustande.

2. **Schmelzschweißung** — die beiden Teile werden an der Schweißstelle flüssig gemacht und vereinigen sich im allgemeinen ohne Druckaufwand.

Je nach der Vorrichtung zur Erzeugung der hohen Schweißtemperatur kann man unterscheiden:

1. **Gasschmelzschweißen** oder kurz **autogenes Schweißen,**

2. **Elektrisches Schweißen,**

    a) **Widerstandsschweißung** (Preßschweißen),

    b) **Lichtbogenschweißung** (Schmelzschweißen),

3. **Thermitschweißung,**

    a) **Druck- oder Stumpfschweißung,**

    b) **Schmelzschweißung,**

    c) **kombinierte Schweißung.**

1. Gasschmelzschweißen (autogenes Schweißen).

Hierbei wird Sauerstoff aus Flaschen mit irgendeinem Brenngas (Azetylen, Wasserstoff, Benzin- oder Benzoldampf, Blaugas) in einem Schweißbrenner gemischt und zur Entzündung gebracht. Dabei entsteht eine Stichflamme von sehr hoher Temperatur, wodurch die zu verbindenden Teile an der Berührungsstelle zum Schmelzen und Ineinanderfließen kommen. Bei der Azetylen-Sauerstoffschweißung tritt eine Temperatur von 3000—4000° auf; bei den anderen Gasen sind die Temperaturen niedriger, sie erreichen 2000—3000°. Bei manchen autogenen Schweißungen ist noch ein Schweißdraht als Zusatzmittel und ein Schweißpulver als Schutzmittel gegen Oxydation des flüssigen Metalles durch den Luftsauerstoff erforderlich.

Anwendung. Dieses Verfahren ist am gebräuchlichsten, und zwar mit **Azetylen-Sauerstoff,** weil man Azetylen bequem herstellen und mit ihm auch die höchsten Schweißtemperaturen (von etwa **3500°**) erzielen kann. Die Gaserzeugung findet in den Azetylen-Entwicklern statt. Ein Azetylen-Sauerstoff-Schweißapparat sollte in keiner Reparaturwerkstätte auf einer größeren Baustelle fehlen. Es können damit alle möglichen Reparaturen an Kraft- und Arbeitsmaschinen ausgeführt werden, z. B. an Baggerlöffeln, Messern von Baggereimern, Eimerschaken.

Bei größeren Schweißungen dieser Art ist es vorteilhaft, das Gas in Flaschen zu beziehen, wenn der Hin- und Rücktransport der Flaschen leicht zu bewerkstelligen und das Gas zu einem günstigen Preis erhältlich ist. Die Vereinigten Sauerstoffwerke G. m. b. H. liefern Flaschengas als sog. Dissousgas.

Ausführung einer Azetylen-Sauerstoffschweißanlage:

Eine Gesamtschweißanlage besteht aus Azetylengaserzeuger, Sauerstoffflasche, einem kombinierten Schweiß-, Schneid- und Lötbrenner mit den verschiedenen Einsätzen und den Verbindungsschläuchen.

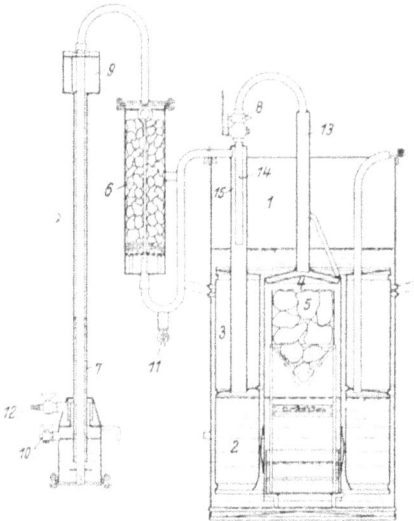

Abb. 390. Azetylenerzeuger (Messer & Co., Frankfurt).

In Abb. 390 ist ein Azetylengaserzeuger von Messer & Co., Frankfurt a. M., dargestellt, wie er für Montagezwecke gebaut wird. Der Apparat erzeugt bei 2$^1/_2$ kg Kalzium-Karbidfüllung eine Höchstleistung von 2000 l Azetylen bei einem höchstzulässigen Betriebsgasdruck von 700 mm W.-S.

Der Apparat ist nach dem Verdrängersystem gebaut und besteht in der Hauptsache aus dem Entwicklungsbehälter 1, der feststehenden Gasglocke 2, dem Verdrängungsbehälter 3, dem Kalzium-Karbidbehälter 4 mit Korb 5, dem Reiniger 6 und der Sicherheitswasservorlage 7 sowie verschiedenen Verbindungsleitungen und Absperrhähnen.

Zur Inbetriebsetzung wird Karbidbehälter 4 durch Lösen der Verschraubung 8 herausgenommen und der Apparat vorschriftsmäßig mit Wasser gefüllt bis zu einer roten Strichmarke und ebenso die Wasservorlage 7 durch Trichter 9 bis zum Wasserstandshahn 10. Hierauf werden die Hähne 10, 11, 12 geschlossen. Der Karbidbehälter 4 ist mit den Stützen des Karbidkorbes 5 durch einen Bajonettverschluß verbunden. Nach Füllung des Korbes (mit Körnung 50/80 mm) werden Behälter und Korb langsam in den Entwicklungsbehälter 1 eingesetzt, wobei die Luft aus 1 entweicht: nun wird die Verschraubung 8 verbunden.

Die Wirkungsweise des Apparates ist folgende:

Bei Entnahme von Gas aus der Glocke 2 steigt infolge Druckabnahme im Karbidbehälter 4 das Wasser in letzterem hoch, geht durch Gasableitungsrohr 13,

Wasserabscheider *14*, Gasableitungsrohr *15* nach dem mit Puratylen gefüllten Reiniger *6* und von hier durch die Wasservorlage *7* nach der Verbrauchsstelle. Es wird immer nur so viel Azetylen entwickelt, als an der Arbeitsstelle verbraucht wird. Bei Aufhören der Gasentnahme geht das von der Nachentwicklung herrührende Gas durch den Wasserabscheider *14* in die Glocke *2* und verdrängt hier sowie im Karbidbehälter *4* das Wasser. Dadurch wird die weitere Gasentwicklung unterbrochen.

Abb. 391—394 zeigen die Teile eines kombinierten Schweiß-, Schneid- und Lötbrenners der obigen Firma. Dieser besteht aus dem sog. Griffrohr, Abb. 391, an das bei *1* das Azetylen und bei *2* der Sauerstoff angeschlossen sind. Beide Leitungen werden durch Kugelventil

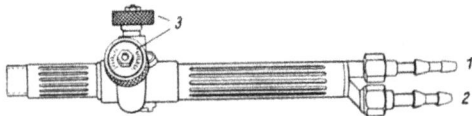

Abb. 391. Griffrohr.

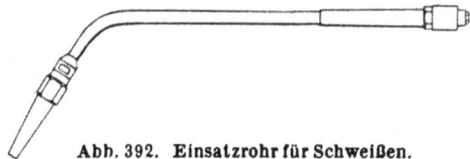

Abb. 392. Einsatzrohr für Schweißen.

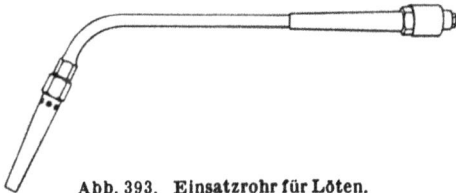

Abb. 393. Einsatzrohr für Löten.

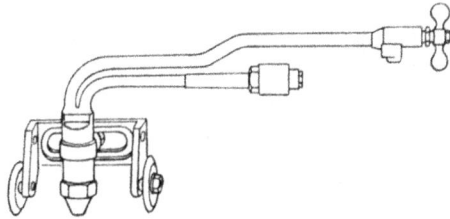

Abb. 394. Einsatzrohr für Schneiden.

mittels der Handräder *3* abgesperrt. Am linken Ende des Griffrohres können die verschiedenen Einsatzrohre für Schweißen, Abb. 392, Hartlöten, Abb. 393, und Schneiden, Abb. 394, angeschraubt werden.

Obige Firma baut die Apparate in folgenden Ausführungen:

		Montageapparate		Werkstattapparate		
Größe		1	2	1	2	3
Karbidfüllung	kg	$2^1/_2$	5	$2^1/_2$	5	10
stdl. Azetylen-Erzeugung	l	2000	3500	3000	4000	6000
Gewicht	kg	30	35	55	82	135

Die Montage-Apparate sollen für die benötigte Zeit eine möglichst große Leistung erzielen; nach beendeter Schweißung kann das im Apparat befindliche Karbid nicht mehr benützt werden. Dagegen gestattet die Konstruktion des Werkstattapparates die Nachvergasung auf ein Mindestmaß zu reduzieren und das nachentwickelte Gas aufzuspeichern.

2. Elektrische Schweißung.

a) Widerstandschweißung (Preßschweißung). Hierbei kommt die Wärmeeigenschaft des elektrischen Stromes, die Stellen größeren Widerstandes stärker zu erhitzen, zur Verwertung. Man benutzt dazu Wechselstrom aus dem Netz, der durch einen Transformator in Strom von sehr hoher Stärke (bis 10 000 A) und geringer Spannung (1—10 V) umgewandelt wird. Die zu verbindenden, stumpf aneinanderliegenden Teile werden an den Transformator angeschlossen, an der Berührungsstelle tritt durch Temperaturerzeugung von etwa 3000° starke Erhitzung bis zur Schweißglut ein, der Strom wird ausgeschaltet und die beiden Stücke unter Anwendung von Druck zusammengefügt.

b) Lichtbogenschweißung (Schmelzschweißung). Bei dieser Schweißart, die sowohl mit Gleichstrom als mit Wechselstrom ausgeführt werden kann, benutzt man die Eigenschaft des elektrischen Lichtbogens zwischen zwei Elektroden zur Erzeugung der Schweißhitze. Durch die hohe Temperatur des Lichtbogens von etwa 3500° wird das Material an der Schweißstelle dünnflüssig und die beiden Teile vereinigen sich ohne Druckaufwand. Den zum Schweißen der verschieden starken Materialien erforderlichen Strom von 50—200 A und 15—30 V erzeugt man durch besondere Schweißumformer. Je nach Materialstärke ist ein Schweißdraht von 2—5 mm Durchmesser erforderlich.

Anwendung: Diese Verfahren kommen wohl wegen der verhältnismäßig teueren Maschinen nur bei umfangreicheren Schweißarbeiten in Betracht, und zwar:

die Widerstandsschweißung z. B. in Betonschleuderwerken zur Verbindung langer Eiseneinlagen für Betonmasten oder zum Schweißen von Feldbahnschienen,

die Lichtbogenschweißung z. B. zum Zusammenfügen von Straßenbahn- und Eisenbahnschienen, zum Aufschweißen von Unterlagplatten auf eiserne Schwellen, zum Auftragen von Material auf abgenützte Schienenköpfe oder bei Reparaturen aller Art an Weichen.

Alle diese Arbeiten werden in der Regel von den Behörden selbst oder von Spezialfirmen ausgeführt.

Ausführung einer elektrischen Lichtbogenschweißung: Zum Schienenschweißen nach diesem Verfahren benötigt man einen Strom von etwa 200 A und 30 V sowie einen Schweißdraht von 5 mm. Der Strom wird durch Umformer erzeugt. In Abb. 395 ist ein Eingehäuse-Schweißumformer der Siemens-Schuckertwerke dargestellt und Abb. 396 zeigt eine Arbeitsstelle mit dem Schweißerzelt und dem fahrbaren Umformer. Letzterer besteht aus dem Schweißgenerator und dem zugehörigen Antriebsmotor. Der Generator leistet dauernd 200 A bei 30 V und ist verlustlos regelbar bis 100 A bei 20 V. Er ist so gebaut, daß er die beim Schweißen unvermeidlichen Kurzschlüsse anstandslos aushält und den am Lichtbogen auftretenden Spannungsschwankungen rasch folgt. Durch

Abb. 395. Eingehäuse-Schweißumformer
(Siemens-Schuckertwerke).

einen im fremderregten Felde liegenden Nebenschlußregler kann die Leerlaufspannung zwischen 50 und 105 V eingestellt werden, die eine Aufrechterhaltung des Lichtbogens auch bei ungeübter Handhabung des Schweißkolbens gewährleistet.

Abb. 396. Arbeitsstelle einer Schienenschweißung.

Der Antriebsmotor wird für die gebräuchlichen Spannungen, bei Gleichstrom für 110—500 V und bei Drehstrom für 125—500 V ausgeführt.

3. Ausführung einer Thermitschweißung (aluminothermisches Schweißverfahren).

Dieses Verfahren der Elektro-Thermit-G. m. b. H., Berlin, nach Th. Goldschmidt, Essen, beruht darauf, daß Thermit, ein Gemisch von fein gepulvertem Aluminium und Eisenoxyd, durch ein besonderes Zündpulver, nur an einer Stelle zur Entzündung gebracht, sehr rasch unter starker Wärmeentwicklung (etwa 3000⁰) zu einer feuerflüssigen Masse schmilzt; dabei trennen sich die beiden Bestandteile Eisen und Aluminium voneinander, indem das spezifisch schwerere Eisen niedersinkt und das leichtere Aluminiumoxyd als Schlacke darauf schwimmt.

Anwendung: Diese Schweißart eignet sich hauptsächlich zum Schienenschweißen bei weniger umfangreichen Arbeiten, weil keine besondere Apparatur notwendig ist.

Man kann drei Verfahren der Thermitschweißung unterscheiden:

a) Die Druckschweißung oder Stumpfschweißung, Abb. 397, bei der die beiden zu verbindenden Stücke mit genau gegeneinander passenden Flächen aneinandergestoßen und nach ihrer Erwärmung durch Thermit mittels mechanischen Druckes (durch einen Klemmapparat) zur Schweißung gebracht werden. Die reine Druckschweißung wird nicht mehr angewandt. Beim Eingießen in die Form durch Neigung des Kipptiegels fließt zuerst die Schlacke ab, die die Schiene mit einer Schutzschicht umgibt. Das Thermiteisen reicht nur bis über die Stegmitte.

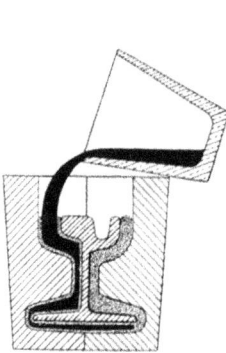

Abb. 397.
Druckschweißung.

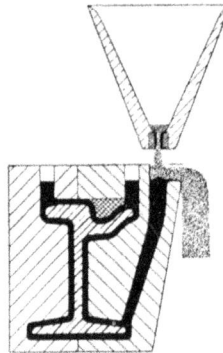

Abb. 398.
Schmelzschweißung.

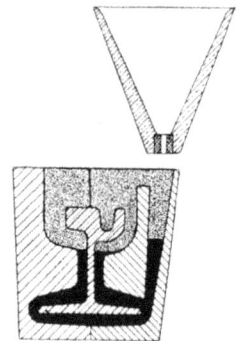

Abb. 399.
Kombinierte Schweißung.

b) Bei der Schmelzschweißung, Abb. 398, werden die beiden zu verschweißenden Stücke mit offener Fuge von etwa 10 mm gegeneinander gelegt, in die das beim Thermitprozeß gewonnene flüssige Eisen hineingegossen wird; dadurch kommen die beiden Schienenstücke zur Verschmelzung mit dem Thermiteisen. Das Gießen erfolgt mit

Hilfe eines Spitztiegels, wobei zuerst das flüssige Eisen in die Form am Schienenfuß einfließt und die ganze Zwischenfuge ausfüllt. Die Schlacke fließt unbenützt ab.

c) Die kombinierte Schweißung, eine Vereinigung der beiden Verfahren a) und b), Abb. 399.

Die Stirnflächen der Schienen werden in ihrem Kopfteil planparallel bearbeitet und unter Zwischenlegung eines Schweißbleches dicht gegeneinander gestoßen, während im Steg und Fuß eine entsprechende Lücke bleibt. Das Thermit kommt aus einem Spitztiegel wie beim Schmelzschweißen, füllt aber bei geringer bemessener Menge die Form nur bis über die Stegmitte, und die Schlacke steht im oberen Kopfteil.

Nach dem Thermitguß werden die beiden Schienenenden gegeneinandergepreßt und damit eine Druckschweißung im Schienenkopf herbeigeführt.

Das autogene Schneiden.

Dies beruht darauf, daß mit Hilfe einer Stichflamme das Metall an der zu trennenden Stelle erhitzt und durch einen unter Druck eingeführten Sauerstoffstrahl in flüssiger Form fortgeschleudert wird.

Bei dem Schneidbrenner-Einsatz Abb. 394 dient der eine Anschluß an das Griffrohr zum Erhitzen der Schneidstelle durch die Azetylen-Sauerstoffflamme und der andere Anschluß für den Drucksauerstoff zum Schneiden.

Die Deutsche Luxemburgische Bergwerks- und Hütten-A.-G., Abteilung »Dortmunder Union«, hat ein Verfahren herausgebracht, wodurch sie imstande ist, das autogene Schneiden auch unter Wasser ausführen zu können. Dieses Verfahren wird hauptsächlich dazu benutzt, die von dieser Firma hergestellten schmiedeisernen »Larssen«-Spundwände unter Wasser abschneiden zu können.

IV. Maschinenteile.

A. Verbindende Maschinenteile.

Schrauben und Keile sind lösbare, Nietverbindungen dagegen unlösbare Verbindungen:

1. Schrauben.

Ein Schraubengewinde entsteht, wenn sich eine Gewindeform längs einer Schraubenlinie bewegt.

Man teilt sie ein in:

a) scharfgängiges Gewinde bei △ Gewindeform, für Befestigungsschrauben aller Art;

b) flachgängiges Gewinde bei □ Gewindeform, für Bewegungsschrauben, Steuerspindeln;

c) rundes Gewinde bei ⌒ Gewindeform, für Schlauchverbindungen.

Ferner kann man unterscheiden:

a) eingängige Schrauben — Eine Gewindeform windet sich um den Zylinder, für Befestigungen;

b) mehrgängige Schrauben — mehrere Gewindeformen winden sich um den Zylinder, für Bewegungen;

außerdem:

a) Rechtsgewinde — Die Gewindeform bewegt sich im Sinne des Uhrzeigers;

b) Linksgewinde — Die Gewindeform bewegt sich entgegengesetzt.

Rechts- und Linksgewinde finden Anwendung bei Spannschlössern oder bei Schraubenspreizen für Absteifarbeiten. Bei dem Spannschloß

Abb. 400. Spannschloß.

Abb. 400 werden durch Drehen der Mutter in der einen Richtung die Bolzen zusammengezogen, in der anderen Richtung auseinanderbewegt. Ganghöhe einer Schraube bedeutet das Fortschreiten der Gewindeform in der Achsrichtung bei einer ganzen Umdrehung des Gewindes. Es sind hauptsächlich zwei Gewindearten in Gebrauch:

Das englische Withworth-Gewinde in Zoll engl. und das metrische S.-J.-Gewinde in mm (System international).
Eine normale Schraube zeigt Abb. 401.

Zahlentafel über Schraubenabmessungen.

Äuß. Gewinde Durchmesser d		Kern-Durchmesser d	Anzahl der Gewinde-gänge auf 1″engl	Steigung d. Schraube s	Höhe d r Mutter	Höhe des Kopfes	Schlüssel-weite
engl.″	mm	mm		mm	mm	mm	mm
1/4	6,35	4,72	20	1,27	6	4	15
5/16	7,94	6,13	18	1,41	8	6	16
3/8	9,52	7,49	16	1,59	10	7	19
1/2	12,70	9,99	12	2,12	13	9	24
5/8	15,88	12,92	11	2,31	16	11	27
3/4	19,05	15,80	10	2,54	19	13	33
7/8	22,23	18,61	9	2,82	22	15	38
1	25,40	21,34	8	3,18	25	18	42
1 1/8	28,58	23,93	7	3,62	28	20	45
1 1/4	31,75	27,10	7	3,63	32	23	50
1 3/8	34,93	29,51	6	4,23	35	26	54

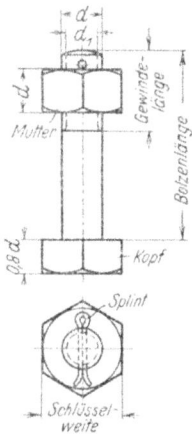

Abb. 401. Schraube.

Für Befestigung in Holz verwendet man besondere Schrauben, z. B. (Tirefonds) Schienenschrauben, Abb. 402. Für Befestigung in Mauerwerk dienen Steinschrauben. Es wird zunächst ein Loch geschlagen mit entsprechender Lochweite; nachdem die Schraube ausgerichtet ist, wird der freie Raum ausgegossen mit Gips, Zement, Blei.

Schraubensicherungen. Bei Schraubenverbindungen, die Stößen und Erschütterungen ausgesetzt sind (Lager, Pleuelstangen von Lokomotiven) lösen sich die Muttern leicht. Um ein Lösen der Muttern zu verhindern, muß man Sicherungen anwenden. Die einfachste Sicherung ist eine Gegenmutter oder ein Splint durch den Bolzen oberhalb der Mutter.

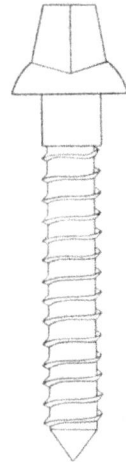

Abb. 402. Schienenschrauben.

2. Keile.

Es gibt Querkeile, Längskeile und Federkeile.

Gemäß Abb. 403 ist der sog. Anzug $= \dfrac{30-25}{125} = \dfrac{5}{125} = 1:25$

oder $= \dfrac{1}{25} = 0,04 = 4\%$

Querkeile: Anzug 1:20 bis 1:40
Längskeile: Anzug $\sim$ 1:100.

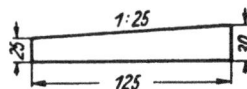

Abb. 403. Keil.

Die Abb. 404 zeigt eine Stangenverbindung mittels Querkeil und Abb. 405 eine Längskeilverbindung (Aufkeilen von Rädern auf

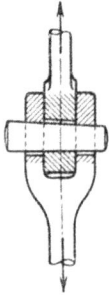

Abb. 404.
Querkeil-
verbindung.

Wellen). Verbindung mittels Nut und Feder (Federkeil) kommt in Anwendung, wenn Scheiben oder Räder auf einer Welle verschoben werden müssen, ohne daß während dieser Verschiebung die Bewegungsübertragung von Welle auf Rad aufhört (bei Rädergetrieben von Autos, Benzinlokomotiven, Kranen, Wendegetrieben).

3. Nieten.

Abb. 406 ist einreihige Überlappungsnietung. Nach der Verwendung unterscheidet man:

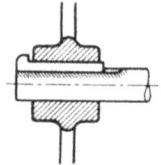

Abb. 405. Längs-
keilverbindung.

Dampfkesselnietung, die der Festigkeit und Dichtheit genügen muß;

Eisenkonstruktionsnietung, die nur auf Festigkeit zu berechnen ist.

Gefäßnietung, welche hauptsächlich dicht halten muß.

Die Vernietungen führt man in der Regel mit Nietmaschinen aus, die durch Preßwasser, Preßluft oder elektrisch betrieben werden.

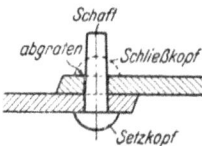

Abb. 406.
Nietverbindung.

Im Bauwesen bevorzugt man der Einfachheit wegen den Preßlufthammer und Preßluftgegenhalter.

Ein Niet besteht aus dem Schaft und Setzkopf (vor dem Nieten vorhanden). Der Schließkopf wird durch Hand oder Maschinennietung hergestellt.

Die im Eisenbau verwendeten Halbrundnieten sind nach den Deutschen Industrienormen genormt (Din 124).

Rohnietdurchmesser: 10, 13, 16, 19, 22, 25, 28, 31, 34, 37, 40, 43 mm.

Benennung eines Halbrundnietes von 19 mm Lochnietdurchmesser und 45 mm Länge ist Halbrundniet 19 × 45 Din 124.

B. Maschinenteile der drehenden Bewegung.

Dazu gehören: Achsen, Wellen, Lager, Zapfen.

In der schematischen Abb. 407 einer Kabelwinde kommen alle dies Teile vor.

Achsen werden durch Zahndruck, Seil- oder Riemenzug nur auf Biegung beansprucht, z. B. Seilleitrolle, Wagenachsen, (Abb. 408).

Wellen werden durch Einleitung der Energie vorwiegend auf Verdrehung und durch Zahndruck, Riemenzug noch auf Biegung beansprucht. Ist N die Anzahl der zu übertragenden PS, n die minutliche Drehzahl einer Welle, so wird für schmiedeiserne Wellen unter Vernachlässigung der Biegung $d = 12 \sqrt[4]{\dfrac{N}{n}}$ [cm].

Die folgende Zahlentafel enthält **Durchmesser** (d in mm) für **Transmissionswellen.**

$N =$	2 PS	4 PS	6 PS	8 PS	10 PS	12 PS	14 PS	15 PS
$n = 250$	40	45	50	55	55	60	60	60
$n = 300$	35	45	50	50	55	55	60	60
$n = 350$	35	40	45	50	50	55	55	55
$n = 400$	35	40	45	50	50	50	55	55

Lagerentfernung für Transmissionswellen bei

30 40 50 60 mm Wellendurchmesser

1,7 1,8 1,9 2 m von Mitte bis Mitte Lager.

Diese Maße kann man bis zu 50% vergrößern, wenn alle Riemenscheiben dicht an den Lagern sitzen.

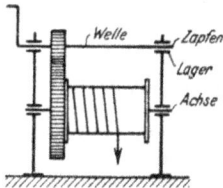

Abb. 407. Schema einer
Kabelwinde.

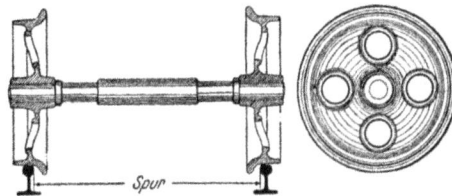

Abb. 408. Wagenachse.

Zapfen sind die Teile von Achsen und Wellen, in denen diese unterstützt und gelagert werden. Je nach der Beanspruchung des Zapfens spricht man von:

Tragzapfen, — Druckbeanspruchung senkrecht zur Achse (Eisenbahnwagenachsen).

Spur(Stütz-)zapfen, — Druckbeanspruchung in Richtung der Achse.

Lager dienen zur Unterstützung von Achsen und Wellen in den Zapfen. Nach der Art der Zapfen unterscheidet man:

Traglager und Spurlager (Stützlager).

Nach der Bewegung des Zapfens im Lager:

Gleitlager, wenn der Zapfen unmittelbar auf der Tragfläche gleitet;

Kugel- oder Rollenlager, wenn die Bewegung des Zapfens durch Vermittlung von dazwischen geschalteten Kugeln oder Rollen erfolgt.

1. Traglager.

a) **Augenlager:** Abb. 409. Sie kommen bei einfachen Bauwinden und Maschinen vor, deren Zapfen sich sehr langsam drehen. Hier gleitet der Zapfen in einer Bohrung des gußeisernen Gestelles. Bei den meisten

Lagern bewegt sich der Zapfen in einer Lagerschale aus Bronze oder Bronze mit Weißmetallausguß, die nach erfolgter Abnützung ausgewechselt werden können.

b) **Schwammlager:** Abb. 410 (C. Tobler, Borsigwalde). Sie sind mit Weißmetallschalen, Dichtungsfilzen und Schwämmen versehen und eignen sich zur Lagerung von Kippwagen.

Die Schmierung der Augenlager geschieht gewöhnlich durch Staufferbüchsen, d. s. von Hand betätigte Fettbüchsen, Abb. 411.

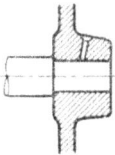

Abb. 409.
Augenlager.

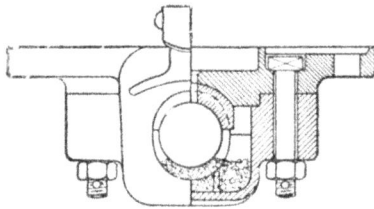

Abb. 410. Schwammlager (Tobler, Borsigwalde).

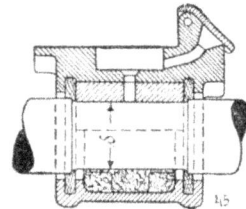

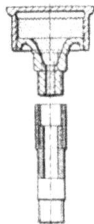

Abb. 411.
Stauffer-
büchse.

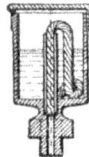

Abb. 412.
Dochtöler
(Bamag).

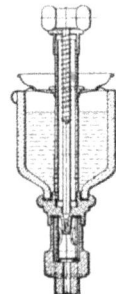

Abb. 413.
Tropföler
(Bamag).

Bei Lagern mit Lagerschalen (langsamlaufend) wird Schmierung mittels Dochtes oder Tropfölers angewandt, Abb. 412, 413. (Schwammlager.)

Bei Lagern mit raschlaufenden Zapfen benutzt man gewöhnlich Ringschmierung.

c) **Ringschmierlager** (als Stehlager): Abb. 414 stellt ein solches Lager mit beweglichen Schalen dar. Hierbei liegen oben auf dem freigelegten Zapfen lose ein bzw. zwei Ringe, die in einen Ölbehälter eintauchen; bei der Drehung des Zapfens werden die Ringe durch Reibung mitgenommen und das anhaftende Öl dem Zapfen zugeführt. Das Öl kann wochenlang benützt werden, bis es erneuert wird.

d) **Kugellager:** Vorteile — geringere Reibung ($\mu = 0,0015$ Reibungskoeffizient) gegenüber den Gleitlagern ($\mu = 0,01$). Das bei Gleitlagern notwendige Einlaufen fällt weg. Die Schmierung ist sehr gering und Öl nur selten zu erneuern.

Abb. 415 zeigt ein in ein geteiltes Stehlagergehäuse eingebautes Querlager von Fichtel & Sachs, Schweinfurt. Es besteht aus dem Gehäuse, dem Deckel, einem inneren Laufring, einem äußeren Ring und den Kugeln mit dem Kugelkäfig.

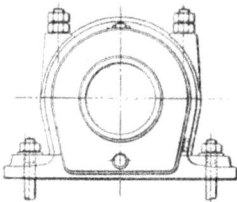

Abb. 414. Ringschmierlager (Bamag).

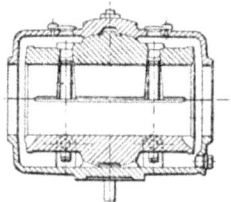

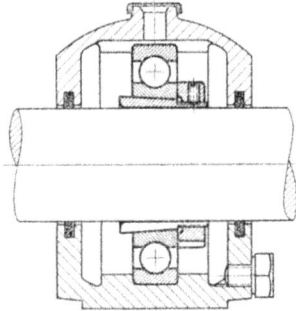

Abb. 415.
Geteiltes Kugelstehlager.

Die Stoßflächen der beiden Gehäuseteile müssen plan gehobelt sein und glatt in der Trennfuge aufeinanderliegen. Die Sitzflächen für den äußeren Lagerring ist genau rund auszudrehen und das Kugellager, von Hand verschiebbar (saugend), einzupassen. Besonders ist beim Einbau der Lager darauf zu achten, daß sie gegen das Eindringen von Schmutz,

Abb. 416. Ungeteiltes Kugelstehlager.

Sand, Staub und Wasser geschützt sind. Filzdichtungsringe sind vor dem Einlegen in heißes Öl oder Fett zu tauchen, damit eine wirksame Abdichtung erreicht wird.

In Abb. 416 sind die Teile eines Kugellagers mit nichtgeteiltem Gehäuse zu sehen.

e) **Rollenlager:** Man verwendet sie in den Fällen, wo Kugellager von bestimmter Größe für die aufzunehmenden Drucke nicht mehr ausreichen und auch wenn an Maschinen größere Überlastungen auftreten. Abb. 417 u. 418 veranschaulichen das Rollenlager einer Straßenbahnwagenachse (Fichtel & Sachs, Schweinfurt).

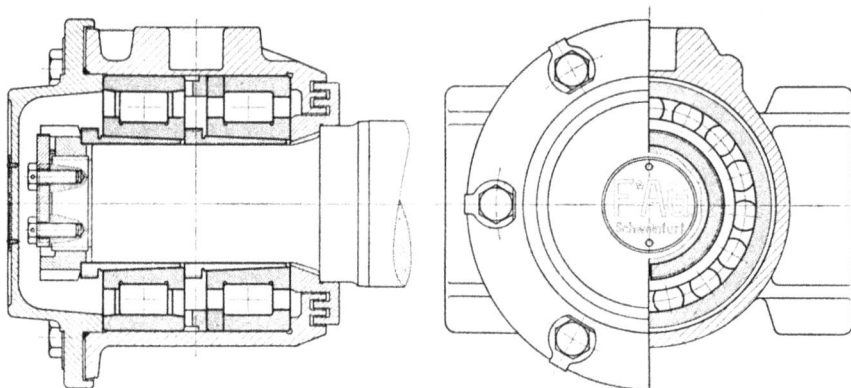

Abb. 417 u. 418. Rollenlager (Fichtel u. Sachs, Schweinfurt).

2. Stütz- oder Spurlager (Abb. 419).

Der Zapfen läuft auf seiner Stirnfläche und wird in der Achsrichtung beansprucht.

C. Kupplungen

Abb. 419.
Spurlager.

dienen zur Verbindung von zwei Wellenenden. Man unterscheidet:

1. **Feste Kupplungen** mit dauernder Verbindung.

a) Steife Kupplung für kleinere Transmissionswellen, z. B. Scheibenkupplung Abb. 420.

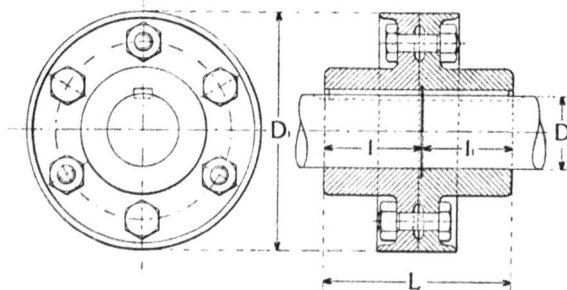

Abb. 420. Scheibenkupplung (Bamag, Dessau).

b) Elastische Kupplungen zum Antrieb von Kreiselpumpen durch Elektromotoren, Abb. 421. Ausführung: Grauguß, Bolzen aus Stahl, elastische Glieder aus Leder. Der Ausbau der Wellen ist ohne seitliches Verschieben möglich. Durch Herausnahme der Bolzen können beide Wellen unabhängig voneinander laufen.

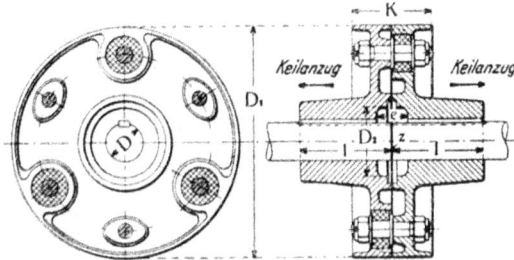

Abb. 421. Elastische Kupplung. (Bamag).

2. **Reibungskupplungen:** Abb. 422. Sie können während des Betriebes aus- und eingerückt werden, und kommen z. B. bei den Windentrommeln, Baggern, Drehkranen vor.

Bei der Sonthofener Betonmischmaschine werden z. B. zwei solche Kupplungen verwendet.

a) Eine **Doppelkonuskupplung** von Bamag, Dessau, zeigt Abb. 423, zum Kuppeln einer Triebwelle mit einer Seiltrommel oder einer Turaswelle. Zu diesem Zweck ist die eine Kupplungshälfte mit einem Zahnrad verbunden.

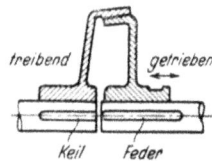

Abb. 422. Schema einer Reibungskupplung.

Man gebraucht sie besonders für ungünstige Betriebsverhältnisse und große Übertragungsmomente.

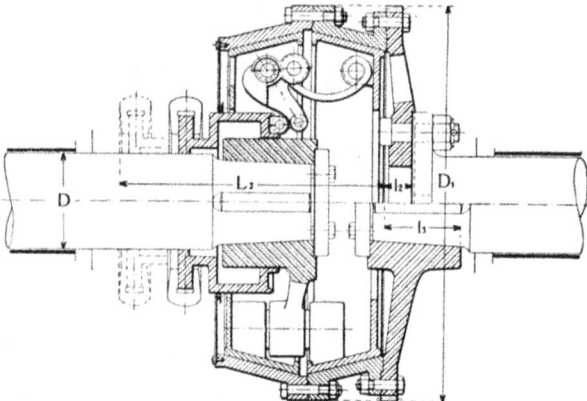

Abb. 423. Doppelkonuskupplung (Bamag)

b) Eine **Spreizringkupplung** von Bamag gibt Abb. 424. Sie eignet sich hauptsächlich in Verbindung mit Riemenscheiben, Zahn- oder Kettenrädern für kleinere Kraftübertragung, bei nicht zu hohen Dreh-

Abb. 424. Bild einer Spreizring-
kuppelung (Bamag).

zahlen, und wenn ein öfteres Aus- und Einrücken stattfindet, z. B. für Wendegetriebe
bei Hebezeugen und Baggern zur Ausführung der Schwenkbewegung.

c) Eine **Lamellenkupplung** der Lübecker
Maschinenbau-Gesellschaft für den Turasantrieb eines Eimerkettenbaggers, Abb. 425.

Auf der Turaswelle ist ein Mitnehmer m aufgekeilt mit einer Anzahl Lamellen e. Das Gehäuse k
mit dem Zahnrad (Ritzel r) läuft im entkuppelten
Zustand leer auf der Turaswelle und enthält
ebenso viele Lamellen b. Die Kupplung wirkt in
der Weise, daß die Lamellen b durch Druckluft
bzw. Druckflüssigkeit in dem Raum a fest aufein-
andergepreßt werden, wobei das Ritzel mitgenom-
men wird. Der Druckraum a wird durch Gummiring d, Stopfbüchse f mit Schrauben g abgedichtet. Um ein Fressen der Kupplung zu vermeiden, führt man durch

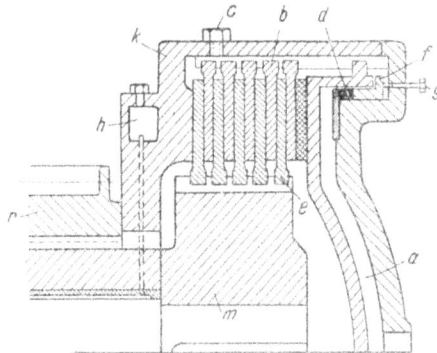

Abb. 425. Lamellenkupplung (Lübecker
Maschinenbau-Gesellschaft).

Schrauben c von Zeit zu Zeit den Lamellen etwas Öl zu ($\frac{1}{2}$ l). Die Schmierung
der Leerlaufbüchse des Ritzels erfolgt von der abgeteilten Ringkammer h aus
durch Querbohrungen in den Stegen des Kupplungsgehäuses.

D. Maschinenteile zur Übertragung von Drehbewegungen.

Dazu gehören:

1. Reibungsräder (Friktionsräder) ⎫ unmittelbare Übertragung bei
2. Zahnräder, Schneckenräder ⎭ geringer Wellenentfernung.

3. Riemscheiben ⎫ mittelbare Übertragung durch
                Riemen, Kette, Seil bei
4. Kettenräder, Seilscheiben ⎭ größerer Wellenentfernung.

1. Reibungsräder: Diese werden bei Reibradwinden angewandt. Sie
rollen mit ihren zylindrischen Mänteln oder mit keilförmigen Nuten und
Vorsprüngen aufeinander, Abb. 426.

2. **Zahnräder:** Sie sind am Umfang mit Zähnen versehen, die ineinandergreifen. Abb. 427 stellt eine Verzahnung dar. Die sich berührenden Kreise beider Räder heißen Teilkreise, die für die Berechnung der Übersetzungsverhältnisse maßgebend sind.

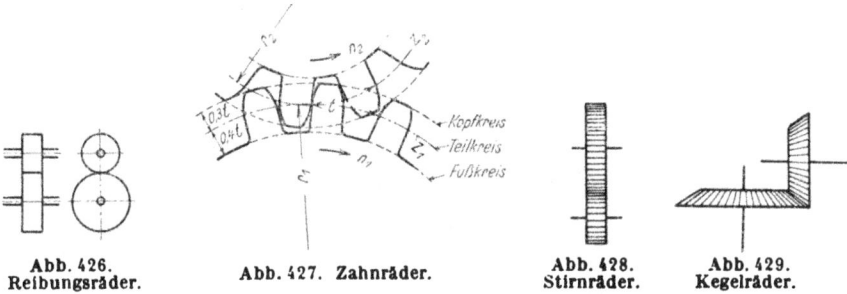

Abb. 426.
Reibungsräder.

Abb. 427. Zahnräder.

Abb. 428.
Stirnräder.

Abb. 429.
Kegelräder.

Zahnräder werden nach der Lage der Achsen eingeteilt in:

Stirnräder — Abb. 428. Die Achsen sind parallel. Das kleine Rad wird als Ritzel bezeichnet;

Kegelräder — Abb. 429. Die Achsen schneiden sich;

Schneckenräder — Abb. 430. Die Achsen kreuzen sich.

Nach dem Verzahnungsgesetz ist: (s. Abb. 427)

$$\frac{2\,r_1\,\pi}{2\,r_2\,\pi} = \frac{z_1\,t}{z_2\,t}$$

oder

$$\boxed{\frac{r_1}{r_2} = \frac{z_1}{z_2},}$$

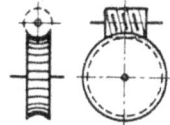

Abb. 430. Schneckenräder.

d. h. die Teilkreishalbmesser (oder auch Durchmesser) verhalten sich wie die Zähnezahlen.

Bei zwei ineinandergreifenden Rädern müssen die Umfangsgeschwindigkeiten am Teilkreis einander gleich sein. Der Weg in 1 min am Teilkreis ist

$$2\,r_1\,\pi\,n_1 = 2\,r_2\,\pi\,n_2$$

oder

$$r_1\,n_1 = r_2\,n_2$$

$$\boxed{\frac{r_1}{r_2} = \frac{n_2}{n_1},}$$

d. h. die Teilkreishalbmesser verhalten sich umgekehrt wie die Drehzahlen.
Oder es ist auch nach obigem

$$\boxed{\frac{z_1}{z_2} = \frac{n_2}{n_1}}$$

Übersetzungsverhältnis $\boxed{\varphi = \dfrac{n_2}{n_1} = \dfrac{\text{Drehzahl des getriebenen Rades}}{\text{Drehzahl des treibenden Rades}}.}$

Als Zähnezahlen nimmt man gewöhnlich durch 2, 3, 4, 5 teilbare Zahlen: 12, 16, 20, 24, 32, 36, 48, 60.

Hat man große Lasten mit verhältnismäßig kleinen Kräften zu bewegen oder ist die Drehzahl des Antriebsmotors (Elektromotor $n = $ ca. 1000) gegenüber der Drehzahl einer Windentrommel sehr groß, dann wird die Übersetzung groß, und muß auf zwei oder mehrere Räderpaare verteilt werden (siehe Zahnradwinden). Man kann mit diesen Winden bei vorübergehend kleineren Lasten auch mit einer Übersetzung arbeiten.

In anderen Fällen werden bei großen Übersetzungen **Schneckengetriebe** angewandt. Hierbei rechnet sich die Übersetzung:

$$\varphi = \frac{n_2}{n_1} = \frac{z_1}{z_2} = \frac{\text{Gängigkeit der Schnecke}}{\text{Zähnezahl des Rades}}$$

(siehe Schrauben- und Schneckenwinde S. 110 u. 111).

3. **Riementrieb:** Man unterscheidet:

Offene Riementriebe — Drehrichtung der beiden Scheiben bleibt gleich, Abb. 431.

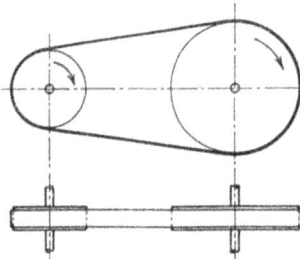

Abb. 431. Offener Riemen. Abb. 432. Geschränkter Riemen.

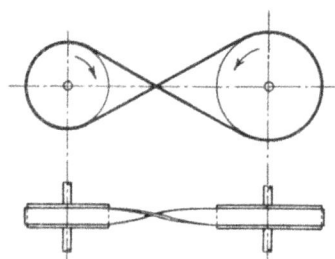

Gekreuzte Riementriebe — Drehrichtung ist verschieden. Abb. 432.

Halbgeschränkte Riementriebe — die Achsen der beiden Scheiben kreuzen sich, der Riemen läuft nur in einer Richtung, Abb. 433.

Spannrollentriebe — Man verwendet sie bei sehr kurzem Abstand der beiden Wellen, um an der kleinen treibenden Scheibe einen großen umspannten Bogen zu erhalten. Abb. 434.

Riemen-Ausrückvorrichtung. Hier können zwei Fälle eintreten:

Fall I, Abb. 435. **Normaler Ausrücker** — Auf der treibenden Welle sitzt eine doppeltbreite Festscheibe, auf der getriebenen Welle, z. B. Kreiselpumpe, eine Los- oder Leerscheibe und eine Festscheibe. Bei ausgerückter Pumpe läuft der Riemen und die Leerscheibe dauernd mit. Die Riemengabel verschiebt den auf die getriebene Scheibe auflaufenden Riemen.

Fall II, Abb. 436. **Ausrücker mit Anpreßvorrichtung** — Auf der treibenden Welle sitzt eine Leerscheibe und eine Festscheibe, auf der getriebenen Welle eine doppeltbreite Festscheibe. Der Riemen steht im ausgerückten Zustande still auf der Leerscheibe. Das Einrücken erfolgt hier durch Anpressen der Leerscheibe an den Rand der Festscheibe. Dadurch kommt die Leerscheibe mit dem Riemen in Bewegung und unmittelbar darauf wird der Riemen mit der Gabel auf die Festscheibe geschoben und durch die Reibung die Festscheibe auf der getriebenen Welle mitgenommen. Anwendung in Fällen, wenn die getriebene Welle bezw. anzutreibende Arbeitsmaschine nur selten benutzt wird.

Beispiel: Auf einer Baustelle treibt ein Elektromotor von $n_1 = 880$ U./min und einer Antriebsscheibe von $d_1 = 160$ mm Dmr. auf ein Vorgelege mit $n_2 = 320$ Umdrehungen. Von dem Vorgelege wird unter anderem die auf S. 90 angeführte Kolben-

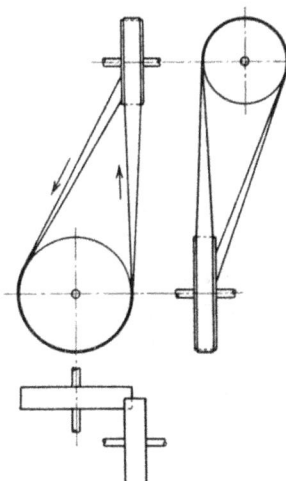

Abb. 433. Halb geschränkter Riemen.

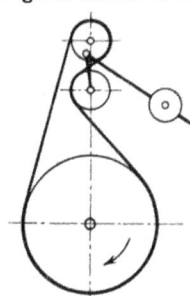

Abb. 434. Spannrollentrieb.

pumpe mit $n_3 = 80$ Umdreh-

ungen angetrieben. Der Durchmesser der Riemenscheibe auf der Pumpe sei $d_3 = 600$ mm. Wie groß müssen die Durchmesser der beiden Gegenscheiben d_2 und d_2' auf dem Vorgelege sein?

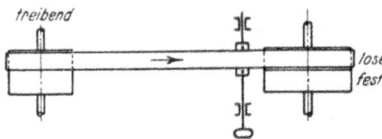

Abb. 435. Normaler Riemenausrücker.

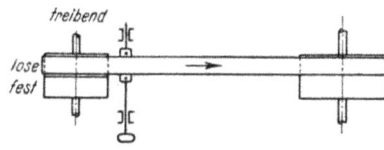

Abb. 436. Riemenausrücker mit Anpreß-vorrichtung.

Umfangsgeschwindigkeit des Antriebsriemens vom Elektromotor

$$v = \frac{d_1 \pi n_1}{60} = \frac{0{,}160 \cdot \pi \, 880}{60} = 7{,}4 \text{ m/s}$$

Durchmesser der Gegenscheibe zum Elektromotor

$$\frac{n_2}{n_1} = \frac{d_1}{d_2}$$

$$d_2 = \frac{d_1 n_1}{n_2} = \frac{160 \cdot 880}{320} = 440 \text{ mm},$$

Durchmesser der Gegenscheibe zur Pumpe

$$\frac{n_3}{n_2} = \frac{d_2'}{d_3}$$

$$d_2' = \frac{n_2 d_3}{n_2} = \frac{80 \cdot 600}{320} = 150 \text{ mm}.$$

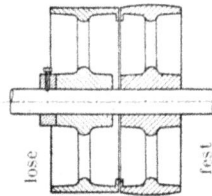

Abb. 437. Leer- u. Festscheibe.

Leer- und Festscheibe, Abb. 437. Die Festscheibe ist ballig gedreht, damit der Riemen möglichst in der Mitte der Scheibe läuft.

Zahlentafel über die von Riemen zu übertragenden Kräfte.

Durchmesser der kleinen Scheibe mm	Anzahl der von je 100 mm Riemenbreite übertragenen PS							
	Riemengeschwindigkeit in m/s							
	3	5	7,5	10	12,5	15	17,5	20
100	0,8	1,7	2,5	4,0	5,0	6,0	7,4	9,3
200	1,2	2,66	4,5	6,6	8,7	11,0	13,4	16,0
300	1,54	3,5	5,8	8,4	11,2	14,5	17,6	21,3
400	1,8	4,15	6,7	9,7	13,0	16,7	20,3	24,7
500	2,0	4,66	7,5	10,7	14,2	18,0	22,0	26,7
600	2,11	4,96	8,0	11,4	15,0	19,0	23,3	28,1

4. **Kettentrieb:** Dieser kommt in Anwendung bei kurzen Wellen-
abständen und zwar, wenn die Zahnräder zu groß werden und der Riemen
für diesen Abstand zu kurz und breit wird oder der Antrieb der Witterung ausgesetzt ist.

Die Übersetzungsverhältnisse sind ähnlich wie bei Zahnrädern.

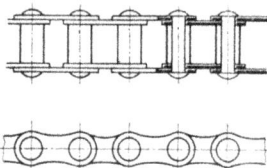

Abb. 438. Zobelsche Treibkette.

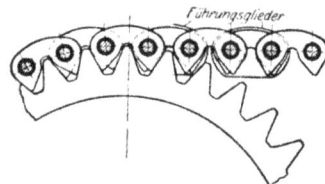

Abb. 439. Renoldsche Zahnkette.

Als Treibkette eignet sich am besten die Zobelsche Kette,
Abb. 438, wobei die äußeren Laschen auf dem hohlen Bolzen sitzen und
die inneren auf einer über den Bolzen geschobenen Büchse. Bei der
Renoldschen Zahnkette, Abb. 439, die geräuschlos und stoßfrei arbeitet,
wird aus Blechlamellen ein verzahnter Gurt gebildet.

E. Maschinenteile zur Umänderung einer geradlinig hin- und hergehenden Bewegung in eine Drehbewegung.

Die Übertragung erfolgt durch den sog. Kurbelmechanismus. Dieser
besteht aus Kreuzkopf, der sich in der Geradführung hin- und herbewegt und die Kraft von Kolben und Kolbenstange erhält, ferner aus
Pleuelstange und Kurbel. Letztere ist bei Dampfmaschinen eine
Stirnkurbel, Abb. 440.

Bei Verbrennungskraftmaschinen wird die auf den Kolben ausgeübte Kraft unmittelbar von dem Kolbenbolzen auf die Pleuelstange
übertragen. Die Kurbelwelle ist dabei gekröpft, Abb. 441.

Exzenter wendet man an, wenn von einer starken Welle kleine
hin- und hergehende Bewegungen abgeleitet werden, z. B. Antrieb

eines Steuerschiebers oder einer Speisepumpe bei einer Lokomobile. Abb. 442 zeigt die Ausführung eines Exzenters. Die Exzenterscheiben sind auf der Welle verkeilt, die Exzenterbügel erhalten Laufflächen aus Weißmetall oder Rotguß.

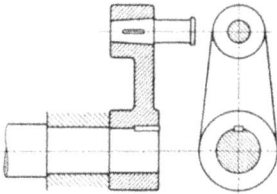

Abb. 440. Stirnkurbel.

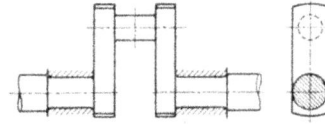

Abb. 441. Gekröpfte Welle.

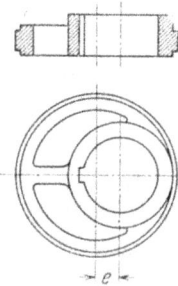

Abb. 442. Exzenter.

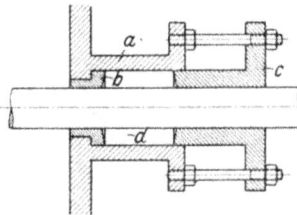

Abb. 443. Stopfbüchse.

Stopfbüchsen Abb. 443. dienen zur Abdichtung von Kolbenstangen, Exzenterstangen, Ventilspindeln. Die Stopfbüchse besteht aus Gehäuse, Grundring aus Bronze, Packung und durch Schrauben verstellbarer Brille.

F. Rohrleitungen.

Dazu gehören Rohre aus Gußeisen, Schmiedeisen, Kupfer, Blei, ferner Schläuche aus Metall und Gummi sowie Ventile, Schieber und Hähne.

I. Gußeiserne Rohre.

a) Muffenrohre — Abb. 444, für Gase und Flüssigkeiten von niedrigem Druck und geringer Temperatur. Die Abdichtung an der Verbindungsstelle zweier Rohre erfolgt durch Ausfüllen des Zwischenraumes zwischen Rohr und Muffe mittels in Teer getränkter, eingestampfter Hanfzöpfe und darüber mit eingegossenem und verstemmtem Bleiring.

b) Flanschenrohre — Abb. 445. Die Verbindung geschieht durch Verschraubung an den Flanschen und Zwischenlegen eines Dichtungsringes aus Gummi, Asbest, Pappe, Blei, je nach der Art und Temperatur

19*

der Flüssigkeit (< 2 mm Stärke); für Heißdampf benützt man Klinge-ritscheiben.

Für Pressungen über 10 at muß die Dichtung versenkt werden, um ein Ausblasen derselben zu verhindern.

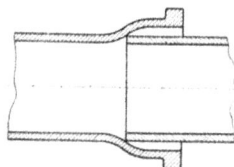

Abb. 444. Muffenrohre.

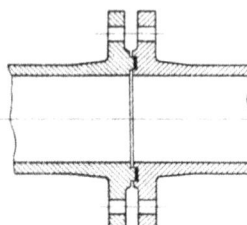

Abb. 445. Flanschenrohre.

II. Schmiedeiserne Rohre.

a) **Große genietete oder geschweißte Rohre:** Für Hochdruckleitungen von Wasserkraftanlagen, Abb. 446.

b) **Kleinere geschweißte Rohre:**

1. Gasrohre — für Gas- und Wasserleitungen, Heizungen von geringem Druck; sie werden **stumpf geschweißt und gezogen.** Abb. 447.

Das Gasgewinde wird nach dem lichten Rohrdurchmesser bestimmt.

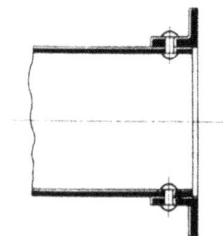

Abb. 446. Genietete Rohre.

Abb. 447.
Stumpf
geschweißt
(Gasrohr).

Abb. 448.
Überlappt
geschweißt
(Siederohr).

Lichter Rohrdurchm. . $D =$	$^1/_4''$	$^3/_8''$	$^1/_2''$	$^3/_4''$	$^7/_8''$	$1''$	$1^1/_4''$	$1^1/_2''$	$2''$	$2^1/_2''$	$3''$
Lichter Rohrdurchm. . mm	6,4	9,5	12,7	19,1	22,2	25,4	31,8	38,1	50,8	63,5	76,2
Wandstärke . . . . mm	2,1	2,3	2,7	3	3,3	3,3	3,7	3,9	4,3	4,7	5
Äuß. Gewindedurchm. mm	13,6	16,7	20,9	26,4	30,2	33,2	41,9	47,8	59,6	76,2	88,5

Für Wasserleitungen verwendet man verzinkte Gasrohre.

2. Siederohre — für Dampf von höherem Druck als 8 at; sie werden **überlappt geschweißt und gewalzt,** Abb. 448.

Für größere Rohrdurchmesser kommen spiralgeschweißte Rohre in Betracht.

c) **Nahtlose Rohre:** Die Firma Mannesmann stellt solche Rohre für sehr hohen Druck bis 20 at nach einem besonderen Walzverfahren aus runden Eisenstäben her.

d) Rohre für Tiefbohrungen: Rohre, die sowohl außen als innen keine Vorsprünge haben sollen, werden miteinander verschraubt, indem das eine Rohrende Außen- und das andere Innengewinde bekommt, Abb. 449.

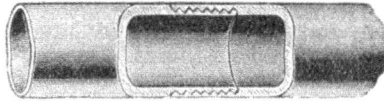

Abb. 449. Rohrverschraubung für Tiefbohrung.

Verbindung der schmiedeisernen Rohre.

Gasrohre: Die Verbindung geschieht entweder durch aufgeschraubte Muffen mit Gasgewinde oder durch aufgeschraubte Flanschen. Muffen- und sonstige Verbindungsteile (Krümmer, Reduktions- und ⊥-Stücke), sog. Fittings, sind aus schmiedbarem Guß.

Zur Dichtung wickelt man in Mennige getauchten Hanf in das Gewinde.

Siederohre: Bei diesen kommt die Verbindung zustande:

1. Durch aufgeschweißte, aufgelötete oder aufgewalzte Bordringe und lose, drehbare Flanschen. (Abb. 450 aufgeschweißter Bordring.)

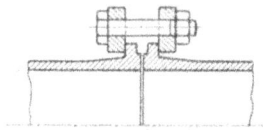

Abb. 450. Siederohr (aufgeschweißter Bordring).

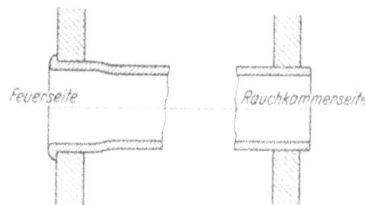

Abb. 451. Siederohr-Einwalzen.

2. Durch umgebördelte Rohrenden, gegen die sich die Flanschen legen (für niedrigen Druck).

3. Durch feste Flanschen, die aufgelötet, aufgeschraubt, aufgewalzt oder aufgenietet sind.

Die Befestigung von **schmiedeisernen Rohren in Kesselwänden** geschieht durch **Einwalzen** oder **Einschrauben**, Abb. 451.

III. Kupfer- und Messingrohre.

Kupfer- und Messingrohre werden meist hart gelötet oder nahtlos gezogen.

Die Verbindung erfolgt mittels loser Flanschen, die sich gegen aufgelötete Bunde oder gegen die umgebördelten Rohrenden legen, Abb. 452, oder mittels Verschraubungen nach Abb. 453.

IV. **Metallschläuche,** Abb. 454, der Metallschlauchfabrik Pforzheim.

Der nahtlos geschweißte Stahlschlauch besteht aus einem wellenförmig profilierten, zur Spirale aufgewundenen Stahlband, dessen nebeneinander liegende Längsränder miteinander autogen verschweißt

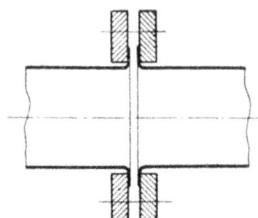

Abb. 452. Kupferrohr-
Flanschenverbindung.

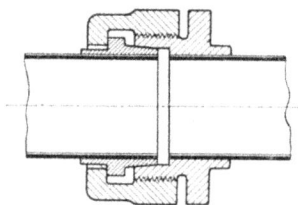

Abb. 453. Kupferrohr-
Verschraubung.

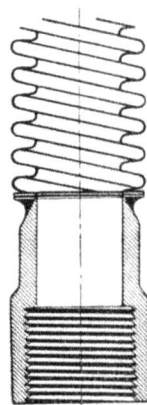

Abb. 454. Metall-
schlauch (Metall-
schlauchfabrik
Pforzheim).

sind. Dadurch wird jedwede Dichtung vermieden. Um den Schlauch mit den Anschlußstücken, Mutter- oder Flanschenstutzen verbinden zu können, werden Eisenmuffen mit Gasinnengewinde aufgeschweißt.

Man verwendet sie als Dampfzuleitungen zu den Dampframmen.

G. Absperrvorrichtungen.

Zum Abschließen eines Flüssigkeitsstromes dienen:

1. Schieber — der abschließende Teil schiebt sich in geradliniger Bewegung an der Öffnung vorüber.

2. Hähne — der abschließende Teil schiebt sich in Drehbewegung vorbei.

3. Klappen — der abschließende Teil klappt auf.

4. Ventile — der abschließende Teil hebt sich und gibt den Durchgang frei.

1. Schieber: Abb. 455 Schäffer & Budenberg, Magdeburg. Der abschließende Teil, der eigentliche Schieber, wird zwischen schrägstehende Dichtungsflächen gepreßt.

Hauptteile:

a) Gehäuse mit eingepreßten Sitzringen.

b) Schieber ebenfalls mit Rotgußringen in den schrägen Stirnseiten.

c) Spindel mit Linksgewinde aus Rotguß und Handrad zur Betätigung des Schiebers.

d) Gehäusedeckel mit Stopfbüchse.

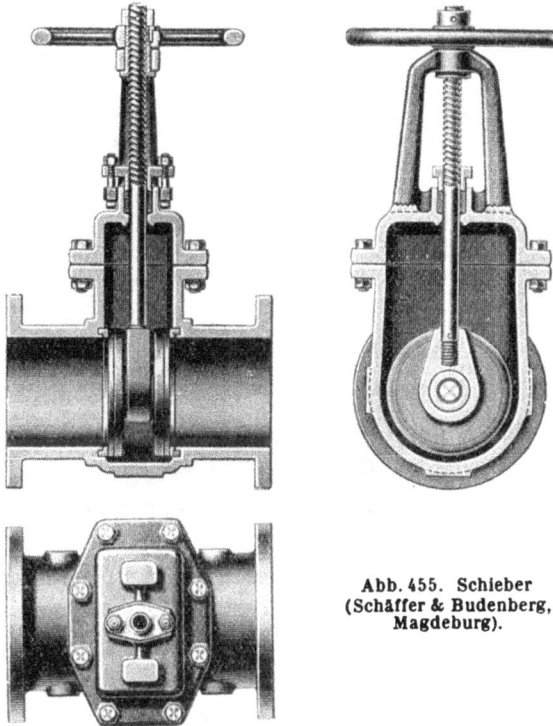

Abb. 455. Schieber
(Schäffer & Budenberg,
Magdeburg).

Die Bewegung des Schiebers erfolgt mittelbar durch bewegte Schraubenspindeln, deren Mutter im Verschlußstück sitzt.

2. **Hähne:** Sie sind aus Gußeisen, Bronze und bestehen aus dem Gehäuse und dem kegelförmigen Küken. Sie werden ausgeführt als Durchgangs- und Dreiweghähne. Bei dem Dreiweghahn nach Abb. 456 liegen die Rohranschlüsse in einer Ebene. Das Hahnküken wird durch Mutter und Schraube festgehalten. Um beim Öffnen und Schließen ein Lösen der Mutter zu vermeiden, wird die Beilagscheibe durch Vierkant vom Hahnküken mitgenommen.

3. **Klappen:** Sie werden durch Handhebel betätigt und finden Anwendung:

a) **Als Rückschlagklappen** an Pumpen, wenn ein schneller Schluß nötig ist;

b) **als Drosselklappen** zur Verringerung des Durchgangsquerschnittes;

c) **als selbsttätige Klappen** (Gummiklappen) bei Luftkompressoren.

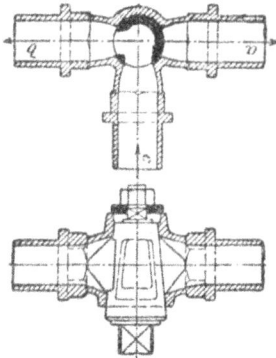

Abb. 456. Dreiweghahn
(Hütte)

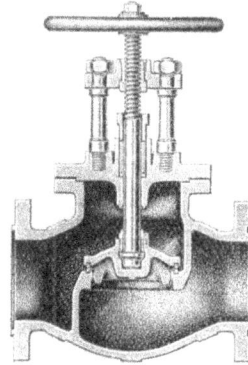

Abb. 457. Absperrventil
(Schäffer & Budenberg).

4. **Ventile:** Nach der Sitzfläche unterscheidet man Kegel-, Teller- und Kugelventile. Nach der Bewegung der Ventile

a) **Absperrventile** — der Abschluß erfolgt von Hand;

b) **selbsttätige Ventile** — das Öffnen und Schließen geschieht durch die Flüssigkeit im regelmäßigen Spiel der Maschinen (Pumpen, Kompressoren);

c) **gesteuerte Ventile** — das Öffnen und Schließen erfolgt durch besonderen Antrieb;

d) **Sonderventile** — Sicherheits-, Reduzier-, Rohrbruchventile.

a) **Absperrventile:** Abb. 457. Schäffer & Budenberg.

Hauptteile: Ventilkegel, Sitz, Spindel mit Handrad, Gehäuse mit Deckel, Stopfbüchse (Spindel mit Mutter), Traverse und Schrauben. Dichtung: Rotgußkegel und Rotgußsitz.

b) **Selbsttätige Ventile:** Sie werden durch die Flüssigkeitspressung gehoben und durch ihr eigenes Gewicht, manchmal unter Mitwirkung von Federn, geschlossen. Kesselspeiserückschlagventile schließen durch den Druck des Kesselwassers.

c) **Gesteuerte Ventile:** Ihre Bewegung ist entweder vollständig oder teilweise zwangläufig (Ventile von Dampfmaschinen, Verbrennungsmotoren).

d) **Sonderventile:**

Sicherheitsventile — Sie verhindern an Dampfkesseln, Windkesseln ein Überschreiten des Druckes, für den sie eingestellt sind; es gibt gewicht- und federbelastete Ventile, Abb. 458.

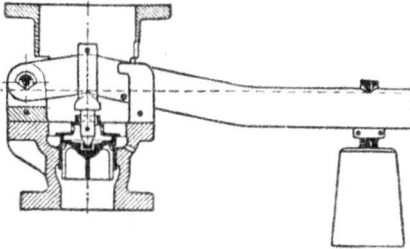

Abb. 458. Sicherheitsventil.

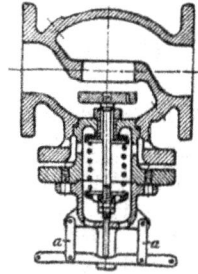

Abb. 459.
Rohrbruchventil. (Hütte.)
(Seiffert & Co., Berlin SO.)

Rohrbruchventile, Abb. 459, mit selbsteinstellbarer Feder. — Durch die strömende Wirkung des Dampfes, Vergrößerung des Überdruckes zwischen Ein- und Austritt infolge erheblicher Überschreitung der normalen Geschwindigkeit, wird der Ventilteller auf seinen Sitz gedrückt. (Selbstschluß.)[1]

Reduzierventile — Sie bewirken eine Herabsetzung des Dampf- oder Luftdruckes und beruhen auf dem Drosselvorgang. Sie finden Anwendung, wenn Druckluftwerkzeuge an Luftkompressoren bzw. Windkessel mit höherem Druck angeschlossen werden.

Das in Abb. 460 angegebene Ventil von Dreyer, Rosenkranz & Droop, Hannover, reduziert z. B. von 30 at Anfangsdruck auf 20 bis 0,5 at Enddruck je nach der Größe.

Die Arbeitsweise ist folgende:

Der hochgespannte Dampf oder die Luft tritt bei E ein und strömt bei entsprechender Einstellung der Feder F (mit Hilfe der Überwurfmutter) durch die Ventile V, V_1 zum Ausgange A. Gleichzeitig gelangt der auf der Ausgangsseite herrschende Druck durch das Spiel der Gestängeführung bei X in den Raum W über der Membran K und bewirkt den Abschluß, wenn die Spannung über dieser gleich oder größer wird als die durch die Feder von unten her ausgeübte Belastung.

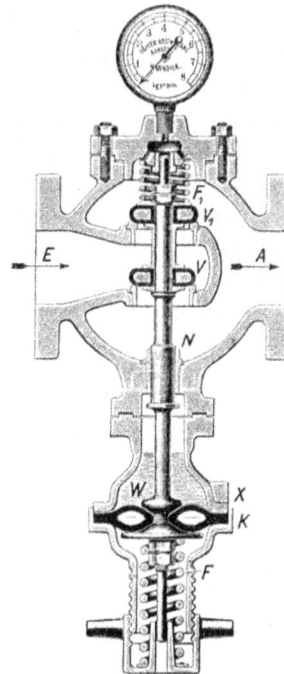

Abb. 460. Reduzierventil
(Dreyer, Rosenkranz).

[1] Das Ventil kann auch durch eine an den Hebeln a hängende Zugstange aus einiger Entfernung willkürlich geschlossen werden.

V. Winke für den Einkauf von Maschinen.

Bei der großen Zahl von Baumaschinen, insbesonders der Arbeitsmaschinen, ist es im Rahmen dieses Buches nicht möglich und auch nicht zweckmäßig, für jede einzelne Maschine Winke für den Einkauf anzugeben. Es soll deshalb versucht werden nur für die wichtigsten Maschinen die Hauptpunkte zusammenzustellen, die beim Einkauf zu beachten sind. Zunächst seien einige allgemeine Bemerkungen vorausgeschickt.

Bei der Anschaffung einer neuen Maschine hole man sich ein Kostenangebot ein von einer Maschinenfabrik, die als gute, leistungsfähige Firma bekannt ist und zum Vergleich vielleicht auch ein Angebot von einer weniger bekannten Firma. Empfehlenswert ist es, die Kostenangebote von einem Sachverständigen auf alle Einzelheiten, Preise und Umfang des Angebotes prüfen zu lassen. Die Preise können beispielsweise stark voneinander abweichen dadurch, daß die als bekannt gute Fabrik einen höheren Preis stellt wegen ihres jahrelang erprobten, guten Erzeugnisses oder daß der Umfang der Lieferung größer ist, während beim anderen Angebot verschiedene Zubehörteile zur vollständigen Maschinenanlage fehlen können. Der höhere Preis kann auch teilweise durch stärkere Ausführung einzelner Teile gerechtfertigt sein, was in dem Angebot durch größere Gewichte zum Ausdruck kommt.

Hat man sich für ein bestimmtes Erzeugnis entschieden, so kann die Bestellung erfolgen unter Berücksichtigung der Lieferbedingungen und des Kostenangebotes, das den Umfang der Lieferung sowie auch die Garantien enthalten soll. Bei großen Objekten läßt man sich zweckmäßig einen Werkvertrag vorlegen, der die wesentlichsten Punkte enthält: Umfang der Lieferung, Gewährleistung für die Güte der Konstruktion, für Leistung, Kraftbedarf, ferner über Aufstellung, Inbetriebsetzung und Garantiezeit. Ist die Maschine eine gewisse Zeit in Betrieb, so wird man sie auf die Garantiebedingungen prüfen bzw. prüfen lassen.

Die Formel über die Zusicherung für die Güte der Ausführung lautet etwa:

„Der Lieferer leistet für die Güte der Konstruktion und Ausführung sowie für bestes Material Gewähr ein Jahr lang (6 oder 3 Monate) vom Tage der Inbetriebsetzung an gerechnet in der Weise, daß er für alle während dieser Zeit etwa vorkommenden Schäden infolge schlechten Materials, fehlerhafter Konstruktion oder mangelhafter Ausführung in möglichst kurzer Zeit unentgeltlichen Ersatz leistet."

Der Beginn der Garantiezeit ist schriftlich festzulegen.

Kraftmaschinen.

Für eine Kraftmaschine ist besonders die Zusicherung wichtig, daß sie für eine bestimmte Drehzahl die garantierte Leistung dauernd (ohne Betriebsstörung) abzugeben imstande ist.

Dampflokomobile. Garantie: Es müssen Zusicherungen gegeben werden über die Nutzleistung bei bestimmter Drehzahl sowie über den Kohlenverbrauch für 1 PS_eh.

Bei Dampfmaschinen werden immer drei Leistungen angegeben, nämlich die Normalleistung, für die gewöhnlich der Kohlenverbrauch bzw. Dampfverbrauch garantiert wird, ferner die Dauerhöchstleistung und die vorübergehende Höchstleistung (s. S. 27).

Der Nachweis der beiden Zusicherungen geschieht durch einen 4- bis 6 stündigen Versuch (s. S. 71 und 73).

Die Maschine muß die Dauerhöchstleistung während der **ganzen** Betriebszeit anstandslos abgeben können. Auch bei einer kurzen Versuchszeit von etwa $\frac{1}{2}$ Stunde mit der vorübergehenden Höchstleistung dürfen an der Maschine keine unzulässigen Erwärmungen der Triebwerksteile (Pleuel-, Kurbelzapfen- und Kurbelwellenlager) eintreten.

Im allgemeinen wird bei Dampfmaschinen der Dampfverbrauch für 1 PS_ih gewährleistet. Den Dampfverbrauch garantiert man deshalb, weil der Kohlenverbrauch vom Kesselwirkungsgrad abhängig ist und der Kessel entweder schon älter oder in schlechterem Zustand sein kann; für 1 PS_ih wird die Garantie gegeben, weil die indizierte Leistung in PS_i mit dem Indikator leicht feststellbar ist, während die Nutzleistung durch Bremsen an der Kurbelwelle schwer oder oft gar nicht durchzuführen ist.

Bei Dampflokomobilen dagegen gibt man die Zusicherung für Kohle und 1 PS_eh; für Kohle, da Dampfmaschine und Kessel gleichzeitig von ein und derselben Firma geliefert werden und der Kessel der Maschinenleistung angepaßt ist, für 1 PS_eh, weil die effektive Leistung (Nutzleistung) leicht durch Bremsung festgestellt werden kann.

Zusicherungen über Bagger-Dampfmaschinen zu geben hat wenig Zweck; denn diese Maschinen sind im Betriebe äußerst ungleichmäßig belastet und schwanken auch in der Drehzahl sehr stark. Man wird unter sonst gleichen Verhältnissen der Maschine mit Kolbenschiebersteuerung (gegenüber Flachschieber s. S. 23) den Vorzug geben.

Verbrennungskraftmaschinen. Garantie: Hier werden die Nutzleistung (Dauer- und Höchstleistung) und der Brennstoffverbrauch für 1 PS_eh zugesichert. Der Nachweis erfolgt durch Versuche (s. S. 71—73).

Die Dauerleistung muß die Maschine während der ganzen Betriebszeit ohne Störung, die Höchstleistung mindestens $\frac{1}{2}$—1 Stunde einhalten, ohne daß unzulässige Erwärmungen der Triebwerkteile und des Kolbens eintreten.

Für die Brennstoffverbrauchsbestimmung genügt schon ein
$\frac{1}{2}$—1 stündiger Versuch, weil bei der Bremsung die Leistung konstant
gehalten werden kann und die Brennstoffmessung sehr genau ist.

Beim Leistungsversuch ist es schon notwendig den Motor im
Dauerbetrieb zu beobachten. Es kann nämlich eine Firma die Drehzahl der Maschine erhöhen, um die vom Besteller geforderte Leistung
zu erreichen und dadurch den Auftrag zu erhalten. Der Motor kann
wohl bei der erhöhten Drehzahl die Leistung 1—2 Stunden anstandslos
abgeben, aber beim Dauerbetrieb könnte doch ein Heißlaufen der Lager
oder des Kolbens möglich sein.

Bei den neueren, schnellaufenden kompressorlosen Dieselmotoren,
bei denen der Brennstoff mit der Pumpe unmittelbar in die Vorkammer
bzw. in den Zylinder eingespritzt wird, ist vor allem auf eine gründliche
Reinigung des Brennstoffes durch Filter zu achten, da durch die oft
sehr feinen Einspritzdüsen Verstopfungen und dadurch Betriebsstörungen
eintreten können.

Elektromotoren. Für diese gelten die Regeln zur Bewertung und
Prüfung von elektrischen Maschinen R. E. M./1923 (veröffentlicht in
der »Elektrotechnischen Zeitschrift« E. T. Z. 1922).

Die Gewährleistungen beziehen sich bei Elektromotoren auf den
sog. Nennbetrieb, der durch die auf dem Schild genannten Größen
gekennzeichnet ist. Diese sowie die aus ihnen abgeleiteten Werte erhalten
den Zusatz »Nenn« (Nennleistung, Nennstrom, Nenndrehzahl).

Zum Beispiel: Das Motorschild eines 2-PS-Drehstrommotors trägt
folgende Bezeichnungen:

D Mot. Nr. . . . . ., 220/380 V △ ⅄ 5,7/3,3 A, 1,5 kW
cos φ = 0,83, Frequenz = 50, n = 1430.

Durch die Stromaufnahme des Motors von 5,7 A bei 220 V bzw.
3,3 A bei 380 V je nach Schaltung ist die Leistungsaufnahme in Watt
$N = 1{,}732 \, E \cdot J \cos \varphi$ (s. S. 67) gegeben und durch die Leistungsabgabe 1,5 kW bzw. 1500 Watt der Wirkungsgrad η festgelegt.

$$\eta = \frac{1500}{1{,}732 \cdot E \cdot J \cdot \cos \varphi} = \frac{1500}{1{,}732 \cdot 380 \cdot 3{,}3 \cdot 0{,}83} = 0{,}835$$

$$\eta = 83{,}5 \, \%.$$

Die abgegebene Nutzleistung ist $\dfrac{1{,}5 \, \text{kW}}{0{,}736}$ = rd. 2 PS. Die aufgenommene Leistung kann durch Meßinstrumente, die Nutzleistung durch
Bremsen (s. S. 72) geprüft werden.

Die auf dem Motorschild angegebene Nennleistung gilt als Dauerleistung, die der Motor beliebig lang abgeben kann, ohne sich über die
zulässigen Temperaturgrenzen zu erwärmen.

Bei Motoren für Krane, Aufzüge, Bagger, bei denen auf eine Arbeits-
periode eine entsprechend lange Pause folgt, in der der Motor sich wieder
erholen kann, ist kurzzeitiger Betrieb (K. B.) gegeben. Die Zeit-
dauer der Leistungsabgabe des Motors muß auf dem Schild vermerkt
sein (z. B. 25 min für Kranmotor). Bei der Bestellung ist dem Lieferer
die Art des Betriebes möglichst genau anzugeben. Motoren für kurzzeitigen Betrieb dürfen nicht ohne weiteres im Dauerbetrieb verwendet
werden, auch nicht mit verringerter Leistung.

Überlastung. Motoren für Dauerbetrieb müssen im betriebs-
warmen Zustande während 2 min den 1,5fachen Nennstrom ohne Be-
schädigung oder bleibende Formänderung aushalten. Ferner müssen
Motoren für Dauer- und kurzzeitigen Betrieb ein Kippmoment > 1,6 ×
Nenndrehmoment entwickeln können. Kippmoment ist das höchste
Drehmoment, das ein Motor erreichen kann. (S. S. 9.)

Arbeitsmaschinen.

Bei den Kraftmaschinen ist es leichter möglich, sich von den Lie-
ferern Zusicherungen geben zu lassen, da für alle diese Maschinen Regeln
über Leistungsversuche vorliegen. Bei den Arbeitsmaschinen dagegen
bestehen nur für ganz wenige, z. B. Pumpen, Kompressoren, solche Richt-
linien, weil diese es mit gleichmäßigen Fördermitteln (Wasser, Luft) zu tun
haben; für andere, z. B. die Betonmischmaschinen, ist es erst durch die
Versuche von Prof. Dr. Garbotz und Graf[1]) möglich, an die Aufstellung
solcher Leistungsregeln zu gehen. Für manche Maschinen, z. B. Bagger,
lassen sich überhaupt keine solchen Regeln festlegen; denn sie arbeiten
fast an jeder Baustelle unter anderen Bedingungen. Es sei deshalb für
einige Gruppen von Arbeitsmaschinen auf die wesentlichsten Punkte
hingewiesen, die beim Einkauf zu beachten sind.

Pumpen. In den Regeln für Leistungsversuche an Kreiselpumpen
(V. d. I.-Verlag) findet man als Gegenstand der Untersuchung u. a.
folgendes angegeben: Förderhöhe (Druckhöhe + Saughöhe), Wassermenge, Leistungsbedarf an der Pumpenwelle (Wellenleistung),
Wirkungsgrad (Verhältnis der Nutzleistung der Pumpe zur Wellenleistung, s. S. 90). und Kennlinie (s. S. 92) Letztere gibt Aufschluß
über das Verhalten bei verschiedenen Betriebsverhältnissen, über die
Änderung der Förderhöhe und Drehzahl, wenn sich die Wassermenge
ändert. Wird die Fördermenge proportional zur 1. Potenz der Drehzahl
verändert, so ändert sich die Förderhöhe proportional zur 2. Potenz
und die Nutzleistung proportional zur 3. Potenz.

Das Kostenangebot über eine mit Elektromotor unmittelbar gekuppelte Kreiselpumpe soll z. B. folgende Angaben enthalten: Liefermenge 250 l/min bei 20 m Förderhöhe, Leistungsaufnahme unter diesen

---

[1]) Zeitschrift V. d. I., 1929, Nr. 23.

Verhältnissen 2,8 PS, Liefermenge 125 l/min bei 30 m Förderhöhe; Saughöhe 7—8 m, Rohranschlüsse 50 mm Durchm., Drehzahl $n = 1425$ je
min, Motorleistung 3 PS.

Diese Angaben beziehen sich auf eine selbstansaugende Sihi-Pumpe
von Siemen und Hinsch, Itzehoe, Holstein. Bei ihr ist der Saugrohr-
anschluß oben, so daß bei etwaigem Abreißen des Wasserfadens in der
Saugleitung infolge Absenkung des Wasserspiegels das Gehäuse mit
Wasser gefüllt bleibt und die Pumpe solange Luft fördert, bis der Wasserspiegel wieder gestiegen ist.

Bei den normalen Kreiselpumpen ist es von Vorteil, den Saugstutzen
gemäß Abb. 106, S. 87, anzuordnen, weil man dadurch meist einen
Krümmer spart und auch eine leichtere Montage hat.

Kompressoren. Nach den Regeln für Leistungsversuche an Kompressoren (V. d. I.-Verlag) kann u. a. Gegenstand der Untersuchung sein:
Die Saugleistung, d. i. die angesaugte Luftmenge in m³/h oder m³/min;
der erzeugte Druck unter Angabe des Ansaugdruckes; der Kraftbedarf: a) nach dem Indikatordiagramm (N_i), d. i. die am Kolben übertragene Arbeit, b) die effektive Leistung N_e, d. i. die von der Treibmaschine
abgegebene Leistung; ferner die Kennlinie, der Kühlwasserverbrauch
und die Lufttemperatur.

Die Saugleistung ist das Gasvolumen V_0 bezogen auf den Druck p_0
und die Temperatur t_0 am Ansaugstutzen. Die Umrechnung einer gemessenen Menge V mit einem anderen Zustand p und t als am Saugstutzen auf den Ansaugzustand erfolgt nach dem Mariotte-Gay-Lussac-
schen Gesetz $V_0 = V \dfrac{p}{p_0} \cdot \dfrac{T_0}{T} = V \dfrac{p}{p_0} \cdot \dfrac{273 + t_0}{273 + t}$.

Die Lieferer geben gewöhnlich folgende Zusicherungen:

Für Material und Ausführung 6 Monate bei Tag- oder Nachtbetrieb
und 3 Monate bei Tag- und Nachtbetrieb, ferner für die Luft die effektive Saugleistung und den Kompressionsenddruck. Sämtliche
in den Angeboten genannten Garantiezahlen gelten für einen Ansaugzustand der gereinigten Luft von 1 at abs. und 20° C mit einem Spielraum von 5% für Beobachtungs- und Ablesefehler. Für die Bemessung
des Kompressors[1]) ist die Zahl der anzuschließenden Preßluftwerkzeuge
maßgebend. Wenn diese bei etwa 5—6 atü (Atmosphären Überdruck)
am günstigsten arbeiten und ein Werkzeug beispielsweise 0,7 m³/min
Luft verbraucht, so ergibt sich bei Anschluß von 6 solchen Apparaten
ein Luftverbrauch von $6 \times 0,7 = 4,2$ m³/min. Unter der Voraussetzung,
daß nur ¾ der Preßluftwerkzeuge gleichzeitig arbeiten, würde ein Kompressor von $¾ \times 4,2 =$ rd. 3,2 m³/min genügen.

---

[1]) Dr. David, Praktischer Eisenbetonbau.

Lasthebemaschinen. Als Beispiel sei ein Turmdrehkran mit 3 Elektromotoren herausgegriffen, für den etwa folgende Angaben erforderlich sind:

Tragkraft bei verschiedenen Ausladungen,
Leistung der Antriebsmotoren,
Hub-, Dreh- und Fahrgeschwindigkeit,
Spurweite des Laufwerkes,
Standfestigkeit.

Unter Zuhilfenahme von eigenen Teilen (Ausleger, Windwerke) soll eine leichte Aufstellung des Krans bewerkstelligt werden können.

Bei Dampfkranen sind Angaben über Kessel und Maschinengröße zu machen.

Die Gewährleistung über sachgemäße und genaue Ausführung sowie gutes Material erstreckt sich gewöhnlich auf 6 Monate.

Für Klein-Hebemaschinen, namentlich für Ketten und Seile dazu, wird eine Dauerzusicherung nicht übernommen, da nach der Lieferung und etwaiger Probebelastung im Beisein eines Monteurs jede Einwirkung der Fabrik auf die fernere richtige Behandlung des Materials und der Maschine aufhört und diese auch der Kontrolle des Besitzers meist entzogen sind.

Bauaufzüge. Für Gruben-Schrägaufzüge ist anzugeben: 8-Stundenleistung, senkrechte Fördertiefe, Kasteninhalt, Fördergeschwindigkeit, Tragkraft der Winde.

Für Vertikalaufzüge: 8-Stundenleistung, die zu fördernde Bruttolast (Tragkraft an der Trommel gemessen), Hubgeschwindigkeit/min, Anzahl der vorhandenen Seilumlenkstellen.

Hier sei hingewiesen auf die »Bestimmungen über Einrichtung und Betrieb der Aufzüge« von Jaeger-Ulrichs-Wolter (Verlag C. Heymann, Berlin 1927). Darin sind in dem Abschnitt über maschinell angetriebene Bauaufzüge behandelt: Schutz der unteren Ladestelle gegen abstürzende Gegenstände, Fahrkorbgeschwindigkeit, Triebwerk und Ausrückvorrichtungen, Fangvorrichtungen, Senkbremsen und Aufsetzvorrichtungen für Fahrkorb, Anzeigevorrichtung, Umwehrung.

Fördervorrichtungen. Für Elevatoren sind an Angaben erforderlich: Art des Fördermaterials, Korngröße, 8-Stundenleistung, Kraftbedarf, schräge oder senkrechte, offene oder geschlossene Ausführung.

Bei fahrbaren Bandförderern sind zu beachten: die Spannvorrichtung, die Abstreifvorrichtung, besonders bei Verwendung für Beton, und die Verstellbarkeit.

Bagger. Am schwierigsten kann man wohl für Bagger eine Leistungsgarantie geben, weil diese fast an jeder Baustelle andere Verhältnisse vorfinden. Außerdem ist eine Baggerung von zuviel Umständen abhängig, z. B. von dem ganzen Baubetrieb, von Reparaturzeiten und von der Witterung. Selbst bei gleichmäßigem Boden können die Leistungen sehr verschieden sein, je nach der Personalzusammensetzung und Instandhaltung des Baggers. Bei Flußregulierungsbaggerungen, wo ein gewisses Profil ausgearbeitet werden soll, entscheidet oft nicht die Stundenleistung; man kann dabei häufig infolge ungleichmäßiger Materialverteilung halbvolle Eimer sehen und dazwischen kommt ein Steinklotz von der doppelten Größe eines Eimers, was eine Störung des Betriebes verursacht.

Bei Baggern kann sich also eine Leistungsangabe nur auf die theoretischen Leistungen beziehen, wie sie in den Katalogen aufgeführt sind (Spitzenleistung). Diese berechnen sich bei Greif- und Löffelbaggern aus dem Inhalt von Greifer bzw. Löffel und der Zahl der Arbeitsspiele/h, beim Eimerbagger mit Hilfe von Eimerinhalt und Zahl der Eimerfüllungen/min.

Die praktische Leistung wird bei einigermaßen gleichmäßigem Material etwa $^2/_3$ der theoretischen Leistung, bei schlechten Bodenverhältnissen und ungünstiger Witterung oft nur 50% und weniger betragen.

Die Antriebsmaschinen sind wegen der ungünstigen Betriebsverhältnisse reichlich zu bemessen. Außerdem ist von großer Wichtigkeit eine zuverlässige stabile Konstruktion.

Bei Greifbaggern, die überwiegend für Arbeiten unter Wasser in Betracht kommen, geben die Lieferfirmen keine Leistungsgarantie wegen der Unsicherheit. So kann z. B. durch das Dazwischengeraten eines einzelnen größeren Steines zwischen die Schalen oder Zähne der Greifer sich nicht schließen und der betreffende Hub ist ergebnislos (Leerhub).

Bei Löffelbaggern, die ausschließlich für Hochbaggerung dienen, wobei man meist am Anschnitt des Geländes die Bodenart erkennen kann, könnte eine entsprechende Garantie geleistet werden. Aber auch hier sind infolge der örtlichen Verhältnisse, der Kippwagengröße die Leistungen so verschieden, daß die Firmen nicht mehr die Leistungen, sondern nur die Spielzahl angeben. Bei Greif- und Löffelbaggern ist vor allem die größte Windenkraft von Bedeutung.

Bei Eimerkettenbaggern ist außer den obigen Angaben die senkrechte Baggertiefe oder -höhe vom Gleis anzugeben; ferner die Spurweite.

Bei Schwimmbaggern ist zu beachten, ob Leiterhub- und Seitenwinden für Handbetrieb oder mechanische Zentralsteuerung oder gemischten Betrieb eingerichtet sind. Denn je nach der Einrichtung wird entweder die Anschaffung oder der Betrieb teurer.

Rammen. Von den Firmen werden keine Leistungszusicherungen gegeben, da sich bei Rammarbeiten eine bestimmte Leistung in der Stückzahl oder in laufenden Metern von Pfählen oder Spundwänden nicht angeben läßt; denn man kann nie wissen, auf welche Bodenart oder Hindernis ein Pfahl stößt.

Für normale Rammen nimmt man das Schlaggewicht ungefähr gleich dem Pfahlgewicht. Bei Universalrammen ist von großem Vorteil, daß sie drehbar sowie nach vor- und rückwärts neigbar sind. Ferner ist zu beachten, ob die Ramme Mäklerverstellung hat oder nicht, ob sie auch als Pfahlzieher verwendbar sein soll und schließlich ihre Standfestigkeit.

Gesteinsbohrmaschinen und Preßluftapparate. Für Bohrmaschinen und Bohrhämmer geben die Lieferer bezüglich Bauart, Baustoff oder Ausführung gewöhnlich nur 3 Monate Garantie, für Ersatzteile keine. Von der Gewährleistung sind die Schäden, die durch den natürlichen Verschleiß auftreten, ausgeschlossen. Für die Leistungen wird ein Preß-luftdruck von 5 atü zugrunde gelegt, da bei diesem Druck die Werkzeuge am wirtschaftlichsten arbeiten. Die Leistungen selbst können nur ungefähr angegeben werden, da sie im beträchtlichen Maße von dem jeweiligen Material, der Form und dem Zustand der Schneiden sowie von der Geschicklichkeit der Bedienung abhängen.

Die Demag A.-G., Duisburg, gibt z. B. für ihre Bohrmaschinen folgende Zusicherungen:

Maschinenart	Material	Bohrer Schneiden-Durchm.	Maschine Zyl.-Durchm.	Leistung	Luft-verbrauch
Stoßbohrm. . .	fester Sandstein	42 mm	{ 75 mm	12,5 cm/min	2,1 m³/min
	Granit		85 »	17,5 »	3,3 »
Drehbohrm. . .	Schiefer . . .	38 »	—	50 »	1,25 »
	Eisen	25 »	—	2 bis 2,5 »	1,25 »

Im allgemeinen wird in Baubetrieben und auch bei Tunnelbohrungen mit Bohrhämmern gearbeitet wegen der leichteren Bewegbarkeit der Apparate.

Zerkleinerungs-, Sortier- und Waschmaschinen. Bei diesen Maschinen ist die verlangte stündliche Leistung maßgebend.

Für Steinbrecher versteht sich die in den Listen angegebene Leistung nicht für die Leistung in der gewünschten Korngröße, sondern für das gesamte gebrochene Material.

Der Anfall an Schotter von bestimmter Größe hängt wesentlich von der Art des gebrochenen Gesteins ab. Es kommt häufig vor, daß nur 40—50% des gebrochenen Materials in der gewünschten Größe anfallen. Daher sind die Brecher bezüglich der Maulweite reichlich zu wählen. Auch hinsichtlich der Größe haben Großbrecher, die sowohl Kies als auch große Steine brechen, den Vorzug. Bei Kies wird man mit entsprechend kleiner eingestellter Maulweite größere Leistungen erzielen.

An Waschmaschinen für lehmhaltiges Material werden die größten Anforderungen gestellt. Dieses Material kann auch nur von Maschinen bewältigt werden, die ein Rührwerk mit Armen besitzen, wodurch der Kies durcheinandergepeitscht und bewegt und der Lehm durch Reibung beseitigt wird. Zweckmäßig ist das Schmutzwasser nur an der Oberfläche abzunehmen, damit der hochwertige, feine Sand nicht verloren geht.

Nicht lehmhaltiger Kies ist von jeder anderen Maschine leicht zu reinigen.

Betonmischmaschinen. Diese sind nach den Füllungen gemäß Din 459 genormt (s. S. 225). Nach erfolgter Auswahl der Maschinengröße geben die Lieferer die Stundenleistung in m³, den Kraftbedarf in PS und die mittlere Drehzahl der Antriebsscheibe an, wodurch die Drehzahl der Mischtrommel festgelegt ist.

Auf Grund der obenerwähnten Versuche an Mischmaschinen von Prof. Dr. Garbotz und Graf ist der Vorschlag gemacht worden, Leistungsregeln für Betonmischer aufzustellen, um minderwertige Erzeugnisse auszuschalten. Die Versuche haben sehr interessante Einzelheiten ergeben, die für die Wahl einer bestimmten Maschine beachtlich sein können.

Der Rauminhalt der Mischtrommel muß zur Füllung im richtigen Verhältnis stehen, weshalb man die Trommeln nicht überfüllen soll.

Die vorgeschriebene Drehzahl ist möglichst genau einzuhalten, da eine Vermehrung oder Verminderung der Mischgeschwindigkeit (Trommelgeschwindigkeit) sich nachteilig auf die Festigkeit auswirken kann.

Die Mischzeiten sollen für Guß-, Stampf- und Eisenbeton nicht über 60 s, für Straßenbeton nicht über 90 s ausgedehnt werden. Für Gußbeton genügen angeblich schon 45 s.

In bezug auf Festigkeit ergeben sich keine wesentlichen Unterschiede, ob man »Trockenvormischung« wählt oder Wasserzusatz vorher oder gleichzeitig mit den Mischstoffen gibt. Trockenvormischung bietet jedenfalls keinen Vorteil.

Für gute Wasserzumessung und möglichst raschen Wasserabfluß ist Sorge zu tragen.

Der Kraftbedarf der Zwangsmischer ist nicht durchwegs größer als der der Freifallmischer, wie bisher behauptet wurde.

Welchem Mischer überhaupt der Vorzug zu geben ist, kann man schwer entscheiden, da neben den Festigkeitszahlen noch verschiedene andere Punkte zu berücksichtigen sind (Dauer des Arbeitsspieles, Kraftbedarf, Güte der Wasserzumeßeinrichtung).

Die Versuche haben zu folgenden Forderungen für den Bau und Betrieb der Maschinen geführt:

1. Die Maschinen nicht übermäßig schwer zu machen (Mischer von 150 l 1800—2000 kg; Mischer von 500 l 4000—5000 kg).

2. Zu- und Abfuhr des Mischgutes möglichst günstig gestalten. Dazu ist notwendig:

a) mit dem ¾-m³-Muldenkipper sollen ohne besondere Aufbauten die Rohstoffe angefahren und der fertige Beton ohne Rückstände in dem Auslauf und ohne Überlaufen der Wagen abgefahren werden können;

b) keine Behinderung der Zu- und Abfuhr der Wagen durch die Fahrräder und sonstige Teile der Maschine;

c) hierzu ist schräge Aufzugsbahn vorzuziehen;

d) die Breite des Aufzugskastens soll etwa gleich der Länge des ¾-m³-Kippers sein, um den Kasten möglichst ohne Verluste füllen zu können;

e) die Form des Kastens ist so zu wählen, daß ein restloses Entleeren in der Füllstellung gesichert ist (Rutschwinkel > 50°);

f) die Aufzugsgeschwindigkeit ist zweckmäßig etwa 0,25—0,30 m je s anzunehmen.

3. Nenninhalt und Wasserinhalt der Mischtrommel sollen im richtigen Verhältnis stehen. Es sollte nicht unter 0,7—0,95 bei 500 und 150 l heruntergehen. Die Schaufel soll so geformt sein, daß das Mischgut ohne Streuung nach außen gut in der Mitte der Trommel bewegt wird. Der Fehler der Wasserzumeßvorrichtung darf nicht größer als 2—3% sein.

4. Die Mischorgane sind so durchzubilden, daß sich der Kraftbedarf über das ganze Arbeitsspiel ohne Stöße möglichst gleichmäßig verteilt.

Betonierungseinrichtungen. Bei diesen ist zunächst zu entscheiden, welches Verfahren für den gegebenen Fall das wirtschaftlichste sein wird, entweder Gußbetonverteilung mit Gießrinnen unter Aufstellung eines einzigen Turmes oder Mastes für kleinere Anlagen (s. Abb. 6, S. 6) oder ob man zwischen Gießrinnensystem mit 2 Türmen oder Kabelkran wählt. Beim Bau der Wäggitalsperre (Abb. 1, S. 2) benutzte man beide, im ersten Baustadium das Rinnensystem, im zweiten wegen der zu hoch (ca. 100 m) ausfallenden Türme den Kabelkran. Es ist auch nicht zweckmäßig für einen kleineren Schleusenbau riesige Gerüste für einen fahrbaren Kabelkran aufzustellen, während eine andere fahrbare Bandförderanlage (Abb. 361, S. 244) ebenso genügt.

Für hohe Gießmasten und Türme ist vom Lieferer auch ein Nachweis für die Standfestigkeit, vor allem gegen Winddruck, erforderlich.

[1]) Hat man die Wahl zwischen 2 Gießanlagen von gleicher Leistungsfähigkeit, so wird man jener den Vorzug geben,

1. die bei gleichem Preis das größere Gewicht und den kleineren Kraftverbrauch,

2. die geringeren Lohnstunden für Auf- und Abbauarbeiten hat.

---

[1]) David, Praktischer Eisenbetonbau.

3. die gestattet, je nach dem jeweiligen Bauvorhaben, mit kleineren oder größeren Kübeln zu arbeiten;

4. von der eine Anzahl Typen im Betriebe besichtigt werden kann.

Eine gebrauchte Anlage soll man nur erwerben, wenn die Anlage in vollem Betriebe gesehen werden kann und wenn das Riemensystem bzw. die auswechselbaren Schleißbleche nicht zu sehr abgenützt sind.

Straßenbaumaschinen. Für Dampfstraßenwalzen werden u. a. folgende Zusicherungen gegeben:

1. für bestes Material, beste Konstruktion und tadellose Arbeit;
2. für gleichmäßiges und sicheres Fahren in der Ebene und in den größten Steigungen, soweit Dampfwalzen diese überhaupt befahren können;
3. für günstigen Kohlenverbrauch.

Sollte die Walze während der 3 ersten Tage einer oder mehreren dieser Gewährleistungen bei richtiger Behandlung nicht entsprechen, so ist der Lieferer verpflichtet, die Straßenwalze zurückzunehmen. Er leistet auf die Dauer eines Jahres Garantie für etwaige während dieser Zeit zu seiner Kenntnis gebrachten Materialfehler.

Schweißanlagen. Azetylen-Sauerstoffanlagen. Die nicht ortsfesten Anlagen, die auch fahrbar eingerichtet sein können, bis zu 10 kg Karbidfüllung, kann man einteilen in:

Montage-Apparate mit etwa $2^1/_2$ und 5 kg Füllung,
Werkstatt-Apparate mit etwa $2^1/_2$, 5 und 10 kg Füllung.

Nach der deutschen Azetylenverordnung vom Jahre 1924 muß jeder dieser Apparate — sog. Typenapparate — zugelassen und geprüft sein. Dies wird bestätigt durch einen Abstempelungsschein mit allen erforderlichen Angaben, den der Käufer erhält. Außerdem muß jeder Apparat sowohl vom Käufer als Verkäufer bei der zuständigen Ortspolizei angemeldet werden. Bei größeren ortsfesten Anlagen ist vor der Aufstellung die ortspolizeiliche Genehmigung einzuholen.

Bezüglich der Aufstellung unterliegt der Montage-Apparat keinerlei Vorschriften; er kann überall benutzt werden und ist so eingerichtet, daß er für eine bestimmte Zeit eine möglichst große Leistung erzielt. Dagegen ist für die Aufstellung eines Werkstattapparates eine Bodenfläche von 20 m² und ein Luftinhalt von 60 m³ vorgeschrieben. Der Karbidbehälter ist dabei gewöhnlich in der Höhe in 3 Stufen abgeteilt und jede Stufe nochmals in 6 Teile unterteilt, um die Nachvergasung auf ein Mindestmaß zu beschränken. Das nachentwickelte Gas kann aufgespeichert werden.

Zum Schluß sei darauf hingewiesen, daß man sich bei Beschaffung von größeren Maschinen zweckmäßig mit einem Sachverständigen ins Benehmen setzen möge.

VI. Maschinenpreise.

Dieser Abschnitt enthält für die wichtigsten im Bauwesen verwendeten Kraft- und Arbeitsmaschinen Angaben über Preise, Gewichte, Leistungen. Die angegebenen Preise können selbstverständlich nur als Richtpreise betrachtet werden.

Benzinmotoren.

Leistung . . . . PS	2	4	6	10	14
Drehzahl i. d. Min.	1200	1200	700	600	500
Zylinderzahl	1	1	1	1	1
Gewicht . . . . kg	83	120	220	540	745
Preis . . . . M.	**495**	**595**	**825**	**1400**	**1550**

Dieselmotoren (kompressorlose Zweitaktmaschinen).

Leistung . . . PS	7	15	25	12	25	40	25	50	75	100
Drehzahl i. d. Min.	650	700	750	520	550	600	430	430	430	430
Zylinderzahl . . .	1	2	3	1	2	3	1	2	3	4
Gewicht . . . kg	485	705	1085	900	1365	1895	1850	2680	4300	5200
Preis . . . . M.	**1530**	**2970**	**4320**	**2300**	**4500**	**6200**	**4200**	**7800**	**11100**	**14250**

Dampflokomobilen (für Heißdampf).

Leistung . . . . PS	15/18/27	18/22/33	22/27/40	27/35/50	35/45/66	48/60/75
Drehzahl i. d. Min. . . .	300	300	300	300	300	280
Preis . . . . . . M.	**7400**	**7800**	**8300**	**9700**	**12000**	**13700**

Dampflokomotiven.

Leistung . . . . . . PS	20	30	40	50	60	50	60	80
Spurweite . . . . . mm	600	600	600	600	600	750	750	750
Gewicht . . . . t	5,6	6,8	7,5	9,0	9,3	9,8	10,2	10,5
Preis . . . . M.	**8500**	**9000**	**9500**	**10000**	**10500**	**10200**	**10700**	**14500**

Leistung . . . . . PS	100	60	80	100	125	160	200
Spurweite . . . . . mm	750	900	900	900	900	900	900
Gewicht . . . . t	13	13,4	14,5	15	17,6	19	22
Preis . . . . M.	**15900**	**10900**	**14700**	**16100**	**18000**	**19000**	**21500**

Diesellokomotiven.

Leistung . . . . PS	11	15	20	9
Geschwindigkeit . . . km/h	3,5 u. 8	3,5 u. 8	3,5 u. 8	4 u. 8,5
Zugkraft auf gerad.Strecke kg	690/250	960/350	1225/470	475/180
Gewicht . . . . t	4	5,25	6,4	2,5
Preis . . . . M.	**8300**	**10100**	**10800**	**5000**

Leistung . . . . PS	30	50	75	100
Geschwindigkeit . . . km/h	5/7,5/14	5 u. 14	6 u. 12	7 u. 14
Zugkraft auf gerad.Strecke kg	1325/775/375	2225/950	2750/1200	3000/1375
Gewicht . . . . t	7	12	15	16
Preis . . . . M.	**14200**	**21500**	**27500**	**29500**

Elektromotoren
a) Gleichstrommotoren für 220 V Spannung

Nennleistung		Nenn-drehzahl je min	aufwärts regulier-bar um	Strom	Gewicht	Preis mit Riemen-scheibe	Spann-schienen	Anlasser luftge-kühlt
kW	PS		%	Ampere	kg	M.	M.	M.
1,5	2	2825	15	8,9	45	**305**	10	30
3	4,1	2825	15	17	66	**395**	15	31
5,5	7,5	2850	15	30	106	**525**	20	54
7,5	10,2	2000	15	33	120	**560**	20	54
11	15	1280	25	60	262	**1230**	25	148
15	20,5	1280	25	81	345	**1400**	25	232
20	27	895	25	108	570	**2100**	63	281
30	41	910	15	157	680	**2600**	63	470

Die Nennleistungen gelten für Dauerbetrieb.

b) Drehstrommotoren (geschützt) mit Schleifringläufer.

Nennleistung		Nenn-Drehzahl je min	Ständer-strom in jeder Wicklung bei 300 V	Gewicht	Preis mit Bürsten-abheber	Spann-schienen	Anlasser ölgekühlt für Anlauf mit halb. Last
kW	PS		Ampere	kg	M.	M.	M.
Drehzahl 3000 U/min nur für starre Kupplung							
7,5	10,2	2890	15,8	130	**960**	—	78
11	15	2900	22,5	153	**1060**	—	78
15	20,5	2910	29,5	192	**1150**	—	78
22	30	2920	42	250	**1610**	—	78
30	41	2920	57	330	**2140**	—	140
40	54,5	2930	76	450	**2630**	—	140
Drehzahl 1500 U/min							
7,5	10,2	1420	15,8	135	**770**	25	78
11	15	1430	22,5	165	**915**	25	78
15	20,5	1440	30	214	**1070**	63	78
22	30	1450	43	285	**1470**	63	78
30	41	1450	58	363	**1830**	63	140
40	54,5	1460	75	492	**2350**	108	140
50	68	1465	94	580	**2710**	108	140
64	87	1465	119	720	**3200**	108	239
80	109	1470	150	880	**3780**	108	239

b) Drehstrommotoren. (Fortsetzung.)

Nennleistung kW	Nennleistung PS	Nenn-Drehzahl je min	Ständer-strom in jeder Wicklung bei 300 V Ampere	Gewicht kg	Preis mit Bürsten-abheber M.	Spann-schienen M.	Anlasser ölgekühlt für Anlauf mit halb. Last M.
			Drehzahl 1000 U/min				
5,5	7,5	935	12,2	132	**800**	25	78
7,5	10,2	945	16,3	162	**930**	25	78
11	15	950	23	210	**1100**	63	78
15	20,5	960	31	280	**1470**	63	78
22	30	960	44	357	**1830**	63	78
30	41	965	59	484	**2350**	108	140
40	54,5	965	78	585	**2710**	108	140
50	68	970	96	740	**3200**	108	140
64	87	970	121	900	**3780**	108	239
80	109	975	151	1040	**4220**	108	239
			Drehzahl 750 U/min				
4	5,45	695	9,8	130	**820**	25	78
5,5	7,5	700	13	158	**970**	25	78
7,5	10,2	710	17	208	**1120**	63	78
11	15	710	24	275	**1470**	63	78
15	20,5	720	31,5	350	**1830**	63	78
22	30	720	45	478	**2350**	108	78
30	41	725	60	575	**2710**	108	140

Pumpen.

Diaphragmapumpen.

Stündliche Leistung Liter	Preise mit allem Zubehör und einem Schlauch in Länge von Metern						
	3 M.	4 M.	5 M.	6 M.	7 M.	8 M.	9 M.
10000	**125**	**138**	**150**	**171**	**183**	**196**	**217**
18000	**170**	**185**	**200**	**227**	**242**	**257**	**284**
30000	**280**	**300**	**300**	**375**	**405**	**435**	**480**

Kolbenpumpen (doppeltwirkend) für 20 m Förderhöhe.

Stdl. Leistg. m³	10	15	25	33	40	48	65	78	115
Umdrehungen i. d. Min. . . .	145	120	100	80	70	70	67	60	60
Lichtweite von Saug-u.Druck-stutzen . mm	60/70	90/80	125/100	125/125	150/125	150/125	175/150	175/150	200/175
Gewicht . kg	440	640	980	1320	1560	1660	2300	2960	4150
Preis . . . M.	**685**	**920**	**1270**	**1650**	**2000**	**2250**	**3150**	**3850**	**5380**

Kreiselpumpen.

		Stündl. Leistung m³	40	60	90	120	180	250	360	480
Förderhöhe	10 m	Stutzenweite . . mm	80	80	100	100	150	175	175	250
		Drehzahl i. d. Min. . .	1450	1450	1450	1450	960	960	960	720
		Preis . . . . . M.	255	255	315	315	495	810	810	1320
	15 m	Stutzenweite . . mm	100	100	100	125	125	175	200	250
		Drehzahl i. d. Min. . .	1450	1450	1450	1450	1450	960	960	960
		Preis . . . . . M.	315	395	315	395	395	810	960	1320
	20 m	Stutzenweite . . mm	60	100	100	125	125	150	175	200
		Drehzahl i. d. Min. . .	2850	1450	1450	1450	1450	1450	1450	1450
		Preis . . . . . M.	215	395	395	395	480	495	655	785
	25 m	Stutzenweite . . mm	60	125	125	125	150	150	175	200
		Drehzahl i. d. Min. . .	2850	1450	1450	1450	1450	1450	1450	1450
		Preis . . . . . M.	215	480	480	480	495	495	655	785

Fahrbare Preßluftanlage (Motorkompressor):

Saugleistung 2,5 m³/min für Schienenfahrt . . . . M. 5000.—
für Straßenfahrt einschließlich Gummibereifung . . . M. 5000.—

Tragbare Preßluftanlage:

Saugleistung 0,8 m³/min mit Elektromotor je nach Strom-
art . . . . M. 1290.—
bis M. 1350.—

Hebemaschinen.

Schraubenflaschenzüge.

Tragfähigkeit . . kg	500	1000	1500	2000	3000	4000	5000	6000	7500	10000	12500	15000
Gewicht mit Kette für 3 m Hub . . . . kg	24	33	44	58	75	98	115	148	180	275	365	480
Preis . . . . . M.	48	59	68	82	98	119	143	181	218	307	594	702

Elektrische Flaschenzüge (Elektrozug) mit Öse zum Aufhängen.

Tragfähigkeit . kg	500	500	1000	1000	1300	1300	2000	2000	3000	3000	4000	4000	5000
Hubhöhe . . . m	3	17	4	13	11	22	8	18	8	18	7,5	18	7,5
Motorstärke . . PS	0,75	0,75	0,75	0,75	4,5	4,5	4,5	4,5	4,5	4,5	6,3	6,3	6,3
Gewicht . . . kg	88	130	100	140	360	440	360	440	360	440	515	625	515
Preis . . . . . M.	785	940	940	1090	1770	2140	1770	2140	1770	2140	2275	2760	2275

Zahnradwinden (Kabelwinden) mit Sperradbremse.

Zugkraft . . . kg	500	1000	1000	1500	2000	3000	4000	5000	6000
Übersetzung . . .	einfach	einfach	dopp.	dopp.	dopp.	dopp.	dopp.	dopp.	dopp.
Drahtseilstärke mm	6,5	10	10	12	12	14	16	18	20
Gewicht . . . kg	140	200	250	340	450	575	710	950	1050
Preis . . . . . M.	125	150	190	250	340	400	500	600	750

Durch Einschalten eines Rollenflaschenzuges zwischen Last und Winde kann die Hubkraft der letzteren je nach der Rollenzahl des unteren Klobens bei Verringerung der Hubgeschwindigkeit gesteigert werden.

Reibradwinden (Friktionswinden).

Tragkraft . . . . . kg	500	1000	2000	3000
Gewicht . . . . . . kg	410	720	1170	1525
Preis . . . . M.	**450**	**1350**	**1900**	**2085**

Gleishebewinde.

Tragfähigkeit . . . . kg	3000	5000	10000	15000	20000
Hub . . . . mm	360	360	360	360	360
Gewicht . . . . . . kg	64	70	102	125	170
Preis . . . . M.	**101**	**115**	**145**	**169**	**218**

Hydraulischer Hebebock.

Tragfähigkeit . . kg	10000	20000	35000	50000	70000	100000	150000	200000	300000
Hub . . . . . mm	150	155	160	160	160	165	175	175	195
Für Druck von . at	355	352	445	410	425	392	440	408	425
Gewicht . . . . kg	40	45	58	80	95	133	190	320	520
Preis . . . . . . M.	**96**	**124**	**149**	**173**	**195**	**225**	**376**	**480**	**810**

Schwenkkrane für Stangengerüstbäume, bestehend aus dem Ausleger mit Bändern und der seitlich drehbaren Unterrolle mit Befestigungsbändern.

Tragkraft . . . . . . kg	500	1000	2000	2000
Ausladung . . . . . m	1,2	1,35	1,35	1,5
Preis . . . . M.	**65**	**95**	**130**	**140**

Doppelschwenkkran für 1000 kg Tragkraft . . . . . . M. 5800.—
Feststehender Baumastkran für 25 m Förderhöhe . . . M. 4500.—
Für die Baumastkrane kommen in Betracht:

etwa 1500 kg Tragkraft bei 7 m Ausladung
» 5000 » » » 2,2 » »

Fahrbarer Einrollen-Baumastkran für 25 m Förderhöhe
nebst Führungsgerüst von 30 m . . . . M. 7200.—
Fahrbarer Zweirollen-Baumastkran für 25 m Förderhöhe
nebst Führungsgerüst von 30 m . . . . :. M. 8500.—
Turmdrehkran mit drei Motoren und elektrischer Ausrüstung $\left\{\begin{array}{l} 700 \text{ kg Tragkraft bei 13 m Ausladung} \\ 3000 \text{ » » » » 5 » »} \end{array}\right\}$. M. 12500.—
für etwa

Bauaufzüge.

Kippmuldenaufzug je nach Ausführung und Größe . M. 700.—
bis M. 1500.—
Muldenkipper . . . . M. 200.—
bis M. 270.—
Baugrubenaufzug ohne Winde, ohne Motor . . . . . M. 1850.—
Baugrubenaufzug mit Winde, mit Motor . . . . . . M. 2950.—
Fahrbarer Doppel-Kippmuldenaufzug . . . . M. 3500.—

Fördervorrichtungen.

Ziegelelevator für Hand- und Riemenantrieb, Hänge-
schalen mit 1 m Abstand für 10 m Förderhöhe . . . M. 1000.—
» 15 m » . . . M. 1150.—
» 20 m » . . . M. 1300.—

Elevatoren senkrecht, geschlossen für grießiges und mehliges Material.

Stündliche Leistung . . . . . . m³	8	20	30	35	45	55
Gewicht für 10 m Förderhöhe . . . kg	1500	1850	2350	2700	3150	3500
Preis für 10 m Förderhöhe . . . . M.	2150	2265	2625	3000	3550	3950
Mehrpreis für je 1 m . . . . . . M.	135	145	160	180	210	230

Elevatoren schräge, offen für stückiges Fördergut.

Stündliche Leistung . . . . m³	1250	1700	1900	2150	2450	3100	3500
Gewicht für 10 m Förderhöhe kg	1250	1700	1900	2150	2450	3100	4250
Preis für 10 m Förderhöhe . M.	1850	2000	2060	2150	2370	3020	4020
Mehrpreis für je 1 m . . . . M.	115	155	160	170	194	240	315

Doppelte Fahrstuhlanlage, bestehend aus:
2 Fahrstühlen mit Fangvorrichtung, ohne lose Rolle,
je Stück . . . . M. 525.—
Führungsschienen für 20 m Förderhöhe. . . . . . . M. 360.—
2 Drahtseile je 65 m . . . . M. 310.—
Obere Rollenlagerung. . . . . M. 510.—
2 untere Ablenkrollen . . . . M. 100.—
Winde . . . . M. 1750.—

Für einfache Fahrstuhlanlage sind die Preise für Führungsschienen, Drahtseile, obere Rollenlagerung, untere Ablenkrolle halb
so groß.

Zahnradwinde für 2000 kg Tragkraft . . . . M. 750.—

Fahrbare Bandförderer (Stapler) mit 500 mm Bandbreite und mit
Höhenverstellung:

bei 10 m Achsenabstand . . . . M. **2350.**—
» 12 m » . . . . M. **1600.**—
» 15 m » . . . . M. **2875.**—

Unter Berücksichtigung von Gummigurten in einer Qualität für Betonförderung, Gummiauflage auf der Tragseite 2 mm, auf der Laufseite 1 mm.

Antriebs-Drehstrommotor, betriebsfertig eingebaut. . . . M. **400.**—
Antriebs-Benzinmotor, 3—4 PS, betriebsfertig eingebaut . M. **875.**—

Bremswerk: Oberirdisches Bremswerk in schräger Lage. Für eine Förderlänge von etwa 300 m, bei der die Hälfte der Bahn sowie das letzte Viertel eine Neigung von etwa 10° zur Horizontalen aufweisen, während das dritte Viertel eine solche von 20° hat, und mittels welchem zwei hintereinander gekuppelte Wagen mit einem Gesamtgewicht von etwa 6 t zu Tal und zwei leere Wagen mit einem Gesamt-Eigengewicht von 1,2 t zu Berg gefördert werden sollen, mit den erforderlichen Leit- und Knickpunktrollen sowie den doppelkonischen, gußeisernen Seiltragrollen und etwa 350 m blankem Stahldrahtseil von 13 mm Drm. mit Sicherheitskarabinerhaken . . . . M. **1600.**—

Bagger.

1. Löffelbagger mit Raupenband.

Für Löffelinhalt von . . . . . . m³	²/₃ m³	1 m³
Theoretische Spielzahl i. d. Min. . . .	3	3
Praktische Spielzahl i. d. Min.	1—2	1—2
Preis . . . . M.	**40000**	**53000**

2. Eimerkettenbagger mit Raupenband.

Eimerinhalt . . . . . . Liter	15	25	25/30	75	100	150	300
Maximale Baggertiefe bei 45° Böschung . . . . m	4,5	5,5	7/6,5	7,5	8	10	10
Theoretische Leistung . . m³/h	27	45	45/90	135	180	270	468
Preis . . . . M.	**30000**	**40000**	**49—51000**	**80000**	**120000**	**150000**	**240000**

3. Eimerkettenbagger auf Gleis.

Bauart	Dampfbetrieb Einfachschütter			Elektrischer Antrieb					
				Einfachschütter			Doppelschütter		
Eimerinhalt . Liter	180	250	300	180	250	300	300	400	500
Baggertiefe . . . m	14	15	12	14	15	12	21	19	23,5
Wirkl. Leistung bei ²/₃ Eimerfüllung m³/h	180	240	288	180	250	300	300	400	500
Preis . . . . . M.	**120000**	**150000**	**145000**	**104000**	**120000**	**120000**	**235000**	**240000**	**280000**

Rammen.

Bauart	Dampframme mit Freifallbär, mit rücklaufendem Seil oder endloser Kette mit einf. Unterwagen für Holzpfahlgründung				Elekt. Antrieb mit Freifallbär, mit rücklaufendem Seil oder endloser Kette mit einf. Unterwagen für Holzpfahlgründung				Dampframme mit Dampframmbär auf doppeltem, drehbarem Unterwagen für Holz- u. leichte Eisenbetonpfähle			
Nutzhöhe . m	5	9	14	18	5	9	14	18	5	9	14	18
Passend f.Bärgewicht . kg	800	1200	1600	2000	800	1200	1600	2000	800	1200	1600	2000
Nettogewicht einschl. Bär, (Kessel), Winde . kg	8420	9800	14700	20000	5400	7900	11300	15700	10900	14600	18600	26300
Preis . . M.	**11100**	**12650**	**18600**	**23100**	**6800**	**9800**	**13600**	**17600**	**14900**	**19200**	**23500**	**31200**

Universalrammen für Eisenbetonpfahlgründung.

Nutzhöhe . . . . . . m	12	14	16	18
Nettogewicht einschl. Bär, Winde . . . . . kg	27500	32400	35300	38800
Preis . . . . M.	**33200**	**38300**	**40700**	**42900**

Preßluftwerkzeuge.

Spatenhammer, klein . . . . M. **165.—**

» groß . . . . » **185.—**

Gleisstopfer . . . . » **325.—**

Pflasterramme, 62 kg . . . . » **365.—**

» 31 » . . . . » **330.—**

Tiefbohrung für Straußpfahlgründung für 10 m Tiefe. Bohrgerät einschl. aller Werkzeuge und Winde (ohne Dreibock).

Werkzeugdurchm. . mm	175	225	275	380
Werkzeugdurchm. . Zoll	8″	10″	12″	16″
Preis . . . . M.	**1600**	**2200**	**3500**	**6200**

Zerkleinerungs-, Sortier- und Waschmaschinen.

Steinbrecher:

	Ortsfeste				Fahrbare		
Breite und Weite des Brechmauls . . mm	250 · 190	300 · 200	500 · 300	1300 · 900	250 · 190	300 · 200	400 · 250
Kraftbedarf . . PS	4—6	8—10	20—25	100—150	4,6	10	16—18
Stundenleistung m³	1—1,5	2—2,5	8—10	60—70	1—1,5	2—2,5	5—6
Nettogewicht . kg	1300	1450	4900	51 500	3050	3200	6450
Preis . . . . . M.	**1510**	**1855**	**5600**	**6500**	**3830**	**4250**	**6690**

Sortiertrommeln.

	Trommel-durchmesser mm	Gesamt-länge mm	Stunden-leistung m³	Gewicht kg	Preis M.
Mit durchgehender Welle {	600	2100	2—2,5	440	**600**
	600	3350	3—3,5	600	**900**
	600	5425	7—7,5	1300	**1800**
Mit Übersieben {	1000	5750	11—12	2800	**3300**
	1300	7500	22—25	6300	**6900**
	1500	11300	45—50	9700	**9700**

Kieswaschmaschinen.

Trommel-durchmesser mm	Länge mit Sortier-trichter mm	Kraftbedarf PS	Stündliche Leistung m³	Netto-gewicht kg	Preis M.
500	5000	1,5— 2	2	1050	**1150**
900	5800	5 — 6	5— 7	3200	**2475**
1600	9990	12 —14	35—40	13000	**11200**
2000	12000	20 —25	50—60	23000	**20400**

Betonmischer.

	Trogform	Trichterform
Mörtelmischer, ortsfest		
1. für Handbetrieb	M. 360.—	M. 350.—
2. für Hand- und Riementrieb	» 425.—	» 410.—
Mehrpreis für Fahrvorrichtung	» 120.—	» 120.—

Betonmischer (Kipptrogmischer).

Füllung von . . Liter	75	100	100	150	200	300	500
Preis . . . . . . M.	**675**	**830**	**1460**	**1800**			
Preis mit Fahrvorrich-tung . . . . . M.	**910**	**1095**	**1800**	**2350**	**2180**	**3550**	**4550**
			mit einfachem Beschickungs-hebewerk		mit Beschickungshebewerk und selbsttätiger Wasserabmessung		

Fahrbarer Freifall-Trommelmischer, vollständig mit Be-schickungswerk und Windwerk

für 150 l Trommelfüllung	M. 1460.—
für 250 l »	» 2100.—
für 375 l »	» 4600.—
für 500 l »	» 5400.—

Betonierungseinrichtungen.

Gußbetonverteilungsanlage mit schwenkbarem Rinnensystem.

Inhalt des Aufzugkastens Liter	Arbeitshöhe m	Arbeitsradius m	Leistung		Kraftbedarf		Preis M.
			mit Friktionswinde $v = 0{,}5$ m/s m³/h	mit Schnellaufzugswinde $v = 1{,}5$ m/s m³/h	Friktionswinde $v = 0{,}5$ m/s PS	Schnellaufzugswinde $v = 1{,}5$ m/s PS	
250	18	18	6	—	7	—	**5180**
350	18	18	8,5	—	9	—	**5380**
500	25	27	10	17,5	10	30	**9600**
750	25	27	15	26	18	50	**11400**
1000	25	27	20	35	20	60	**12700**
1500	25	27	30	52,5	35	105	**18300**

Fahrbare Betonieranlage nach Abb. 361, S. 244.

für 30—40 m³ Stundenleistung einschl. elektrischer
Ausrüstung, ohne Montage . . . . M. 25 000.—

Torkretverfahren.

1. Zementkanone:

    Typ B 00 bis Typ G 4, 0,5—5 m³ stündl. Leistung M. 2 800.—
    bis M. 8 000.—

    Typ G (Betonförderanlagen) je nach Größe . . . M. 12 000.—
    bis M. 20 000.—

2. Ein vollständiges Torkret-Aggregat, bestehend aus:

    1 Zementkanone,
    1 fahrbare Kompressoranlage für 5,5 m³/min Ansaug-
    leistung einschl. aller notwendigen Geräte und Zu-
    satzschläuche . . . . M. 16 000.—

Straßenbaumaschinen.

Straßenaufreißer.

Anzahl der Reißzähne	Nettogewicht kg	Preis M.
4	1200	**1500**
3	2600	**2400**

Wasserwagen: Inhalt des Kessels 1200 l (1100 kg) . . M. 1790.—

Straßenwalzen.

Dampfwalzen.

Dreiradwalzen {	Leergewicht t	5,5	8,5	10	12,5	13	15	16,3	18
	Preis . . . M.	**11400**	**13000**	**13400**	**13800**	**14800**	**16300**	**17300**	**18200**

Tandemwalzen. Gewicht 7 t . . . . M. 12 500.—

Tandem-Diesel, Dienstgewicht 5,5 t . . . . » 12 800.—

6 t . . . . » 12 900.—

Dreirad-Diesel 8 t . . . . » 13 400.—

10 t . . . . » 14 400.—

11,5 t . . . . » 15 300.—

Asphaltstraßenbaumaschine
für 10—12 t stündl. Leistung . . . . » 30 000.—

Trockentrommeln mit Ölfeuerung
für stündl. Leistung von 3 t . . . . » 9 800.—

für stündl. Leistung von 5 t . . . . » 14 000.—

für stündl. Leistung von 8 t . . . . » 17 000.—

Bitumenschmelzkessel ohne Rührwerk
bei 3000 l Inhalt . . . . » 2 850.—

bei 4500 l Inhalt . . . . » 2 850.—

Azetylengas-Entwickler.

Bauart: Verdrängungssystem, feststehende Glocke, Vergasung von Grobstück-Karbid.

	Karbid-füllung kg	Stündl. Leistung . ca. l	Gewicht ca. kg	Preis M.
Montage-Apparate . . . {	2½	2000	30	117
	5	3500	35	147
Werkstätten-Apparate . {	2½	3000	55	170
	5	4000	82	242
	10	6000	135	300

Die Preise verstehen sich ohne Zubehör.

Zur Ausrüstung einer Montage- und Reparaturwerkstätte gehören:

1 Azetylen-Entwickler von etwa 5 kg, tragbar;

1 Sauerstoffflasche mit Druckminderer bis 8 at Betriebsdruck;

5 m Sauerstoffschlauch;

5 m Gasschlauch;

4 Schlauchklemmen, 1 Schweißerschutzbrille;

1 kombinierter Schweiß- und Schneidbrenner mit 7 Einsätzen.

Sachverzeichnis.

Absoluter Druck 10.
Absperr-Ventil 296.
—vorrichtung 294.
Achsen 280.
Anker 46, 52, 54, 59.
  Kurzschluß- 55, 56.
  Schleifring- 59.
Anlassen von Benzinloko-
  motiven 42.
— — Dampfmaschinen
  28.
— — Dieselmaschinen
  37, 38.
— — Elektromotoren 62,
  64.
— — Gleichstrommo-
  toren 52, 64.
— — Kurzschlußmotoren
  56, 64.
— — Schleifringmotoren
  60, 64.
Anlasser 52, 53.
—, mechan. 58.
Anlaßstrom 53, 56, 57.
Anlaßwiderstand 52.
Anlaufmoment 56.
Anpreßvorrichtung 289.
Arbeit 8.
Arbeitsmaschinen 1, 4, 7,
  78, 301.
Asphaltmaschine 263,
  264, 319.
Atmosphäre 9.
Aufstellung von Elektro-
  motoren 62.
Aufzüge 133.
Augenlager 281.
Auspuffdampfmaschine
  21, 22.
Ausrücker für Riemen
  288.

Autogenes Schneiden 277.
— Schweißen 271.
Azetylen-Gaserzeuger 272,
  319.

Backenbremse 71.
Bagger 146, 303, 315.
  Eimerketten- 162, 163.
  Greif- 146.
  Löffel- 149.
Bandbremse 72, 106.
Bandförder-Anlage 138.
—betonieranlage 238, 243.
Bandförderer 140 (fahrb.)
  314.
Barometer 10, 81.
Bau-Aufzüge 133, 134,
  303, 314.
Baumastkran 123, 313.
Baupumpe 82.
Becherelevatoren 137.
Benzinmotor 309.
Benzollokomotive 40.
Beton-Bereitung 2, 4.
—brecher 208.
—mischer 225, 306, 317.
—spritzdüse 251.
Betoneisenbiegemaschine
  268.
—schere 268.
Betonierungseinrichtung
  238, 307, 318.
Betriebskostenberechnung
  75.
Bitumen-Schmelzkessel
  319.
—sprengwagen 262.
Bockkran 127, 128.
Böschungs-Betonierung
  238, 244.
—betoniermaschine 246.

Bohrhammer 200.
Bohrmaschine 266.
Bohrwerkzeuge 212
  (f. Tiefbohr-).
Bremsen 71, 72, 106, 107.
Bremswerk 142, 315.
Brennstoff f. Verbr.-
  Kraftm. 31.
—kosten 71.
—verbrauch 72.

Caissongründung 128.
Cosinus φ 66.

Dampf, Sattd. Heißd. 11.
—drehkran 120.
—kessel 14, 16, 17.
—lokomobile 26, 73, 299,
  309.
—lokomotive 28, 309.
—maschine 11, 21, 71, 72.
—ramme 184.
—strahlpumpe 80, 95.
Diaphragmapumpe 82,
  311.
Diesel-Lokomotive 310.
—maschine 30, 35, 309.
Differential-Flaschenzug
  108.
—pumpe 80, 85.
Doppel-Konuskupplung
  285.
—schwenkkran 117.
—torbagger 172.
Drahtseile 102.
Dreh-Bohrmaschine 204.
—feld 55.
—moment 9, 58.
—richtung von Elektro-
  motoren 62, 63.
—scheibenkran 119.

Drehstrommaschinen 48, 49.
—strommotor 54, 63, 310.
—stromtransformator 51.
—zahlen von Elektromotoren 63, 64.
—zahlen von Kreiselpumpen 92.
—zahlregulierung 53, 55.
Dreieckschaltung 50, 57, 58, 63.
Dreileitersystem 50.
Dreiwalzenmaschine 255.
Druckleitung von Pumpen 81, 86.
Druckluft-Gründung 128.
—pumpe 96.
Druckmessung 9, 78.
Druckwindkessel 81.
Durchlaufmischer 226, 232—235.
Dynamomaschine 46, 51, 66.

Eimer, Bagger-, 164, 165.
Eimerketten-Bagger 162, 315.
—Doppeltor-Elektrobagger 172.
—Eintor-Dampfbagger 168.
—Handbagger 168.
—Naßbagger 166.
—Raupenbagger 175.
—Trockenbagger 167.
Eimerseilbagger 161.
Einkettengreifer 148.
Einschalten von Elektromotoren 56, 64.
Einschaltstrom 56.
Einwalzenmaschine 258.
Elastische Kupplung 284.
Elektrische Arbeit 9.
— Leistung 9, 65, 66.
— Leitung 67, 68.
— Schweißung 274.
Elektro-Magnet 44, 55.
—motoren 11, 44, 51, 71, 299, 310.
—rollenzug 116, 312.
Elevatoren 137.
Energieverbrauch 74.
Erdaushub 1, 5.
Erreger-Maschine 49.

Erregerwicklung 48, 52.
Erregung 47.
Exzenter 290.

Fahrstuhlaufzug 134, 314.
Feldstärke 54.
Feuerung 17, 19.
Flanschenrohre 291.
Flaschenzüge 107, 108, 109.
Flügelpumpe 84.
Förder-Höhe v. Pumpen 78, 80, 91.
—menge von Pumpen 90, 92.
—vorrichtungen 135, 303, 314.
Freifallmischer 226, 317.
Frequenz 49.

Gallsche Gelenkkette 103.
Garantie 298.
Gasrohre 292.
Gasschmelzschweißen 271.
Gekröpfte Welle 291.
Genietete Rohre 292.
Gesättigter Dampf 11.
Geschweißte Rohre 292.
Geschwindigkeit 8.
Gesteinsbohrmaschinen 199, 305.
Gießrinnenverfahren 239.
—turm 239, 241.
Glattwalzwerk 218.
Gleichstrom-Maschine 46.
—motoren 51, 62, 310.
Gleishebewinde 110, 313.
Greifbagger 146.
Greifer 146.
Gußbetonverteilung 238.
Gußeiserne Rohre 291.

Haken, Last- 105.
—Geschirr 105.
Hähne 295.
Handramme 180.
Hanfseile 101.
Härte von Speisewasser 12.
Heißdampf 11.
Heiz-Fläche 16.
—wert 16.
Hoch-Baustelle 5.

Hochdruckpumpe 87, 88.
Holz-Bandsäge 268.
—kreissäge 266.
Hubpumpe 81.
Hydraulischer Hebebock 111, 313.

Inbetriebsetzung von:
Azetylen-Gaserzeuger 274.
Benzinlokomotive 42.
Benzinmaschinen 35.
Dampfmaschinen 28.
Dieselmaschinen 37, 38.
Gleichstrommotoren 52, 64.
Kreiselpumpen 93.
Kurzschlußmotoren 56, 64.
Luftkompressoren 99.
Schleifringmotoren 60, 64.
Indikator 22.
Indizierte Leistung 8.
Induktion 55.
—, elektrische 46.
—, magnetische 44.
—, magnet-elektr. 55.
Induzieren 47, 55, 56.

Kabelkran 127.
— für Gußbeton 241.
Kabelwinde 112, 312.
Kalk 12.
Kalorie 16.
Kalzium-Karbid 272.
Kanaldampframme 189.
Karbidfüllung 272.
Kastenkipper 143.
Kegelräder 287.
Keile 279.
Keillochhammer 205.
Kennlinie v. Kreiselp. 93.
Kesselstein 12.
Ketten 103.
—rollen u. Trommeln 104.
—schaken 165.
— u. Seilbahn 144.
—trieb 290.
Kies-Aufbereitung 5, 216.
—waschmaschine 220, 317.
Kilowatt 9, 65.
—stunde 9.
Kippmulden-Aufzüge 134

Kipptrogmischer 227, 317.
Klappen 295.
Klemmbrett v. Elektrom.
62, 63.
Klemmenspannung 50.
Klotzbremse 106.
Kohlenbürsten 52, 59.
Kolben-Geschwindigkeit 8.
—kompressor 96, 302.
—pumpe 80, 311.
—, Betrieb v. Kolbenp. 93.
Kollektor 47, 52.
Kompression von:
Dampfmaschinen 22.
Luftkompressoren 99.
Verbrennungskraftm.
32, 35.
Kondensationsdampf-
maschine 21.
Konuspfahlmaschine 191.
Kraft-Bedarf v. Pumpen
90, 91.
—maschinen 1, 4, 7, 299.
Krandampframme 190.
Krane 101, 116 bis 128.
Kreiselpumpe 80, 85, 311.
Betrieb von — 93.
Kreuzkopf 290.
Kühlung 35, 36.
Kugellager 282.
Kunstramme 180.
Kupferrohre 293.
Kupplung 284.
Klemm— für Seilbahn
145.
Kurbel 290.
—stoßbohrmaschine 203.
Kurzschluß-Läufer 55, 56.
—motor 55.

Lager 281.
Lamellenkupplung 286.
Larssen 277.
Laschenkette 103.
Lasthebemaschinen 101,
303, 312.
Läufer (Anker, Rotor) 54,
59.
Kurzschluß— 56.
Schleifring— 59.
—Anlasser 59, 61.
Laufkran 126.
—winde 114.
Leerlauf v. Elektrom. 58.

Leistung 8, 299.
Leistungsfaktor 66.
Leitungsquerschnitt
(elektr.) 67, 68.
Lichtbogenschweißung
274, 275.
Lieferungsgrad 89.
Löffel-Ausführungen 149,
150, 151.
—bagger 149, 152, 153,
156, 161, 315.
Lokomobile:
Dampf— 26, 73.
Diesel— 40, 73.
Benzol— 40, 41, 43.
Lokomobilkessel 15.
Lokomotive (Dampf) 28.
Lokomotivkessel 15.
Lötbrenner 273.
Luftkompressor 96 bis
100.

Magnesia 12.
Magnet-Bremse 107.
—feld 44.
—-elektr. Induktion 45.
Magnetische Induktion 44.
Magnetismus 44.
Mammutpumpe 80, 96.
Manometer 10, 80.
Mastenkran 123.
Maßeinheiten 8.
Mehrkammerpumpe 87.
Messingrohre 293.
Metall-Säge 268.
—schlauch 294.
Mitteldruckpumpe 88.
Montage-Masten 131.
Mörtelmischer 224.
Muffenrohre 291.
Muldenkipper 144.

Nahtlose Rohre 292.
Nebenschluß-Maschine 48.
—motor 52, 53.
—regulator 52.
Netzspannung 53, 57.
Niederdruckpumpe 87.
Nieten 280.
Niethammer 205.
Normalstrom 52, 56.
Nutzleistung 8, 65, 67, 71,
72.

Ohmsches Gesetz 65.
Ord-Finisher 260.

Parallelschaltung 52.
Periode 49.
Perioden-Mischer 226,
232.
—trommelmischer 228.
Pfahl-Säge 199.
—zieher 198.
Pferdekraftstunde 9.
Pferdestärke 8.
Pfosten-Schwenkkran 117
Phase 49.
Phasenspannung 50.
—verschiebung 66.
Pleuelstange 290.
Plungerpumpe 83, 84.
Preßluft-Apparate 205,
305.
—bohrmaschine 209.
—gegenhalter 209.
—messer 209.
—stampfer 208.
Preßschweißung 274.
Pulsometer 80, 94.
Pumpen 78, 301.
Puratylen 273.

Rammen 179, 304, 316.
Rammhammer 195.
Raupenbagger 156, 175.
Reduzierventil 297.
Regulatoren 25, 50.
Regulierung von Dampf-
maschinen 25.
— von Verbr.-Kraftm. 33,
36.
— der elektr. Spannung 48.
— der Drehzahl 53, 55, 60.
Regulierwiderstand 48, 52.
Reibradwinde 112, 319.
Reibungs-Kupplung 285.
—räder 286.
Reinigung des Kessels 20.
— von Speisewasser 13.
Renoldsche Kette 290.
Riemenantrieb 288.
Ringschmierlager 282.
Rohr-Bruchventil 297.
—leitungen 291.
—reibungswiderstand 79.
—verbindungen 293, 295.
Rolle (lose, fest) 107.

Rollen-Lager 283.
—züge 115.
Rotierender Luftkom-
    pressor 100.
Rotor (Anker, Läufer) 54.
Rückschlagklappen 296.
Rundeisenketten 103.
Rutschenmotor. 205

Sand-Aufbereitung 216.
—strahlgebläse 270.
Sattdampf 11.
Saughöhe von Pumpen 81,
    86.
—leitung 81, 86.
—- u. Druckpumpe 83,
    84.
— u. Hubpumpe 81.
—windkessel 81.
Scheibenkupplung 284.
Schieber 293.
—regulierung v. Pumpen
    92.
Schiefe Ebene 142.
Schienenfeldbahn 143.
Schleifringmotor 59.
Schleppschaufelbagger
    151, 161.
Schlüpfung 55.
Schmelzschweißung 274.
Schmiedeeiserne Rohre
    292.
Schmiergefäße 282.
Schnabelrundkipper 143.
Schneckengetriebe 288.
—räder 287.
—winde 110.
Schneidbrenner 273.
Schrauben 278.
—flaschenzug 109, 312.
—winden 111.
Schüttelrutschen 135.
Schwammlager 282.
Schweißen 271, 274, 276,
    308, 319.
Schweiß-Brenner 273, 319.
—generator 275.
—kolben 276.
Schwenkkran 117, 313.
Schwertauflöser 220.
Schwimmbagger 166, 167.
Seile 101, 102.
Seilrollen und -Trommeln
    103, 104.

Seilschlingen 115.
—schwebebahn 144.
Sicherheitsventil 297.
Siederohre 292.
Simplexrammen 197.
Sortiermaschine 215, 223,
    305, 316.
—trommel 224, 317.
Spann-Rollentrieb 288.
—schloß 278.
Spannung, elektr. 47, 50,
    65.
    Läufer- 61.
    Phasen- 50.
Spannungsregulierung 48.
Speise-Vorrichtung 17, 19.
—wasser 12.
—wasserreinigung 13.
Sperradbremse 106.
Splint 279.
Spreizringkupplung 285.
Spurlager 284.
Ständer (Stator) 54, 59.
Stampferbohle 261.
Statorwicklung 54.
Staufferbüchse 282.
Stein-Brecher 217.
—wolf 105.
—zange 105.
Stern-Dreieckschaltung
    56.
—schaltung 50, 57, 58, 63.
Steuerung v. Dampfmasch.
    23, 27.
— v. Verbrenn.- Kraftm.
    33, 36.
Stirnräder 287.
Stirnradflaschenzug 109.
Störungen an Dampf-
    kesseln 18.
— — Dampfmasch. 30.
— — Elektromot. 69.
— — Kolbenpumpen 93.
— — Kreiselpumpen 94.
— — Verbr.-Kraftm. 34.
— — im Tiefbohrbetrieb 214.
Stopfbüchse 291.
Stoßbohrmaschine 201.
Straßen-Baumaschinen
    252, 308, 318.
—aufreißer 253, 318.
—betoniermaschine 259.
—fertiger 260.
—walzen 254, 318.

Straußpfahlgründung 211.
Stromstärke 65.
    Anker- 53.
    Anlaß- 53.
Stufenwäscher 220, 222.

Tandemwalze 250, 319.
Teer-Sprengwagen 262.
—straßenbaumaschine
    264.
Thermit 276.
—schweißung 276.
Tief-Baustelle 1.
—bohrung 210, 316.
    Rohre für — 293.
Tirefonds (Schrauben) 279.
Torkretverfahren 238,
    249, 318.
Traglager 281.
Transformator 46, 50.
Transportschnecke 135.
Trockenbagger 151, 167.
Turas (für Eimerbagger)
    168.

Überdruck 10.
Überhitzer Dampf 11.
Überlandwerk 46, 48, 50,
    54.
Übersetzungsverhältnis
    287.
Umfangsgeschwindigkeit
    8.
Umformer 275.
Universalramme 186, 316.
Unterdruck 10.
Unterwassersiebmaschine
    223.

Vakuummeter 10, 80.
Ventile 296.
Verbrennungskraft-
    maschinen 11, 30, 71,
    299.
Verbund-Dampfmaschine
    23.
Verdampfungsziffer 16.
Vergaser 33.
Verpuffungsmaschine 30,
    32.
Vertikal-Handbagger 168.
Vierseilgreifer 147, 148.
Vorkammer-Dieselmasch.
    36.

324

Walz-Asphaltmaschine 263.
—werk 218.
Waschmaschine 215, 305, 316.
Wasser-Meßapparat 237.
—reinigung 12.
—säule (Druck) 9.
—standsmarke 16, 18.
—strahlpumpe 80, 95.
Watt 9, 65.
Wechsel-Druckerzeuger 202.
—strom 47, 48.
—strommaschine 49.
Wellen 281.
Wendepole 54.
Werkstatteinrichtung 266.

Widerstand (elektr.) 53, 61, 65.
Anlaß-, 52, 53.
Widerstandsschweißung 274.
Winden 110, 111, 112.
Winke für den Einkauf 298.
Wirkungsgrad 8, 65, 90, 91.
Withworth-Gewinde 279.

Zahn-Gesperre 105.
—räder 287.
—radwinden 112, 312.
—stangenwinden 110.
Zapfen 281.
Zement-Kanone (Torkret) 251.

Zement-Injektor 252.
Zentrifugalpumpe 80, 85, 311.
Zerkleinerungsmaschinen 215, 305, 316.
Ziegelelevator 137.
Zobelsche Kette 290.
Zugramme 180.
Zündapparat 46.
Zündung 34, 36.
Zwangsmischer 225.
Zweikettengreifer 147, 148.
Zweitakt-Dieselmaschine 35.
Zweiwalzenmaschine 256.
Zwillingsdampfmaschine 27.

Praktischer Eisenbetonbau
unter besonderer Berücksichtigung des Hochbaues

Von Mag.-Oberbaurat Dr.-Ing. Luz D a v i d.

662 Seiten, 327 Abbildungen, 4 Tafeln. 8°. 1929. Brosch. M. 30.—, in Leinen M. 32.—

Inhalt: I. Der Baustoff. A. Die Bindemittel. B. Die Zuschlagstoffe. C. Der Beton. D. Das Eisen. II. Die Baustelle. A. Über Vorarbeiten. B. Über Baustelleneinrichtung. C. Über Einschalung. III. Über Kostenberechnung. D. Über die Gestehungskosten des Eisenbetons. E. Über die allgemeine Kostenberechnung. IV. Zum Entwurf. A. Über die allgemeine Auffassung von Tragwerken in statischer Hinsicht. B. Zur Ermittlung von Formänderungen. C. Der Durchlaufbalken. D. Der Rahmen. E. Kreuzweise bewehrte Platten. F. Bestimmung der erforderlichen Mengen an Beton, Eisen und Schalwerk bei Fabrikbauten. G. Bestimmungen, in Bildern dargestellt. / Anhang: Verzeichnis von Werken für Lieferung von Kies und von Splitt.

Das Werk stellt eine Ergänzung dar zu den Lehrbüchern für Eisenbetonbau, besonders für Baustelle und Konstruktionstisch. Es behandelt praktische Fragen hinsichtlich Baustoff, Baustelle, Kostenberechnung und auch Entwurf. Im Hauptabschnitt: Der Baustoff gilt es, Zusammensetzung und Werden der Bindemittel darzulegen und auf Sand, Kies und die Splitte mit all ihren Einzelheiten einzugehen. Diese Fragen sind den auf der Baustelle tätigen Ingenieuren oft nicht gegenwärtig. Die Baustelle ist von den Vorarbeiten über Anlage der Schienen- und Bohlenwege hinweg bis zum großen Gebiet der Baumaschinen und der neuzeitlichen Durchführung des Einschalwerkes eingehend behandelt. Der dritte Abschnitt: Kostenberechnung wendet sich nicht nur an die Ingenieure der Praxis und Ämter sondern auch an die Studierenden des Faches, um ihm durch eine systematische Behandlung der Kostenfrage im Eisenbeton, die Umsetzung des Konstruktionsgedankens eines Tragwerkes gleichzeitig mit wirtschaftlichem Abwägen zu vermitteln. Auch der vierte Abschnitt „Zum Entwurf" enthält vieles Nützliche.

„. . . Die Zusammenstellungen werden dem mit ihnen arbeitenden Konstrukteur sehr bald ein gern benütztes Handwerkszeug sein. Für eilige Kostenanschläge sind diese Angaben sehr wertvoll und werden sicher Freunde finden. Im ganzen handelt es sich um ein Werk von einem Praktiker für Praktiker und solche, die es werden wollen." (Zeitschr. Zement.)

„Das Werk begnügt sich nicht damit, wie üblich, andernorts schon Gebrachtes zusammenzustellen, sondern hat den Ehrgeiz, der Technik ein wirklich neues Hilfsmittel an die Hand zu geben; es steht auf wissenschaftlicher Höhe, trotzdem es in allem der Praxis dient. Vor allem werden Unternehmer und Eisenbetoningenieure begierig nach dieser Neuerscheinung greifen... Zu rühmen bleibt die angesichts des spröden Stoffes erzielte große Klarheit der Darstellung." (Baukunst.)

. . . Alles in allem kann gesagt werden, daß das Buch, das vom Verlage vorzüglich ausgestattet ist, aus der Praxis für die Praxis geschrieben, dem Leser eine Fülle von praktischen Hinweisen und Belehrungen bietet und—wie sein Titel besagt, als „praktischer Eisenbetonbau" bei verständiger Anwendung seines Inhaltes geeignet ist, den hohen Stand der Konstruktion und Ausführung von Eisenbetonbauten noch weiter zu heben. Es sei deshalb allen Bauleitern, entwerfenden und ausführenden Ingenieuren und den Studierenden des Eisenbetonbaues bestens empfohlen. (Der Bauingenieur.)

R. OLDENBOURG, MÜNCHEN 32 UND BERLIN W 10

Der Eisenbau

Ein Handbuch für den Brückenbauer und Eisenkonstrukteur. Von L. Vianello. In 3. Auflage umgearbeitet und erweitert von Mag.-Oberbaurat Dr.-Ing. L. David.

628 Seiten, 640 Abbildungen. 8°. 1927. Brosch. M. 30.—, in Leinen M. 31.50.

Inhalt: Mathematik. Vier Grundbegriffe aus der Differential- und Integralrechnung. Mechanik. Einleitung zur Statik. Statisch bestimmte vollwandige Träger. Statisch bestimmte ebene Fachwerke. Räumliche Fachwerke. Statisch unbestimmte Tragwerke. Mauerwerk. Technische Aufgaben. Praktische Aufgaben.

„. . . Die geschickte Auswahl des Stoffes, die knappe, übersichtliche Darstellung der wichtigsten Rechnungsverfahren, die gesunden Grundsätze, die für die Bearbeitung von Entwürfen aufgestellt werden usw., heben das Buch weit über viele andere, nach bewährten Mustern zusammengestellte Handbücher hervor und machen es zu einer wissenschaftlichen Leistung, der eine erfreuliche Reinheit der Sprache noch besonders anzurechnen ist. Die durch die neue Bearbeitung gesteigerten Vorzüge des Werkes im Verein mit einer vorzüglichen Ausstattung werden ihm sicher zahlreiche neue Freunde zuführen." (Ges.-Ing.)

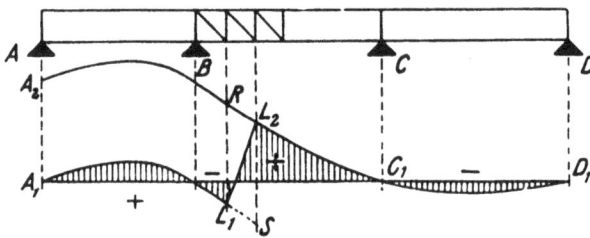

Zur Ableitung der Einflußlinien der Querkräfte für die Füllungsglieder bei Parallelträgern

„Es ist dem Verfasser in erheblichem Maße gelungen, für den Handgebrauch des Eisenkonstrukteurs ein in Praxis und Theorie gleichwertig wurzelndes Hilfsmittel zu schaffen. Der Inhalt gibt sichere Auskunft über die wichtigsten Grundlagen bei der gesamten und Einzelbearbeitung von Eisenbau." (Zeitschrift des VDI.)

„. . . Der Bearbeiter, der mit praktischem Verständnis auch den Eisenhochbau zu Worte kommen ließ, hat diese Auflage in geschickter Weise umgearbeitet und erweitert. Der Studierende erhält in knapper und klarer Form eine reiche Übersicht über die bisherigen Erkenntnisse dieses Zweiges der Ingenieurwissenschaft, sein Sinn wird in die Bahnen der Praxis gelenkt, die entwerfenden Kollegen in der Praxis aber gewinnen neue Anregungen, und den Prüfenden wird ein Werkzeug an die Hand gegeben, das ihnen durch seine Vielseitigkeit ihre Aufgaben wesentlich erleichtert. Die Ausstattung ist neuzeitlich und gut." (Zentralblatt der Bauverwaltung.)

Typischer Unfall an einem Brückenkran mit zwei festen Stützen

R. OLDENBOURG, MÜNCHEN 32 UND BERLIN W 10

Die Baukrane

Ein Handbuch für Bauausführende und Krankonstrukteure mit dem besonderen Ziele der Vermittlung zwischen den Bedürfnissen der Baustelle und den Erzeugnissen der Kranbauindustrie. Von Dipl.-Ing. R. C a j a r, Magistratsbaurat.

271 S., 354 Abb. Konstruktionsblätter. Gr.-8°. Im Druck.

Inhalt: I. Trag- und Bewegungsorgane: Hanfseile, Drahtseile, Ketten, Lastaufnahmemittel. II. Bewegungsvorrichtungen: A. Rollenzüge: Rollenzüge ohne besondere Übersetzungsmittel, Rollenzüge mit Übersetzung. B. Winden: Antriebsmittel, Hemmwerke, Vorgelege, Kupplungen und Trommel, ausgeführte Winden. III. Ausführungsformen der Baukrane: Hebemaste, Derricks, Fahrzeug-Drehkrane, Schwenkkrane, Turmdrehkrane, Kabelkrane, Baukrane für besondere Zwecke.

Über die Hebegeräte der Baustelle findet man in der Hebezeugliteratur nur vereinzelte und verstreute Angaben. Dem Bauausführenden oder Konstrukteur, der sich über ihre besonderen Eigenschaften unterrichten will, wird es daher nicht leicht gemacht, das für ihn brauchbare aus den z. T. umfangreichen Veröffentlichungen zusammenzusuchen. Ein Buch wie das vorliegende, das die Baukrane, d. h. diejenigen Hebegeräte, die der lotrechten, freischwebenden Lastenförderung dienen, in systematischer Form umfassend darstellt, wird daher vor allem den genannten Fachkreisen willkommen sein.

Im ersten Abschnitt werden die auch sonst im Kranbetrieb üblichen Trag- und Bewegungsorgane auf ihre besondere Eignung für die Baukrane untersucht. Der zweite Abschnitt bringt die Bewegungsvorrichtungen, also Rollenzüge und Winden, sowie deren Antriebsmittel. Die letzteren wurden mit Rücksicht auf die außerordentliche Bedeutung, die ihre richtige Auswahl und Bemessung für den Baubetrieb hat, besonders ausführlich behandelt. Im dritten Abschnitt endlich werden die Ausführungsformen der Baukrane in ihren typischen Vertretern vorgeführt und an Hand ausgeführter Beispiele eingehend erörtert.

Die fast vollständig durchgeführte Angabe der Preise sowohl für die Einzelteile als auch für die ganzen Geräte wird dem Bauausführenden für die Vorkalkulation eine wertvolle Handhabe bieten. Der Krankonstrukteur findet auf der anderen Seite alles, was er für die konstruktive Durchbildung und Berechnung der Baukrane braucht.

Wolff-Kran in Tätigkeit

Beachtung wurde auch den amerikanischen Baukranen geschenkt, die bei der Fülle und dem Umfang der dort zu lösenden Bauaufgaben auf eine hohe Entwicklungsstufe gelangt sind und infolgedessen auch für hiesige Verhältnisse vielfach als Anregung und Muster dienen können.

R. OLDENBOURG, MÜNCHEN 32 UND BERLIN W 10

Kostenberechnung im Baugewerbe

Von Dipl.-Kaufmann Rudolf Falk.

153 Seiten, 10 Abbildungen, 9 Taf. Gr.-8°. 1929. Brosch. M. 8.40.

Heft 1 der Münchener Beiträge zur wirtschaftswissenschaftlichen Forschung.

Inhalt: Einleitung. Die betriebswirtschaftliche Eigenart des Baugewerbes. Das Rechnungswesen im Baugewerbe. Die Kostenrechnung im Baugewerbe. Selbstkosten und Beschäftigungsgrad. Kurzfristige Erfolgsrechnung. Grenzen der Kostenrechnung im Baugewerbe. Formular-Verzeichnis.

Der Wohnungsmangel in Verbindung mit der Kapitalnot führte in den letzten Jahren zur Gründung von vielerlei Organisationen zur Rationalisierung im Baugewerbe. Ein positives Ergebnis dieser Bestrebungen konnte noch nicht festgestellt werden, nur das eine ist sicher, daß sich all diese Arbeiten fast ausnahmslos auf technischem Gebiete bewegen. Der Versuch, die betriebswirtschaftliche Organisation der Bauunternehmungen zu prüfen bzw. neu einzurichten — und das wäre bei den meisten Betrieben der Fall — wird bei diesen Rationalisierungsbestrebungen übersehen. Nur die exakte, betriebswirtschaftliche Organisation aber ist der Schlüssel zur Beobachtung der Betriebe und zu ihrer Kontrolle. Dem Baugewerbe stehen durch die Aufgabe der Deckung des ungeheuren Wohnungsmangels Jahre der Hochkonjunktur bevor, und es ist daher dringend erforderlich, das Rechnungswesen und insonderheit die Kostenrechnung im Baugewerbe einer Betrachtung zu unterziehen. Die vorliegende Arbeit, für die aus diesem Grunde der Titel Kostenrechnung gewählt wurde, befaßt sich daher in der Hauptsache mit den praktischen Erfordernissen des Rechnungswesens im Baugewerbe, und zwar hauptsächlich im Hochbau, und nicht allein mit theoretischen Betrachtungen.

Entwerfen im Kranbau

Ein Handbuch für den Zeichentisch. Von Prof. R. Krell. Mit einer Beilage: Elektrische Kranausrüstungen von Obering. Chr. Ritz. Text und Tafelband.

214 und 32 Seiten, 1052 Abbildungen, 99 Tafeln. 4°. 1925. In Leinen geb. M. 32.—.

... Das gesamte Werk, das eine sehr ausgedehnte Übersicht über den heutigen Stand des Hebezeugbaues gibt, ist nicht nur ein Lehr- und Hilfsbuch für das Studium, sondern wird weit darüber hinaus jedem schaffenden Ingenieur sehr gute Dienste leisten ... (Glasers Annalen.)

Drang und Zwang

Eine höhere Festigkeitslehre für Ingenieure. Von Prof. Dr. Dr.-Ing. Aug. Föppl und Prof. Dr. Ludwig Föppl.

1. Band: 2. Aufl. 370 Seiten, 71 Abbildungen. Gr.-8°. 1924. Brosch. M. 16.—, geb. M. 17.50.
2. Band: 2. Aufl. 390 Seiten, 79 Abbildungen. Gr.-8°. 1928. Brosch. M. 16.—, geb. M. 17.50.

... Prof. Dr. Ludwig Föppl hat die Umarbeitung der neuen Auflage im Geiste seines Vaters durchgeführt ... Die Reichhaltigkeit der behandelten Aufgabe, ihre wertvollen Ergebnisse und die glänzende Darstellung werden auch weiterhin alle Ingenieure, die sich mit der Aufgabe der höheren Festigkeitslehre zu beschäftigen haben, fesseln. Literaturnachweise in den einzelnen Abschnitten, die die neuesten Arbeiten berücksichtigen, ermöglichen eine weitere Verfolgung der betreffenden Probleme ... (Zentralblatt der Bauverwaltung.)

Die Berechnung von Fachwerkkranträgern mit biegungsfestem Obergurt

Genaue und genäherte Verfahren zur Ermittlung der Biegungsmomente und Stabkräfte von Fachwerkträgern mit zentrischen und exzentrischen Stabanschlüssen. Von Dr.-Ing. Günther Worch.

103 Seiten, 66 Abbildungen. Gr.-8°. 1928. Brosch. M. 6.50.

... die Darstellung ist vorbildlich klar, im besten Sinne des Wortes „pädagogisch", so daß das Buch ganz unabhängig von der praktischen Anwendung der darin behandelten Systeme als eine Sammlung von Musterbeispielen angesprochen werden kann, was wesentlich dazu beitragen wird, das Verständnis für die Durcharbeitung vielfach statisch unbestimmter Systeme zu fördern ... (Beton und Eisen.)

Die Statik des Eisenbaues

Von W. Ludwig Andrée.

2. Auflage. 532 Seiten, 710 Abbildungen. Gr.-8°. 1922. Brosch. M. 12.50, geb. M. 14.—.

Die Statik des Kranbaues

Mit Berücksichtigung der verwandten Gebiete Eisenhoch-, Förder- und Brückenbau. Von W. Ludwig Andrée.

3. Auflage. 380 S., 554 Abb., 1 Tafel. Gr.-8°. 1922. Brosch. M. 9.50, geb. M. 11.—.

R. OLDENBOURG, MÜNCHEN 32 UND BERLIN W 10

www.ingramcontent.com/pod-product-compliance
Lightning Source LLC
Chambersburg PA
CBHW081528190326
41458CB00015B/5490